I0047791

# Temario para las oposiciones al cuerpo facultativo de Ingeniería Informática

Jesús Jiménez Herranz

Temario para las oposiciones al cuerpo facultativo de Ingeniería Informática

© Jesús Jiménez Herranz, 2016
ISBN: 978-84-617-4276-9
Depósito legal: DL PM 960-2016
1ª edición: agosto 2016

Esta obra está licenciada bajo la Licencia Creative Commons Atribución-CompartirIgual 4.0 Internacional. Para ver una copia de esta licencia, visita http://creativecommons.org/licenses/by-sa/4.0/.

Comentarios y sugerencias: jesjimenez@gmail.com

Tipografías utilizadas: familia Lato (https://www.google.com/fonts/specimen/Lato)

# Sumario

# Prólogo

Tengo que reconocer que este libro, originalmente, nació como una burda excusa para tener más puntos en los concursos de traslado, y en las comisiones de servicio en mi carrera como funcionario. Leyendo las bases, vi que tener un libro publicado daba puntos, y pensé "voy a publicar cualquier cosa, y esos puntos que me gano". Estuve un tiempo devanándome los sesos sobre qué podría escribir yo, hasta que mi mujer dio en el clavo: si, total, para preparar las oposiciones ya me había preparado cientos de páginas con los temas que podían entrar en el examen, y esos mismos temas ya los había publicado en Internet para uso y disfrute del personal, ¿por qué no usarlos para editar un libro, en vez de escribir algo de cualquier manera? Y la verdad es que fue una idea brillante (como casi todas las de mi mujer), aunque tengo que reconocer que me seguía quedando esa sensación de estar "hackeando el sistema", porque eso de coger mis temas de estudio y publicarlos para ganar puntos en los concursos me seguía pareciendo un pelín jugarreta.

Pero luego, conforme iba preparándolo todo, me puse a pensar. ¿Por qué había publicado mis temas en un wiki justo después de aprobar las oposiciones? ¿Con licencia Creative Commons, nada menos, con permiso para que cualquiera copiase/editase/redistribuyese? Sé de buena tinta que otros compañeros se han sacado un buen dinero vendiendo sus temas a los siguientes opositores, y yo aquí, "regalando" las cosas como si me sobrase el dinero (que va a ser que no). La respuesta a estas preguntas es sencilla: no me gusta el sistema actual que se usa en las oposiciones para seleccionar a los mejor preparados. En un mundo ideal, unas oposiciones a un cuerpo de ingenieros informáticos deberían seleccionar, aunque suene a perogrullo, a los mejores ingenieros informáticos. Y, en la práctica, el hecho de que no haya un temario oficial del cuerpo, y que cada cual tenga que hacerse el suyo propio, consigue que las oposiciones no seleccionen a los mejores ingenieros, sino más bien a los mejores bibliotecarios. A aquellos capaces de documentarse mejor, prepararse los mejores temas, y luego aprendérselos de memoria. O, peor, a aquellos con más medios, que pueden comprar los temas de los mejores opositores, y por tanto tienen más posibilidades de aprobar.

Por eso publiqué todos mis temas en cuanto aprobé las oposiciones (antes no, soy buena gente pero no tanto): porque pienso que si existiese un temario público y disponible para todo el mundo, ese examen "para bibliotecarios" dejaría de ser relevante, y pasaría a tener mucho mayor peso la parte práctica de la prueba, donde sí se puede ver quién es bueno como ingeniero y quién sólo sabe recitar pero, a la hora de la verdad, no sabe resolver problemas. Y por eso tengo la impresión de que editar estos temas en formato libro es un paso más en ese sentido. Al fin y al cabo, el wiki donde tengo colgados los temas lo ven cuatro gatos, mientras que, sólo por editar el libro, me "obligan" a registrar un ISBN (que aparecerá en las búsquedas de cualquier librería), así como a hacer un depósito legal de al menos 4 libros, que acabarán en las bibliotecas públicas. También estará el libro disponible para comprar, por lo que cualquiera que lo desee podrá conseguir un ejemplar. No gratuitamente, me temo, porque imprimir un libro tiene un coste, pero al ser la licencia Creative Commons puede luego hacer fotocopias, prestarlo, regalarlo, revenderlo o básicamente casi cualquier otra cosa con él.

En definitiva, que sí, que vale, que edito este libro porque quiero más puntos para mis concursos, y todo este rollo probablemente es una autoargumentación para no sentirme mal. Pero quiero pensar que le servirá a más gente también, y con eso me doy por satisfecho.

## Agradecimientos

A Coia, quién si no. No sólo me dio la idea para el libro, sino que es la que tuvo que padecer en directo todo el proceso de creación del material. Y pese a ello todavía me soporta, tiene mucho mérito...

# Temas

Antes de entrar en materia, es necesario hacer unas cuantas consideraciones.

La primera es que este libro no pretende ser un temario oficial, y por tanto, por ejemplo, ni siquiera están todos los temas que se suelen incluir en una oposición. En algunos casos porque no tiene sentido (por ejemplo en algunos temas legales, en los que el tema sería directamente la ley de turno), y en otros porque, simple y llanamente, no los preparé en su momento, o no lo suficientemente bien como para tener algo publicable.

Por otra parte, tampoco aspiro a que los temas sean lo mejor de lo mejor. Soy humano, y hay temas que domino más que otros, por lo que hay temas más detallados y completos, y otros en los que, digamos, se trata todo de forma más superficial (tampoco voy a decir cuál es cuál, creo que se nota). De la misma manera, hay temas que, debido a que son sobre materias que avanzan muy rápido, pueden estar ya desfasados en cierta medida. Por ejemplo, los temas legales no tienen en cuenta la nueva legislación que ha aparecido posteriormente, y temas como el desarrollo web han evolucionado muy rápido en los últimos tiempos, y por tanto no se tienen en cuenta las últimas librerías y frameworks.

Por lo demás, creo que los temás tampoco están muy mal. Al fin y al cabo, aprobé unas oposiciones con ellos.

# Hardware

# Arquitectura de CPUs avanzadas. Juegos CISC i RISC, proceso paralelo, procesadores escalares y vectoriales, pipeline, cachés multinivel

## Índice de contenido

## Técnicas avanzadas

### Microprogramación

La unidad de control de una CPU es el circuito encargado de coordinar a todas las unidades funcionales del procesador. En las primeras CPUs, la UC se diseñaba como un circuito secuencial, lo que hacía que, conforme aumentaba el número de instrucciones y su complejidad, se hiciese más difícil su diseño. De la misma manera, en caso de detectarse un error en la implementación de una instrucción, corregir el problema era una tarea complicada y costosa. Para aliviar este problema, se desarrollaron las unidades de control multiprogramadas.

La multiprogramación es una técnica que consiste en considerar la ejecución de una instrucción de la CPU como una serie de pasos, en el que cada uno de ellos está representado por el estado de las señales de control de las diferentes unidades funcionales de la CPU. Así, si a este conjunto de señales en un momento dado le llamamos microinstrucción, la ejecución de una instrucción consistirá simplemente en ejecutar secuencialmente una serie de microinstrucciones, obteniendo así un microprograma. Extrapolando esto a toda la CPU, es posible implementar el juego de instrucciones de una CPU mediante un microprograma.

El esquema básico de funcionamiento sería parecido al siguiente:

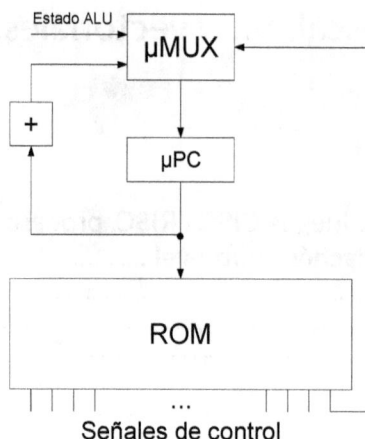

Señales de control

Las microinstrucciones se almacenan en una ROM (que puede ser RAM para facilitar la actualización), de manera que cada bit de la microinstrucción representa una señal de control de alguna unidad funcional. La microinstrucción que se ejecuta en un momento dado será la que indique el registro microPC, y la determinación del valor de este registro la hará el micromultiplexor, considerando tanto la microinstrucción actual, como el estado de la ALU u otras informaciones que pueda haber encapsuladas en la propia microinstrucción (por ejemplo en el caso de una microinstrucción de salto).

Dependiendo de cómo se estructuren las microinstrucciones, se puede hablar de dos tipos de microprogramación:

■ Horizontal: Cada bit de una microinstrucción es una señal de control

■ Vertical: Bits relacionados se compactan. Por ejemplo, la entrada de un codificador se puede guardar como un número entero.

La microprogramación horizontal obliga a usar mayor cantidad de memoria al generar microprogramas más grandes, aunque es más rápida que la vertical, que obliga a añadir circuitería adicional para decodificar las partes compactadas.

En diseños complejos, con microinstrucciones muy grandes, es posible añadir un nivel adicional de indirección, guardando en una memoria aparte las microinstrucciones y almacenando en micromemoria únicamente las referencias. Esto se conoce como nanoprogramación, y permite reducir drásticamente el tamaño del microprograma, al coste de reducir más aún el rendimiento.

La principal ventaja de la multiprogramación es que facilita enormemente el diseño de CPUs, al poder implementar su juego de instrucciones de una forma sencilla. Además, si el microprograma se guarda en una memoria actualizable, es posible corregir errores de implementación, actualizar a versiones más eficientes o incluso cambiar el juego de instrucciones de una forma muy sencilla.

El principal problema es el rendimiento, ya que se añade un nivel de indirección adicional que ralentiza el funcionamiento. En cualquier caso, si el juego de instrucciones es complejo, generalmente compensa la pérdida de rendimiento a cambio de la facilidad de diseño.

## Segmentación

Tradicionalmente, la ejecución de una instrucción se divide en una serie de etapas: lectura de memoria o fetch (F), decodificación (D), ejecución (E) y almacenamiento de resultados (M). En un diseño de CPU clásico, las instrucciones se ejecutan una por una, de manera que hasta que una instrucción no ha terminado de ejecutarse no se comienza con la siguiente. Esto provoca que gran parte de la circuitería de la CPU (la correspondiente a las etapas distintas de la actual) se encuentre ociosa en un momento dado.

La segmentación es una técnica que consiste en solapar la ejecución de instrucciones consecutivas. Para ello, separa el procesamiento de una instrucción en una serie de etapas separadas (el pipeline), permitiendo que dos o más instrucciones se ejecuten a la vez siempre y cuando estén en etapas diferentes. El siguiente diagrama muestra de una manera gráfica el resultado de usar segmentación:

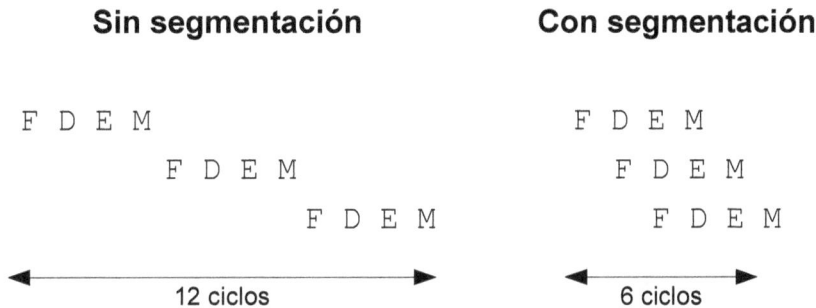

## Sin segmentación      Con segmentación

```
   F D E M                              F D E M
           F D E M                        F D E M
                   F D E M                  F D E M
  <--------------------->              <--------->
         12 ciclos                       6 ciclos
```

Se puede observar como la segmentación proporciona una aceleración al rendimiento notable, alcanzándose un rendimiento de pico de 1 instrucción por ciclo.

Ahora bien, algunas circunstancias pueden impedir llegar a este rendimiento ideal. En primer lugar, si una instrucción tiene un tiempo de ejecución especialmente lento (p. ej. una división) bloqueará al resto de instrucciones del pipeline hasta que acabe. Por otra parte, las instrucciones de salto condicional afectan especialmente al rendimiento, ya que no se puede determinar cuál es la siguiente instrucción hasta que se ha calculado la dirección del salto. La siguiente figura muestra estos efectos:

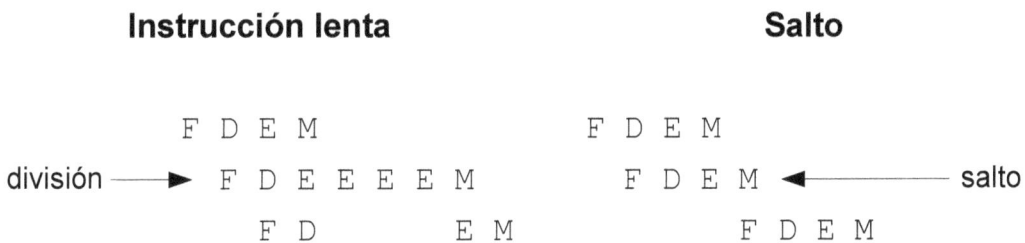

## Instrucción lenta      Salto

```
                 F D E M                       F D E M
división -->  F D E E E E M           F D E M  <----------- salto
              F D       E M                 F D E M
```

El problema de las instrucciones lentas no tiene solución, y además se ve aliviado mediante técnicas como la superescalaridad. Por el contrario, para el problema de los saltos condicionales sí se pueden aplicar diferentes técnicas para aliviarlo:

- Predicción de salto: Consiste en tratar de adivinar cuál va a ser el salto antes de calcular la dirección, y continuar la ejecución. Para ello hay muchas maneras: las más sencillas consistirían en asumir siempre que se va a saltar (o que no), o decidir si se va a saltar o no en función de la dirección del salto. Dado que gran parte de los saltos condicionales forman parte de un bucle, y en un bucle el salto suele ser efectivo más del 90% de las veces, mediante estas técnicas se puede predecir el salto con bastante fiabilidad. Técnicas más complejas implican mantener tablas de estadísticas para cada dirección, guardando la historia sobre la dirección del salto en instrucciones anteriores. Así mismo, también es posible combinar diferentes técnicas y resolverlo por votación.

- Resolución previa: No esperar a llegar a la instrucción de salto para resolverlo. Si se detecta un salto en el futuro (y no hay dependencias que lo impidan), cambiar el orden de las instrucciones para ir calculando el salto y disponer ya de la dirección destino cuando haga falta.

- Branch predication: Plantear el juego de instrucciones de manera que no existan saltos, sino que cada instrucción incorpore una condición, que hará que se ejecute o no. Es un esquema que mejora mucho el rendimiento, pero es costoso a nivel de tamaño del opcode.

- Optimizaciones del compilador: En la fase de compilación del programa es posible realizar análisis sobre la probabilidad de tomar cada salto, que se pueden incorporar luego al propio opcode de la instrucción. Otra forma de mejorar el rendimiento del código es generar saltos más sencillos y por tanto fáciles de calcular. Por ejemplo, saltar si x>=10 es un salto más complejo (requiere hacer una resta) que saltar si x=10 (sólo requiere una comparación).

Con las técnicas anteriores, es posible llegar a una tasa de predicción de salto de cerca del 100%. No obstante, en ocasiones no es posible predecir correctamente el salto, en cuyo caso, además de la pérdida de paralelismo, hay un tiempo de penalización debido a que hay que vaciar el pipeline y eventualmente deshacer algún cambio que pudiera haber hecho una instrucción predicha erróneamente. Así, el tiempo de ejecución promedio de una instrucción sería:

$$Tmedio = (1 - P_{salto}) \cdot 1 + P_{salto}(P_{acierto}(1 + T_{penalización}) + (1 - P_{acierto}) \cdot 1)$$

Donde $P_{salto}$ es la probabilidad de que la instrucción sea un salto, $P_{acierto}$ es la probabilidad de acertar en la predicción y $T_{penalización}$ es el tiempo extra de penalización en caso de fallar la predicción.

## Superescalaridad

Si la segmentación busca ejecutar más de una instrucción a la vez solapando aquellos momentos en que dos instrucciones usan diferentes unidades funcionales, la superescalaridad va más allá, y consiste en proporcionar más unidades funcionales de las necesarias para poder ejecutar más de una instrucción simultáneamente. Generalmente, la superescalaridad suele ir de la mano de la segmentación, ya que son técnicas que se complementan.

Dado que en una CPU superescalar hay más recursos de los estrictamente necesarios, interesa maximizar el número de instrucciones simultáneamente en ejecución para conseguir el mayor paralelismo posible. Para ello, una técnica común es no respetar el orden de las instrucciones en el programa, lanzándolas a ejecución en desorden para evitar cuellos de botella y maximizar el paralelismo. Existen diferentes esquemas:

- Lanzamiento y finalización en orden: Muy lento, impide alcanzar un buen grado de paralelismo.

- Lanzamiento sin orden, finalización en orden: El más usado

- Lanzamiento y finalización sin orden: No tiene mucho sentido, los datos no serían coherentes.

Al ejecutar las instrucciones en un orden diferente al del programa sin mayores precauciones, es posible que los resultados finales no sean los deseados. Para ello, hay que tener en cuenta las dependencias entre las diferentes instrucciones, respetándolas para producir resultados correctos. Concretamente, existen tres tipos de dependencias:

- RAW (Read After Write): Sucede cuando una instrucción de lectura espera el resultado de una instrucción de escritura anterior.

- WAR (Write After Read): Si una instrucción escribe en un lugar leído por una instrucción anterior, y se altera el orden, es posible que los resultados no sean correctos. También se conocen como antidependencias (son como las RAW, pero al revés).

- WAW (Write After Write): Si dos instrucciones que escriben en el mismo sitio son cambiadas de orden, los resultados pueden no ser correctos. También se conocen como dependencias de salida.

Las dependencias RAW son dependencias reales, que ya existen en la ejecución en orden y no pueden ser resueltas más que esperando a que el resultado esté disponible. Por tanto, un procesador superescalar debe detectarlas y no ejecutar la lectura hasta que la escritura esté disponible. Las dependencias WAR y WAW, por otra parte, se conocen como virtuales y son exclusivas de la ejecución sin orden, y pueden ser resueltas mediante el uso de diferentes técnicas. De esta manera, al eliminar dependencias es posible lanzar más instrucciones simultáneamente y mejorar por tanto el rendimiento.

La principal técnica para solucionar las dependencias virtuales es el renombre de registros. Mediante esta técnica, cada vez que se escribe en un registro se crea una copia del mismo (se renombra) y se continúa usando esta copia, eliminándose por tanto estas dependencias. El siguiente ejemplo muestra el funcionamiento del renombre de registros y cómo permite eliminar dependencias virtuales y aumentar el paralelismo o grado de superescalaridad:

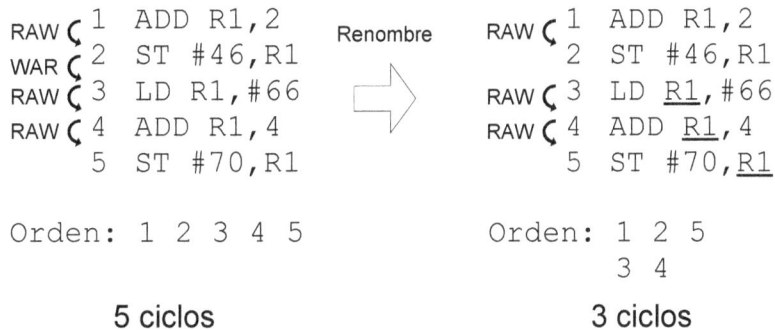

```
RAW ⸦ 1  ADD R1,2       Renombre    RAW ⸦ 1  ADD R1,2
WAR ⸦ 2  ST #46,R1                         2  ST #46,R1
RAW ⸦ 3  LD R1,#66                  RAW ⸦ 3  LD R1,#66
RAW ⸦ 4  ADD R1,4                   RAW ⸦ 4  ADD R1,4
      5  ST #70,R1                         5  ST #70,R1

Orden: 1 2 3 4 5                     Orden: 1 2 5
                                            3 4
```

                5 ciclos                            3 ciclos

Una forma de implementar el renombre de registros es mediante el uso de estaciones de reserva. Una estación de reserva es un buffer en el que se insertan las instrucciones lanzadas, a la espera de ser ejecutadas. Para cada instrucción se guarda su opcode, así como información de sus operandos: si éste se encuentra disponible, se guarda el valor, y si no lo está porque su valor depende del resultado de otra instrucción, se almacena la referencia a la posición de la estación de reserva de la instrucción de la que se depende.

A la hora de lanzar instrucciones a ejecución, se buscan en la estación de reserva instrucciones que tengan todos sus operandos disponibles y, de la misma manera, al acabar la ejecución se actualizan correspondientemente los operandos de las instrucciones que estén a la espera. Para mantener actualizados los registros, se mantiene una tabla adicional que indica, para cada registro de la CPU, qué posición de la ER almacena la instrucción que generará su valor. Un esquema de este funcionamiento sería el de la siguiente figura:

| Pos | Opcode | Operando 1 | | | Operando 2 | | | Mem |
|---|---|---|---|---|---|---|---|---|
| | | Listo | Valor | Ref ER | Listo | Valor | Ref ER | |
| 1 | ADD | Sí | ? | | Sí | 2 | | |
| 2 | ST | No | | 1 | - | - | - | #46 |
| 3 | LD | - | - | - | - | - | - | #66 |
| 4 | ADD | No | | 3 | Sí | 4 | | |
| 5 | ST | No | | 4 | | | | #70 |
| | | | | | | | | |

| Reg | ER |
|---|---|
| R1 | 4 |
| ... | ... |
| | |
| | |

De esta manera, al empilar una instrucción en una ER, pasa a depender de los propios valores almacenados en la misma, por lo que el renombre de registros se hace de forma implícita.

Para asegurar que las instrucciones finalizan en orden, se usa el buffer de reorden (ROB), en el que se van introduciendo las instrucciones a medida que son lanzadas:

| Instr | Flag |
|-------|------|
| ADD   | 1    |
| ST    | 0    |
| LD    | 1    |
| ADD   | 0    |
| ST    | 0    |
| ...   |      |

Cada instrucción tiene asociado un flag, que indica si la instrucción ha sido ejecutada o no. Cuando una instrucción acaba, se consulta el ROB, y sólo se escriben sus resultados si todas sus instrucciones predecesoras han acabado también. De esta manera, y combinado con el renombre de registros que se hace en la estación de reserva, se evitan resultados no deseados en dependencias WAR o WAW.

En realidad, aquí sólo se muestra una posible solución al problema de la resolución de dependencias en procesadores superescalares. Existen numerosas formas de afrontarlo, como por ejemplo guardar los operandos (y hacer por tanto el renombre de registros) en el ROB en lugar de en la estación de reserva, disponer de varias estaciones de reserva (una por unidad funcional) en vez de una única estación, etc.

## Procesamiento vectorial

En la ejecución de un programa, gran parte del tiempo se dedica a leer instrucciones de memoria y decodificarlas. En algunos ámbitos en los que se opera con un gran número de datos, como el cálculo científico, esto puede ser un problema importante de rendimiento, por lo que una forma de acelerar el funcionamiento es procesar más de un dato por instrucción. Este es el principio de los procesadores vectoriales.

Un procesador vectorial permite operar sobre un cierto conjunto de datos en cada instrucción. Generalmente se trabaja con vectores de datos, pero nada impide hacerlo con matrices, o cualquier otra organización de datos multidimensional.

Ventajas:

- Código más compacto

- Eliminación de dependencias: Las operaciones que se realizan dentro de una misma instrucción son por definición independientes entre sí, por lo que son fácilmente paralelizables.

Inconvenientes:

- Necesario gran ancho de banda de memoria

- No es un esquema de propósito general: Si bien algunas aplicaciones son muy fácilmente vectorizables, no todos los problemas se adaptan a este esquema.

Históricamente, se han desarrollado diferentes tipos de procesadores vectoriales:

| Procesadores matriciales asociados | Arquitecturas memoria-memoria | Procesadores con registros vectoriales |
|---|---|---|
| CPU no vectorial <br><br> PM$_1$ ... PM$_n$ | CPU vectorial <br> Bus 1 <br> Bus 2 <br><br> M$_1$ ... M$_n$ | CPU vectorial <br> R$_1$ <br> R$_2$ <br> ... <br> R$_n$ |
| En este esquema, se dispone de una CPU no vectorial, conectada a una serie de procesadores vectoriales. El programa se encarga de programar correctamente estos procesadores. El gran problema de este esquema es que el bus constituye un cuello de botella del sistema. | En este esquema se trabaja con una CPU vectorial, que accede a la memoria. Para evitar cuellos de botella, se dispone de varias memorias y más de un bus. <br> Este sistema, además de ser costoso, requiere organizar cuidadosamente los datos, de forma que los datos de una misma operación estén en memorias diferentes o se puedan acceder con diferente bus. | Este esquema emula a una CPU convencional, con la diferencia de que en este caso los registros son vectores. De esta manera la forma de trabajar es más parecida a la programación en una CPU no vectorial, y se genera un código más compacto y más fácil a la hora de resolver dependencias. |

El esquema más utilizado es el de registros vectoriales, ya que permite tener controlado el ancho de banda de memoria, y la tecnología de CPUs actual permite disponer de registros vectoriales internos de un tamaño considerable.

La programación en este esquema es muy similar al concepto Load/Store de las CPUs RISC, y consistiría en cargar inicialmente los datos a procesar en alguno de los registros vectoriales, y luego operar sobre ellos, para finalmente almacenar los resultados en memoria. De esta forma sólo se genera tráfico en el bus al principio y al final de cada operación. Un programa típico que multiplicase un vector por un valor y luego lo sumase a otro vector podría ser el siguiente, mostrado en código convencional y en su equivalente vectorial:

| Código no vectorial | Código vectorial |
|---|---|
| ```
MOV #23,R1
MOV #90,R2
MOV
#150,R3
MOV 10,R4
bucle:
LD R1,R5
LD R2,R6
MUL
R5,5,R7
ADD
R7,R6,R8
ST R8,R3
SUB
R4,1,R4
JNZ bucle
``` | ```
LD #23,V1
LD #90,V2
MUL
V1,5,V3
ADD
V1,V3,V4
ST
V4,#150
``` |

Como se puede ver, la reducción en tamaño de código es notable.

### Evaluación del rendimiento

Generalmente, y aprovechando la ausencia de dependencias en las operaciones internas de una misma instrucción, las unidades funcionales de un procesador vectorial son segmentadas. Así, el rendimiento de una operación vectorial para un tamaño de vector n sería:

$$T_{ejecución} = T_{inicialización} + (n-1) \cdot V_{iniciación}$$

donde $T_{inicialización}$ sería el tiempo que transcurre hasta el primer resultado, y $V_{iniciación}$ sería el tiempo entre dos resultados.

Tomando el código de ejemplo del apartado anterior, y suponiendo que una suma tarda 2 ciclos, una multiplicación 5, una operación de memoria 3, y una asignación 1 ciclo, el tiempo de ejecución de la versión no vectorial sería:

$$T_{ejecución} = T_{inicializaciones} + n \cdot T_{bucle} = 3T_{MOV} + n \cdot (2T_{LD} + T_{MUL} + T_{ADD} + T_{ST}) = 16n + 3$$

Es importante destacar que el hecho de que la CPU escalar sea o no segmentada no afecta apenas al cálculo, ya que el código presenta dependencias irresolubles que impedirían una gran aceleración. Así, para un n de 64 posiciones el tiempo de ejecución sería de 1027 ciclos.

Por su parte, el rendimiento de la versión vectorial, suponiendo unidades funcionales segmentadas de 2 y 5 ciclos de tiempo de iniciación para suma y multiplicación respectivamente, sería:

$$T_{vectorial} = 2 \cdot T_{LD} + T_{MUL} + T_{ADD} + T_{ST} = 6n + (5 + (n-1)) + (2 + (n-1)) + 3n = 11n + 5$$

Para n=64, el tiempo de ejecución sería de 709 ciclos, lo cual supone cerca de un 50% de mejora respecto a la versión escalar. Esta mejora se consigue principalmente mediante la eliminación de las dependencias que proporciona el funcionamiento vectorial, consiguiéndose así una ejecución segmentada sin detenciones.

## Técnicas avanzadas

Existen diferentes técnicas para acelerar más el rendimiento de los procesadores vectoriales basados en registros. Una de ellas es el encadenamiento, que consiste en conectar directamente la salida de una unidad funcional a la entrada de otra. Esto sólo puede hacerse si se cumplen tres condiciones:

- Instrucciones consecutivas utilizan diferentes unidades funcionales

- Existe una dependencia real (RAW) entre una instrucción y la anterior

- El rendimiento de la primera unidad funcional es igual o menor al de la segunda

Si se cumplen estas condiciones, se pueden encadenar las dos instrucciones, de manera que se ejecutan en paralelo y prácticamente en el mismo tiempo (el de la operación más lenta). Mediante el uso de este esquema, las dependencias de datos se vuelven deseables en vez de ser algo a evitar o resolver.

En el ejemplo del apartado anterior, las instrucciones de multiplicación y suma son encadenables, ya que son consecutivas, usan diferentes unidades funcionales, la segunda depende de la primera y la multiplicación es más lenta que la suma. Así, la ejecución de estas dos instrucciones se podría mostrar gráficamente de la siguiente forma:

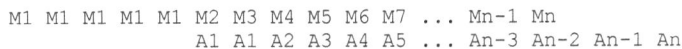

```
M1 M1 M1 M1 M1 M2 M3 M4 M5 M6 M7 ... Mn-1 Mn
               A1 A1 A2 A3 A4 A5 ... An-3 An-2 An-1 An
```

Por tanto, el tiempo del conjunto multiplicación-suma, que antes era de:

$$T_{MUL+ADD}=T_{MUL}+T_{ADD}=5+(n-1)+2+(n-1)=2n+5$$

ahora será de:

$$T_{MUL+ADD}=T_{MUL}+(n-1)\cdot V_{iniciación}+T_{ADD}=5+(n-1)+2=n+6$$

por lo que el tiempo total sería ahora:

$$T_{ejecución}=2T_{LD}+T_{MUL+ADD}+T_{ST}=6n+n+6+3n=10n+6$$

Para n=64, ahora el tiempo de ejecución es de 646, lo cual duplica ya al rendimiento de la versión escalar.

Examinando estos ejemplos, se observa como la mayor parte del tiempo lo ocupan los accesos a memoria. Existen formas de organizar la memoria de manera que se optimicen los accesos. Para ello, hay que tener en cuenta la estructura de una memoria, que básicamente es algo así:

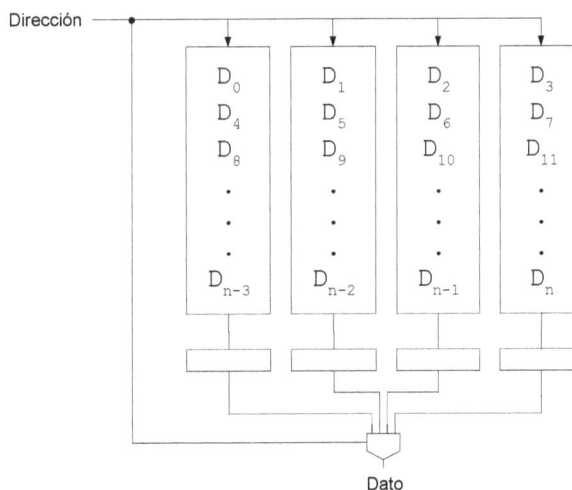

Esta sería una memoria entrelazada de 4 vías. En esta memoria, los datos estarían divididos en 4 bloques, cada uno de ellos con un registro asociado. La particularidad de estas memorias es que, al llegarles una petición de un dato, devuelven el solicitado, pero también buscan los datos cercanos y los guardan en los registros de cada banco. De esta manera, si en posteriores accesos se solicitan datos cercanos (probable según el principio de localidad), ya están calculados y se pueden devolver inmediatamente.

En el caso de los procesadores vectoriales, que trabajan con vectores o matrices, es importante organizar correctamente los datos en memoria para obtener el máximo rendimiento. Así, la organización que se muestra en el diagrama anterior es la idónea para recorrer los datos linealmente, por lo que se optimizaría el acceso por filas a una matriz. Si quisiéramos recorrerla de formas diferentes, sería deseable organizar los datos de forma diferente:

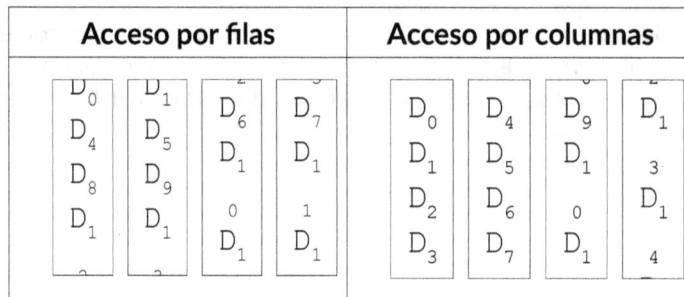

| Acceso por filas | | | | Acceso por columnas | | | |
|---|---|---|---|---|---|---|---|
| $D_0$ $D_4$ $D_8$ $D_1$ | $D_1$ $D_5$ $D_9$ $D_1$ | $D_6$ $D_1$ $_0$ $D_1$ | $D_7$ $D_1$ $_1$ $D_1$ | $D_0$ $D_1$ $D_2$ $D_3$ | $D_4$ $D_5$ $D_6$ $D_7$ | $D_9$ $D_1$ $_0$ $D_1$ | $D_1$ $_3$ $D_1$ $_4$ |

Otra técnica común para mejorar el rendimiento de los procesadores vectoriales es la compactación de vectores. Esta técnica es aplicable cuando se utilizan vectores dispersos, es decir, aquellos en los que sólo se utilizan algunas de las posiciones, o en los que gran parte de las posiciones tienen el mismo valor. En estos casos se dispone de instrucciones especiales para compactar los vectores, de manera que ocupen menos tamaño. Esto tiene varias consecuencias: en primer lugar se aprovecha mejor el espacio en la CPU, y por otra parte se evita realizar un gran número de cálculos innecesarios.

## CISC vs RISC

En los primeros computadores, la programación se realizaba exclusivamente en lenguaje ensamblador. Por ello, los juegos de instrucciones tenían una serie de características para facilitar la programación:

- Gran número de instrucciones

- Instrucciones complejas: P. ej., multiplicaciones o divisiones.

- Múltiples modos de direccionamiento

- Ortogonalidad: Poder utilizar cualquier registro y modo de direccionamiento con cualquier instrucción.

Conforme las CPUs fueron evolucionando, esta tendencia continuó, por lo que el diseño de las unidades de control se fue haciendo más complejo y obligó al desarrollo de técnicas como la multiprogramación, que aunque facilitabal el diseño de las UC, también añadían una complejidad importante a las CPUs.

A finales de los 70, y con el auge ya de los lenguajes de alto nivel, se observó que los compiladores no utilizaban más que un pequeño subconjunto de las instrucciones de los procesadores, por lo que tal vez se podrían plantear diseños más simples que simplificasen la unidad de control y destinasen los recursos a otros aspectos que diesen lugar a diseños más eficientes. Al mismo tiempo, las CPUs se estaban volviendo más rápidas que las memorias, por lo que se hacía importante maximizar el trabajo con registros en contraposición a acceder a la memoria prácticamente en cada instrucción.

En esta situación surgió el término RISC (Reduced Instruction Set Computer) en contraposición al clásico diseño CISC (Complex Instruction Set Computer). Aunque el nombre pueda dar a entender que el cambio se limita al tamaño del juego de instrucciones, el paradigma va mucho más allá, y se caracteriza por los siguientes puntos:

- Arquitectura Load/Store: Las instrucciones sólo pueden operar con registros, excepto las especialmente designadas para leer y escribir de memoria. De esta manera se maximiza el uso de los registros.

- Simplificación de las instrucciones: Se eliminan la mayoría de modos de direccionamiento, y no se incluyen en la CPU instrucciones complejas que puedan implementarse en función de otras más simples. El formato de instrucción es fijo.

- Unidad de control muy simple: No usar microprogramación. Implementar predicciones de salto muy sencillas.

Los objetivos de RISC son:

- Disminuir el tiempo de proceso de cada instrucción para aumentar la frecuencia de funcionamiento y la eficiencia de la segmentación.

- Minimizar los accesos a memoria.

- Liberar recursos hardware que puedan ser usados para otras tareas más productivas.

- Mover la complejidad de muchas tareas (predicción de salto, implementación de operaciones complejas) a los compiladores.

Al simplificar en gran medida la unidad de control, quedan disponibles recursos hardware que se pueden usar para otras tareas:

- Más registros: De esta manera se pueden reducir aún más los accesos a memoria. También sirven para otras cosas, como por ejemplo usarlos para el paso de parámetros en las llamadas a subrutina en vez de usar el stack de memoria (ventana de registros).

- Más unidades funcionales: Permiten aumentar el nivel de superescalaridad.

- Incluir caché en la propia CPU: Además de una aceleración general, reducen las paradas del pipeline en CPUs segmentadas.

A día de hoy, prácticamente todos los diseños de CPUs siguen la filosofía RISC, si bien en ocasiones combinan elementos de ambos paradigmas (p. ej. CPUs RISC con instrucciones SIMD para manejo de vectores claramente CISC). Incluso arquitecturas completamente CISC, como la 80x86, funcionan internamente como una CPU RISC, aunque para mantener la compatibilidad de código se introduce un módulo extra que "traduce" el juego de instrucciones CISC a un código interno RISC.

## Memorias caché

Aunque en los inicios de la computación la velocidad de CPUs y memoria era similar, conforme ha pasado el tiempo la diferencia entre unas y otras se ha hecho mayor, y a día de hoy una CPU funciona a una velocidad varios órdenes de magnitud por encima de la de la memoria. Esto hace que los accesos a RAM supongan una ralentización muy importante para la ejecución de código, por lo que se hace necesario algún mecanismo que, por lo menos, suavice el problema.

Así, las memorias caché son memorias de gran velocidad y pequeño tamaño que se sitúan entre la CPU y la RAM, de manera que almacenan los valores más usados de la memoria con la intención de evitar los accesos a RAM lo máximo posible. Así, en cada acceso a memoria de la CPU se consulta en primer lugar si el dato se encuentra en caché. Si es así, se devuelve directamente a la CPU, mientras que si no está se lee de memoria, se devuelve a la CPU, y se inserta en caché previendo accesos futuros.

La idea de la memoria caché se basa en los principios de localidad:

- Localidad temporal: Es probable que en el futuro cercano se utilicen los mismos datos que en el momento actual.

- Localidad espacial: Es probable que instrucciones consecutivas utilicen datos cercanos

Al mantener dos copias de los datos (una en caché y otra en la RAM), es importante tener sincronizadas ambas memorias, de manera que no se produzcan incoherencias. Existen dos esquemas de escritura de caché:

- Write-through: Al escribir en caché, se actualiza inmediatamente la RAM. Es poco eficiente (genera más tráfico en el bus) pero más seguro a la hora de evitar coherencias.

- Write-back: No escribir los cambios a RAM hasta sacar el bloque de la caché. Rápido pero arriesgado.

A continuación se muestran diferentes esquemas para organizar los datos dentro de una caché.

## Asociativas

Una caché asociativa tiene la siguiente estructura:

Por tanto, la caché se organiza en bloques que contienen una copia de un fragmento de la memoria RAM (indicado por el tag). Cuando se hace una lectura a RAM, se determina el tag de la dirección y se mira si está en la caché buscando si hay un bloque con ese tag. Si está, se calcula el offset deseado, se lee de la caché y se devuelve. Si no, se carga en caché el bloque entero correspondiente al tag solicitado en previsión de posibles accesos.

Si bien este esquema es muy eficiente, también es el más costoso en cuanto a circuitería, ya que requiere comparar el tag de la dirección con todos los tags activos de la caché simultáneamente, lo cual hace que se deba incluir un comparador por cada posición de caché. Por ello, sólo se utiliza en cachés muy pequeñas y en las que el rendimiento es fundamental (como p. ej. el TLB que se utiliza en esquemas de memoria virtual para acelerar la paginación).

## De correspondencia directa

Para evitar las grandes necesidades de hardware de las cachés asociativas, las cachés de correspondencia directa utilizan un esquema de hashing a partir de la dirección:

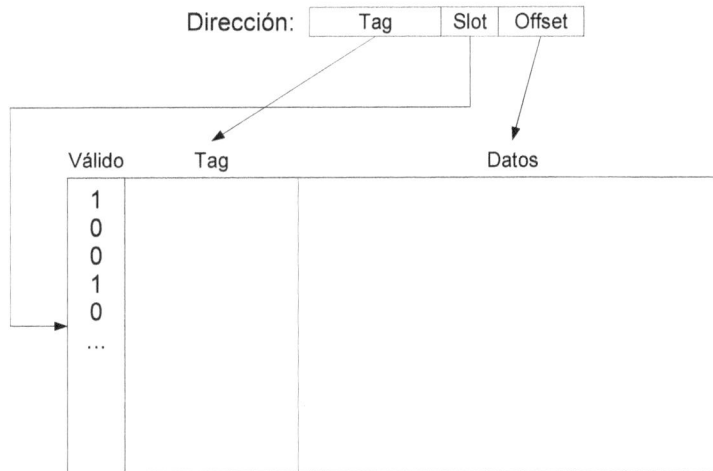

En este caso, se utilizan los bits menos significativos de la dirección como clave de hash que determina la posición en la caché. Así, para averiguar si una dirección está en caché basta comprobar si su slot está ocupado. Para evitar colisiones con direcciones diferentes que tengan el mismo slot, en el bloque de caché se guarda también el resto de la dirección.

Si bien estas cachés son rápidas y simples, tiene el problema de que se desaprovecha mucho espacio debido a las colisiones. Así, si dos direcciones diferentes son accedidas frecuentemente y coinciden en que tienen el mismo slot, estarán continuamente entrando y saliendo de caché a pesar de que quede espacio libre en la misma. Al desaprovechar el espacio, la probabilidad media de encontrar el valor en caché (hit ratio) es menor que en las asociativas.

## Asociativas por conjuntos

Una forma de conseguir un punto medio entre el bajo coste de las cachés de correspondencia directa y el aprovechamiento del espacio de las asociativas son las cachés asociativas por conjuntos:

Al igual que en los esquemas de hash se establecen mecanismos para tolerar colisiones, en estas cachés se dispone de varios conjuntos de datos, de manera que si al insertar un dato ya hay otro con el mismo slot, se dispone de conjuntos de datos alternativos en el que insertarlo. El diagrama anterior sería una caché asociativa de 2 vías.

Este esquema tiene mejor hit ratio que las cachés de correspondencia directa al aprovechar mejor la memoria en caso de colisiones. La complejidad hardware es algo superior, ya que se añade el paso adicional de comparar el tag de la dirección con los de cada conjunto, para determinar cuál de ellos es el que corresponde.

## Jerarquías de caché

Como existen diferentes tipos de caché, cada uno con un coste y un rendimiento, una técnica utilizada comúnmente es utilizar diferentes cachés, de diferentes tipos y tamaños, formando una jerarquía:

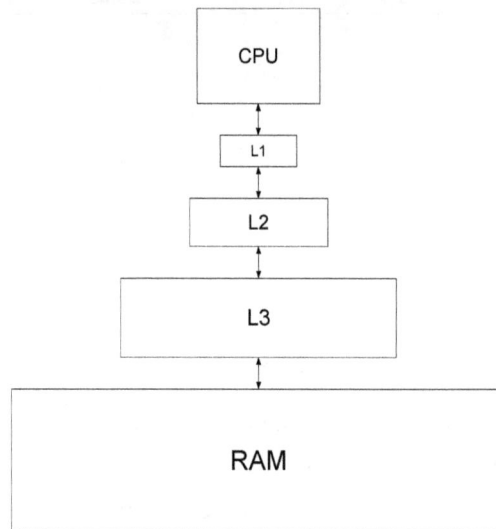

```
            ┌──────────┐
            │   CPU    │
            └──────────┘
               ↕
             ┌────┐
             │ L1 │
             └────┘
               ↕
            ┌──────┐
            │  L2  │
            └──────┘
               ↕
          ┌──────────┐
          │    L3    │
          └──────────┘
               ↕
      ┌──────────────────┐
      │                  │
      │       RAM        │
      │                  │
      └──────────────────┘
```

De esta manera, se podría utilizar una caché asociativa pequeña como caché de nivel 1, y para la L2 y L3 utilizar cachés asociativas por conjuntos o de correspondencia directa.

Las jerarquías de caché pueden ser de dos tipos:

- Inclusiva: Los datos de las cachés inferiores (más pequeñas) se incluyen dentro de las de niveles superiores, es decir, L1 está en L2, etc. Se desaprovecha el espacio, pero es más sencillo de gestionar.

- Exclusiva: Todas las cachés son independientes. Mejor aprovechamiento del espacio, pero la gestión se vuelve más compleja cuando hay un fallo de caché.

Si, por ejemplo, suponemos la siguiente jerarquía de caché:

| Memoria | Hit ratio | $T_{acceso}$ |
|---------|-----------|--------------|
| L1      | 96%       | 3            |
| L2      | 92%       | 10           |
| RAM     | -         | 50           |

El tiempo promedio de acceso a memoria será:

$$T_{accesoL1L2} = P_{L1} \cdot 3 + (1 - P_{L1}) \cdot (P_{L2} \cdot 10 + (1 - P_{L2}) \cdot 50) = 3.41 \; ciclos$$

Si, por el contrario, sólo tuviésemos una única caché L1, aunque fuese un ciclo más rápida, el tiempo sería:

$$T_{accesoL1} = P_{L1} \cdot 2 + (1 - P_{L1}) \cdot 50 = 3.92 \; ciclos$$

28

que es peor que el de la jerarquía. Lo mismo pasaría con una sola caché L2, supongamos que de 8 ciclos:

$$T_{accesoL2}=P_{L2}\cdot 8+(1-P_{L2})\cdot 50=11.36\,ciclos$$

Por tanto, combinar cachés en una jerarquía permite obtener buenos rendimientos a un coste razonable.

## Tecnologías futuras

### Procesadores multinúcleo

Una tendencia actual en el diseño de CPUs es integrar más de una CPU en el mismo circuito, obteniendo así el equivalente a un ordenador multiprocesador pero con la velocidad añadida que proporciona la alta integración. Si bien los diseños actuales integran no más de 4 núcleos por procesador, la tendencia es al alza, y ya se habla de diseños con 8, 16 o más procesadores.

Esto representa un cambio de filosofía importante en lo que respecta a la forma de escribir los programas, ya que será necesario adaptarse a estos diseños para aprovechar el alto nivel de paralelismo que traen implícitos este tipo de procesadores.

### Procesadores asíncronos

Una línea de diseño con mucho potencial es la de las CPUs asíncronas, que se caracterizan por no regirse por un reloj. De esta manera, las diferentes unidades funcionales se sincronizarían entre ellas, indicándose en cada momento cuándo han acabado de calcular un dato o cuando pueden recibir más. De esta manera, se puede conseguir el máximo rendimiento posible de un circuito, puesto que en los circuitos síncronos el periodo del reloj se debe establecer obligatoriamente según el tiempo del componente más lento, lo que provoca que muchos módulos se encuentren inactivos durante gran parte del tiempo de reloj.

El problema de los procesadores asíncronos es que abren todo un campo de investigación sobre la mejor manera de comunicar el estado de cada unidad funcional. Así, una de las soluciones consiste en usar un sistema ternario para los datos, de manera que, además del 0 y 1, se use otro valor que indique "no preparado". En cualquier caso, es una tecnología prometedora que, a pequeña escala, ya comienza a dar frutos.

### Lógica reprogramable

Otro campo de investigación prometedor es el de la lógica programable, que teóricamente permitiría alterar la arquitectura de la CPU en tiempo real, adaptándose al programa que se esté ejecutando. Así, se contaría con un número determinado de recursos de circuitería (puertas lógicas, etc.) que se distribuirían en cada momento de la forma más apropiada: p. ej., si en un momento dado se está ejecutando un programa de cálculo intensivo, se programaría la CPU para que dispusiese de un alto número de unidades funcionales de cálculo, mientras que si a continuación para a ejecutar un programa general que use mucho la memoria, se podría habilitar un número mayor de registros o una caché más grande.

El hardware para implementar este esquema ya existe hoy en día, si bien el principal problema es el tiempo necesario para la reprogramación, que actualmente está en torno a los milisegundos y que hace inviable este tipo de diseños. No obstante, en el momento en que la velocidad de reprogramación esté a niveles usables, será posible construir CPUs con un rendimiento sensiblemente superior a las actuales.

## Computación cuántica

La computación cuántica consiste en aprovechar las cualidades físicas derivadas de la física cuántica para aumentar la capacidad de proceso de los ordenadores en varios órdenes de magnitud respecto a los niveles actuales. En concreto, en un ordenador cuántico sería posible que un bit no tuviese valores de 0 o 1, sino que podría estar en ambos estados simultáneamente y realizar cálculos con un gran nivel de paralelismo.

Si bien es una tecnología que aún está en sus inicios (actualmente no se ha pasado de la construcción de puertas lógicas simples en laboratorio), presenta un futuro muy prometedor. De hecho, actualmente ya se han publicado algoritmos para ordenadores cuánticos que resuelven problemas tradicionalmente considerados inabarcables, como la factorización de números primos, que supondrán una auténtica revolución en campos como la criptografía cuando existan ordenadores cuánticos en los que implementarlos.

# Tecnologías y arquitecturas tolerantes a errores. Alta disponibilidad. Clustering

## Índice de contenido

## Motivación y objetivos

### Conceptos básicos

Los sistemas tolerantes a fallos son aquellos que son capaces de seguir funcionando correctamente en caso de fallo de alguno de sus componentes. Alguno de los ámbitos de aplicación de este tipo de sistemas serían:

- Sistemas de alta disponibilidad: Son aquellos que deben funcionar en todo momento, sin interrupciones en su funcionamiento.

- Sistemas de misión crítica: Aquellos en los que las consecuencias de un fallo en su funcionamiento serían catastróficas, en el sentido de pérdida de vidas humanas, destrucción o daño severo de equipos, etc. Ejemplos de estos sistemas serían mecanismos de control de centrales nucleares, sistemas de soporte vital a pacientes, autopilotaje de aviones, etc.

- Sistemas seguros: Aquellos en los que se tolera que se detengan en caso de fallo, pero siempre y cuando lo hagan de forma segura, sin consecuencias negativas. Por ejemplo, un vehículo que tiene por defecto activos los frenos a menos que un operador acelere, sería un sistema seguro que se detendría en caso de que el operador deje de controlarlo (es lo que se conoce como dead man's switch).

- Sistemas de larga vida: Aquellos diseñados para funcionar durante largos periodos de tiempo, sin que se efectúe ningún mantenimiento. Por ejemplo, satélites artificiales.

En realidad, estas categorías no son autoexcluyentes, y así es posible encontrarse con sistemas de misión crítica y alta disponibilidad, como por ejemplo el control de tráfico aéreo.

Hay que diferenciar también entre las diferentes maneras en que se puede alterar el funcionamiento de un sistema:

- Fallo: Alteración del entorno físico en el que ubica el sistema. Puede o no dar lugar a un error. Por ejemplo, una interferencia en el voltaje de un cable sería un fallo.

- Error: Alteración en la percepción que tiene el sistema del entorno, como consecuencia de un fallo. Por ejemplo, detectar un 0 en vez de un 1 por una interferencia de voltaje sería un error. Un fallo no necesariamente provoca un error. Por ejemplo, si la consecuencia del fallo es forzar un 0 en una posición de memoria que ya contenía un 0, hay fallo pero no hay error.

- Avería: Alteración permanente del funcionamiento del sistema como consecuencia de un error. Por ejemplo, si por detectar un 0 en vez de un 1 se bloquea un programa, se trataría de una avería.

Si bien el significado de estos tres términos es diferente, en general se suele utilizar el término fallo para referirse a cualquiera de ellos cuando no hay posibilidad de confusión.

Para conseguir que un sistema tolere fallos, se emplea la redundancia en los diseños. Un sistema redundante es aquel que dispone de más componentes de los que estrictamente necesitaría para llevar a cabo una tarea. De esta manera, en caso de fallo en un componente, y mediante los mecanismos adecuados, es posible utilizar alguno de los componentes extra para seguir funcionando.

En el ámbito de la computación, se puede clasificar a la redundancia en los siguientes tipos:

- Hardware: Duplicar alguno de los sistemas hardware para utilizarlos en caso de fallo

- Software: Escribir diferentes versiones del código, para poder responder a fallos hardware o defectos de diseño (bugs).

- De información: Añadir información adicional a los datos que usa el programa, de manera que se puedan detectar/corregir fallos.

- Temporal: Repetir cálculos en diferentes instantes para afrontar fallos de naturaleza temporal.

## Medida de la tolerancia a fallos

Una forma de medir la tolerancia a fallos de un sistema es mediante diferentes funciones de probabilidad:

- Fiabilidad ( $F(t)$ ): Dado un sistema en funcionamiento, es la probabilidad de que siga funcionando en un futuro.

- Disponibilidad: Probabilidad de que un sistema funcione en un instante t dado.

- Mantenibilidad ( $M(t)$ ): Probabilidad de que, en presencia de fallo, el sistema pueda recuperarse en un tiempo t.

- Seguridad: Probabilidad de que un sistema funcione o, en el caso de que no, que no comprometa el sistema.

Las funciones anteriores se suelen expresar mediante diferentes métricas:

- MTBF: Tiempo medio entre fallos, normalmente en horas. Da una medida de la fiabilidad del sistema. A veces se expresa como MTTR (tiempo medio hasta que se produce un fallo).

- MTTR: Tiempo medio hasta la recuperación del sistema, en el caso de que se produzca un fallo que interrumpa su funcionamiento. Es muy variable, ya que puede oscilar entre ms en el caso de sistemas redundantes, hasta varios días en el caso de un sistema que requiera la reparación de un operador, o incluso meses o años si el acceso al sistema es difícil (p. ej. satélites). El MTTR mide la mantenibilidad del sistema. En combinación con el MTBF, también da una medida de la disponibilidad.

## Sistemas redundantes

### Esquemas de redundancia hardware

La redundancia hardware se consigue duplicando los sistemas y/o añadiendo módulos adicionales para tolerar los fallos. Según su tipología, los esquemas de redundancia hardware se pueden clasificar en tres tipos:

- Activa: Se detectan los fallos, y se responde apropiadamente ante ellos

- Pasiva: Se diseña el sistema de manera que los fallos se toleren naturalmente sin necesidad de una detección y respuesta explícita

- Híbrida: Combinación de los dos esquemas

En el caso de la redundancia activa, el proceso de recuperarse de un fallo tiene las siguientes etapas:

- Detección: Identificar que ha ocurrido un fallo

- Localización y confinamiento: Determinar dónde ha ocurrido el fallo y a qué módulos afecta

- Reparación: Tomar las medidas oportunas para asegurar el buen funcionamiento del sistema

Si bien la redundancia por sí misma resulta muy útil, es interesante también buscar la diversidad dentro de los sistemas redundantes, de manera que módulos que lleven a cabo la misma función no sean idénticos, sino que hayan sido diseñados siguiendo técnicas diferentes o por diferentes fabricantes/grupos de trabajo. De esta manera, es posible detectar fallos de diseño que, de otra manera, podrían comprometer el sistema independientemente del esquema de redundancia escogido. Por ejemplo, si en un ordenador usamos un esquema redundante de tres discos del mismo fabricante, un error de diseño que afecte a esa línea de fabricación es probable que se dé a la vez en los tres discos, por lo que sería prácticamente imposible detectarlo. Por tanto, la mejor opción sería utilizar discos de diferentes fabricantes.

En los siguientes apartados se muestran algunos de los principales esquemas de tolerancia a fallos hardware.

### *Redundancia n-modular*

Consiste en hacer todos los cálculos n veces, utilizando un circuito comparador para verificar que todos los cálculos son iguales. La salida del comparador sería el resultado mayoritario, por lo que un fallo en uno de los módulos sería enmascarado en la salida final.

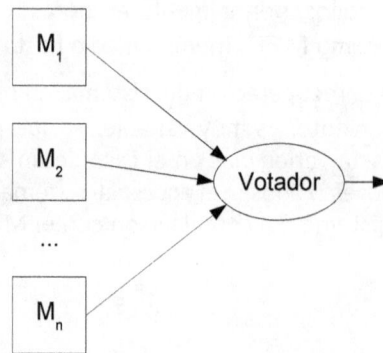

Este es un esquema pasivo que funciona con cualquier número de sistemas n impar. Es capaz de tolerar $\frac{n-1}{2}$ fallos y detectar $n-1$ fallos. Un problema de este esquema es que el votador constituye un punto único de fallo, si bien, al ser un circuito muy simple es posible construirlo de forma robusta. Otra opción para aliviar esta vulnerabilidad es, para aquellos diseños que lo permiten, encadenar etapas nMR:

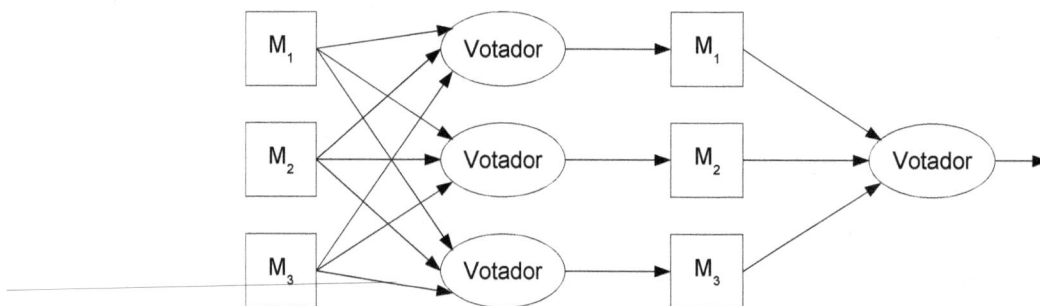

De esta manera, si bien el votador final sigue siendo un punto único de fallo, la fiabilidad del sistema aumenta.

## *Repuestos preparados*

En este esquema, se funciona con un módulo, analizando el resultado en busca de fallos. En el momento en que se detecta un fallo, se activa uno de los repuestos. Es un esquema activo que puede tolerar n-1 fallos, si bien depende de la capacidad de detectar que un módulo ha sufrido un fallo sin comparar su salida con otros. También, al igual que nMR, dispone de varios puntos únicos de fallo.

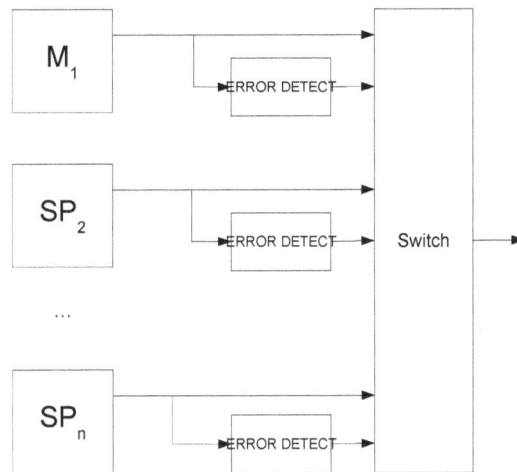

Este esquema admite dos variantes: funcionamiento en frío, en el que los repuestos se activan sólo cuando se detecta un error en el módulo en funcionamiento, o bien en caliente, en el que los repuestos están funcionando en paralelo con el módulo principal. El funcionamiento en frío es más económico desde el punto de vista de consumo de energía, si bien implica un cierto retardo en el momento en que se detecta un error, que no sucede en el funcionamiento en caliente.

### Redundancia n-modular con repuestos

Este esquema combina nMR con la técnica de repuestos preparados, haciendo una votación por mayoría de las salidas de los módulos. La diferencia con nMR está en que, en caso de producirse un fallo, se detecta el módulo erróneo y se sustituye por un repuesto. Este esquema es híbrido, ya que combina la detección activa de fallos con la tolerancia pasiva que permite al sistema ser transparente a fallos.

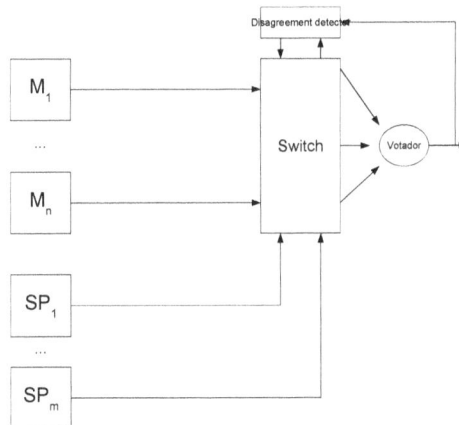

Tolera más fallos que nMR, usando menos módulos. Por ejemplo, este esquema tolera 2 fallos con 4 módulos (3 en marcha y 1 de reserva), mientras que nMR necesita 5 módulos para tolerar los mismos fallos.

### Redundancia auto purgante

Este esquema es similar al anterior, con la diferencia de que no hay repuestos, sino que todos los módulos están funcionando a la vez. El funcionamiento general consiste en una votación por mayoría, pero además cada módulo se autodesconecta si detecta que su salida difiere del resultado final. Al igual que el anterior, este es un esquema híbrido.

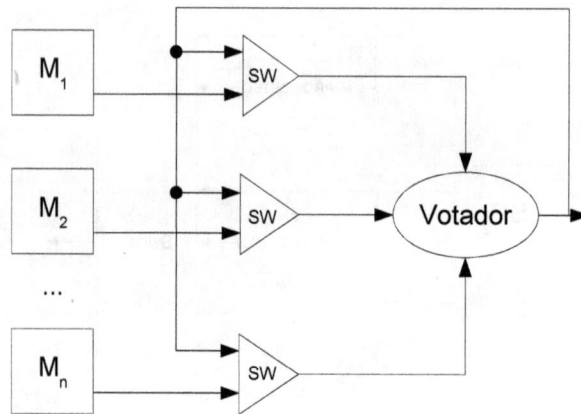

### Redundancia modular tamizada

Este es un esquema híbrido, compuesto por tres bloques de detección/corrección de error: el comparador, que compara una a una las salidas de todos los módulos en busca de divergencias; el detector, que a partir de las divergencias determina los módulos erróneos; y el colector, que a partir de las salidas de los módulos y la información sobre los módulos erróneos determina la salida final.

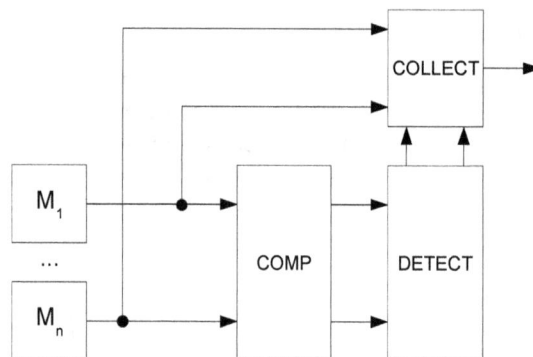

### Arquitectura triple-dúplex

Este esquema híbrido es similar a la redundancia autopurgante, en el sentido de que los módulos se desconectan por sí solos en presencia de error. La diferencia es que aquí los módulos se emparejan de dos en dos, y el criterio para desconectar una pareja del sistema es si las salidas de sus componentes difieren.

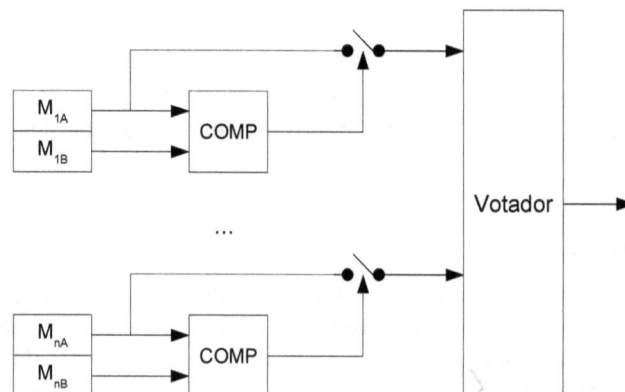

## Redundancia software

Si bien algunas de las ideas de la redundancia hardware son directamente aplicables en el ámbito del software, hay que tener en cuenta que son entornos diferentes en los que los fallos se producen por diferentes motivos.

Así, a nivel de hardware los fallos suelen ser consecuencia, principalmente, de desperfectos físicos de los diferentes módulos y, en menor medida, de defectos de diseño. Por tanto, en caso de avería de un módulo, tiene sentido utilizar técnicas redundantes que lo sustituyan por otro idéntico que no esté averiado. Ahora bien, en el caso del software, no tiene mucho sentido hablar de averías en el código (que serían en todo caso alteraciones temporales derivadas muy probablemente de un fallo hardware) sino, principalmente, de problemas de diseño.

Teniendo en cuenta estas diferencias, la redundancia a nivel de software puede ser concebida de diferentes maneras:

- Espacial: Ejecutar en paralelo diferentes versiones de un algoritmo.

- Temporal: Consiste en ejecutar más de una vez un algoritmo, comparando resultados en busca de errores.

- Operacional: Añadir código adicional que permita detectar/corregir fallos.

A continuación se muestran algunas técnicas que aplican la redundancia a nivel software.

### *Programación con n versiones*

Esta técnica es análoga a la redundancia hardware n-modular, aplicada al ámbito del software. Al igual que su equivalente hardware, consiste en ejecutar en paralelo n versiones del mismo algoritmo ( $n \geq 2$ ), escogiendo la salida final mediante la votación por mayoría de las n versiones.

En este caso, como ya se ha comentado, es crucial que las diferentes versiones del algoritmo, si bien deben tener la misma funcionalidad, no deben ser idénticas, sino que deben estar diseñadas de forma diferente, ya sea implementadas por diferentes equipos de desarrollo, utilizando diferentes enfoques del mismo problema, etc.

### *Recovery blocks*

Esta técnica es una analogía del esquema de repuestos preparados. Consiste en dividir un programa en bloques (que pueden ser procedimientos, funciones, clases, etc.) y, para cada uno de ellos, construir un código de verificación de error, así como asignar uno o varios bloques de recuperación. El código de verificación se encargaría de controlar, en cada ejecución del bloque, si se ha producido un error (verificando por ejemplo si se ha producido una división por cero, o si los datos de salida son incorrectos). De ser así se procedería a ejecutar un bloque de recuperación, que sería una implementación alternativa del bloque principal. El procedimiento continuaría hasta que el código de verificación no indique ningún error, o hasta que no queden más bloques de recuperación.

Si bien el ideal teórico consiste en disponer de bloques de recuperación alternativos para cada bloque del programa, un enfoque más realista implica analizar los puntos críticos del mismo para determinar qué partes son más sensibles y conseguir un equilibrio entre tolerancia a fallos y coste.

Un ejemplo de esta técnica sería el siguiente, que especifica cómo construir un algoritmo de ordenación tolerante a fallos:

| **Bloque principal:** | Algoritmo quicksort |
|---|---|
| **Verificación:** | Comprobar que la suma de los valores resultado es la misma que en los valores origen |
| **Bloques de recuperación:** | mergesort, bubble-sort |

De esta manera, si después de ejecutar el bloque principal (quicksort) se detecta que la suma de valores resultado no coincide con la de los valores origen, se procederá a ejecutar el primer bloque de recuperación (mergesort), repitiéndose el proceso de verificación hasta que el resultado sea correcto o no queden más bloques de recuperación (en cuyo caso fallará el proceso).

Una diferencia sutil entre este método y su equivalente hardware de repuestos preparados, es que en este caso no se asume que un bloque erróneo ha quedado averiado permanentemente, sino que se sobreentiende que el error es debido al diseño, y que por tanto sólo se da con la combinación de datos que ha dado lugar al error. Por tanto, en ejecuciones sucesivas se volverá a intentar ejecutar el bloque principal.

Otro detalle interesante es que no es imprescindible que los bloques de recuperación lleven a cabo exactamente la misma operación que el bloque principal. Así, una opción es que hagan otra diferente que, si bien no es tan deseable como la primaria, sí es preferible a un error total. Por ejemplo, un bloque principal que falle al llevar a cabo una compresión compleja de un fichero, podría tener como alternativa un bloque de recuperación que lleve a cabo una compresión menos eficiente.

## Redundancia en información

Otra posibilidad de utilizar la redundancia para tolerar fallos es mediante la redundancia en información. Esta forma de redundancia consiste en añadir información extra a los datos manejados por los sistemas, de manera que, en caso de que estos se vean alterados por alguna circunstancia, sea posible detectar y/ o corregir los errores.

Todos los métodos de redundancia en información implican la adición de una serie de información adicional a la palabra de datos original, convirtiéndola en una palabra de código. Según las características de cada método, podemos distinguir dos tipos:

- Separables: La información redundante es independiente de la palabra de datos. Por ejemplo, los códigos de paridad simplemente añaden un bit extra al final de la palabra, por lo que son separables.

- No separables: Aquellos en los que se produce una transformación en la palabra de datos, de manera que no es posible diferenciar en la palabra de código entre la información original y la información redundante. Por ejemplo, los códigos m-de-n o los convolucionales serían no separables.

A continuación se muestran algunos esquemas de redundancia en información.

### *Códigos de duplicación*

Es uno de los esquemas más simples y menos eficientes, y consiste en enviar la misma información más de una vez. Así, es posible detectar si ha habido errores simplemente comparando las dos versiones en busca de diferencias.

Una mejora de este método consiste en enviar la segunda copia con los bits invertidos. Esto es útil en el caso de que un error en el medio fuerce todos los bits a un mismo valor. Así, por ejemplo, si el valor forzado es un 0, y se envían dos copias de un número que tiene mayoritariamente ceros, es posible que el error pase indetectado. Por el contrario, si la segunda copia está invertida, se detectará el error con seguridad.

## *Paridad*

Es uno de los esquemas de redundancia más sencillos, y consiste en añadir bits concretos a la información de manera que cada palabra tenga un número par o impar de 1s. Hay diferentes posibilidades:

### Normal

Consiste en añadir un bit a cada palabra para controlar la paridad del número de 1s. Por ejemplo, la siguiente figura muestra un ejemplo de paridad impar:

| | Palabra | | | | | | | | P |
|---|---|---|---|---|---|---|---|---|---|
| 0 | 1 | 1 | 0 | 0 | 0 | 1 | 1 | | 1 |

| | | | | | | | | P |
|---|---|---|---|---|---|---|---|---|
| 1 | 0 | 0 | 0 | 1 | 0 | 0 | 1 | 0 |

Mediante este esquema, es posible detectar un número impar de errores.

### Entrelazada

Es común que los errores aparezcan en ráfagas de muchos errores consecutivos. Esto hace que la paridad clásica deje de ser efectiva. Una solución es calcular la paridad de forma entrelazada, de forma que bits consecutivos se vean afectados por diferentes bits de paridad:

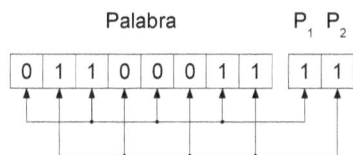

De esta manera, es más probable que una ráfaga de errores consecutivos sea detectable.

### Solapada

Consiste en hacer que un bit de información afecte a más de un bit de paridad. De esta manera, y con un esquema apropiado, es posible no sólo detectar sino también corregir los errores. Un ejemplo sería la codificación de Hamming, que con 4 bits de paridad sobre 7 bits de datos es capaz de detectar dos errores y corregir uno de ellos.

### Horizontal/vertical

Es un tipo de paridad solapada, común en memorias y otros dispositivos bidimensionales. Consiste en calcular la paridad del conjunto de datos tanto por filas como por columnas:

| | Palabras | | | | | | | P |
|---|---|---|---|---|---|---|---|---|
| 0 | 1 | 1 | 0 | 1 | 0 | 1 | 1 | 0 |
| 0 | 0 | 1 | 0 | 1 | 0 | 1 | 0 | 0 |
| 1 | 1 | 1 | 0 | 0 | 0 | 0 | 1 | 1 |
| 0 | 1 | 0 | 0 | 1 | 1 | 1 | 1 | 0 |

P | 0 | 0 | 0 | 1 | 0 | 0 | 0 | 0 |

De esta manera, en caso de error sería posible determinar el bit erróneo, ya que se sabría la fila y la columna en la que se encuentra.

### Códigos m-de-n

En este esquema, se recodifican los valores de manera que en cada palabra de n bits, al menos m de ellos valgan 1. Un esquema muy utilizado es 2-de-5, que permite codificar palabras de 4 bits en 5 bits, pudiendo detectar un error:

| Palabra | Palabra 2-de-5 |
|---------|----------------|
| 0000    | 00011          |
| 0001    | 11000          |
| 0010    | 10100          |
| ...     | ...            |

Al igual que con la paridad, este esquema permite detectar un número impar de errores. Si bien en este ejemplo el código es no separable, los códigos m-de-n son separables cuando $n = 2m$

### Hashing: Checksums y CRC

Una forma de detectar que cierta información no ha sido alterada es mediante el uso de funciones hash. Una función hash calcula, dado un mensaje, un valor que sirve de firma del mismo. Este valor, conocido como hash o checksum en general, tiene dos características: es mucho menor que el mensaje original (generalmente apenas unos bytes), y además está calculado de manera que la probabilidad de colisión sea muy baja, es decir, que alteraciones del mensaje den lugar a hashes diferentes.

De esta manera, es posible incluir con el mensaje su propio hash, de forma que el receptor, calculando por su cuenta el hash del mensaje y comparando con el recibido, pueda saber con una cierta seguridad si el mensaje ha sido modificado por el camino.

Un hash sencillo puede consistir simplemente en la suma lógica (XOR) de todos los bytes del mensaje (es lo que se conoce como checksum, si bien el término se suele utilizar para referirse a hashes en general). Un algoritmo más complejo sería CRC-32, que utiliza cálculos polinomiales para obtener un hash más fiable que un checksum convencional.

Hashes como CRC-32 permiten detectar alteraciones accidentales en un mensaje. Si lo que se quiere es proteger contra la alteración malintencionada del mensaje por parte de terceras personas, este tipo de códigos no resultan apropiados, ya que por su estructura es relativamente fácil alterar un mensaje manteniendo el mismo checksum/CRC. En estos casos, se hace necesario utilizar un hash criptográfico como MD5 o SHA, de mayor complejidad pero que garantizan con una cierta seguridad que es imposible modificar el mensaje sin alterar su hash.

### Códigos convolucionales

Un código convolucional codifica cada bit del mensaje original en 2 o más bits, mediante una función que depende de los k bits anteriores. El resultado es un mensaje codificado que, al decodificarlo, proporciona la secuencia de bits más probable en cada momento.

La estructura de un codificador convolucional típico sería la siguiente:

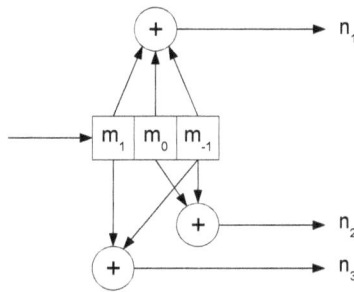

### *Turbo codes*

Publicada por primera vez en el año 1993, los turbo codes constituyen una de las mejores técnicas de corrección de errores que se conocen a día de hoy, aproximándose notablemente al límite de Shannon, que especifica la tasa teórica máxima de información que se puede enviar sobre un canal con ruido. Se caracterizan porque el decodificador no proporciona un valor de 0 o 1 para cada bit, sino un valor entero que expresa la probabilidad de que el valor sea 0 o 1 (-127 significa total certeza de 0, y 127 total certeza de 1).

La codificación con turbo codes transforma el mensaje original en tres bloques:

- El mensaje original de m bits

- El código convolucional correspondiente a un bloque de n/2 bits de paridad sobre el mensaje original

- Un bloque de n/2 bits de paridad sobre una permutación conocida del mensaje original

De esta manera el mensaje de código consiste en m+n bits. Gran parte de la complejidad de esta técnica está en el algoritmo que decide, a partir del flujo de probabilidades de salida, si se deben interpretar los valores como 0s o como 1s.

Debido a la superioridad de estos códigos, se usan ampliamente en comunicaciones de larga distancia, como comunicaciones por satélite.

## Clústers

### Concepto y tipos

Un clúster es un grupo de ordenadores unidos en red, de manera que el conjunto actúa como un único ordenador de mayor potencia y/o con ciertas características de tolerancia a fallos. Según el objetivo que se busque, se pueden clasificar los clústers en:

- De alto rendimiento (HPC): Suman la potencia de los diferentes ordenadores del clúster para obtener un mayor rendimiento.

- De alta disponibilidad (HA): Buscan tener el sistema siempre disponible, aunque falle alguno de los nodos que lo componen.

- De balanceo de carga: Distribuyen el trabajo sobre varias máquinas para evitar sobrecargas.

Estos conceptos de clúster no son autoexcluyentes, y así los clústers de alto rendimiento suelen tener también características de balanceo de carga (de hecho un HPC se podría decir que es un tipo especial de clúster de balanceo de carga), y los de balanceo de carga acostumbran a incluir también características de alta disponibilidad.

La idea de un clúster es virtualizar el ordenador resultante, de modo que los programas que se ejecuten vean al clúster como un único ordenador de mayor velocidad (con un mayor número de CPUs). Esto puede requerir del uso de librerías específicas por parte de los programas (p. ej. clústers Beowulf) o no, simplemente aprovechando las capacidades multiproceso de los sistemas operativos en lo que se conoce como migración de procesos (p. ej. clústers MOSIX).

Existen diferentes formas de configurar un clúster:

- Ordenadores independientes: Cada nodo es un ordenador con su disco duro y su sistema operativo. Evita problemas de acceso concurrente al almacenamiento, pero es más costoso, ocupa más espacio y complica la administración.

- Diskless nodes: Los nodos no tienen disco duro ni sistema operativo, sino que arrancan desde la red, usando por tanto un sistema operativo idéntico y accediendo a los mismos datos. Si bien se facilita la administración, aquí es importante que el almacenamiento no suponga un cuello de botella, por lo que es necesario diseñar cuidadosamente la política de almacenamiento.

### Evaluación del rendimiento

Si bien podría parecer que el rendimiento de un clúster es la suma del rendimiento de sus componentes, hay que tener en cuenta la ley de Amdahl, que dice que la aceleración de un sistema como consecuencia de la mejora de uno de sus componentes se rige según la fórmula:

$$A=\frac{1}{(1-P)+\dfrac{P}{S}}$$

donde P es el porcentaje de uso del componente, y S es el factor de aceleración. Por ejemplo, si en un sistema triplicamos el rendimiento de un componente que se usa el 70% del tiempo, la aceleración sería:

$$A=\frac{1}{(1-0.7)+\dfrac{0.7}{3}}=1.875$$

En el caso de los clústers, cualquier trabajo tiene dos componentes: la parte secuencial, paralelizable, y la parte de coordinación entre los ordenadores del clúster Al añadir nuevas máquinas, el componente que estamos acelerando linealmente es el primero, mientras que el segundo (la coordinación) permanece fijo o incluso puede empeorar.

En general, si llamamos F al porcentaje de tiempo de un algoritmo necesario para coordinar sus componentes, y N al número de máquinas del clúster, podemos expresar la aceleración que proporciona un clúster mediante la fórmula:

$$A=\frac{1}{F+\dfrac{(1-F)}{N}}$$

Es fácil ver que, a partir de un determinado número de máquinas, y dependiendo del valor de F, añadir nuevos ordenadores al clúster no mejora apenas el rendimiento. Por ejemplo, el siguiente gráfico muestra la aceleración obtenida mediante la adición de ordenadores a un clúster, para diferentes valores de F:

Aceleración en clusters según grado de paralelización

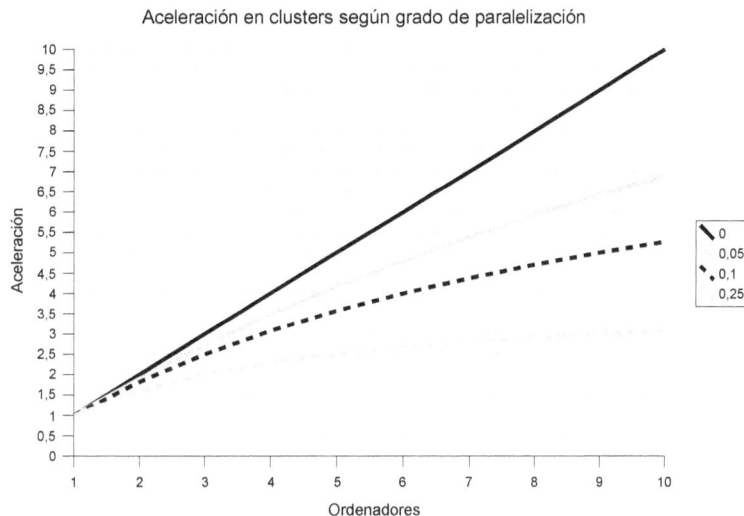

## Grid computing

Un concepto similar al clustering y que en tiempos recientes se comienza a usar de forma extensiva es el de grid computing. La idea es aprovechar que hoy en día prácticamente todos los ordenadores se encuentran conectados mediante algún tipo de red para gestionar toda la capacidad de cómputo de una forma semejante a como se concibe la red eléctrica. Así, la capacidad de cómputo se podría asignar bajo demanda y en función de la necesidad, igual que cuando se desea utilizar un aparato eléctrico se conecta a la toma de la pared.

Si bien la tecnología grid abarca muchos aspectos, un enfoque particularmente interesante consiste en aprovechar las redes de ordenadores ya establecidas en una organización, aprovechando los tiempos muertos de los mismos para llevar a cabo operaciones de cálculo paralelo, obteniendo así una especie de gran ordenador altamente paralelo. Teniendo en cuenta que los programas habituales de una estación de trabajo generalmente no utilizan al máximo sus recursos, así como que en ocasiones éstas permanecen encendidas a pesar de no estar siendo utilizadas, se puede aprovechar una gran capacidad de cómputo que generalmente quedaría desaprovechada.

Sus principales características son:

- Heterogeneidad: A diferencia de los clústers, en los que las máquinas que lo componen acostumbran a ser idénticas, en un grid puede haber máquinas de todo tipo.

- Bajo coste: El coste de un grid es prácticamente cero, ya que se está aprovechando la propia infraestructura de la organización. En todo caso, se podría computar como coste la reducción en la vida útil de los ordenadores cliente.

- Altamente redundante: Debido a la naturaleza poco fiable de los nodos de un grid, en estas redes se introducen mecanismos de tolerancia a fallos, como por ejemplo la duplicación de trabajos sobre diferentes nodos y la posterior comparación de resultados. Esto hace de un grid una red muy robusta ante errores.

- Extremadamente paralelo: La granularidad de un grid es mucho mayor que la de un clúster: tiene muchos más equipos de menor rendimiento.

Si bien las ventajas son numerosas, un esquema de este tipo también tiene inconvenientes:

- Reducción de la vida útil de los equipos: El aprovechamiento de los tiempos muertos de los equipos incrementa su carga, y reduce por tanto su vida útil.

- Capacidad incierta y fluctuante: Por la heterogeneidad de sus componentes, es difícil cuantificar la capacidad de proceso de un grid. Además, ésta fluctúa en el tiempo según la carga de trabajo normal de la organización: así, por ejemplo, la capacidad de cómputo del grid aumentaría sobremanera en épocas vacacionales y disminuiría en épocas con mucho trabajo.

*Tecnologías y arquitecturas tolerantes a errores. Alta disponibilidad. Clustering*

44

# Sistemes de almacenamiento avanzados: RAID, SAN i NAS

## Índice de contenido

## Introducción al almacenamiento

A medida que aumentan las necesidades de almacenamiento de los sistemas de información, se hace más evidente que es necesario planificar cuidadosamente los sistemas de almacenaje de manera que no sólo se maximice el espacio disponible y el rendimiento, sino que se tengan en cuenta aspectos tan importantes como la fiabilidad y la tolerancia a fallos.

A continuación se muestran algunos de los esquemas más utilizados a la hora de gestionar el almacenamiento en grandes organizaciones.

## JBOD: Just a Bunch Of Disks

JBOD es una técnica que permite utilizar diferentes discos como si fueran uno solo, obteniéndose así un disco "virtual" cuya capacidad es la suma de los discos que lo componen.

Si bien usar JBOD puede ser versátil en un momento dado, es también una forma peligrosa de unir diferentes discos, ya que al haber más de un disco, las probabilidades de que alguno de ellos falle son más altas que en el caso de disponer sólo de uno, y en ese caso lo más común es que se pierdan todos los datos del conjunto completo.

Por tanto, es considerablemente menos arriesgado utilizar un esquema RAID que proporcione una cierta tolerancia a fallos.

# RAID: Redundant Array of (Inexpensive|Independent) Disks

## Introducción

RAID son las siglas de Redundant Array of Inexpensive Disks (en algún momento de la historia Inexpensive cambió por Independent). RAID define diferentes esquemas para distribuir los datos en diferentes discos, con el objetivo tanto de aumentar el rendimiento como mejorar la fiabilidad. Los objetivos de RAID son principalmente tres:

- Aumentar la fiabilidad
- Aumentar el rendimiento
- Reducir costes

Dado que no existe un esquema perfecto que maximice los tres objetivos a la vez, RAID define diferentes niveles, tanto para hacer énfasis en alguno de los objetivos como para conseguir un compromiso entre ellos.

## RAID 0: Striping

El primer nivel RAID es el más simple, y consiste en dividir los datos en bloques (stripes) $D_1...D_n$ de tamaño fijo, distribuyéndolos a lo largo de los N discos.

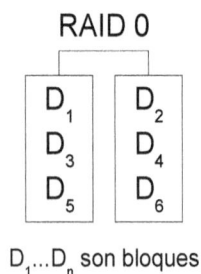

**RAID 0**

$D_1$ $D_2$
$D_3$ $D_4$
$D_5$ $D_6$

$D_1...D_n$ son bloques

- Aumento de velocidad: Alto, crece linealmente con el número de discos.
- Número de discos: Mínimo 2
- Capacidad: Capacidad total de los N discos
- Fallos tolerados: Ninguno
- Concurrencia: Sin aumento especial de rendimiento ante accesos concurrentes.

Si bien este nivel RAID ofrece un gran aumento de la velocidad, tanto en lectura como en escritura, la fiabilidad se ve muy resentida, ya que cualquier fallo en uno de los discos provoca la pérdida del conjunto de datos. En realidad, este nivel no debería llamarse RAID, ya que carece en absoluto de redundancia.

## RAID 1: Mirroring

Este nivel funciona escribiendo cada fichero en dos o más discos simultáneamente. De esta manera, en caso de fallo en un disco, es posible continuar trabajando con los datos del otro hasta que se arregle el problema.

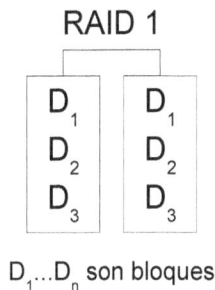

RAID 1

$$\begin{array}{|c|c|} \hline D_1 & D_1 \\ D_2 & D_2 \\ D_3 & D_3 \\ \hline \end{array}$$

$D_1...D_n$ son bloques

- Aumento de velocidad: Alto en lectura si la controladora permite paralelizar, sin incremento o peor en escritura. El tiempo de seek se reduce en un factor de $\frac{1}{N}$ gracias a la duplicación de datos.
- Número de discos: Mínimo 2.
- Capacidad: Muy poco eficiente, la capacidad del sistema será la de $\frac{N}{2}$ discos.
- Fallos tolerados: N-1
- Concurrencia: La duplicación de datos mejora la velocidad de lectura en accesos concurrentes

El aumento de velocidad que se puede obtener con RAID 1 depende en gran parte de la controladora de disco: si sólo permite acceder a un disco a la vez, la velocidad de lectura será la misma que con un sólo disco, y la velocidad de escritura será la mitad al tener que escribir por duplicado. No obstante, si la controladora permite acceder a los discos independientemente y en paralelo, la velocidad de lectura es similar a RAID 0, y la de escritura es la misma que la de un sólo disco.

Pese a tener un overhead de espacio muy importante, este esquema se utiliza a menudo cuando la tolerancia a fallos es importante y se quiere mantener un buen rendimiento. El hecho de tener los datos duplicados también tiene ventajas en la administración del sistema. Por ejemplo, es posible en un momento dado aislar uno de los discos del array para hacer un backup, reincorporándolo y resincronizándolo posteriormente.

## RAID 2: Códigos Hamming

Cada bit de una palabra de datos se escribe a un disco diferente. En discos adicionales, se escriben los bits correspondientes al código Hamming de la palabra. De esta manera, en caso de error, es posible corregirlo utilizando la información redundante, según el método de Hamming.

- Aumento de velocidad: Alto en lectura, similar a RAID-0. Escrituras lentas al tener que calcular los códigos de Hamming. Ralentización adicional por tener que tratar a nivel de bit.

- Número de discos: Enorme, tantos como bits tenga el tamaño de palabra, más los necesarios para el código Hamming.

- Capacidad: Gran overhead, ya que son necesarios $\log_2(M)+1$ discos adicionales, donde M es el tamaño de palabra en bits. En total, la capacidad del sistema será equivalente a $\frac{N \cdot M}{\log_2(M)+M}$ discos.

- Fallos tolerados: 1

- Concurrencia: Sin aumento especial de rendimiento

Este nivel de RAID no se ha llegado nunca a implementar por sus evidentes carencias (resueltas por posteriores niveles).

### RAID 3: Paridad de byte

Cada byte de una palabra de datos se escribe en un disco. En un disco adicional, se guarda la paridad de los bytes de la fila. En caso de fallo de un disco, es posible reconstruir los datos a partir del resto y de los bytes de paridad.

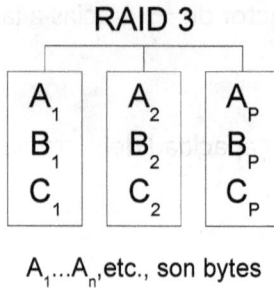

## RAID 3

| $A_1$ | $A_2$ | $A_P$ |
| $B_1$ | $B_2$ | $B_P$ |
| $C_1$ | $C_2$ | $C_P$ |

$A_1...A_n$,etc., son bytes

- Aumento de velocidad: Similar a RAID-0 en lectura. Disminución en escritura al tener que calcular la paridad, además de que el disco de paridad es un cuello de botella.
- Número de discos: Mínimo 3.
- Capacidad: Buena eficiencia en almacenamiento, la capacidad del sistema es equivalente a $N-1$ discos.
- Fallos tolerados: 1
- Concurrencia: Muy malo, ya que al funcionar a nivel de byte, cualquier bloque se encuentra distribuido a lo largo de todo el RAID. Esto implica que cualquier lectura implica acceder a todos los discos. Además, el disco de paridad es un cuello de botella, pues debe ser accedido en cada lectura/escritura.

### RAID 4: Paridad de bloque

Este nivel es idéntico a RAID 3, con la diferencia de que en lugar de trabajar a nivel de byte, se hace a nivel de bloque. De esta manera se consigue un mejor rendimiento, ya que por su naturaleza los discos duros trabajan más rápido con bloques de datos.

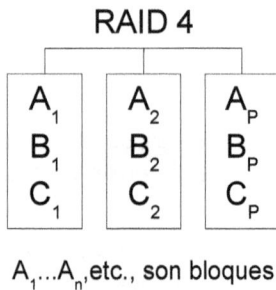

## RAID 4

| $A_1$ | $A_2$ | $A_P$ |
| $B_1$ | $B_2$ | $B_P$ |
| $C_1$ | $C_2$ | $C_P$ |

$A_1...A_n$,etc., son bloques

- Aumento de velocidad: Superior a RAID 3 al trabajar con bloques. El disco de paridad sigue siendo un cuello de botella
- Número de discos: Mínimo 3.
- Capacidad: Idéntica a RAID 3.
- Fallos tolerados: 1
- Concurrencia: Mejor que RAID 3 al no requerir acceso a todos los discos para cada petición (basta acceder al disco que tiene el bloque). Al igual que RAID 3, el disco de paridad es un cuello de botella.

## RAID 5: Paridad de bloque distribuida

Este esquema es similar a RAID 4, pero en este caso la paridad, en lugar de concentrarse en un sólo disco, se distribuye a lo largo de los datos. Así se elimina el cuello de botella que era el disco de paridad.

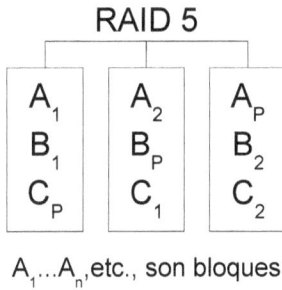

### RAID 5

| $A_1$ | $A_2$ | $A_P$ |
|-------|-------|-------|
| $B_1$ | $B_P$ | $B_2$ |
| $C_P$ | $C_1$ | $C_2$ |

$A_1...A_n$,etc., son bloques

- Aumento de velocidad: Superior a RAID 4 al eliminar el cuello de botella del disco de paridad.
- Número de discos: Mínimo 3.
- Capacidad: Idéntica a RAID 3 y 4.
- Fallos tolerados: 1
- Concurrencia: Mejor que RAID 3 y 4 al no haber cuellos de botella. Además, al estar los datos más dispersos puede incluso llegar a ser más rápido que RAID 0 (ya que en RAID 5 el mínimo son 3 discos frente a los 2 de RAID 0).

Este es uno de los esquemas más utilizados en la actualidad, por suponer un buen balance entre tolerancia a fallos y rendimiento. Si bien no hay un límite teórico en el número de discos a usar en un RAID 5, se suele establecer un límite, ya que de lo contrario la probabilidad de que se produzcan dos fallos en el sistema aumenta notablemente. Para arrays más grandes, se puede utilizar un sistema de mayor redundancia como RAID 6.

## RAID 6: Paridad distribuida y duplicada

Este esquema es idéntico a RAID 5, y se diferencia en que la paridad de los datos se guarda por duplicado, aumentando así la fiabilidad del sistema.

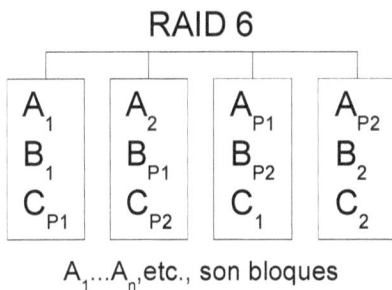

### RAID 6

| $A_1$ | $A_2$ | $A_{P1}$ | $A_{P2}$ |
|-------|-------|----------|----------|
| $B_1$ | $B_{P1}$ | $B_{P2}$ | $B_2$ |
| $C_{P1}$ | $C_{P2}$ | $C_1$ | $C_2$ |

$A_1...A_n$,etc., son bloques

- Aumento de velocidad: Idéntica a RAID 5 en lectura, escrituras algo más lentas al tener que escribir dos veces la paridad.
- Número de discos: Mínimo 4
- Capacidad: Menos eficiente que RAID 5 debido a la doble paridad. La capacidad total del sistema es equivalente a $N-2$ discos.
- Fallos tolerados: 2
- Concurrencia: Comportamiento algo mejor que RAID 5 al estar los datos más dispersos por la obligación de usar un disco adicional.

### RAIDs multinivel

Los niveles RAID expuestos en el apartado anterior pueden combinarse para obtener configuraciones más veloces o fiables, o bien para conseguir una mayor flexibilidad en escenarios concretos. Si bien hay muchas combinaciones posibles con todos los niveles, sólo algunas de ellas tienen un especial sentido y son comúnmente utilizadas:

### RAID 01: Mirroring y striping

Este nivel consiste en crear dos arrays RAID 0, combinándolos mediante RAID 1. De esta manera se consigue un compromiso entre la velocidad de RAID 0 y la fiabilidad de RAID 1.

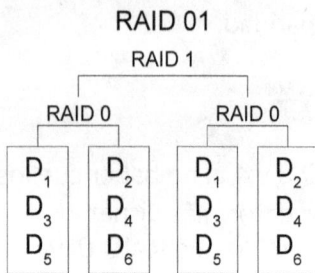

RAID 01

RAID 1

RAID 0          RAID 0

| $D_1$ | $D_2$ | $D_1$ | $D_2$ |
| $D_3$ | $D_4$ | $D_3$ | $D_4$ |
| $D_5$ | $D_6$ | $D_5$ | $D_6$ |

- Aumento de velocidad: Similar a RAID 0
- Número de discos: Mínimo 4, en general un número par
- Capacidad: Igual a RAID 1, es decir, la capacidad total equivale a $\frac{N}{2}$ discos.
- Fallos tolerados: Como mínimo 1, posiblemente más dependiendo de su distribución.
- Concurrencia: Similar a RAID 1

Si bien este esquema puede tolerar más de un error, el número total de errores tolerables depende de la distribución de los mismos. Así, el primer error es tolerado en cualquiera de los discos, ya que, si bien anula el RAID 0 al que pertenezca, el RAID 1 superior permite al sistema seguir funcionando. Si los siguientes errores se producen en los discos del RAID 0 inhabilitado, el sistema seguirá funcionando, pero si se producen en el RAID 0 que aún está activo, el sistema no podrá continuar.

Por tanto, hay una probabilidad del 50% de que, dado un error, el segundo inhabilite el array completo.

### RAID 10: Striping y mirroring

Este esquema es la inversa del anterior, es decir, se establecen diferentes arrays RAID 1, y por encima se configuran como un RAID 0.

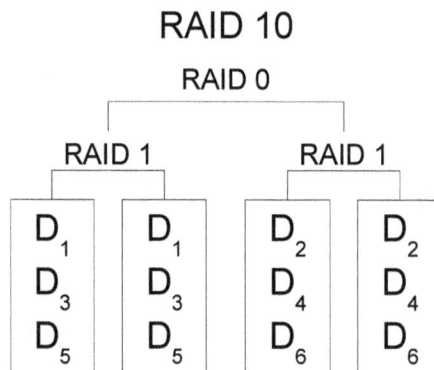

## RAID 10

RAID 0

RAID 1                    RAID 1

| $D_1$ | $D_1$ | $D_2$ | $D_2$ |
| $D_3$ | $D_3$ | $D_4$ | $D_4$ |
| $D_5$ | $D_5$ | $D_6$ | $D_6$ |

Las características de este esquema en cuanto a eficiencia del uso de espacio o rendimiento son las mismas que las de RAID 01, encontrándose la diferencia en la respuesta ante fallos. Así, generalmente un array RAID 10 tolera más fallos que un array RAID 01.

Esta mejora en la tolerancia a fallos se produce porque, al producirse un error en un disco, el RAID 1 al que pertenece se encarga de que ese subarray, y por tanto el RAID 0 de nivel superior, siga funcionando. A partir de aquí, la única forma de detener el sistema es que se produzca un error en el disco duro restante del RAID 1 en el que se ha producido el primer error. Un error en cualquier otro disco no impediría al array completo seguir funcionando. De esta manera, y dado un primer error, la probabilidad de que el siguiente error detenga el sistema es de $\dfrac{1}{N-1}$ , que, teniendo en cuenta que el N mínimo es de 4 discos, siempre es más baja que el 50% de probabilidades que tendríamos en un RAID 01.

Este mejor comportamiento frente a errores de RAID 10 respecto a RAID 01 es común a todos los combinaciones de RAID 0 con otro esquema, por lo que siempre es preferible un esquema x0 a un 0x.

### RAID 50

Este esquema consiste en la disposición de un array RAID 0 compuesto de arrays RAID 5. De esta manera, se consiguen varios efectos: en primer lugar, es posible construir arrays con un número de discos grande sin comprometer la fiabilidad del sistema. Por su parte, la tolerancia a fallos es superior a la de un RAID 5.

Además, respecto a RAID 5, el disponer los discos en RAID 50 supone una mejora de la velocidad de escritura en accesos concurrentes. Esto se debe a que, si bien en RAID 5 es necesario leer la información de todos los discos en cada escritura para poder calcular la paridad, en un RAID 50 bastará leer los pertenecientes al subarray correspondiente. Además, al usar striping, escrituras a datos contiguos utilizarán arrays RAID 5 diferentes, por lo que el cálculo de paridades se podrá hacer en paralelo.

### RAID 15/51

En este esquema se construye un array RAID 5 compuesto de arrays RAID 1, o viceversa según el tipo de implementación. Está indicado cuando se quiere la máxima fiabilidad.

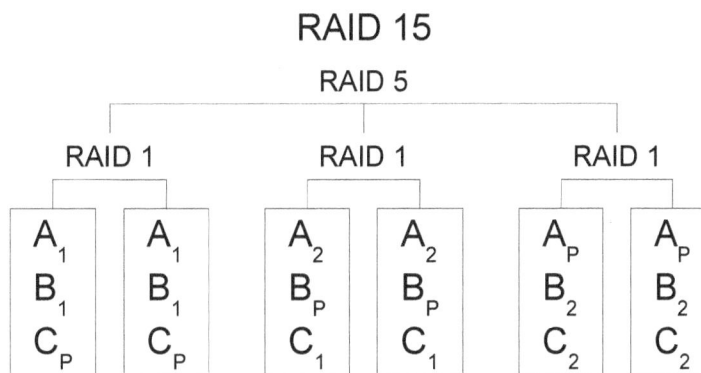

Este esquema es, con diferencia, el que proporciona una mayor tolerancia a fallos aunque, eso sí, a coste de una gran pérdida de eficiencia en cuanto a uso de espacio. Así, por ejemplo el RAID 15 de 6 discos de la figura anterior no dejaría de funcionar hasta el 4º fallo. Por contra, la capacidad sería apenas la de 2 discos, es decir, un 33% de eficiencia.

### RAID 100

RAID 100 es una extensión de RAID 10 en la que se establece un nivel adicional de RAID 0 por encima. Los objetivos son dos: el primero, permitir configuraciones con gran número de discos. Por otra parte, el striping adicional hace que los datos estén aún más dispersos, lo que mejora el rendimiento promedio en un entorno transaccional.

Por estos motivos, RAID 100 es un esquema apropiado, por ejemplo, para bases de datos muy grandes y que soporten una gran cantidad de accesos concurrentes pero en las que sea importante el disponer de una buena tolerancia a fallos.

## Aplicabilidad de los niveles RAID

La siguiente tabla muestra brevemente bajo qué condiciones resulta conveniente aplicar cada nivel RAID:

RAID 0: Rendimiento máximo, pero con una pésima fiabilidad. Sólo en arrays multinivel.

RAID 1: Alta fiabilidad y rendimiento, a coste de una mala eficiencia del espacio.

RAID 2: Inaplicable por el elevado n° de discos y por funcionar a nivel de bit.

RAID 3: Generalmente en ningún caso, superado por otros niveles.

RAID 4: Ídem.

RAID 5: Buena solución de propósito general, rendimiento bajo en escrituras.

RAID 6: Configuraciones RAID 5 de muchos discos.

RAID 01: En ningún caso, siempre es preferible RAID 10.

RAID 10: Mejor fiabilidad y rendimiento que RAID 1, eficiencia igual de mala.

RAID 15: Entornos que requieran extrema fiabilidad, aun a coste de una pésima eficiencia.

RAID 50: Mejor rendimiento en escritura que RAID 5, con mayor fiabilidad. Buena solución para un número elevado de discos.

RAID 100: Entornos con gran cantidad de discos y mucha carga transaccional.

En general, se puede observar que los diferentes niveles RAID cumplen el viejo axioma de la ingeniería que dice que, dados tres objetivos (en este caso rendimiento, fiabilidad y eficiencia en espacio), cualquier configuración sólo cubrirá como mucho dos de ellos.

Además de las características de los diferentes niveles, hay que tener en cuenta una serie de consideraciones adicionales a la hora de escoger una configuración de discos:

■ Puede ser interesante, sea cuál sea el nivel de RAID que se implemente, intentar conseguir una cierta heterogeneidad en los discos duros del array. De lo contrario, por ejemplo, un defecto de fabricación que apareciera simultáneamente en todos los discos podría acabar con el sistema por muy robusto que éste sea en la teoría.

■ Además de los criterios teóricos de cada nivel RAID, hay que analizar los detalles de cada implementación. Así, aspectos como la capacidad de una controladora de disco para acceder en paralelo o no a los discos, o la capacidad de calcular la paridad de un RAID 5 por hardware sin overhead adicional, pueden desequilibrar la balanza en direcciones aparentemente contradictorias con lo que dice la teoría.

■ Además de los tres objetivos de rendimiento, fiabilidad y eficiencia, hay que tener en cuenta otros criterios que, aunque secundarios, no dejan de ser importantes. Así, aspectos como la facilidad de administración (p. ej. RAID 1 facilita la realización de backups) o la velocidad/dificultad de reconstrucción del array en caso de fallo pueden ser factores muy importantes a la hora de decidir una configuración de discos.

# SAN: Storage Area Network

## Motivación

Tradicionalmente, el almacenamiento de una organización se basa en que cada máquina dispone de sus propios dispositivos de almacenamiento, como muestra la siguiente figura:

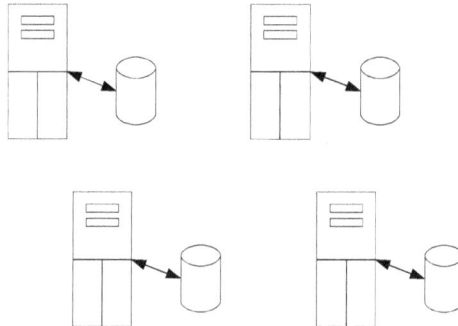

Este esquema crea diferentes problemas:

- De administración: Aspectos como copias de seguridad hay que hacerlos máquina a máquina

- De gestión del espacio: Por ejemplo, es posible que haga falta añadir más almacenamiento aunque globalmente haya suficiente espacio libre (fragmentación)

- De tolerancia a fallos: Hay que gestionar la tolerancia a fallos en cada una de las máquinas.

Una forma de solucionar estos problemas es mediante el uso de una SAN (Storage Area Network). En este esquema, el almacenamiento está centralizado, y conectado a los diferentes servidores mediante la SAN:

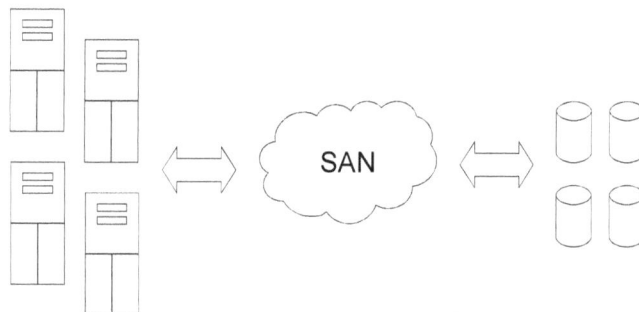

Internamente, una SAN funciona a nivel de bloques, de manera similar a un disco duro y usando un protocolo similar (de hecho la mayor parte de implementaciones usan SCSI como protocolo). El almacenamiento de una SAN está dividido en dispositivos que tienen asignado un identificador único (LUN), y los ordenadores de la red acceden a ellos de la misma forma que accederían a una unidad de almacenamiento conectada directamente.

Cada cliente de la red estaría conectado, en vez de a su sistema de almacenamiento individual, al dispositivo virtual correspondiente de la SAN. En realidad, el proceso se realiza de una forma bastante transparente, ya que, al organizarse internamente una SAN como un pool de dispositivos de almacenamiento, una controladora SAN funcionaría, de cara a los equipos, como una controladora de disco más, con la diferencia de que en este caso la conexión, en lugar de ser a un disco local, sería a un disco remoto a través de la red.

Por tanto, las principales ventajas de una SAN son las siguientes:

- Facilidad de administración: Al poder tener centralizado todo el almacenamiento en un mismo lugar, se simplifica la infraestructura y se facilita la administración. Así, por ejemplo, aspectos como la gestión de backups son mucho más sencillos.

- Tolerancia a fallos: El tener el almacenamiento centralizado facilita disponer el almacenamiento de formas complejas (RAIDs, etc.) que no siempre son posibles a nivel individual en cada servidor. También permite implementar de forma sencilla aspectos como servidores redundantes que entren en funcionamiento cuando un servidor cae, utilizando los mismos discos del servidor caído.

- Mayor flexibilidad: La asignación de recursos de almacenamiento se simplifica al poder distribuir el espacio disponible de una forma eficiente y centralizada, sin problemas de fragmentación. También se hace posible aumentar o disminuir los recursos disponibles de una forma sencilla.

## Estructura

Existen diferentes esquemas de interconexión de los elementos de una SAN. Los más frecuentes son los siguientes:

### SCSI sobre fibre-channel

Es el esquema más común, y utiliza el protocolo SCSI para comunicarse, y una red fibre-channel como interfaz físico. Fibre-channel es una interfaz de comunicación de alta velocidad, generalmente implementada con fibra óptica, que permite velocidades en torno a 1 Gbps y que se estructura de forma similar a una red ethernet conmutada. Es un esquema caro (debido a usar fibre-channel), pero tiene un alto rendimiento.

| Ventajas | Inconvenientes |
|---|---|
| ■ Rápido<br>■ Uso eficiente del medio | ■ Coste<br>■ Problemas de interoperabilidad al no estar tan estandarizado como otras opciones |

### iSCSI

Consiste en encapsular el protocolo SCSI sobre TCP/IP, usando así como interfaz físico una red ethernet convencional. De esta manera se abaratan sensiblemente los costes de los equipos. Con el aumento reciente de velocidad de las redes ethernet (1 Gbps y 10 Gbps), es un esquema en auge.

Un problema de este esquema es que, si bien el hecho de usar TCP/IP hace que se pueda utilizar mucho equipamiento de red existente (abaratando por tanto el coste), las características de TCP/IP están pensadas para la comunicación a través de internet, en la que características como el control de errores, el enrutado o el establecimiento de sesión son fundamentales. Dado que iSCSI utiliza sólo un subconjunto de estas características, TCP/IP no resulta un protocolo excesivamente eficiente, lo que repercute en la eficiencia en el acceso al medio y, por tanto, en la necesidad de procesamiento en el equipamiento de red.

Para aliviar en cierta medida este problema, en una SAN iSCSI (y en general en configuraciones Gbit ethernet de alto tráfico) es común utilizar equipos TOE (TCP Offload Engine), que son una implementación en circuitería de algunas de las características avanzadas de TCP/IP, y que permiten aliviar a los servidores de gran parte del procesamiento de paquetes que, en circunstancias normales, podría suponer un cuello de botella importante.

| Ventajas | Inconvenientes |
|---|---|
| ■ Barato | ■ Más lento que fibre-channel en redes no Gbit<br>■ Uso poco eficiente del medio |

### AoE (ATA over Ethernet)

Similar a iSCSI, encapsula el protocolo ATA sobre frames ethernet. A diferencia de iSCSI, AoE no utiliza servicios de capas superiores como TCP, IP o UDP, por lo que es un protocolo extremadamente sencillo y eficiente que permite implementar SANs de muy bajo coste. El precio a pagar es la pérdida de funcionalidades (por ejemplo, no es posible enrutar una SAN AoE más allá de su LAN).

| Ventajas | Inconvenientes |
|---|---|
| ■ Barato<br>■ Rápido<br>■ Sencillo | ■ Menos funcionalidades<br>■ Poco soporte de los fabricantes |

## NAS: Network Attached Storage

### Motivación

Si bien una red SAN soluciona muchos problemas relacionados con la gestión del almacenamiento en grandes organizaciones, es una solución que puede resultar muy costosa debido a la necesidad de equipamiento específico o incluso al establecimiento de una red independiente a la red principal de la organización dedicada en exclusiva al almacenamiento.

Una alternativa a una red SAN es el uso de dispositivos NAS (Network Attached Storage). Un dispositivo NAS es un equipo conectado a una serie de dispositivos de almacenamiento y a la red, de manera que comparte el almacenamiento con el resto de equipos de la red. A diferencia de SAN, el acceso a estos recursos se hace a nivel de fichero, no de bloque, y además se usa la misma red de la organización. De esta manera, es posible utilizar la infraestructura existente, sin necesidad de disponer de equipamiento adicional además de los propios NAS.

Las redes NAS utilizan equipamiento de red convencional, y se implementan generalmente mediante protocolos como NFS, SMB/CIFS o incluso FTP. Esto hace que el coste de una NAS sea muy reducido en comparación con una SAN.

## Comparación con SAN

Aunque tanto NAS como SAN presentan una serie de características comunes que facilitan y hacen más robusta la gestión del almacenamiento, a la hora de decidir entre uno u otro esquema hay que balancear sus ventajas e inconvenientes:

Ventajas

- Menor coste: Generalmente, una red NAS es más barata de instalar, ya que aprovecha la infraestructura de red existente y no requiere recursos adicionales aparte de los propios dispositivos NAS.

- Mejor compartición de ficheros: Una red NAS está preparada de por sí para compartir ficheros a diferentes ordenadores. En una SAN, cada dispositivo virtual está asignado a una máquina, por lo que la compartición no es tan directa.

Inconvenientes:

- Menor rendimiento: Al utilizar las redes existentes basadas en TCP/IP, y al estar basado en ficheros, el aprovechamiento del canal no es tan eficiente como en SAN, que trabaja a nivel de bloque y utilizando protocolos específicos como SCSI.

- Menor integración: La integración entre equipos y almacenamiento no es a tan bajo nivel como en SAN, por lo que aspectos como el arranque desde red son más difíciles de implementar.

# Programación y lenguajes

# Los lenguajes de programación: tipología y evolución

## Índice de contenido

## Concepto y evolución histórica

### Conceptos básicos

Un lenguaje de programación es un conjunto de comandos y construcciones sintácticas que permiten representar un algoritmo en un ordenador. La idea es que sirvan como interfaz entre el lenguaje humano (fácil pero poco riguroso) y el lenguaje máquina (preciso pero difícil).

Se dice que un lenguaje es universal o Turing-completo si tiene un poder computacional equivalente a una máquina de Turing, es decir, si cualquier algoritmo implementable por una máquina de Turing puede ser expresado en términos de ese lenguaje. La gran mayoría de lenguajes de programación son Turing-completos, existiendo excepciones como las fórmulas matemáticas de una hoja de cálculo, o las expresiones regulares.

Gran parte de los lenguajes de programación se basan en los mismos conceptos básicos definidos por la arquitectura von Neumann y la máquina de Turing: la transformación de datos en una serie de pasos secuenciales. Ahora bien, existen muchos otros que se alejan de este paradigma, existiendo así diferentes tipologías de lenguajes.

### Especificación de un lenguaje

Un lenguaje se define formalmente mediante gramáticas libres de contexto. Una gramática libre de contexto (GLC) es una tupla G(T,N,R,I), donde:

- T es un conjunto de elementos terminales

- N es un conjunto de elementos no terminales

- R es un conjunto de reglas de transformación, en el que cada regla r es una función $r : T \rightarrow P(T \cup N)$

- I es el símbolo no terminal inicial de la gramática, $I \in N$

Una gramática G define un lenguaje, compuesto por todas aquellas combinaciones de elementos terminales que pueden ser producidos mediante la aplicación de un conjunto de reglas al símbolo inicial de la gramática.

Generalmente una gramática se especifica mediante sus reglas, quedando implícitos los terminales y no terminales en las propias reglas, y el elemento inicial I como el que aparece en la primera regla.

Por ejemplo, una gramática que defina el lenguaje de las expresiones aritméticas sobre números enteros podría ser la siguiente:

```
Expr: Expr Oper Expr | (Expr) | Num
Oper: + | - | * | /
Num:  0 | 1 | 2 | 3 | 4 | 5 | 6 | 7 | 8 | 9
```

En este caso, los símbolos terminales serían los dígitos del 0 al 9, los operadores matemáticos y los paréntesis, mientras que los símbolos no terminales serían Expr, Oper y Num. Para hacer más compacta la notación, se unen las reglas con el mismo símbolo origen, separando el resultado por barras verticales.

Para saber si una expresión pertenece al lenguaje de esta gramática, hay que encontrar una secuencia de reglas que lleve a ella desde el símbolo inicial. Por ejemplo, para la cadena "5*(2+3)" podríamos encontrar la secuencia:

```
Expr -► Expr Oper Expr -► Expr * Expr -► Num * Expr -► 5*Expr -►
5*(Expr) -► 5*(Expr Oper Expr) -► 5*(Expr+Expr) -► 5*(Expr+Num) -►
5*(Num+Num) -► 5*(2+Num) -► 5*(2+3)
```

En el caso de los lenguajes de programación, se acostumbra a utilizar la notación BNF, propuesta por Backus y Naur (Backus-Naur Form). Por ejemplo, la siguiente gramática BNF especificaría una versión simplificada del Pascal:

```
<PROGRAMA>      ::=   program <FUNCIONES> <MAIN>
<MAIN>          ::=   begin <LINEAS> end.
<FUNCIONES>     ::=   <FUNCION> <FUNCIONES> |
                      <FUNCION>
<FUNCION>       ::=   [procedure|function] (<PARAMETROS>) begin <LINEAS> end;
<PARAMETROS>    ::=   <IDENTIFICADOR>,<PARAMETROS> |
                      <IDENTIFICADOR>
<LINEAS>        ::=   <LINEA>; <LINEAS> |
                      <LINEA>
<LINEA>         ::=   <IDENTIFICADOR> := <EXPRESION>
<IDENTIFICADOR>::=    [a-zA-Z0-9] <IDENTIFICADOR> |
                      [a-zA-Z0-9]
<EXPRESION>     ::=   <IDENTIFICADOR> |
                      <EXPRESION> <OPERACION> <EXPRESION> |
                      <IDENTIFICADOR>(<PARAMETROS>)
<OPERACION>     ::=   + | - | * | /
```

Esta gramática reconocería programas como este:

```
program
   function promedio(a,b)
   begin
      temp:=a+b;
      promedio:=temp/2;
   end;

begin
   n1:=5;
   n2:=13;
   resultado:=promedio(n1,n2);
end.
```

## Compilación, interpretación y depuración

El hecho de utilizar un lenguaje de programación hace necesario un procesado posterior que traduzca este lenguaje al código máquina inteligible por el ordenador. Hay básicamente dos formas de llevar a cabo este proceso:

■ Compilación: El programa se transforma en su equivalente en código máquina, y se almacena así para el momento de la ejecución.

■ Interpretación: El programa se almacena como código fuente, y en el momento de la ejecución se va traduciendo a código máquina conforme es necesario.

Cada uno de estos esquemas tiene sus ventajas e inconvenientes. Las ventajas de la compilación serían:

■ Código más rápido y eficiente: Como sólo se hace una vez, se puede invertir un tiempo en optimizar a fondo el programa resultante.

Por el contrario, los lenguajes interpretados tienen otras ventajas respecto a los compilados:

■ Mayor portabilidad: Al almacenarse los programas en código de alto nivel, para llevar el programa de una arquitectura a otra basta con que exista un intérprete.

■ Acceso al código: Es posible acceder y modificar el código de un programa interpretado en cualquier momento.

■ Posibilidad de optimizar para la máquina destino: En el caso de familias de ordenadores, es posible optimizar de forma más eficiente al conocer los detalles del ordenador en que se está ejecutando. En la compilación, se optimiza para el mínimo común denominador, lo que no siempre aprovecha las características avanzadas de las máquinas más modernas.

Si bien los lenguajes interpretados tienen muchas ventajas, su bajo rendimiento ha lastrado su uso en determinados entornos en los que es deseable una buena velocidad de ejecución. De todas formas, existen medidas que alivian estas diferencias. Por ejemplo, en vez de ir interpretando el código a medida que se ejecuta, los intérpretes JIT (Just In Time) hacen una compilación la primera vez que se arranca el programa, guardándola para ejecuciones sucesivas. Esto, añadido a la posibilidad de hacer optimizaciones más específicas para la máquina concreta que en el caso de la compilación previa, hace que las diferencias de rendimiento entre lenguajes compilados e interpretados se hayan reducido, e incluso que en algunas ocasiones resulte más eficiente utilizar un programa interpretado.

Esta convergencia en el rendimiento, sumada a las características de portabilidad y versatilidad de los lenguajes interpretados han hecho que éstos se extiendan en gran manera en ámbitos como el de los servidores o el desarrollo de aplicaciones web. En realidad, tanto los lenguajes más utilizados actualmente en estos entornos (Java), como los nuevos desarrollos en lenguajes (Python, Ruby) son interpretados.

# Tipologías

## Imperativos

Los lenguajes imperativos son los más cercanos al modelo de la máquina de Turing, en el sentido de que expresan un programa como un conjunto secuencial de acciones que actúan sobre los datos y el estado de la máquina.

Concretamente, un lenguaje imperativo dispone de los siguientes elementos:

- Variables en las que guardar valores temporales

- Operaciones para operar sobre las variables

- Instrucciones de salto para alterar el flujo de ejecución

Todos los lenguajes de ensamblador son imperativos por motivos obvios, así como muchos lenguajes de alto nivel. La programación imperativa se subdivide en otros paradigmas, como la programación estructurada o la programación orientada a objetos.

## *Estructurados*

El paradigma estructurado es un refinamiento del imperativo. Así, un programa estructurado se compone de los siguientes elementos:

- Bloques de sentencias que se ejecutan secuencialmente (procedimientos o funciones).

- Estructuras de selección del bloque a ejecutar a partir de una condición (condicionales).

- Estructuras de repetición de bloques de código según una condición (bucles).

En concreto, el paradigma estructurado elimina el concepto de salto, que queda implícito en los bucles, las construcciones condicionales y la división del código en procedimientos.

El paradigma estructurado tiene una serie de ventajas:

- Mayor legibilidad del código, lo que facilita la programación y el mantenimiento.

- Encapsulamiento de la funcionalidad, lo que facilita las modificaciones futuras y el testeo.

- 

Ejemplos de lenguajes estructurados serían el C o el Pascal.

## *Orientados a objetos*

La orientación a objetos supone un cambio importante respecto al paradigma estructurado. La idea subyacente es que la separación entre los datos y las operaciones que los manipulan que establece el modelo estructurado es artificial, ya que en el mundo real son aspectos que van de la mano. Por otra parte, en el modelo estructurado no hay diferencias claras entre las diferentes entidades que son relevantes a un programa, cuando en realidad los problemas a resolver consisten generalmente en interacciones entre diferentes entidades.

Así, el paradigma de la orientación a objetos propone plantear los problemas en términos de unas ciertas entidades, llamadas objetos, y sus interacciones. Cada uno de estos objetos estará compuesto de unos datos, así como de ciertas operaciones sobre los mismos. La orientación a objetos se basa en tres puntos fundamentales:

- Encapsulación: Los programas están formados por objetos, con sus datos y operaciones sobre ellos. Además, los detalles de cada objeto generalmente no son relevantes para otros objetos, por lo que sólo son accesibles por el objeto propietario.

- Herencia: Los objetos se constituyen como una jerarquía de clases, de manera que una clase puede heredar características de otra, ampliando o modificando su funcionalidad. Esto concuerda con numerosas problemáticas del mundo real, en la que hay evidentes patrones de herencia.

- Polimorfismo: Capacidad de que objetos de diferentes tipos respondan a métodos que, aunque tienen el mismo nombre, actúan de forma diferente en cada tipo. Esto permite abstraer las diferencias de implementación de las operaciones para cada tipo, y escribir programas a muy alto nivel. Por ejemplo, el operador "+" puede usarse tanto para sumar enteros como para concatenar cadenas.

Java o C++ serían ejemplos de lenguajes orientados a objetos.

### Orientados a aspectos

Este paradigma de programación es una evolución de la programación orientada a objetos. La idea subyacente es que gran parte del código del programa, pese a tener una temática común, no se puede encapsular convenientemente y afecta de manera horizontal a toda la aplicación.

Por ejemplo, en una aplicación de gestión probablemente haya que gestionar la conexión a las bases de datos, la autenticación, o el logging de sucesos. Por tanto, probablemente en cada método de la lógica de negocio sea necesaria algún tipo de intervención referente a estos aspectos, volviéndose el código menos legible y dificultando su mantenimiento en el caso de que alguno de estos aspectos cambie en el futuro. Aun encapsulando estas gestiones en clases independientes, sería necesario añadir en cada método del programa las llamadas correspondientes, por lo que no se resuelve el problema.

Lo que propone la POA es encapsular estas funcionalidades comunes en entidades llamadas aspectos. Cada aspecto, además de la implementación de su funcionalidad, indicaría su relación con el resto de elementos del programa. Así, en el ejemplo anterior, se crearían los aspectos Seguridad, BD y Logging, estableciendo que los diferentes métodos de la lógica de negocio hacen referencia a ellos. Por tanto, el proceso con POA es:

- Identificar clases y aspectos

- Implementar por separado

- Enlazar aspectos a las clases que los necesiten (weaving)

Ventajas de la POA:

- El código es más legible

- Es posible añadir funcionalidad sin tocar el código principal, sólo añadiendo un aspecto

Para implementar POA se puede usar desde preprocesadores hasta lenguajes específicos, pasando por extensiones de lenguajes existentes.

### Declarativos

Los lenguajes declarativos, en oposición a los imperativos, no indican una serie de pasos a seguir, sino que indican el resultado que se desea obtener. La implementación concreta necesaria para llegar a ese resultado es algo interno al compilador.

Al no indicar los detalles de implementación del algoritmo, sino únicamente el resultado, los lenguajes declarativos dejan mucho más margen al compilador para la optimización, por lo que se utilizan comúnmente para programas de alta concurrencia, difíciles de programar directamente.

Un ejemplos típico de lenguaje declarativo serían las consultas de SQL, en las que se indica el resultado a obtener, dejando al SGBD los detalles sobre cómo recorrer las tablas, qué índices utilizar, etc.

## Funcionales

La programación funcional concibe la ejecución de un programa como la evaluación de diferentes funciones matemáticas. En este caso, no existe el concepto de una serie secuencial de sentencias, ni de una máquina central con estado, por lo que este paradigma es completamente independiente del modelo de la máquina de Turing.

Algunas características de estos lenguajes son:

- Todo son funciones, que devuelven datos y/o otras funciones
- Muy paralelizables si las funciones son puras (reentrantes)
- La gestión de memoria está implícita
- Recursividad en vez de iteratividad (que es un caso particular de recursividad)
- Fácil probar matemáticamente corrección

Tradicionalmente, los lenguajes funcionales han sido más lentos que los imperativos, si bien implementan aspectos como la gestión de memoria y construcciones recursivas complejas que son ignorados por los lenguajes imperativos. Conforme los lenguajes imperativos han ido implementando características como la recolección automática de basura, o técnicas avanzadas de orientación a objetos (como la reflexión), la diferencia se ha reducido, y a día de hoy no es relevante. De hecho, en ámbitos científicos en los que se requiere una gran capacidad de cálculo, es común ver lenguajes típicamente imperativos como Fortran sustituidos por otros funcionales, que permiten expresar los cálculos de una forma más limpia y compacta y ofrecen unas capacidades de paralelización que los hacen especialmente apropiados para la tarea.

La que posiblemente sea la principal dificultad de los lenguajes funcionales es el aprendizaje de un nuevo paradigma completamente diferente al tradicional de la máquina de Turing. Debido a esto, los lenguajes funcionales tienen un ámbito de aplicación reducido, básicamente, a entornos académicos y aplicaciones científicas y de inteligencia artificial.

Algunos lenguajes funcionales son Lisp y sus dialectos (si bien dispone de muchas extensiones que hacen que no sea puramente funcional), o Haskell. Muchos lenguajes imperativos modernos como Python o Ruby están también claramente influenciados por los lenguajes funcionales, y adoptan algunas de sus construcciones, por lo que se pueden usar de forma más o menos funcional.

El carácter abstracto y altamente paralelo de los lenguajes funcionales puros los hacen especialmente apropiados para la computación cuántica, y de hecho ya existen dialectos de Haskell y otros lenguajes funcionales en este sentido.

## *Lógicos*

En un lenguaje lógico, un programa se compone de una base de conocimiento en forma de predicados de lógica de primer orden. El funcionamiento del programa consistiría en hacer preguntas a esta base de conocimiento, cuya respuesta sería deducida de estos predicados. Por ejemplo, si consideramos la siguiente base de conocimiento:

$$ave(x) \Rightarrow vuela(x)$$
$$ave(paloma)$$
$$ave(aguila)$$
$$\neg ave(perro)$$

podríamos preguntar cosas como:

$$vuela(paloma)?$$
$$verdadero$$

$$vuela(?)$$
$$paloma, aguila$$

Las aplicaciones principales de los lenguajes lógicos están en el ámbito de la inteligencia artificial y los sistemas expertos, si bien son directamente aplicables a determinados problemas comunes (p. ej. cálculo de horarios) que son difíciles de resolver por métodos imperativos.

Por otra parte, los programas lógicos requieren un trabajo importante de construcción de la base de conocimientos, son difíciles (si no imposibles) de depurar, y además el tiempo de ejecución puede dispararse con facilidad.

El principal lenguaje lógico es el Prolog.

# Evolución histórica

## Primera generación: código máquina

La primera generación de lenguajes de programación consistía en escribir programas en código máquina, es decir, introduciendo directamente en el ordenador los valores binarios correspondientes a los códigos de instrucción, datos, etc., generalmente mediante interruptores y palancas. Cronológicamente, este esquema fue el que se uso en los inicios de la informática, en los años 40 y 50.

## Segunda generación: Ensamblador

La segunda generación de lenguajes se corresponde con la aparición del lenguaje ensamblador. El ensamblador no era más que una representación textual del código máquina que se usaba hasta entonces, de manera que a cada instrucción se le asignase un nombre identificativo, y los datos pudieran ser introducidos en decimal/hexadecimal en vez de directamente en binario. Un programa ensamblador se encargaba de traducir el texto del código ensamblador a formato binario inteligible por el ordenador.

## Tercera generación: Lenguajes de alto nivel

La tercera generación incluye a la mayoría de lenguajes modernos, y se refiere a la aparición de lenguajes de alto nivel. Estos lenguajes ofrecen estructuras sintácticas complejas, que permiten implementar fácilmente funcionalidades como bucles o condicionales, difíciles de implementar directamente con el juego de instrucciones de un ordenador. A partir del programa, un programa compilador se encarga de traducir el código de alto nivel a su equivalente en ensamblador y/o código máquina.

Uno de los primeros lenguajes de alto nivel fue Fortran, creado a finales de los años 50.

Dentro de esta generación se encuentran tanto los primeros lenguajes imperativos como Fortran o Cobol, como lenguajes lógicos y funcionales como Prolog o Lisp. También se incluyen aquí lenguajes estructurados como Pascal o C, o lenguajes orientados a objetos como Smalltalk, C++ o Java.

### Cuarta generación: Lenguajes declarativos no procedurales

Si bien a partir de la tercera generación la terminología es más difusa, generalmente se entiende como lenguajes de cuarta generación a los lenguajes declarativos, que a diferencia de los imperativos especifican el objetivo a calcular (objetivo explícito, procedimiento implícito) en lugar de los pasos concretos a seguir (objetivo implícito, procedimiento explícito). En esta categoría se encontrarían lenguajes como SQL, Mathematica o Postscript.

Generalmente, los lenguajes de 4GL, aunque en muchos casos son Turing-completos, están orientados a un dominio específico, como es el caso de las bases de datos en SQL o la impresión de documentos en Postscript.

### Futuro: Programación por especificaciones, programación visual, lenguaje natural

Hay quien habla de una quinta generación de lenguajes de programación, en la que, por ejemplo, se programaría mediante especificaciones de cómo debe ser el programa, sin indicar los detalles de implementación. Lenguajes como Prolog o SQL apuntan hacia esta dirección.

Otra propuesta de lenguaje de quinta generación sería un lenguaje completamente visual, en el que los diferentes componentes serían bloques que podrían ensamblarse unos con otros de forma totalmente gráfica, y sin entrar en detalles de implementación. En este sentido se ha comparado el desarrollo de software con otros ámbitos de la ingeniería, como la construcción o el diseño de maquinaria, en los que en lugar de hacer cada diseño desde cero, se utilizan una serie de componentes comunes para llevar a cabo diseños más complejos.

Finalmente, el objetivo final de la programación sería poder especificar al ordenador cómo debe ser un programa directamente usando el lenguaje natural. Esto entra en el ámbito de la inteligencia artificial, por lo que ni siquiera está claro que sea un problema resoluble, ni por otra parte que sea la mejor forma de especificar un programa dadas la poca precisión y las ambigüedades intrínsecas a este tipo de lenguaje.

# Los lenguajes orientados a objetos

## Índice de contenido

## Concepto y evolución histórica

### Introducción

La orientación a objetos es un paradigma de programación que utiliza objetos y sus interacciones como forma de diseñar aplicaciones. Así, el paradigma de la orientación a objetos propone plantear los problemas en términos de unas ciertas entidades, llamadas objetos, y sus interacciones. Cada uno de estos objetos estará compuesto de unos datos, así como de ciertas operaciones sobre los mismos. Los objetos son instancias de clases, que agrupan a todos los objetos de idéntica funcionalidad y que se organizan jerárquicamente.

La idea subyacente es que la separación entre los datos y las operaciones que los manipulan que establece el modelo estructurado es artificial, ya que en el mundo real son aspectos que van de la mano. Por otra parte, en el modelo estructurado no hay diferencias claras entre las diferentes entidades que son relevantes a un programa, cuando en realidad los problemas a resolver consisten generalmente en interacciones entre diferentes entidades.

### Historia

La programación OO surgió en los años 1960 como forma de mantener la calidad en el software a medida que el tamaño de los desarrollos crecía. Esto era posible gracias al aumento de la abstracción que implica la POO, que permitía encapsular los bloques del programa en objetos autónomos, y que facilitaba la reutilización al tiempo que confinaba el código del programa en un único punto (la definición del objeto), evitando la duplicidad de código.

El primer lenguaje OO fue Simula, una evolución de Algol, al que seguirían Smalltalk, C++ y Java, entre muchos otros.

## Estructura de un objeto

Un objeto es una estructura mixta de datos y código que tiene los siguientes componentes:

- Propiedades: Variables de datos pertenecientes al objeto. Determinan el estado del objeto, y constituyen los datos del programa.

- Métodos: Funciones asociadas al objeto, que realizan acciones sobre las propiedades y son las que proveen de la funcionalidad al programa.

Tanto las propiedades como los métodos pueden ser accedidos o no desde el exterior (por parte de otros objetos), si bien se definen diferentes esquemas de acceso:

- Públicos: Accesibles por cualquier otro objeto

- Privados: Accesibles sólo por el propio objeto

- Protegidos: Sólo son accesibles por el propio objeto, así como por los objetos pertenecientes a una subclase. No es un nivel de acceso estándar en POO, pero es común su implementación.

El conjunto de métodos y propiedades públicas constituye la interfaz del objeto, y es la que le permite la comunicación con el resto de objetos de la aplicación. La comunicación entre objetos se hace mediante paso de mensajes. Un mensaje se corresponde con una llamada a un método de la interfaz pública de un objeto.

Los objetos suelen tener dos métodos especiales:

- Constructor: Método que se ejecuta en el momento de la creación del objeto. Sirve para inicializar las propiedades del objeto a su estado inicial, así como para cualquier otra tarea de inicialización (reservar memoria, etc.).

- Destructor: Se ejecuta justo antes de destruir el objeto. Permite liberar recursos, así como realizar cualquier tarea necesaria antes de la destrucción del objeto.

## Jerarquía de clases

El conjunto de propiedades y métodos de un objeto define una clase de objetos, a la que pertenecen todos los objetos de idénticas características. Así, todos los objetos pertenecen a una clase, y se dice que son instancias de la misma. Por ejemplo, la clase Persona definiría a todos los objetos con nombre, apellidos, etc., mientras que las instancias de la clase Persona serían los objetos en sí.

Las clases se organizan de forma jerárquica, de manera que es posible que una clase se derive de otra, modificándola para completarla, hacerla más especializada o limitando su comportamiento. Por ejemplo, la clase Automóvil podría derivarse de la clase Vehículo, añadiendo propiedades/métodos específicos de los automóviles al tiempo que se conservan los de la clase superior. Este mecanismo se denomina herencia, y se explica más detalladamente en apartados posteriores.

Una clase que no dispone de instancia, sino que sólo existe como base para derivar otras subclases, se dice que es abstracta. Las clases abstractas únicamente definen un interfaz, y generalmente no implementan los diferentes métodos. Algunos lenguajes permiten la definición de clases abstractas puras, para las que está explícitamente prohibido instanciar objetos (p. ej. C++), mientras que otros lenguajes consideran las clases abstractas como clases convencionales, o bien las consideran como una construcción completamente diferente (p. ej. los interfaces de Java).

## Principios de la orientación a objetos

La orientación a objetos se basa en tres principios fundamentales:

### *Encapsulación*

La encapsulación incluye dos características:

- Tanto el código como los datos del programa se encuentran agrupados lógicamente en módulos separados del resto (los objetos)

- Los métodos y propiedades de cada objeto no tienen por qué ser directamente accesibles desde el exterior.

La encapsulación permite una mejor organización del código de un programa, al confinar el código y los datos relacionados en únidades lógicas separadas del resto. Al mismo tiempo, el hecho de que, generalmente, los objetos no pueden acceder a las propiedades/métodos de otros, se hace más fácil evitar errores por accesos peligrosos a otras partes del código, y se mejora la seguridad en general.

### *Herencia*

La herencia es una característica de la OO que permite que una clase herede sus características (métodos y propiedades) de otra, que es su clase padre (también llamada clase base o superclase). Así, las clases de un programa forman una jerarquía.

La herencia toma diferentes formas:

- Especialización: Añade datos/funcionalidad a la clase base. Por ejemplo, la clase FicheroJPEG

- Overriding: Cambiar o anular la funcionalidad de la clase base.

La herencia puede ser simple cuando sólo se heredan características de una clase, o múltiple cuando se heredan de varias a la vez. La herencia múltiple no está disponible en todos los lenguajes, ya que añade complejidad e introduce problemas específicos.

La herencia tiene diferentes ventajas:

- En el mundo real se dan muchos casos de herencia de características, por lo que esta característica permite modelizar mejor muchos problemas.

- La posibilidad de crear subclases especializadas permite aprovechar el código ya existente, evitando duplicidades.

### *Polimorfismo*

El polimorfismo es la capacidad de que objetos de diferentes tipos sean tratados utilizando un interfaz uniforme. En el caso de la OO, permitiría que objetos de diferentes clases sean tratados mediante los mismos operadores/métodos, de manera que se ejecute el método/operador adecuado a cada tipo de forma transparente al programador.

El nombre viene de la posibilidad de disponer de diferentes implementaciones para una misma operación, escogiendo una u otra en función del tipo de datos de los operandos.

El polimorfismo permite abstraer las diferencias de implementación de las operaciones para cada tipo, y escribir programas a muy alto nivel. Por ejemplo, el operador "+" podría usarse tanto para sumar enteros como para concatenar cadenas.

El polimorfismo se manifiesta en la POO de diferentes maneras:

- Sobrecarga de operadores: Permite implementar la funcionalidad de los operadores básicos (+, *, etc.) para cada clase concreta, de forma que sus objetos se puedan operar como si fueran tipos básicos. En determinados lenguajes, también es posible definir operadores nuevos.

- Polimorfismo de métodos: Consiste en implementar diferentes definiciones de un mismo método, una para cada combinación del tipo de sus parámetros. De esta manera, para poder utilizar un método con un tipo concreto, bastará con tener la implementación correspondiente.

Hay que tener en cuenta que, si bien el polimorfismo añade un nivel extra de abstracción y permite escribir programas a más alto nivel, también ralentiza la ejecución, ya que la selección de qué versión del método/operador ejecutar se debe hacer muchas veces en tiempo de ejecución, a diferencia de los lenguajes estructurados convencionales, que deciden qué función usar en tiempo de compilación.

### Críticas a la orientación a objetos

Algunas críticas a la OO son:

- No es realmente un nuevo paradigma: La orientación a objetos no hace nada que no pudiera hacerse con un lenguaje estructurado, sólo facilita la tarea.

- Esquema rígido: La OO está diseñada para evitar errores de principiante y, en general, de mediocres programadores, que un buen programador nunca cometería, con el agravante de que, para evitar estos malos comportamientos, también limita usos avanzados que podrían usar los programadores avanzados y que darían lugar a mejores programas.

- Problemático si el problema no tiene forma de árbol: Dado que las clases modelan el problema como una jerarquía, los problemas que no tienen esa forma son complejos de modelar usando OO.

## Ejemplos de lenguajes OO

### C++

El lenguaje C++ es una evolución del lenguaje C. Si bien es compatible hacia atrás, las estructuras orientadas a objetos que define son completamente nuevas. Las principales características de C++ son:

- Lenguaje compilado
- Implementa:
  - Clases
  - Sobrecarga de operadores
  - Herencia múltiple
  - Templates: Permite a las clases y funciones operar con parámetros de tipos genéricos. En el momento de la instanciación de la clase se decidiría sobre qué tipo debería operar.

Los lenguajes orientados a objetos

| Ventajas | Inconvenientes |
|---|---|
| ■ Al ser compilado genera código eficiente<br><br>■ Características avanzadas como la herencia múltiple | ■ Hereda de C aspectos discutibles (punteros)<br><br>■ Gestión de memoria manual<br><br>■ Complejo |

## Java

Java es un lenguaje con una sintaxis derivada de C y C++, pero con un planteamiento notablemente diferente tanto en el modelo de objetos como en el objetivo y esquema de funcionamiento. Sus principales características son :

■ Es un lenguaje interpretado, que se compila a un pseudo-código intermedio que se ejecuta en una máquina virtual.

■ Implementa:

    o Clases: Son el mecanismo fundamental del lenguaje, y no existen otras construcciones.

    o No soporta sobrecarga de operadores ni herencia múltiple (directamente).

    o Define interfaces, que son similares a las clases abstractas puras (clases no instanciables), y que permiten implementar algo similar a la herencia múltiple.

    o Gestión automática de memoria: No es necesario reservar y liberar memoria, sino que la propia máquina virtual se encarga de ir liberando la memoria no direccionada.

| Ventajas | Inconvenientes |
|---|---|
| ■ Multiplataforma: Al compilarse a código intermedio, para poder ejecutar un programa en una arquitectura dada es suficiente con que exista una implementación de la máquina virtual (notablemente más sencilla que la de un compilador).<br><br>■ La gestión automática de memoria evita errores.<br><br>■ El hecho de que la compilación final se hace en la máquina virtual permite optimizaciones muy específicas de la arquitectura, lo que permite optimizaciones difíciles o imposibles de hacer en un lenguaje compilado como C++. | ■ Más lento al pasar por una máquina virtual y realizar gestión de memoria. |

## Python

El lenguaje Python es un lenguaje multiparadigma (orientado a objetos, estructurado y funcional) que se caracteriza por ser de muy alto nivel y hacer pocas concesiones a las características de la arquitectura. Sus principales características son:

■ Es un lenguaje interpretado

■ Énfasis en la legibilidad del código: Por ejemplo, los separadores de bloque no son corchetes o llaves como en otros lenguajes, sino que se usa el número de espacios de indentación, de forma que es obligatorio escribir código bien tabulado.

- Tipado dinámico: A diferencia de C++ o Java, que usan un tipado estático, en Python la verificación de tipos es dinámica. Eso quiere decir que la verificación de compatibilidad entre tipos se hace en tiempo de ejecución, y no en tiempo de compilación. La consecuencia es que en un lenguaje dinámico, los tipos pueden definirse, por ejemplo, en función de los datos de entrada del programa, de manera que se pueden escribir programas más flexibles y potentes, al coste de disminuir el número de errores detectables en tiempo de compilación.

- Alto nivel: Las construcciones de Python intentan evitar la definición procedural en pro de un esquema más declarativo. Así, por ejemplo, permite definir operaciones para todos los elementos de un vector en lugar de obligar a escribir un bucle que lo recorra. De esta manera, la elección del método más apropiado para realizar la operación deseada queda en manos del motor de ejecución, pudiendo elegir una implementación mejor en cada momento/sistema/arquitectura.

- Gestión automática de la memoria

- Metaclases: Abstracción adicional sobre el concepto de clase, en el sentido de que es un tipo de objeto cuyas instancias son clases. Permite la implementación de tipos genéricos.

- Metaprogramación: Capacidad de generar y ejecutar nuevo código en tiempo de ejecución desde el propio programa. Aporta flexibilidad y potencia, ya que, por ejemplo, se puede generar el fragmento de código más apropiado en función de los datos de entrada.

- Reflexión: Capacidad de un programa para examinar y modificar su propia estructura en tiempo de ejecución. Permite una mayor flexibilidad y la implementación de comportamientos complejos de forma más sencilla que en un lenguaje convencional.

| Ventajas | Inconvenientes |
| --- | --- |
| - Multiplataforma dado su carácter interpretado<br><br>- Código muy legible por la propia sintaxis del lenguaje.<br><br>- El alto nivel de sus construcciones permite optimizaciones muy específicas en tiempo de ejecución, imposibles en otros lenguajes compilados/precompilados | - El alto nivel y el hecho de que sea interpretado hace que su rendimiento sea inferior en general. |

## Integración con BDs relacionales

La mayoría de aplicaciones de un cierto tamaño utilizan una base de datos relacional como forma de almacenar los datos del programa. Si bien el enfoque relacional se corresponde de forma bastante directa con el paradigma estructurado, no pasa lo mismo con la orientación a objetos, cuyas estructuras de datos no tienen una correspondencia directa con las tablas de una BD relacional, y donde se hace necesario usar diferentes técnicas:

### BDs orientadas a objetos (ODBMS)

La opción más evidente es abandonar el modelo relacional, y utilizar una base de datos orientada a objetos, en la que se almacenarían los objetos del programa. De esta forma, no sería necesario ningún tipo de interfaz, ya que se trabajaría directamente con los objetos en la BD.

Algunas características de un ODBMS serían:

- Concepto de persistencia: Los objetos de un programa pueden existir más allá del tiempo de ejecución del mismo, de manera que se pueden volver a usar en posteriores ejecuciones.

- Nuevos lenguajes de consulta: Como SQL es estrictamente relacional, se definen nuevos lenguajes de consulta a la BD que aprovechan las características OO para hacer las consultas más eficientes. Un lenguaje estándar es OQL (Object Query Language).

- Más eficiente en determinadas tareas.

Si bien ha habido numerosos intentos de utilizar ODBMSs, en la práctica su uso no ha llegado a popularizarse, por diferentes motivos:

- Falta de estandarización: Los diferentes productos son en muchas ocasiones incompatibles entre sí, usando esquemas y lenguajes incompatibles. OQL es un intento de estandarización relativamente reciente.

- Falta de un modelo matemático: A diferencia del modelo relacional, el modelo OO no se apoya en un modelo matemático que permita modelizar las operaciones y optimizarlas, como sucede en el caso del álgebra relacional.

- Excesiva especificidad: Si bien un ODBMS puede ser mucho más rápido y sencillo de usar que un RDBMS para determinados problemas, para otros problemas que se salgan de la estructura clásica OO son lentos y difíciles de formular. El modelo relacional se presenta como mejor solución de propósito general.

- Adopción de características OO en RDBMS, y productos: Progresivamente, los SGBDs relacionales han ido incorporando características orientadas a objetos que hacen menos necesario el uso de SGBDs OO. Por otra parte, el mapeo de objetos a una BD relacional es un problema considerablemente estudiado y para el que existen diversas herramientas.

## BDs objeto-relacionales

A medida que se iba popularizando el paradigma de programación orientada a objetos, las BDs relacionales comenzaron a adoptar características del modelo, ofreciendo así una combinación de BD relacional y orientada a objetos conocida como objeto-relacional. Algunas de las características de este enfoque son:

- Soporte de clases y herencia para las tablas

- Nuevos tipos compuestos

- Incorporación de código asociado a las tablas de la BD

El estándar SQL'1999 define características objeto-relacionales para el lenguaje SQL, ampliadas posteriormente en SQL'2003. Los principales SGBDs del mercado (Oracle, DB2, etc.) implementan algunas de las características definidas, si bien la implementación no es generalmente total.

## Mapeo de objetos a BDs relacionales

Existen diferentes paquetes software que permiten mapear los objetos de una aplicación OO a una BD relacional, de forma que se consiga la persistencia de los objetos de forma transparente, usando una BD relacional convencional. La contrapartida es que existe un cierto overhead en la traducción, si bien productos como Hibernate tienen un overhead considerablemente bajo y han conseguido un cierto éxito en el mercado.

# El lenguaje Java

## Índice de contenido

## Introducción

Inicialmente, el coste de un sistema informático estaba marcado principalmente por el hardware: los componentes internos de los ordenadores eran voluminosos, lentos y caros. En comparación, el coste que generaban las personas que intervenían en su mantenimiento y en el tratamiento de la información era casi despreciable. Además, por limitaciones físicas, el tipo de aplicaciones que se podían manejar eran más bien simples. El énfasis en la investigación en informática se centraba básicamente en conseguir sistemas más pequeños, más rápidos y más baratos.

Con el tiempo, esta situación ha cambiado radicalmente. La revolución producida en el mundo del hardware ha permitido la fabricación de ordenadores en los que no se podía ni soñar hace 25 años, además reduciendo considerablemente los costes materiales. Por contra, los costes relativos al personal han aumentado progresivamente, y también se ha incrementado la complejidad en el uso del software, entre otras cosas debido al aumento de interactividad con el usuario.

En la actualidad muchas de las líneas de investigación buscan mejorar el rendimiento en la fase de desarrollo de software donde, de momento, la intervención humana es fundamental. Mucho de este esfuerzo se centra en la generación de código correcto y en la reutilización del trabajo realizado.

En este camino, el paradigma de la programación orientada a objetos ha supuesto una gran aproximación entre el proceso de desarrollo de aplicaciones y la realidad que intentan representar. Por otro lado, la incorporación de la informática en muchos componentes que nos rodean también ha aumentado en gran medida el número de plataformas diversas sobre las cuales es posible desarrollar programas.

Java es un lenguaje moderno diseñado para dar solución a este nuevo entorno. Básicamente, es un lenguaje orientado a objetos pensado para trabajar en múltiples plataformas. Su planteamiento consiste en crear una plataforma común intermedia para la cual se desarrollan las aplicaciones y, después, trasladar el resultado generado para dicha plataforma común a cada máquina final.

Este paso intermedio permite:

- Escribir la aplicación sólo una vez. Una vez compilada hacia esta plataforma común, la aplicación podrá ser ejecutada por todos los sistemas que dispongan de dicha plataforma intermedia.

- Escribir la plataforma común sólo una vez. Al conseguir que una máquina real sea capaz de ejecutar las instrucciones de dicha plataforma común, es decir, que sea capaz de trasladarlas al sistema subyacente, se podrán ejecutar en ella todas las aplicaciones desarrolladas para dicha plataforma. Por tanto, se consigue el máximo nivel de reutilización. El precio es el sacrificio de parte de la velocidad.

En el orden de la generación de código correcto, Java dispone de varias características mejoradas respecto a los lenguajes estructurados convencionales. Aunque Java se basa fuertemente en C++, (gracias a lo cual se consigue mayor facilidad de aprendizaje para gran número de desarrolladores) se han eliminado muchas características que se arrastraban, no ya sólo de C++, sino también de la compatibilidad de éste con C.

Esta "limpieza" tiene consecuencias positivas:

- El lenguaje es más simple, pues se eliminan conceptos complejos raras veces utilizados.

- El lenguaje es más directo. Se ha estimado que Java permite reducir el número de líneas de código a la cuarta parte.

- El lenguaje es más puro, pues sólo permite trabajar en el paradigma de la orientación a objetos.

Además, la juventud del lenguaje le ha permitido incorporar dentro de su núcleo algunas características que sencillamente no existían cuando se crearon otros lenguajes, como las siguientes:

- La programación de hilos de ejecución (threads), que permite aprovechar las arquitecturas con multiprocesadores.

- La programación de comunicaciones (TCP/IP, etc.) que facilita el trabajo en red, sea local o Internet.

- La programación de applets, miniaplicaciones pensadas para ser ejecutadas por un navegador web.

- El soporte para crear interfaces gráficas de usuario y un sistema de gestión de eventos, que facilitan la creación de aplicaciones siguiendo el paradigma de la programación dirigida por eventos.

Así los objetivos de este documento son:

1. Conocer el entorno de desarrollo de Java.

2. Mostrar los fundamentos de la programación en Java

3. Entender los conceptos del uso de los hilos de ejecución y su aplicación en el entorno Java.

4. Comprender las bases de la programación dirigida por eventos y ser capaz de desarrollar ejemplos simples.

5. Poder crear applets simples.

## Origen de Java

En 1991, ingenieros de Sun Microsystems intentaban introducirse en el desarrollo de programas para electrodomésticos y pequeños equipos electrónicos donde la potencia de cálculo y memoria era reducida. Ello requería un lenguaje de programación que, principalmente, aportara fiabilidad del código y facilidad de desarrollo, y pudiera adaptarse a múltiples dispositivos electrónicos. Por la variedad de dispositivos y procesadores existentes en el mercado y sus continuos cambios buscaban un entorno de trabajo que no dependiera de la máquina en la que se ejecutara.

Para ello diseñaron un esquema basado en una plataforma intermedia sobre la cual funcionaría un nuevo código máquina ejecutable, y esta plataforma se encargaría de la traslación al sistema subyacente. Este código máquina genérico estaría muy orientado al modo de funcionar de la mayoría de dichos dispositivos y procesadores, por lo cual la traslación final había de ser rápida.

El proceso completo consistiría, pues, en escribir el programa en un lenguaje de alto nivel y compilarlo para generar código genérico (los bytecodes) preparado para ser ejecutado por dicha plataforma (la "máquina virtual"). De este modo se conseguiría el objetivo de poder escribir el código una sola vez y poder ejecutarlo en todas partes donde estuviera disponible dicha plataforma (Write Once, Run EveryWhere).

Teniendo estas referencias, su primer intento fue utilizar C++, pero por su complejidad surgieron numerosas dificultades, por lo que decidieron diseñar un nuevo lenguaje (basándose en C++ para facilitar su aprendizaje). Este nuevo lenguaje debía recoger, además, las propiedades de los lenguajes modernos y reducir su complejidad eliminando aquellas funciones no absolutamente imprescindibles.

El proyecto de creación de este nuevo lenguaje recibió el nombre inicial de Oak, pero como el nombre estaba registrado, se rebautizó con el nombre final de Java. Consecuentemente, la máquina virtual capaz de ejecutar dicho código en cualquier plataforma recibió el nombre de máquina virtual de Java (JVM - Java virtual machine).

Los primeros intentos de aplicación comercial no fructificaron, pero el desarrollo de Internet fomentó tecnologías multiplataforma, por lo que Java se reveló como una posibilidad interesante para la compañía. Tras una serie de modificaciones de diseño para adaptarlo, Java se presentó por primera vez como lenguaje para ordenadores en el año 1995, y en enero de 1996, Sun formó la empresa Java Soft para desarrollar nuevos productos en este nuevo entorno y facilitar la colaboración con terceras partes. El mismo mes se dio a conocer una primera versión, bastante rudimentaria, del kit de desarrollo de Java, el JDK 1.0.

A principios de 1997 apareció la primera revisión Java, la versión 1.1, mejorando considerablemente las prestaciones del lenguaje, y a finales de 1998 apareció la revisión Java 1.2, que introdujo cambios significativos. Por este motivo, a esta versión y posteriores se las conoce como plataformas Java 2.

La verdadera revolución que impulsó definitivamente la expansión del lenguaje la causó la incorporación en 1997 de un intérprete de Java en el navegador Netscape.

## Características generales de Java

Sun Microsystems describe Java como un lenguaje simple, orientado a objetos, distribuido, robusto, seguro, de arquitectura neutra, portable, interpretado, de alto rendimiento, multitarea y dinámico. Analicemos esta descripción:

- Simple: Para facilitar el aprendizaje, Java se basó en C++, que es uno de los lenguajes más utilizados en la industria. Java elimina una serie de características poco utilizadas y de difícil comprensión del C++, como, por ejemplo, la herencia múltiple, las coerciones automáticas y la sobrecarga de operadores.

- Orientado a objetos: El diseño orientado a objetos enfoca el diseño hacia los datos (objetos), sus funciones e interrelaciones (métodos). En este punto, se siguen esencialmente los mismos criterios que otros lenguajes orientados a objetos como C++.

- Distribuido: Java incluye una amplia librería de rutinas que permiten trabajar fácilmente con los protocolos de TCP/IP como HTTP o FTP. Se pueden crear conexiones a través de la red a partir de direcciones URL con la misma facilidad que trabajando en forma local.

- Robusto: Uno de los propósitos de Java es buscar la fiabilidad de los programas. Para ello, se puso énfasis en tres frentes:

  ○ Estricto control en tiempo de compilación con el objetivo de detectar los problemas lo antes posible. Para ello, utiliza una estrategia de fuerte control de tipos, como en C++, aunque evitando algunos de sus agujeros normalmente debidos a su compatibilidad con C. También permite el control de tipos en tiempo de enlace.

  ○ Chequeo en tiempo de ejecución de los posibles errores dinámicos.

  ○ Eliminación de situaciones propensas a generar errores. El caso más significativo es el control de los apuntadores. Para ello, los trata como vectores verdaderos, controlando los valores posibles de índices. Al evitar la aritmética de apuntadores (sumar desplazamiento a una posición de memoria sin controlar sus límites) se evita la posibilidad de sobreescritura de memoria y corrupción de datos.

- Seguro. Java está orientado a entornos distribuidos en red y, por este motivo, se ha puesto mucho énfasis en la seguridad contra virus e intrusiones, y en la autenticación.

- Arquitectura neutra. Para poder funcionar sobre variedad de procesadores y arquitecturas de sistemas operativos, el compilador de Java proporciona un código común ejecutable desde cualquier sistema que tenga la presencia de un sistema en tiempo de ejecución de Java. Esto evita que los autores de aplicaciones deban producir versiones para sistemas diferentes (como PC, Apple Macintosh, etc.). Con Java, el mismo código compilado funciona para todos ellos. Para ello, Java genera instrucciones bytecodes diseñadas para ser fácilmente interpretadas por una plataforma intermedia (la máquina virtual de Java) y traducidas a cualquier código máquina nativo al vuelo.

- Portable. La arquitectura neutra ya proporciona un gran avance respecto a la portabilidad, pero no es el único aspecto que se ha cuidado al respecto. Por ejemplo, en Java no hay detalles que dependan de la implementación, como podría ser el tamaño de los tipos primitivos. En Java, a diferencia de C o C++, el tipo int siempre se refiere a un número entero de 32 bits con complemento a 2 y el tipo float es un número de 32 bits siguiendo la norma IEEE 754. La portabilidad también viene dada por las librerías. Por ejemplo, hay una clase Windows abstracta y sus implementaciones para Windows, Unix o Macintosh.

- Interpretado. Los bytecodes en Java se traducen en tiempo de ejecución a instrucciones de la máquina nativa (son interpretadas) y no se almacenan en ningún lugar.

- Alto rendimiento. Aunque el rendimiento obtenido por la interpretación de los bytecodes suele ser suficiente en la mayoría de los casos, cuando es necesario un mejor desempeño es posible traducir el bytecode a código nativo de la máquina en tiempo de ejecución, de manera que se evita la interpretación en tiempo real, y se aceleran ejecuciones sucesivas. Por otro lado, los bytecodes se han diseñado pensando en el código máquina por lo que el proceso final de la generación de código máquina es muy simple. Además, la generación de los bytecodes es eficiente y se le aplican diversos procesos de optimización.

■ Multitarea. Java proporciona dentro del mismo lenguaje herramientas para construir aplicaciones con múltiples hilos de ejecución, lo que simplifica su uso y lo hace más robusto.

■ Dinámico. Java se diseñó para adaptarse a un entorno cambiante. Por ejemplo, un efecto lateral del C++ se produce debido a la forma en la que el código se ha implementado. Si un programa utiliza una librería de clases y ésta cambia, hay que recompilar todo el proyecto y volverlo a redistribuir. Java evita estos problemas al hacer las interconexiones entre los módulos más tarde, permitiendo añadir nuevos métodos e instancias sin tener ningún efecto sobre sus clientes. Mediante las interfaces se especifican un conjunto de métodos que un objeto puede realizar, pero deja abierta la manera como los objetos pueden implementar estos métodos. Una clase Java puede implementar múltiples interfaces, aunque sólo puede heredar de una única clase. Las interfaces proporcionan flexibilidad y reusabilidad conectando objetos según lo que queremos que hagan y no por lo que hacen.

## El entorno de desarrollo de Java

Para desarrollar un programa en Java, existen diversas opciones comerciales en el mercado. No obstante, la compañía Sun distribuye de forma gratuita el Java Development Kit (JDK) que es un conjunto de programas y librerías que permiten el desarrollo, compilación y ejecución de aplicaciones en Java además de proporcionar un debugger para el control de errores.

También existen herramientas que permiten la integración de todos los componentes anteriores (IDE: integrated development environment), de utilización más agradable. Entre los IDEs disponibles actualmente se puede destacar el proyecto Eclipse que, siguiendo la filosofía de código abierto, ha conseguido un paquete de desarrollo muy completo (SDK .- standard development kit) para diversos sistemas operativos (Linux, Windows, Sun, Apple, etc.).

Otra característica particular de Java es que se pueden generar varios tipos de aplicaciones:

■ Aplicaciones independientes. Un fichero que se ejecuta directamente sobre la máquina virtual de la plataforma.

■ Applets. Miniaplicaciones que no se pueden ejecutar directamente sobre la máquina virtual, sino que están pensadas para ser cargadas y ejecutadas desde un navegador web. Por este motivo, incorpora unas limitaciones de seguridad extremas.

■ Servlets. Aplicaciones sin interfaz de usuario para ejecutarse desde un servidor y cuya función es dar respuesta a las acciones de navegadores remotos (petición de páginas HTML, envío de datos de un formulario, etc.). Su salida generalmente es a través de ficheros, como por ejemplo, ficheros HTML.

Para generar cualquiera de los tipos de aplicaciones anteriores, sólo se precisa lo siguiente:

■ Un editor de textos donde escribir el código fuente en lenguaje Java.

■ La plataforma Java, que permite la compilación, depurado, ejecución y documentación de dichos programas.

## La plataforma Java

Entendemos como plataforma el entorno hardware o software que necesita un programa para ejecutarse. Aunque la mayoría de plataformas se pueden describir como una combinación de sistema operativo y hardware, la plataforma Java se diferencia de otras en que se compone de una plataforma software que funciona sobre otras plataformas basadas en el hardware (GNU/Linux, Solaris, Windows, Macintosh, etc.).

La plataforma Java tiene dos componentes:

- Máquina virtual (MV). Como ya hemos comentado, una de las principales características que proporciona Java es la independencia de la plataforma hardware: una vez compilados, los programas se deben poder ejecutar en cualquier plataforma. La estrategia utilizada para conseguirlo es generar un código ejecutable "neutro" (bytecode) como resultado de la compilación. Este código neutro, que está muy orientado al código máquina, se ejecuta desde una "máquina hipotética" o "máquina virtual". Para ejecutar un programa en una plataforma determinada basta con disponer de una "máquina virtual" para dicha plataforma.

- Application programming interface (API). El API de Java es una gran colección de software ya desarrollado que proporciona múltiples capacidades como entornos gráficos, comunicaciones, multiproceso, etc. Está organizado en librerías de clases relacionadas e interfaces. Las librerías reciben el nombre de paquetes o packages.

En el siguiente esquema, se puede observar la estructura de la plataforma Java y como la máquina virtual aisla el código fuente (.java) del hardware de la máquina:

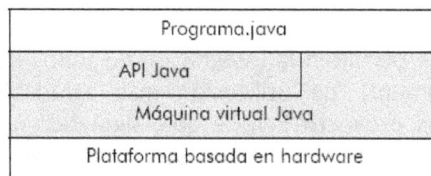

## Ejemplo de programa en Java

A continuación se muestra el proceso para escribir, compilar y ejecutar un pequeño programa en Java que muestra un mensaje por pantalla:

1. Crear un fichero fuente. Mediante el editor de textos escogido, escribiremos el texto y lo salvaremos con el nombre HolaMundo.java:

```
HolaMundo.java
/**
La clase HolaMundo muestra el mensaje
* "Hola Mundo" en la salida estándar. */

public class HolaMundo
{
   public static void main(String[] args)
   {
      // Muestra "Hola Mundo!"
      System.out.println("¡Hola Mundo!");
   }
}
```

2. Compilar el programa generando un fichero bytecode. Para ello, utilizaremos el compilador javac, que nos proporciona el entorno de desarrollo, y que traduce el código fuente a instrucciones que la JVM pueda interpretar.
Si después de teclear "javac HolaMundo.java" en el intérprete de comandos, no se produce ningún error, obtenemos nuestro primer programa en Java: un fichero HolaMundo.class.

3. Ejecutar el programa en la máquina virtual de Java. Una vez generado el fichero de bytecodes, para ejecutarlo en la JVM sólo deberemos escribir la siguiente instrucción, para que nuestro ordenador lo pueda interpretar, y nos aparecerá en pantalla el mensaje de bienvenida ¡Hola mundo!:

## Instrucciones básicas y los comentarios

En este punto, Java continua manteniéndose fiel a C++ y C y conserva su sintaxis.

La única consideración a tener en cuenta es que, en Java, las expresiones condicionales (por ejemplo, la condición if) deben retornar un valor de tipo boolean, mientras que C++, por compatibilidad con C, permitía el retorno de valores numéricos y asimilaba 0 a false y los valores distintos de 0 a true.

Respecto a los comentarios, Java admite las formas provenientes de C++ ( /* ... */ y // ... ) y añade una nueva: incluir el texto entre las secuencias /** (inicio de comentario) y */ (fin de comentario).

De hecho, la utilidad de esta nueva forma no es tanto la de comentar, sino la de documentar. Java proporciona herramientas (por ejemplo, javadoc) para generar documentación a partir de los códigos fuentes que extraen el contenido de los comentarios realizados siguiendo este modelo.

## Diferencias entre C++ y Java

Como se ha comentado, el lenguaje Java se basó en C++ para proporcionar un entorno de programación orientado a objetos que resultará muy familiar a un gran número de programadores. Sin embargo, Java intenta mejorar C++ en muchos aspectos y, sobre todo, elimina aquellos que permitían a C++ trabajar de forma "no orientada a objetos" y que fueron incorporados por compatibilidad con el lenguaje C.

### Entrada/salida

Como Java está pensado principalmente para trabajar de forma gráfica, las clases que gestionan la entrada / salida en modo texto se han desarrollado de manera muy básica. Están reguladas por la clase System que se encuentra en la librería java.lang, y de esta clase se destacan tres objetos estáticos que son los siguientes:

- System.in: Recibe los datos desde la entrada estándar (normalmente el teclado) en un objeto de la clase InputStream (flujo de entrada).

- System.out: Imprime los datos en la salida estándar (normalmente la pantalla) un objeto de la clase OutputStream (flujo de salida).

- System.err: Imprime los mensajes de error en pantalla.

Los métodos básicos de que disponen estos objetos son los siguientes:

- System.in.read(): Lee un carácter y lo devuelve en forma de entero.

- System.out.print(var): Imprime una variable de cualquier tipo primitivo.

- System.out.println(var): Igual que el anterior pero añadiendo un salto de línea final.

Por tanto, para escribir un mensaje nos basta utilizar básicamente las instrucciones System.out.print() y System.out.println():

```
int unEntero = 35;
double unDouble = 3.1415;
System.out.println("Mostrando un texto");
System.out.print("Mostrando un entero ");
System.out.println (unEntero);
System.out.print("Mostrando un double ");
```

```
System.out.println (unDouble);
```

Mientras que la salida de datos es bastante natural, la entrada de datos es mucho menos accesible pues el elemento básico de lectura es el carácter. A continuación se presenta un ejemplo en el que se puede observar el proceso necesario para la lectura de una cadena de caracteres:

```
String miVar;
InputStreamReader isr = new InputStreamReader(System.in);
BufferedReader br = new BufferedReader(isr);
// La entrada finaliza al pulsar la tecla Entrar
miVar = br.readLine();
```

Si se desea leer líneas completas, se puede hacer a través del objeto BufferedReader, cuyo método readLine() llama a un lector de caracteres (un objeto Reader) hasta encontrar un símbolo de final de línea ("\n" o "\r"). Pero en este caso, el flujo de entrada es un objeto InputStream, y no tipo Reader. Entonces, necesitamos una clase que actúe como lectora para un flujo de datos InputStream. Será la clase InputStreamReader.

No obstante, el ejemplo anterior es válido para Strings. Cuando se desea leer un número entero u otros tipos de datos, una vez realizada la lectura, se debe hacer la conversión. Sin embargo, esta conversión puede llegar a generar un error fatal en el sistema si el texto introducido no coincide con el tipo esperado. En este caso, Java nos obliga a considerar siempre dicho control de errores. La gestión de errores (que provocan las llamadas excepciones) se hace, igual que en C++, a través de la sentencia try {... } catch {...} finally {...}.

A continuación, veremos cómo se puede diseñar una clase para que devuelva un número entero leído desde teclado:

```
Leer.java
import java.io.*;
public class Leer {
   public static String getString() {
      String str = ""; try {
         InputStreamReader isr = new
         InputStreamReader(System.in);
         BufferedReader br = new BufferedReader(isr);
         str = br.readLine();
      } catch(IOException e) {
         System.err.println("Error:"+ e.getMessage());
      }
      return str; // devolver el dato tecleado
   }
   public static int getInt() {
      try {
         return Integer.parseInt(getString());
      } catch(NumberFormatException e) {
         returnInteger.MIN_VALUE;// valor más pequeño
      }
   }
  // getInt
// se puede definir una función para cada tipo...
   public static double getDouble() {}
   // getDouble
} // Leer
```

En el bloque try { ... } se incluye el trozo de código susceptible de sufrir un error. En caso de producirse, se lanza una excepción que es recogida por el bloque catch { ... }.

En el caso de la conversión de tipos string a números, la excepción que se puede producir es del tipo NumberFormatException. Podría haber más bloques catch para tratar diferentes tipos de excepción. En el ejemplo, si se produce error el valor numérico devuelto corresponde al mínimo valor posible que puede tomar un número entero.

El bloque finally { ... } corresponde a un trozo de código a ejecutar tanto si ha habido error, como si no (por ejemplo, cerrar ficheros), aunque su uso es opcional.

De forma similar, se pueden desarrollar funciones para cada uno de los tipos primitivos de Java. Finalmente, la lectura de un número entero sería como sigue:

```
int i; ... i = Leer.getInt( );
```

## El preprocesador

Java no dispone de preprocesador, por lo que diferentes órdenes (generalmente, originarias de C) se eliminan. Entre éstas, las más conocidas son las siguientes:

- defines: Estas órdenes para la definición de constantes, ya en C++ habían perdido gran parte de su sentido al poder declarar variables const, y ahora se implementan a partir de las variables final.

- include: Esta orden, que se utilizaba para incluir el contenido de un fichero, era muy útil en C++, principalmente para la reutilización de los ficheros de cabeceras. En Java, no hay ficheros de cabecera y las librerías (o paquetes) se incluyen mediante la instrucción import.

## La declaración de variables y constantes

La declaración de variables se mantiene igual, pero la definición de constantes cambia de forma: en Java, se antecede la variable con la palabra reservada final; no es necesario asignarle un valor en el momento de la declaración. No obstante, en el momento en que se le asigne un valor por primera vez, ya no puede ser modificado.

## Los tipos de datos

Java clasifica los tipos de datos en dos categorías: primitivos y referencias. Mientras el primero contiene el valor, el segundo sólo contiene la dirección de memoria donde está almacenada la información.

Los tipos primitivos de datos de Java (byte, short, int, long, float, double, char y boolean) básicamente coinciden con los de C++, aunque con algunas modificaciones, que presentamos a continuación:

- Los tipos numéricos tienen el mismo tamaño independientemente de la plataforma en que se ejecute.

- Para los tipos numéricos no existe el especificador unsigned.

- El tipo char utiliza el conjunto de caracteres Unicode, que tiene 16 bits. Los caracteres del 0 al 127 coinciden con los códigos ASCII.

- Si no se inicializan las variables explícitamente, Java inicializa los datos a cero (o a su equivalente) automáticamente eliminando así los valores basura que pudieran contener. Los tipos referencia en Java son los vectores, clases e interfaces. Las variables de estos tipos guardan su dirección de memoria, lo que podría asimilarse a los apuntadores en otros lenguajes. No obstante, al no permitir las operaciones explícitas con las direcciones de memoria, para acceder a ellas bastará con utilizar el nombre de la variable.

Por otro lado, Java elimina los tipos struct y union que se pueden implementar con class y que se mantenían en C++ por compatibilidad con C. También elimina el tipo enum, aunque se puede emular utilizando constantes numéricas con la palabra clave final.

También se eliminan definitivamente los typedefs para la definición de tipos, que en C++ ya habían perdido gran parte de su sentido al hacer que las clases, Structs, Union y Enum fueran tipos propios.

Finalmente, sólo admite las coerciones de tipos automáticas (type casting) en el caso de conversiones seguras; es decir, donde no haya riesgo de perder ninguna información. Por ejemplo, admite las conversiones automáticas de tipo int a float, pero no en sentido inverso donde se perderían los decimales. En caso de posible pérdida de información, hay que indicarle explícitamente que se desea realizar la conversión de tipos.

Otra característica muy destacable de Java es la implementación que realiza de los vectores. Los trata como a objetos reales y genera una excepción (error) cuando se superan sus límites. También dispone de un miembro llamado length para indicar su longitud, lo que proporciona un incremento de seguridad del lenguaje al evitar accesos indeseados a la memoria.

Para trabajar con cadenas de caracteres, Java dispone de los tipos Stringy StringBuffer. Las cadenas definidas entre comillas dobles se convierten automáticamente a objetos String, y no pueden modificarse. El tipo StringBuffer es similar, pero permite la modificación de su valor y proporciona métodos para su manipulación.

## La gestión de variables dinámicas

La gestión directa de la memoria que permite C++ es un arma muy potente pero también muy peligrosa: cualquier error en su gestión puede acarrear problemas muy graves en la aplicación y, quizás, en el sistema.

De hecho, la presencia de los apuntadores en C y C++ se debía al uso de cadenas y de vectores. Java proporciona objetos tanto para las cadenas, como los vectores, por lo que, para estos casos, ya no son necesarios los apuntadores. La otra gran necesidad, los pasos de parámetros por variable, queda cubierta por el uso de referencias.

Como en Java el tema de la seguridad es primordial, se optó por no permitir el uso de apuntadores, al menos en el sentido en que se entendían en C y C++.

En C++, se preveían dos formas de trabajar con apuntadores:

- Con su dirección, permitiendo incluso operaciones aritméticas sobre ella (apuntador).

- Con su contenido (* apuntador).


En Java se eliminan todas las operaciones sobre las direcciones de memoria. Cuando se habla de referencias se hace con un sentido diferente de C++. Una variable dinámica corresponde a la referencia al objeto (apuntador):

- Para ver el contenido de la variable dinámica, basta utilizar la forma (apuntador).

- Para crear un nuevo elemento, se mantiene el operador new.

- Si se asigna una variable tipo referencia (por ejemplo, un objeto) a otra variable del mismo tipo (otro objeto de la misma clase) el contenido no se duplica, sino que la primera variable apunta a la misma posición de la segunda variable. El resultado final es que el contenido de ambas es el mismo.

Java no permite operar directamente con las direcciones de memoria, lo que simplifica el acceso a su contenido: se hace a través del nombre de la variable (en lugar de utilizar la forma desreferenciada *nombre_variable).

Otro de los principales riesgos que entraña la gestión directa de la memoria es la de liberar correctamente el espacio ocupado por las variables dinámicas cuando se dejan de utilizar. Java resuelve esta problemática proporcionando una herramienta que libera automáticamente dicho espacio cuando detecta que ya no se va a volver a utilizar más. Esta herramienta conocida como recolector de basura (garbage collector) forma parte del Java durante la ejecución de sus programas. Por tanto, no es necesaria ninguna instrucción delete, basta con asignar el apuntador a null, y el recolector de memoria detecta que la zona de memoria ya no se utiliza y la libera.

## Las funciones y el paso de parámetros

Como ya sabemos, Java sólo se permite programación orientada a objetos. Por tanto, no se admiten las funciones independientes (siempre deben incluirse en clases) ni las funciones globales. Además, la implementación de los métodos se debe realizar dentro de la definición de la clase. De este modo, también se elimina la necesidad de los ficheros de cabeceras. El mismo compilador detecta si una clase ya ha sido cargada para evitar su duplicación. A pesar de su similitud con las funciones inline, ésta sólo es formal porque internamente tienen comportamientos diferentes: en Java no se implementan las funciones inline.

Por otro lado, Java continua soportando la sobrecarga de funciones, aunque no permite al programador la sobrecarga de operadores, a pesar de que el compilador utiliza esta característica internamente.

En Java todos los parámetros se pasan por valor. En el caso de los tipos de datos primitivos, los métodos siempre reciben una copia del valor original, que no se puede modificar.

En el caso de tipo de datos de referencia, también se copia el valor de dicha referencia. No obstante, por la naturaleza de las referencias, los cambios realizados en la variable recibida por parámetro también afectan a la variable original.

Para modificar las variables pasadas por parámetro a la función, debemos incluirlas como variables miembro de la clase y pasar como argumento la referencia a un objeto de dicha clase.

# Las clases en Java

Como ya hemos comentado, uno de los objetivos que motivaron la creación de Java fue disponer de un lenguaje orientado a objetos "puro", en el sentido que siempre se debería cumplir dicho paradigma de programación. Esto, por su compatibilidad con C, no ocurría en C++. Por tanto, las clases son el componente fundamental de Java: todo está incluido en ellas. La manera de definir las clases en Java es similar a la utilizada en C++, aunque se presentan algunas diferencias:

- La primera diferencia es la inclusión de la definición de los métodos en el interior de la clase y no separada como en C++. Al seguir este criterio, ya no es necesario el operador de ámbito (::).

- La segunda diferencia es que en Java no es preciso el punto y coma (;) final.

- Las clases se guardan en un fichero con el mismo nombre y con la extensión .java (Punto2.java). Una característica común a C y C++ es que Java también es sensible a las mayúsculas, por lo cual la clase Punto2D es diferente a punto2d o pUnTo2d.

Java permite guardar más de una clase en un fichero pero sólo permite que una de ellas sea pública. Esta clase será la que dará el nombre al archivo. Por tanto, salvo raras excepciones, se suele utilizar un archivo independiente para cada clase.

En la definición de la clase, de forma similar a C++, se declaran los atributos (o variables miembro) y los métodos (o funciones miembro) tal como se puede observar en el ejemplo anterior.

## Declaración de objetos

Una vez definida una clase, para declarar un objeto de dicha clase basta con anteponer el nombre de la clase (como un tipo más) al del objeto:

```
Punto2D puntoUno;
```

El resultado es que puntoUno es una referencia a un objeto de la clase Punto2D. Inicialmente, esta referencia tiene valor null y no ha hecho ninguna reserva de memoria. Para poder utilizar esta variable para guardar información, es necesario crear una instancia mediante el operador new. Al utilizarlo, se llama al constructor del objeto Punto2D definido:

```
puntoUno = new Punto2D(2,2); // inicializando a (2,2)
```

Una diferencia importante en Java respecto a C++, es el uso de referencias para manipular los objetos. Como se ha comentado anteriormente, la asignación de dos variables declaradas como objetos sólo implica la asignación de su referencia:

```
Punto2D puntoDos;
puntoDos = puntoUno;
```

Si se añade la instrucción anterior, no se ha hecho ninguna reserva específica de memoria para la referencia a objeto puntoDos. Al realizar la asignación, puntoDos hará referencia al mismo objeto apuntado por puntoUno, y no a una copia. Por tanto, cualquier cambio sobre los atributos de puntoUno se verán reflejados en puntoDos.

## Acceso a los objetos

Una vez creado un objeto, se accede a cualquiera de sus atributos y métodos a través del operador punto (.) tal como hacíamos en C++.

```
int i; float dist;
i = puntoUno.x;
dist = puntoUno.distancia(5,1);
```

En C++ se podía acceder al objeto a través de la desreferencia de un apuntador a dicho objeto (*apuntador), en cuyo caso, el acceso a sus atributos o métodos podía hacerse a través del operador punto (*apuntador.atributo) o a través de su forma de acceso abreviada mediante el operador . (apuntador.atributo). En Java, al no existir la forma desreferenciada *apuntador, tampoco existe el operador ..

Finalmente Java, igual que C++, permite el acceso al objeto dentro de los métodos de la clase a través del objeto this.

## Destrucción de objetos

Cada vez que se crea un objeto, cuando se deja de utilizar debe ser destruido. La forma de operar de la gestión de memoria en Java permite evitar muchos de los conflictos que aparecen en otros lenguajes y es posible delegar esta responsabilidad a un proceso automático: el recolector de basura (garbage collector), que detecta cuando una zona de memoria no está referenciada y, cuando el sistema dispone de un momento de menor intensidad de procesador, la libera.

Algunas veces, al trabajar con una clase se utilizan otros recursos adicionales, como los ficheros. Frecuentemente, al finalizar la actividad de la clase, también se debe poder cerrar la actividad de dichos recursos adicionales. En estos casos, es preciso realizar un proceso manual semejante a los destructores en C++. Para ello, Java permite la implementación de un método llamado finalize()que, en caso de existir, es llamado por el mismo recolector. En el interior de este método, se escribe el código que libera explícitamente los recursos adicionales utilizados. El método finalize siempre es del tipo static void.

## Herencia simple y herencia múltiple

En Java, para indicar que una clase deriva de otra (es decir, hereda total o parcialmente sus atributos y métodos) se hace a través del término extends. Retomaremos el ejemplo de los perros y los mamíferos:

```
class Mamifero {
    int edad;
    Mamifero() { edad = 0; }
    void asignarEdad(int nEdad) { edad = nEdad; }
    int obtenerEdad() { return (edad); }
    void emitirSonido() { System.out.println("Sonido "); }
}
class Perro extends Mamifero {
    void emitirSonido() { System.out.println("Guau "); }
}
```

En el ejemplo anterior, se dice que la clase Perro es una clase derivada de la clase Mamifero. También es posible leer la relación en el sentido contrario indicando que la clase Mamifero es una superclase de la clase Perro.

En C++ era posible la herencia múltiple, es decir, recibir los atributos y métodos de varias clases. Java no admite esta posibilidad, aunque en cierta manera permite una funcionalidad parecida a través de las interfaces.

## Herencia y polimorfismo

La herencia y el polimorfismo son propiedades esenciales dentro del paradigma del diseño orientado a objetos. A continuación se muestran algunas particularidades de la implementación en Java de estos mecanismos.

### Las referencias this y super

En algunas ocasiones, es necesario acceder a los atributos o métodos del objeto que sirve de base al objeto en el cual se está. Tal como se ha visto, tanto Java como C++ proporcionan este acceso a través de la referencia this.

La novedad que proporciona Java es poder acceder también a los atributos o métodos del objeto de la superclase a través de la referencia super.

### La clase Object

En Java todos los objetos pertenecen al mismo árbol de jerarquías, cuya raíz es la clase Object de la cual heredan todas las demás: si una clase, en su definición, no tiene el término extends, se considera que hereda directamente de Object.

Podemos decir que la clase Object es la superclase de la cual derivan directa o indirectamente todas las demás clases en Java. La clase Object proporciona una serie de métodos comunes, entre los cuales están los siguientes:

- public boolean equals ( Object obj ): Se utiliza para comparar el contenido de dos objetos y devuelve true si el objeto recibido coincide con el objeto que lo llama. Si sólo se desean comparar dos referencias a objeto, se pueden utilizar los operadores de comparación == y !=.

- protected Object Clone ( ): Retorna una copia del objeto.

### Polimorfismo

Java permite que una misma variable tome diferentes formas a través del uso de las referencias. Por ejemplo:

```
Mamifero mamiferoUno = new Perro;
Mamifero mamiferoDos = new Mamifero;
```

Recordemos que, en Java, la declaración de un objeto siempre corresponde a una referencia a éste.

### Clases y métodos abstractos

Si se antepone la palabra reservada abstract al nombre de una función, se está indicando que esa función no está implementada. Al declarar una función como abstract, ya se indica que la clase también lo es. No obstante, es recomendable explicitarlo en la declaración anteponiendo la palabra abstract a la palabra reservada class.

El hecho de definir una función como abstract obliga a que las clases derivadas que puedan recibir este método la redefinan. Si no lo hacen, heredan la función como abstracta y, como consecuencia, ellas también lo serán, lo que impedirá instanciar objetos de dichas clases.

## Clases y métodos finales

En la definición de variables, ya se ha tratado el concepto de variables finales. Hemos dicho que las variables finales, una vez inicializadas, no pueden ser modificadas. El mismo concepto se puede aplicar a clases y métodos:

- Las clases finales no tienen ni pueden tener clases derivadas.

- Los métodos finales no pueden ser redefinidos en las clases derivadas.

El uso de la palabra reservada final se convierte en una medida de seguridad para evitar usos incorrectos o maliciosos de las propiedades de la herencia que pudiesen suplantar funciones establecidas.

## Interfaces

Un interfaz es una colección de definiciones de métodos (sin sus implementaciones), cuya función es definir un protocolo de comportamiento que puede ser implementado por cualquier clase independientemente de su lugar en la jerarquía de clases.

Al indicar que una clase implementa un interfaz, se le obliga a redefinir todos los métodos definidos. En este aspecto, las interfaces se asemejan a las clases abstractas. No obstante, mientras una clase sólo puede heredar de una superclase (sólo permite herencia simple), puede implementar varias interfaces. Ello sólo indica que cumple con cada uno de los protocolos definidos en cada interfaz.

Si una interfaz no se especifica como pública, sólo será accesible para las clases definidas en su mismo paquete.

El cuerpo de la interfaz contiene las declaraciones de todos los métodos incluidos en ella. Cada declaración se finaliza en punto y coma (;) pues no tienen implementaciones e implícitamente se consideran public y abstract.

El cuerpo también puede incluir constantes en cuyo caso se consideran public, static y final.

Para indicar que una clase implementa una interface, basta con añadir la palabra clave implements en su declaración. Java permite la herencia múltiple de interfaces:

```
class MiClase extends SuperClase implements Interfaz1, interfaz2 { ... }
```

Cuando una clase declara una interfaz, es como si firmara un contrato por el cual se compromete a implementar los métodos de la interfaz y de sus superinterfaces. La única forma de no hacerlo es declarar la clase como abstract, con lo cual no se podrá instanciar objetos y se transmitirá esa obligación a sus clases derivadas.

De hecho, a primera vista parece que hay muchas similitudes entre las clases abstractas y las interfaces pero las diferencias son significativas:

- Una interfaz no puede implementar métodos, mientras que las clases abstractas sí que lo hacen.

- Una clase puede tener varias interfaces, pero sólo una superclase.

- Las interfaces no forman parte de la jerarquía de clases y, por tanto, clases no relacionadas pueden implementar la misma interfaz.

Otra característica relevante de las interfaces es que al definirlas se está declarando un nuevo tipo de datos referencia. Una variable de dicho tipo de datos se podrá instanciar por cualquier clase que implemente esa interfaz. Esto proporciona otra forma de aplicar el polimorfismo.

## Paquetes

Para organizar las clases, Java proporciona los paquetes. Un paquete (package) es una colección de clases e interfaces relacionadas que proporcionan protección de acceso y gestión del espacio de nombres. Las clases e interfaces siempre pertenecen a un paquete.

De hecho, las clases e interfaces que forman parte de la plataforma de Java pertenecen a varios paquetes organizados por su función: java.lang incluye las clases fundamentales, java.io las clases para entrada/salida, etc.

El hecho de organizar las clases en paquetes evita en gran medida que pueda haber una colisión en la elección del nombre. Para definir una clase o una interfaz en un paquete, basta con incluir en la primera línea del archivo la expresión siguiente:

```
package miPaquete;
```

Si no se define ningún paquete, se incluye dentro del paquete por defecto (default package), lo que es una buena solución para pequeñas aplicaciones o cuando se comienza a trabajar en Java.

Para acceder al nombre de la clase, se puede hacer a través del nombre largo:

```
miPaquete.MiClase
```

Otra posibilidad es la importación de las clases públicas del paquete mediante la palabra clave import. Después, es posible utilizar el nombre de la clase o de la interfaz en el programa sin el prefijo de éste:

```
import miPaquete.MiClase; //importa sólo la clase
import miPaquete.* // importa todo el paquete
```

Ejemplo: La importación de java.awt no incluye las clases del subpaquete java.awt.event. Hay que tener en cuenta que importar un paquete no implica importar los diferentes subpaquetes que pueda contener.

Por convención, Java siempre importa por defecto del paquete java.lang. Para organizar todas las clases y paquetes posibles, se crea un subdirectorio para cada paquete donde se incluyen las diferentes clases de dicho paquete. A su vez, cada paquete puede tener sus subpaquetes, que se encontrarán en un subdirectorio. Con esta organización de directorios y archivos, tanto el compilador como el intérprete tienen un mecanismo automático para localizar las clases que necesitan otras aplicaciones.

Ejemplo La clase graficos.figuras.rectangulo se encontraría dentro del paquete graficos.figuras y el archivo estaría localizado en graficos\figuras\rectangulo.java.

## El API (Application Programming Interface) de Java

La multitud de bibliotecas de funciones que proporciona el mismo lenguaje es una de las bazas primordiales de Java; bibliotecas, que están bien documentadas, son estándar y funcionan para las diferentes plataformas. Este conjunto de bibliotecas está organizado en paquetes e incluido en la API de Java. Las principales clases son las siguientes:

| Paquete | Clases incorporadas |
|---|---|
| java.math | Clase que agrupa todas las funciones matemáticas |
| java.applet | Clase con utilidades para crear applets y clases que las applets utilizan para comunicarse con su contexto. |
| java.awt | Clases que permiten la creación de interfaces gráficas con el usuario, y dibujar imágenes y gráficos |
| javax.swing | Clases con componentes gráficos que funcionan igual en todas las plataformas Java |
| java.security | Clases responsables de la seguridad en Java (encriptación, etc.) |
| java.net | Clases con funciones para aplicaciones en red |
| java.sql | Clase que incorpora el JDBC para la conexión de Java con bases de datos |

## El paradigma de la programación orientada a eventos

Los diversos paradigmas de programación que se han revisado hasta el momento se caracterizan por tener un flujo de instrucciones secuencial y considerar los datos como el complemento necesario para el desarrollo de la aplicación. Su funcionamiento implica normalmente un inicio, una secuencia de acciones y un final de programa:

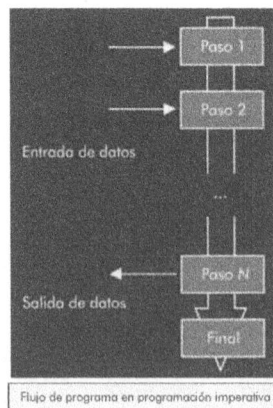

Flujo de programa en programación imperativa

Dentro de este funcionamiento secuencial, el proceso recibe sucesos externos que pueden ser esperados (entradas de datos del usuario por teclado, ratón u otras formas, lecturas de información del sistema, etc.) o inesperados (errores de sistema, etc.). A cada uno de estos sucesos externos lo denominaremos evento.

En los paradigmas anteriores, los eventos no alteran el orden del flujo de instrucciones previsto: se les atiende para resolverlos o, si no es posible, se produce una finalización del programa.

En el paradigma de programación dirigida por eventos no se fija una secuencia única de acciones, sino que prepara reacciones a los eventos que puedan ir sucediendo una vez iniciada la ejecución del programa. Por tanto, en este modelo son los datos introducidos los que regulan la secuencia de control de la aplicación. También se puede observar que las aplicaciones difieren en su diseño respecto de los paradigmas anteriores: están preparadas para permanecer en funcionamiento un tiempo indefinido, recibiendo y gestionando eventos.

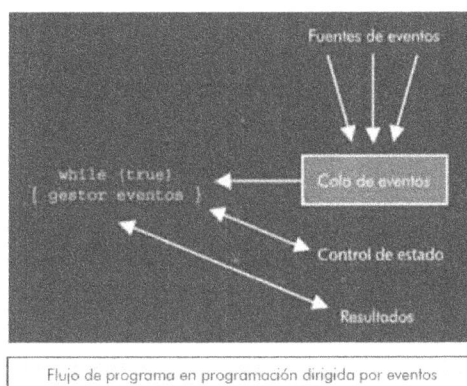

Flujo de programa en programación dirigida por eventos

## Los eventos en Java

Para la gestión de los eventos, Java propone utilizar el modelo de delegación de eventos. En este modelo, un componente recibe un evento y se lo transmite al gestor de eventos que tiene asignado para que lo gestione (event listener). Por tanto, tendremos una separación del código entre la generación del evento y su manipulación que nos facilitará su programación.

Diferenciaremos los cuatro tipos de elementos que intervienen:

- El evento (qué se recibe). En la gran mayoría de los casos, es el sistema operativo quien proporciona el evento y gestiona finalmente todas las operaciones de comunicaciones con el usuario y el entorno. Se almacena en un objeto derivado de la clase Event y que depende del tipo de evento sucedido. Los principales tienen relación con el entorno gráfico y son: ActionEvent, KeyEvent, MouseEvent, AdjustmentEvent, WindowEvent, TextEvent, ItemEvent, FocusEvent, ComponentEvent, ContainerEvent. Cada una de estas clases tiene sus atributos y sus métodos de acceso.

- La fuente del evento (dónde se produce). Corresponde al elemento donde se ha generado el evento y, por tanto, recoge la información para tratarla o, en nuestro caso, para traspasarla a su gestor de eventos. En entornos gráficos, suele corresponder al elemento con el cual el usuario ha interactuado (un botón, un cuadro de texto, etc.).

- El gestor de eventos (quién lo gestiona). Es la clase especializada que indica, para cada evento, cuál es la respuesta deseada. Cada gestor puede actuar ante diferentes tipos de eventos con sólo asignarle los perfiles adecuados.

- El perfil del gestor (qué operaciones debe implementar el gestor). Para facilitar esta tarea existen interfaces que indican los métodos a implementar para cada tipo de evento. Normalmente, el nombre de esta interfaz es de la forma <nombreEvento>Listener (literalmente, "el que escucha el evento").

Ejemplo: KeyListener es la interfaz para los eventos de teclado y considera los tres métodos siguientes: keyPressed, keyReleasedy keyTyped. En algunos casos, la obligación de implementar todos los métodos supone una carga inútil. Para estas situaciones, Java proporciona adaptadores <nombreEvento>Adapter que implementan los diferentes métodos vacíos permitiendo así redefinir sólo aquellos métodos que nos interesan.

Los principales perfiles (o interfaces) definidos por Java son los siguientes: ActionListener, KeyListener, MouseListener, WindowListener, TextListener, ItemListener, FocusListener, AdjustmentListener, ComponentListener y ContainerListener. Todos ellos derivados de la interfaz EventListener.

Ejemplo: Si a un objeto botón de la clase Button deseamos añadirle un Listener de los eventos de ratón haremos: boton.addMouseListener(gestorEventos). Finalmente, basta con establecer la relación entre la fuente del evento y su gestor. Para ello, en la clase fuente añadiremos un método del tipo add<nombreEvento>Listener.

De hecho, se podría considerar que los eventos no son realmente enviados al gestor de eventos, sino que es el propio gestor de eventos el que es asignado al evento.

Comprenderemos más fácilmente el funcionamiento de los eventos a través de un ejemplo práctico, como el que muestra la creación de un applet mediante la librería gráfica Swing que se verá más adelante en esta unidad.

## Hilos de ejecución (threads)

Los sistemas operativos actuales permiten la multitarea, al menos en apariencia, pues si el ordenador dispone de un único procesador, solo podrá realizar una actividad a la vez. No obstante, se puede organizar el funcionamiento de dicho procesador para que reparta su tiempo entre varias actividades o para que aproveche el tiempo que le deja libre una actividad para continuar la ejecución de otra.

A cada una de estas actividades se le llama proceso. Un proceso es un programa que se ejecuta de forma independiente y con un espacio propio de memoria. Por tanto, los sistemas operativos multitarea permiten la ejecución de varios procesos a la vez.

Cada uno de estos procesos puede tener uno o varios hilos de ejecución, cada uno de los cuales corresponde a un flujo secuencial de instrucciones. En este caso, todos los hilos de ejecución comparten el mismo espacio de memoria y se utiliza el mismo contexto y los mismos recursos asignados al proceso.

Java incorpora la posibilidad de que un proceso tenga múltiples hilos de ejecución simultáneos. El conocimiento completo de su implementación en Java supera los objetivos del curso y, a continuación, nos limitaremos a conocer las bases para la creación de los hilos y su ciclo de vida.

### Creación de hilos de ejecución

En Java, hay dos formas de crear hilos de ejecución:

- Crear una nueva clase que herede de java.lang.Thread y sobrecargar el método run() de dicha clase.

- Crear una nueva clase con la interfaz java.lang.Runnable donde se implementará el método run(), y después crear un objeto de tipo Thread al que se le pasa como argumento un objeto de la nueva clase.

Siempre que sea posible se utilizará la primera forma, por su simplicidad. No obstante, si la clase ya hereda de alguna otra superclase, no será posible derivar también de la clase Thread (Java no permite la herencia múltiple), con lo cual se deberá escoger la segunda forma.

Veamos un ejemplo de cada una de las formas de crear hilos de ejecución:

| Derivando clase Thread | |
|---|---|
| ```class ProbarThread<br>{<br>public static void main(String<br>args[] )<br>{<br>AThread a = new AThread();<br>BThread b = new BThread();<br><br>a.start(); b.start(); }<br>}<br>class AThread extends Thread {<br>    public void run() {<br>        for (int i=1;i<=10; i++)<br>        System.out.print(" A"+i);<br>        }<br>}<br>class BThread extends Thread {<br>    public void run() {<br>        for (int i=1;i<=10; i++)<br>            System.out.print(" B"+i);<br>        }<br>}``` | En este ejemplo se crean dos nuevas clases que derivan de la clase Thread: las clases AThread y BThread. Cada una de ellas muestra en pantalla un contador precedido por la inicial del proceso.<br><br>En la clase ProbarThreads, donde tenemos el método main(), se procede a la instanciación de un objeto para cada una de las clases Thread y se inicia su ejecución. El resultado final será del tipo (aunque no por fuerza en este orden):<br><br>`A1 B1 A2 B2 A3 B3 A4 B4 A5 B5 A6 B6 A7 B7 A8 B8 A9 B9 A10 B10`<br><br>En este ejemplo se ejecutan 3 hilos: el principal y los dos creados. |

| Implementando interfaz Runnable | |
|---|---|
| ```class Probar2Thread {<br>    public static void main(String<br>args[]) {<br>        AThread a = new Athread();<br>        BThread b = new Bthread();<br>        a.start();b.start();<br>    }<br>}<br><br>class AThread implements Runnable {<br>    Thread t;<br>    public void start() {<br>        t = new Thread(this);t.start();<br>    }<br>    public void run() {<br>    for (int i=1;i<=50; i++)<br>        System.out.print(" A"+i);<br>    }<br>}<br><br>class BThread implements Runnable {<br>    Thread t;<br>    public void start() {<br>        t = new Thread(this);<br>        t.start();<br>    }<br>    public void run() {<br>        for (int i=1;i<=50; i++)<br>            System.out.print(" B"+i);<br>    }<br>}``` | En este ejemplo, se puede observar que la clase principal main() no ha cambiado, pero sí lo ha hecho la implementación de cada una de las clases AThread y BThread.<br><br>En cada una de ellas, además de implementar la interfaz Runnable, se tiene que definir un objeto de la clase Thread y redefinir el método start() para que llame al start() del objeto de la clase Thread pasándole el objeto actual this. |

Es posible pasarle un nombre a cada hilo de ejecución para identificarlo, puesto que la clase Thread tiene el constructor sobrecargado para admitir esta opción:

```
public Thread (String nombre);
public Thread (Runnable destino, String nombre);
```

Siempre es posible recuperar el nombre a través del método:

```
public final String getName();
```

## Ciclo de vida de los hilos de ejecución

El ciclo de vida de los hilos de ejecución se puede representar a partir de los estados por los que pueden pasar:

- Nuevo (new): el thread se acaba de crear pero todavía no está inicializado, es decir, todavía no se ha ejecutado el método start().

- Ejecutable (runnable): el thread se está ejecutando o está en disposición para ello.

- Bloqueado (blocked o not runnable): el thread está bloqueado por algún mensaje interno sleep(), suspend() o wait() o por alguna actividad interna, por ejemplo, en espera de una entrada de datos. Si está en este estado, no entra dentro de la lista de tareas a ejecutar por el procesador. Para volver al estado de Ejecutable, debe recibir un mensaje interno resume() o notify() o finalizar la situación que provocaba el bloqueo.

- Muerto (dead): el método habitual de finalizar un thread es que haya acabado de ejecutar las instrucciones del método run(). También podría utilizarse el método stop(), pero es una opción considerada "peligrosa" y no recomendada.

A continuación se muestra un diagrama con el ciclo de vida de un thread:

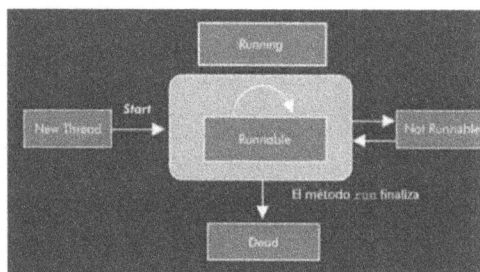

# Los applets

Un applet es una miniaplicación Java preparada para ser ejecutada en un navegador de Internet. Para incluir un applet en una página HTML, basta con incluir su información por medio de las etiquetas <APPLET> ... </APPLET>.

La mayoría de navegadores de Internet funcionan en un entorno gráfico. Por tanto, los applet deben adaptarse a él a través de bibliotecas gráficas. En este apartado, se utilizará la biblioteca java.awt que es la biblioteca proporcionada originalmente desde sus primeras versiones. Una discusión más profunda entre las diferentes bibliotecas disponibles se verá más adelante en esta unidad.

Las características principales de los applets son las siguientes:

- Los ficheros .class se descargan a través de la red desde un servidor HTTP hasta el navegador, donde la JVM los ejecuta.

- Dado que se usan a través de Internet, se ha establecido que tengan unas restricciones de seguridad muy fuertes, como por ejemplo, que sólo puedan leer y escribir ficheros desde su servidor (y no desde el ordenador local), que sólo puedan acceder a información limitada en el ordenador donde se ejecutan, etc.

- Los applets no tienen ventana propia, sino que se ejecutan en una ventana del navegador.

Desde el punto de vista del programador:

- No necesitan método main. Su ejecución se inicia por otros mecanismos.

- Derivan siempre de la clase java.applet.Applet y, por tanto, deben redefinir algunos de sus métodos como init(), start(), stop() y destroy().

- También suelen redefinir otros métodos como paint(), update() y repaint(), heredados de clases superiores para tareas gráficas.

- Disponen de una serie de métodos para obtener información sobre el applet o sobre otros applets en ejecución en la misma página como getAppletInfo(), getAppletContext(), getParameter(), etc.

## Ciclo de vida de los applets

Por su naturaleza, el ciclo de vida de un applet es algo más complejo que el de una aplicación normal. Cada una de las fases del ciclo de vida está marcada con una llamada a un método del applet:

- init(). Se llama cuando se carga el applet, y contiene las inicializaciones que necesita

- start(). Se llama cuando la página se ha cargado, parado (por minimización de la ventana, cambio de página web, etc.) y se ha vuelto a activar.

- stop(). Se llama de forma automática al ocultar el applet. En este método, se suelen parar los hilos que se están ejecutando para no consumir recursos innecesarios.

- destroy(). Se llama a este método para liberar los recursos (menos la memoria) del applet.

Al ser los applets aplicaciones gráficas que aparecen en una ventana del navegador, también es útil redefinir el siguiente método:

- paint(Graphics g). En esta función se debe incluir todas las operaciones con gráficos, porque este método es llamado cuando el applet se dibuja por primera vez y cuando se redibuja. +

## Manera de incluir applets en una página HTML

Como ya hemos comentado, para llamar a un applet desde una página html utilizamos las etiquetas <APPLET> ... <\APPLET>,entre las que, como mínimo, incluimos la información siguiente:

- CODE = nombre del applet (por ejemplo, miApplet.class)

- WIDTH = anchura de la ventana • HEIGHT = altura de la ventana Y opcionalmente, los atributos siguientes:

- NAME = "unnombre" lo cual le permite comunicarse con otros applets

- ARCHIVE = "unarchivo" donde se guardan las clases en un .zip o un .jar

- PARAM NAME = "param1" VALUE = "valor1" para poder pasar parámetros al applet.

## Ejemplo de applet

A continuación se muestran los pasos para la creación de un applet sencillo:

1) Crear un fichero fuente. Mediante el editor escogido, escribiremos el texto y lo salvaremos con el nombre HolaMundoApplet.java.

```
// HolaMundoApplet.java
import java.applet.*;
import java.awt.*;
/**
 * La clase HolaMundoApplet muestra el mensaje
 * "Hola Mundo" en la salida estándar. */
public class HolaMundoApplet extends Applet {
    public void paint(Graphics g) {
        // Muestra "Hola Mundo!"
        g.drawString("¡Hola Mundo!", 75, 30 );
    }
}
```

2) Crear un fichero HTML. Mediante el editor escogido, escribiremos el texto:

```
HolaMundoApplet.html
<HTML>
    <HEAD> <TITLE>Mi primer applet</TITLE> </HEAD>
    <BODY> Os quiero dar un mensaje:
        <APPLET CODE="HolaMundoApplet.class" WIDTH=150 HEIGHT=25> </APPLET>
    </BODY>
</HTML>
```

3) Compilar el programa generando un fichero bytecode.

4) Visualizar la página HolaMundoApplet.html desde un Programación de interfaces gráficas en Java

La aparición de las interfaces gráficas supuso una gran evolución en el desarrollo de sistemas y aplicaciones. Hasta su aparición, los programas se basaban en el modo texto (o consola) y, generalmente, el flujo de información de estos programas era secuencial y se dirigía a través de las diferentes opciones que se iban introduciendo a medida que la aplicación lo solicitaba.

Las interfaces gráficas permiten una comunicación mucho más ágil con el usuario facilitando su interacción con el sistema en múltiples puntos de la pantalla. Se puede elegir en un momento determinado entre múltiples operaciones disponibles de naturaleza muy variada (por ejemplo, introducción de datos, selección de opciones de menú, cambios de formularios activos, cambios de aplicación, etc.) y, por tanto, múltiples flujos de instrucciones, siendo cada uno de ellos respuesta a eventos diferenciados.

Los programas que utilizan dichas interfaces son un claro ejemplo del paradigma de programación dirigido por eventos. Con el tiempo, las interfaces gráficas han ido evolucionando y han ido surgiendo nuevos componentes (botones, listas desplegables, botones de opciones, etc.) que se adaptan mejor a la comunicación entre los usuarios y los ordenadores. La interacción con cada uno de estos componentes genera una serie de cambios de estado y cada cambio de estado es un suceso susceptible de necesitar o provocar una acción determinada. Es decir, un posible evento.

La programación de las aplicaciones con interfaces gráficas se elabora a partir de una serie de componentes gráficos (desde formularios hasta controles, como los botones o las etiquetas), que se definen como objetos propios, con sus variables y sus métodos.

Mientras que las variables corresponden a las diferentes propiedades necesarias para la descripción del objeto (longitudes, colores, bloqueos, etc. ), los métodos permiten la codificación de una respuesta a cada uno de los diferentes eventos que pueden sucederle a dicho componente.

## Las interfaces de usuario en Java

Java, desde su origen en la versión 1.0, implementó un paquete de rutinas gráficas denominadas AWT (abstract windows toolkit) incluidas en el paquete java.awt en la que se incluyen todos los componentes para construir una interfaz gráfica de usuario (GUI-graphic user interface) y para la gestión de eventos. Este hecho hace que las interfaces generadas con esta biblioteca funcionen en todos los entornos Java, incluidos los diferentes navegadores.

Este paquete sufrió una revisión que mejoró muchos aspectos en la versión 1.1, pero continuaba presentando un inconveniente: AWT incluye componentes que dependen de la plataforma, lo que ataca frontalmente uno de los pilares fundamentales en la filosofía de Java.

En la versión 1.2 (o Java 2) se implementó una nueva versión de interfaz gráfica que soluciona dichos problemas: el paquete Swing. Este paquete presenta, además, una serie de ventajas adicionales respecto a la AWT como aspecto modificable (diversos look and feel, como Metal que es la presentación propia de Java, Motif propia de Unix, Windows ) y una amplia variedad de componentes, que se pueden identificar rápidamente porque su nombre comienza por J.

Swing conserva la gestión de eventos de AWT, aunque la enriquece con el paquete javax.swing.event.

Aunque el objetivo de este documento no incluye el desarrollo de aplicaciones con interfaces gráficas, un pequeño ejemplo del uso de la biblioteca Swing nos permitirá presentar sus ideas básicas así como el uso de los eventos.

## Ejemplo de applet de Swing

En el siguiente ejemplo, se define un applet que sigue la interfaz Swing. La primera diferencia respecto al applet explicado anteriormente corresponde a la inclusión del paquete javax.swing.*.

Se define la clase HelloSwing que hereda de la clase Japplet (que corresponde a los applets en Swing). En esta clase, se define el método init donde se define un nuevo botón (new Jbutton) y se añade al panel de la pantalla (.add).

Los botones reciben eventos de la clase ActionEvent y, para su tratamiento, la clase que gestiona sus eventos debe implementar la interfaz ActionListener.

Para esta función se ha declarado la clase GestorEventos que, en su interior, redefine el método actionPerformed (el único método definido en la interfaz ActionListener) de forma que abra una nueva ventana a través del método showMessageDialog.

Finalmente, sólo falta indicarle a la clase HelloSwing que la clase GestorEventos es la que gestiona los mensajes del botón. Para ello, usamos el método .addActionListener(GestorEventos)

```
HelloSwing.java
import javax.swing.*;
import java.awt.event.*;

public class HelloSwing extends Japplet{
   public void init() { //constructor
      JButton boton = new JButton("Pulsa aquí!");
      GestorEventos miGestor = new GestorEventos();
      boton.addActionListener(miGestor); //Gestor del      botón
      getContentPane().add(boton);
   } // init
}

// HelloSwing
class GestorEventos implements ActionListener {
   public void actionPerformed(ActionEvent evt) {
      String titulo = "Felicidades";
      String mensaje = "Hola mundo, desde Swing";
      JOptionPane.showMessageDialog(null,
mensaje,titulo,JOptionPane.INFORMATION_MESSAGE);
   } // actionPerformed
} // clase GestorEventos
```

## Resumen

En este documento se ha descrito Java como un lenguaje de programación orientado a objetos que nos proporciona independencia de la plataforma sobre la que se ejecuta. Para ello, proporciona una máquina virtual sobre cada plataforma. De este modo, el desarrollador de aplicaciones sólo debe escribir su código fuente una única vez y compilarlo para generar un código "ejecutable" común, consiguiendo, de esta manera, que la aplicación pueda funcionar en entornos dispares como sistemas Unix, sistemas Pc o Apple McIntosh. Esta filosofía es la que se conoce como "write once, run everywhere".

Java nació como evolución del C++ y adaptándose a las condiciones anteriormente descritas. Se aprovecha el conocimiento previo de los programadores en los lenguajes C y C++ para facilitar una aproximación rápida al lenguaje.

Al necesitar Java un entorno de poco tamaño, permite incorporar su uso en navegadores web. Como el uso de estos navegadores implica, normalmente, la existencia de un entorno gráfico, se ha aprovechado esta situación para introducir brevemente el uso de bibliotecas gráficas y el modelo de programación dirigido por eventos.

Asimismo, Java incluye de forma estándar dentro de su lenguaje operaciones avanzadas que en otros lenguajes realiza el sistema operativo o bibliotecas adicionales. Una de estas características es la programación de varios hilos de ejecución (threads) dentro del mismo proceso.

# Compilación de lenguajes de programación

## Índice de contenido

## Introducción

Un compilador es un programa que lee un programa escrito en un lenguaje (código fuente) y lo traduce a otro (código objetivo). Aunque existen compiladores de muchos tipos, el uso más común de un compilador es traducir un lenguaje de alto nivel, como C o Pascal, en código máquina ejecutable por una arquitectura hardware concreta.

# Fases de un compilador

El proceso de compilación de un programa se compone de las siguientes fases sucesivas:

1. Análisis léxico: Analizar el texto del código fuente, agrupando grupos contiguos de caracteres con significado propio en unidades llamadas tokens, clasificándolos según su tipo (variables, palabras clave, operadores, etc.).

2. Análisis sintáctico: Comprobar que las combinaciones de tokens se ajustan a la definición del lenguaje, y que por tanto se corresponden a un programa correcto estructuralmente.

3. Análisis semántico: Comprobar que el programa es válido desde un punto de vista semántico, es decir, que las asignaciones son entre tipos compatibles, etc.

4. Generación de código intermedio: Generación de código a partir del programa, en un pseudo-ensamblador intermedio.

5. Optimización de código independiente de la CPU

6. Generación de código máquina para la CPU destino

7. Optimización específica de la CPU

## Análisis léxico

El análisis léxico consiste en transformar el listado de caracteres que compone un programa en un conjunto de tokens. De esta manera, se facilita el procesamiento posterior, ya que no es necesario procesar las listas de caracteres que componen los diferentes elementos del programa (variables, etc.), sino que se dispone de una secuencia de tokens con un formato uniforme.

Un token se compone de:

- Clase: Cataloga al token dentro de una clase. Por ejemplo, aquí se definiría si un token es un operador, una referencia a variable, una palabra clave o un valor constante.

- Atributo: Información asociada al token. Depende de la clase del token, y así el atributo de un token operador sería la descripción del tipo de operador concreto, el de un token constante sería el valor numérico, y el de un token variable sería la referencia a la variable en la tabla de símbolos.

- Descripción: Especificación del token, que indica qué cadenas de texto se corresponden con esa clase de tokens. Se utilizan expresiones regulares para la especificación de descripciones.

### *Tabla de símbolos*

Una tarea esencial del compilador es almacenar todos los identificadores del programa, junto con su información asociada, como tipo, ámbito en el que es válido, número de argumentos si es un procesamiento, etc. Esta información se guarda en la tabla de símbolos, que es una estructura fundamental usada y actualizada en las diferentes fases de la compilación.

Así, en la fase de análisis léxico se irían incorporando a la misma las diferentes variables del programa únicamente indicando su nombre, mientras que en la fase de análisis sintáctico se completaría esta información añadiendo su tipo de datos.

Una tabla de símbolos se implementa generalmente como un hash, de forma que el acceso a su contenido sea rápido.

## Expresiones regulares

La transformación del texto del programa en tokens se lleva a cabo especificando cada tipo de token como una expresión regular.

Una expresión regular es un patrón que define un conjunto de cadenas de texto. Se utilizan para definir la forma textual que tiene un token, y por tanto sirven para determinar a qué clase de token se corresponde una cadena de texto dada.

Una expresión regular se indica como un conjunto de caracteres combinados con una serie de operadores. Algunos operadores son:

- []: Permite indicar conjuntos de caracteres. Así, "Hol[ab]" incluiría a las cadenas "Hola" y "Holb". También permite indicar intervalos, por ejemplo "[a-z]" para indicar todas las letras minúsculas.

- |: Permite indicar alternancia. Así, la ER "hola|adios" incluiría las cadenas "hola" y "adios".

- A*: Cualquier combinación de caracteres del conjunto A, de cualquier longitud. Por ejemplo, "Ho[la]*" incluiría las cadenas "Hola", "Holallal" y "Ho".

- A+: Como A*, pero exige al menos una ocurrencia. En el ejemplo anterior, la cadena "Ho" no estaría incluida en "Ho[la]+"

- A{}: Repetición, permite indicar el número de veces que debe repetirse el conjunto A. Por ejemplo, "a{2,4}" incluiría "aa" y "aaa", pero no "a" ni "aaaaa".

Algunos ejemplos de ERs serían los siguientes:

| | |
|---|---|
| Todas las cadenas de 0s y 1s que empiecen por 0 | 0(0|1)* |
| Nombre de variable (cadena textual que empieza por una letra pero no por un n°) | [a-z][a-z0-9]* |
| División de dos números | [0-9]+/[0-9]+ |

La forma de implementar el reconocimiento de expresiones regulares en un ordenador es transformándolas en un autómata finito determinista (AFD). Un AFD se compone de un conjunto de estados, y una función que, dado un estado y una entrada, define el nuevo estado. Cada estado del AFD puede estar marcado como de aceptación, de manera que, si se le proporciona a un AFD una secuencia de símbolos (palabra), y el estado final es de aceptación, se dice que la secuencia de símbolos pertenece al lenguaje del AFD. Se puede demostrar que para cualquier expresión regular existe un AFD que reconoce el mismo conjunto de palabras, y de hecho la obtención de un AFD a partir de una ER es sencilla.

Las expresiones regulares son muy rápidas de procesar, si bien tienen limitaciones. Así, es imposible reconocer determinados patrones de texto mediante una ER, como por ejemplo una combinación balanceada de paréntesis. Para reconocer este tipo de patrones se utilizan otros mecanismos, como las gramáticas libres de contexto (GLC), que se definirán cuando se hable del análisis sintáctico.

## Análisis sintáctico

El objetivo del análisis sintáctico es determinar que el programa de entrada se corresponde con la estructura definida en la especificación del lenguaje.

Dado que las expresiones regulares no son suficientemente potentes como para poder definir un lenguaje típico de alto nivel, en esta fase se usa un mecanismo de mayor potencia, como son las gramáticas libres de contexto.

### *Gramáticas libres de contexto*

Una gramática libre de contexto se define como:

- Un conjunto T de símbolos terminales

- Un conjunto V de símbolos no terminales

- Un conjunto P de producciones, que dado un $v \in V$, dan una combinación de elementos de T y V

- Un símbolo inicial

Así, se dice que una palabra $p \in T^*$ pertenece al lenguaje de una gramática G si, partiendo del símbolo inicial, existe una combinación de producciones que dan lugar a p.

El uso de gramáticas permite la especificación de lenguajes más complejos que el que permiten los autómatas/expresiones regulares. De hecho, el conjunto de lenguajes definibles mediante gramáticas es un superconjunto de los reconocibles mediante AFDs.

Por ejemplo, una gramática que reconozca expresiones de suma con paréntesis balanceados (imposible de reconocer con un AFD) sería la siguiente:

$$
\begin{aligned}
S &\rightarrow S+S \\
S &\rightarrow (S) \\
S &\rightarrow a
\end{aligned}
\quad
\begin{aligned}
&\text{o, de forma} \\
&\text{más} \\
&\text{compacta:}
\end{aligned}
\quad
S \rightarrow S+S \,|\, (S) \,|\, a
$$

De esta forma, podríamos decir que la palabra a+(a+a) forma parte del lenguaje de esta gramática, ya que se genera mediante la combinación de producciones:

$$S \rightarrow S+S \rightarrow a+S \rightarrow a+(S) \rightarrow a+(S+S) \rightarrow a+(a+S) \rightarrow a+(a+a)$$

Si existe más de una combinación de producciones para llegar a una palabra dada, se dice que la gramática es ambigua.

### *Analizadores sintácticos*

La potencia de las gramáticas permite definir de forma precisa la sintaxis de un lenguaje de programación, de manera que, para saber si un programa es sintácticamente correcto, es suficiente con analizar si forma parte del lenguaje de la gramática.

No obstante, los algoritmos generales para determinar si una palabra pertenece al lenguaje de una gramática dada tienen un rendimiento $O(n^3)$, que no es aceptable ya que haría impracticable la compilación de programas grandes. Así, para reducir la complejidad, se establecen restricciones en cuanto al diseño de las gramáticas, pero que, al precio de una cierta pérdida de potencia, permiten utilizar algoritmos de complejidad lineal.

Concretamente, para el diseño de compiladores se consideran los siguientes analizadores (y por tanto tipos de gramática):

## Analizadores descendentes

Reconocen las gramáticas LL, que se caracterizan porque no tienen recursividad por la izquierda, es decir, todas las producciones empiezan por un símbolo terminal (p. ej. $S \rightarrow aRc$).

Concretamente, una gramática LL(1) es aquella en la que no existe recursividad por la izquierda, y además es posible decidir la siguiente producción analizando únicamente un símbolo terminal (también llamado símbolo de anticipación). Los analizadores de este tipo de gramáticas pueden implementarse en forma iterativa o recursiva, y son muy rápidos.

Los analizadores de gramáticas LL son descendentes, ya que funcionan partiendo del símbolo inicial, descendiendo a través del árbol de producciones hasta llegar a la palabra.

## Analizadores ascendentes

También llamados LR o de desplazamiento/reducción, realizan el proceso inverso a los analizadores ascendentes: partiendo de la palabra a reconocer, intentan retroceder en las producciones hasta llegar al símbolo inicial de la gramática.

La idea es, mediante un proceso iterativo, ir leyendo caracteres de la palabra (desplazamiento), reduciéndolos si es posible a una forma más simple si existe una producción apropiada (reducción). Por tanto, este tipo de analizadores construye en memoria una tabla de desplazamiento/reducción que indica, en cada momento, cómo se debe proceder para llegar al símbolo inicial. Las restricciones en este caso son que, en cualquier paso del proceso, sea posible decidir si desplazar o reducir.

Concretamente, un analizador ascendente usa dos tablas:

- T1: Indica, para cada estado y símbolo no terminal de la cadena, qué se debe hacer, si reducir por una producción (reducción), o simplemente cambiar de estado (desplazamiento). También existe una acción especial, que es la aceptación.

- T2: En el caso de que la tabla T1 indique que hay que reducir, indica cuál es el siguiente estado.

Existen diferentes métodos automáticos para generar estas dos tablas. Si en algún momento del proceso de generación se producen conflictos en los que no se pueda decidir entre un desplazamiento y una reducción, o entre dos reducciones, es que la gramática no es LR. Aun con estas limitaciones, las gramáticas LR incluyen a muchos más lenguajes que las gramáticas LL(1), siendo LR(1) muy cercano a una gramática general, pero con complejidad de análisis lineal en lugar de cúbica.

En la práctica, las LR(1) tampoco se utilizan, ya que dan lugar a tablas de desplazamiento/reducción muy grandes. En su lugar, se usan gramáticas LALR, que compactan las tablas agrupando aquellos estados similares. La compactación no siempre puede realizarse, y en ocasiones puede introducir conflictos de reducción/reducción, por lo que el conjunto de lenguajes reconocibles por un generador LALR es menor que el de un LR. En cualquier caso, esta disminución en potencia es pequeña en comparación con la disminución de tamaño que se obtiene (del orden de 10 veces menos estados en las tablas), por lo que el uso de LALR generalmente compensa.

En general, si DCFL es el conjunto de lenguajes reconocibles por una gramática general, se puede establecer la siguiente ordenación:

$$LL \subset LR(0) \subset LALR \subset LR(1) \subset DCLF$$

Aunque siempre con el matiz de que la distancia entre LL y el resto es considerablemente mayor que la que hay entre LALR, LR y DCLF.

### Generadores de analizadores

Debido a las restricciones en cuanto al diseño de gramáticas que imponen los diferentes analizadores, diseñar manualmente una gramática de manera que sea LL o LALR no es trivial. Por ello, para la especificación de lenguajes se utilizan gramáticas genéricas, que son transformadas al tipo de gramática correspondiente mediante el uso de una herramienta automatizada.

La herramienta se encarga de detectar si la conversión es posible, si bien, dada la proximidad de LR o LALR con la potencia de una gramática general, es raro incurrir en errores de este tipo, y cuando se dan suelen ser fácilmente subsanables, lo que permite construir lenguajes complejos de forma sencilla.

Una de las herramientas más utilizadas para la construcción de analizadores es Yacc, que es utilizada también en la fase de análisis semántico y la generación de código.

## Análisis semántico

No todas las características de un lenguaje de programación pueden ser descritas mediante gramáticas. Por ejemplo, el análisis de si una variable se ha definido antes de usarse no puede hacerse mediante una gramática, y por tanto es necesario un paso adicional, que es el análisis semántico.

### Uso de atributos y reglas semánticas

El análisis semántico está integrado con el análisis sintáctico, en el sentido de que consiste en la adición de información (atributos) a los diferentes símbolos de la gramática que reconoce el lenguaje. Estos atributos almacenan información durante el proceso de reconocimiento del analizador sintáctico, que permite realizar verificaciones adicionales.

Los atributos de un símbolo de una gramática pueden ser de dos tipos:

- Sintetizado: Generado en el mismo nivel del símbolo

- Heredado: Perteneciente a los símbolos adyacentes (padre e hijos) en el árbol sintáctico, de manera que son propagados.

Además de los atributos, en cada símbolo se definen una serie de reglas semánticas, que son acciones que, en función de los atributos, realizan diferentes tareas, como verificaciones, recogida de información para la tabla de símbolos, etc. En realidad, la generación de código, explicada en el siguiente apartado, funciona también mediante el uso de reglas semánticas.

Por ejemplo, la siguiente gramática define una calculadora muy simple que sólo evalúa sumas acabadas en el símbolo $:

$$L \to E \; \$$$
$$E \to E + E$$
$$E \to ( E )$$
$$E \to \mathbf{digito}$$

Mediante el uso de atributos y reglas semánticas, es posible implementar la funcionalidad de la calculadora:

| Producción | Regla |
|---|---|
| $L \rightarrow E \ \$$ | print(E.val) |
| $E \rightarrow E_1 + E_2$ | $E.val = E_1.val + E_2.val$ |
| $E \rightarrow (E_1)$ | $E.val = E_1.val$ |
| $E \rightarrow \textbf{digito}$ | $E.val = \textbf{digito}.val$ |

En este caso, el valor del símbolo terminal **dígito** es guardado en el atributo sintetizado *val*, y se va propagando hacia arriba de manera que, en las producciones apropiadas, se pueda operar y mostrar el resultado en pantalla.

En el ejemplo anterior, se utilizan únicamente atributos sintetizados, que se van propagando hacia arriba manualmente, mediante reglas hacia las producciones donde son necesarios. Si bien es posible implementar cualquier funcionalidad únicamente con atributos sintetizados, el uso de atributos heredados hace las reglas más sencillas. Un atributo heredado se propaga en las dos direcciones, como sucede en el siguiente ejemplo, que simula la definición de una variable con tipo:

| Producción | Regla |
|---|---|
| $D \rightarrow T \ L$ | $L.tipo = T.tipo$ |
| $T \rightarrow integer$ | $T.tipo = \textbf{integer}$ |
| $T \rightarrow string$ | $T.tipo = \textbf{string}$ |
| $L \rightarrow \textbf{identificador}$ | $añadir\_tsimbolos(\textbf{identificador}, L.tipo)$ |

Aquí, tipo es un atributo heredado, ya que se propaga desde arriba hacia abajo.

## Construcción de expresiones

Otra de las tareas del análisis semántico es representar las expresiones. Las expresiones se componen de operandos y operadores. Los operandos pueden ser unarios o binarios, de manera que una expresión puede ser representada en forma de árbol, como por ejemplo:

$3 * 5 + n$ equivale a

Hay que destacar que los paréntesis en las expresiones se vuelven innecesarios en la representación en forma de árbol, ya que la propia jerarquía ya define las precedencias.

Por ejemplo:

$$3*(5+n) \quad \text{equivale a}$$

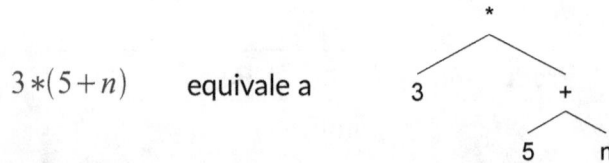

Generalmente las expresiones no se organizan como un árbol, sino como un grafo dirigido acíclico (GDA). Un GDA es un grafo con ciertas limitaciones, concretamente que todos los enlaces son hacia abajo y no presenta ciclos. El uso de GDAs tiene la ventaja de que un nodo puede tener varios padres, lo que permite aprovechar subexpresiones comunes sin necesidad de repetirlas en el grafo, y obteniendo así una expresión más compacta.

Esta ventaja se aprecia en el siguiente ejemplo:

$$a+a*(b-c)+(b-c)*d \quad \text{equivale a}$$

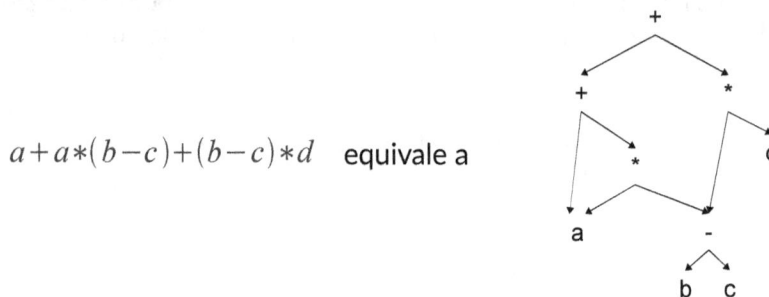

## Verificación de tipos

Otra de las tareas del compilador en la fase de análisis semántico es realizar la verificación de tipos, es decir, comprobar que se siguen las normas sintácticas de definición de tipos del lenguaje, así como asegurar que el uso que se hace de los diferentes tipos es semánticamente correcto. Hay dos tipos de comprobación de tipos:

- Estático: Es el que se puede hacer en tiempo de compilación

- Dinámico: En determinados tipos complejos, las comprobaciones sólo se pueden hacer en tiempo de ejecución, por lo que el compilador no las hace explícitamente, sino que genera el código que realiza el chequeo durante la ejecución del programa.

Por lo que respecta a la verificación estática de tipos, se pueden realizar las siguientes verificaciones:

- Verificación de tipo: Comprobar que los operadores utilizados son apropiados al tipo de la variable.

- Unicidad: Comprobar que no se use el mismo identificador más de una vez en el mismo contexto.

- Comprobación de nombres: En aquellos bloques de código que vayan etiquetados (p. ej. un bucle o bloque en ADA), comprobar la coherencia de los nombres en cuanto a inicio-fin, etc.

Tanto la detección de unicidad como la comprobación de nombres son triviales de resolver mediante la inserción de las reglas semánticas correspondientes y la consulta/verificación de la tabla de símbolos. Por su parte, la verificación de tipos es más problemática.

Cualquier expresión del código tiene un tipo. Este tipo puede ser un tipo básico, como numérico, carácter o real, o bien una combinación de tipos básicos usando diferentes operadores:

- Array: Es un vector de tipos, en el que los elementos del vector son accesibles mediante un índice generalmente numérico.

- Registro: Es una agrupación de tipos, donde cada elemento lleva asociado un nombre.

- Puntero: Es la referencia a la posición en memoria de una variable de otro tipo.

- Renombrado: Es un tipo idéntico a otro, pero al que se le asigna un nombre diferente.

Todos estos operadores se pueden combinar, pudiendo tener, p. ej, un tipo correspondiente a un array de punteros a entero.

La estructura de un tipo se puede representar de diferentes formas:

- Árbol o GDA: Se organizan los tipos base y sus operadores en forma de árbol o, mejor, de GDA. Esto permite representar tipos muy complejos, al coste de complicar algo más el almacenamiento y la comparación.

- Bitmap: Se representa un tipo como una secuencia de bits de tamaño fijo, en el que diferentes posiciones indican el tipo básico, operadores, etc. P. ej., si el tipo base se codifica en los 2 últimos bits, y se usan dos bits más para indicar si es un array y/o un puntero, un tipo carácter podría representarse como 0001, un array de caracteres 1001, y un array de punteros a carácter como 1101. Esta representación es compacta y muy rápida para comparar, si bien limita considerablemente el abanico de tipos (p. ej., no permite un array de arrays).

De esta forma, es posible determinar la equivalencia entre tipos mediante la comparación de sus representaciones correspondientes. En ocasiones puede suceder que tipos diferentes tengan GDAs idénticos, y será cada compilador/lenguaje el que definirá si se consideran tipos compatibles (verificación relajada) o no (verificación estricta).

Para realizar la verificación de tipos en compilación, es necesario añadir reglas semánticas que vayan calculando y propagando el tipo de cada expresión en los correspondientes atributos. Una vez se tengan los tipos, se deberán comparar con los de otras expresiones, así como con los de la tabla de símbolos, para detectar:

- Asignaciones entre tipos incompatibles (p. ej, guardar una cadena en una variable numérica)

- Operaciones entre tipos incompatibles (p. ej., sumar dos cadenas de texto)

- Llamadas a función con parámetros incompatibles con su definición

Otro aspecto a tener en cuenta es que tipos diferentes pueden ser compatibles a la hora de operar. Por ejemplo, la suma de un entero y un real puede hacerse, con resultado real, y la suma de dos caracteres puede hacerse considerando su valor ASCII, o bien realizando su concatenación en una cadena. La decisión sobre qué tipos son compatibles y en qué condiciones corresponde a la definición del lenguaje, y se deberán añadir las rutinas semánticas correspondientes que detecten estos casos y hagan las conversiones necesarias (p. ej. convertir enteros a reales al operar).

Algunos aspectos de la verificación de tipos no pueden hacerse en tiempo de compilación, sino que es necesario hacerlos en tiempo de ejecución. Por ejemplo:

■ Verificación de límites de arrays: Si las referencias a la posición de un array se hacen usando una variable, la posición a la que se accede dependerá del contenido de esa variable durante la ejecución, por lo que el compilador no puede detectar si se está intentando acceder a una posición fuera del rango del array.

■ Funciones polimórficas: Las funciones polimórficas son aquellas que tienen diferente implementación en función de los tipos de datos de sus argumentos. Si el argumento de una función polimórfica es una expresión que puede dar lugar a diferentes tipos (p. ej. el resultado de otra función polimórfica), la elección de qué versión ejecutar no se puede hacer hasta el momento de la ejecución.

Para llevar a cabo esta verificación, los compiladores insertan código extra que realiza los chequeos, si bien determinados lenguajes pueden omitirla en algunos casos por motivos de rendimiento.

## Generación de código intermedio

Una vez verificado que el programa a compilar es correcto tanto sintáctica como semánticamente, es momento de generar una primera versión de código, en un lenguaje intermedio, que servirá para realizar diferentes optimizaciones antes de generar el código máquina en sí. Esta generación tiene dos fases:

■ Gestión del entorno de ejecución

■ Generación de código

### *Gestión del entorno de ejecución*

Para poder ejecutar un programa, hay que tener en cuenta diferentes aspectos:

■ Activación de procedimientos: Los programas se estructuran en funciones/procedimientos que se van llamando unos a otros, por lo que es importante llevar un control del flujo de ejecución. Para ello, se utiliza una pila que, ante cada llamada a un subprocedimiento, almacena la dirección de retorno, de manera que, al finalizar un proceso, se pueda recuperar y continuar la ejecución en el punto correcto.

■ Gestión de contextos: Cada procedimiento se corresponde con un contexto de ejecución, con sus propias variables e identificadores. Determinados lenguajes incluso introducen el concepto de bloque para definir subcontextos dentro de un procedimiento, por lo que es importante tener en cuenta el contexto de validez de cada variable. Esta información se guarda en la tabla de símbolos.

■ Gestión de la memoria: El programa está compuesto de su código, así como de un espacio de datos correspondiente a sus variables. Además, es necesario reservar espacio para la pila de llamadas a procedimientos, así como para variables creadas dinámicamente en tiempo de ejecución. Así, la estructuración más típica de la memoria es:

○ Código

○ Datos estáticos: Variables.

○ Pila de llamadas

○ Heap: Resto de la memoria, que será asignada dinámicamente.

■ Representación de tipos de datos: Un aspecto importante es cómo se van a representar en memoria física los tipos de datos del programa. Además de la problemática de traducir un GDA a una representación eficiente, hay que tener en cuenta que muchas arquitecturas presentan restricciones en cuanto a la alineación en memoria de los datos (p. ej. sólo permitir usar direcciones pares).

## Código de 3 direcciones

El paso posterior a la verificación sintáctica y semántica es la generación de un código intermedio. Aunque sería posible generar directamente código máquina de la arquitectura destino, usar una representación intermedia tiene una serie de ventajas:

- Se facilita construir compiladores para otras arquitecturas, ya que sólo habría que cambiar la conversión entre código intermedio-código máquina, aprovechando el resto de fases

- Se facilita la optimización de código, al eliminar las particularidades de la arquitectura.

El código intermedio que se suele utilizar en el diseño de compiladores es el código de 3 direcciones, que se compone de instrucciones en pseudo-ensamblador con 3 operandos, del tipo:

$$t_i := x \; op \; y$$

donde $t_i$ son identificadores intermedios generados por el compilador, *op* es una operación, y x e y pueden ser variables del programa o intermedias.

Los saltos en el código se representan como:

if x *op* y goto L       o bien    goto L    para saltos incondicionales

donde L es una etiqueta que indica una posición en el programa.

## Generación de código para estructuras comunes

El proceso de generación de código consiste en la adición de reglas semánticas a la gramática que generen el código equivalente a cada producción, guardándolo también como un atributo. Para ello, utilizan la información tanto de los atributos sintetizados y heredados, como la de la tabla de símbolos.

Concretamente, durante la generación de código se usan los siguientes atributos asociados a cada producción:

- code: Conjunto de instrucciones generadas por esa producción

- dir: Dirección en memoria del resultado generado por esa expresión, si procede.

- inicio,fin: Etiquetas que indican el inicio y el fin de determinados bloques de código.

Las equivalencias entre estructuras comunes y su código son:

| Construcción | Producción | Regla semántica |
|---|---|---|
| Asignación | $S \rightarrow id := E$ | S.code:=E.code \|\| gen(id.dir,:=,E.dir) |
| Operación | $E \rightarrow E_1 + E_2$ | E.dir:=nuevatemporal;<br>E.code:=E$_1$.code \|\| E2.code \|\| gen(E.dir,:=,E$_1$.dir,+,E$_2$.dir) |
| Paréntesis | $E \rightarrow ( E_1 )$ | E.dir=E$_1$.dir;<br>E.code=E$_1$.code; |
| Bucle | $S \rightarrow while\ E\ do\ S_1$ | S.inicio:=nuevaetiqueta;<br>S.fin:=nuevaetiqueta;<br>S.code:=gen(S.ini,:) \|\| E.code \|\| gen(if,E.dir,=,0,goto,S.fin)<br>\|\| S$_1$.code \|\| gen(goto,S.ini) \|\| gen(S.fin,:) |
| Condicional | $S \rightarrow if\ E\ then\ S_1\ else\ S_2$ | S.ini:=nuevaetiqueta;<br>S.fin:=nuevaetiqueta;<br>S.code:=E.code \|\| gen(if,E.dir,=,0,goto,S$_2$.ini) \|\| S1.code \|\|<br>gen(goto,S$_2$.fin) \|\| gen(S$_2$.inicio,:) \|\| S$_2$.code \|\| gen(S$_2$.fin,:) |
| Acceso a arrays | $S \rightarrow id[E]$ | S.dir:=nuevatemporal;<br>S.code:=E.code \|\| gen(S.dir,:=,id.basedir) \|\|<br>gen(S.dir:=S.dir,+,E.dir); |
| Llamada a procedimiento | $S \rightarrow idproc(A)$ | |

Un problema con la generación de bucles y condicionales es que en el momento de generar las instrucciones de salto aún no se han generado las correspondientes etiquetas, y por tanto no se sabe a qué posición se debe saltar. Para solucionar esto hay dos opciones: realizar dos pasadas en la generación de código, o utilizar backpatching.

El backpatching es una técnica que consiste en generar las instrucciones de salto con la dirección vacía, al tiempo que se añade esa dirección a una tabla de instrucciones pendientes de completar. En el momento en que se genera el código del cual depende un salto, se completa el salto con la dirección correspondiente. De esta forma, en un paso es posible generar todo el código.

## Optimización genérica

Una vez se ha generado el código intermedio, se pueden realizar una serie de optimizaciones genéricas, que permiten eliminar instrucciones inútiles o simplificar expresiones, obteniendo así un código más pequeño y rápido de ejecutar.

La optimización en esta fase se compone tanto de optimizaciones locales como globales.

## Bloques básicos

El paso previo a cualquier optimización es la división del programa en bloques básicos. Un bloque básico es un conjunto de instrucciones de programa que se ejecutan de forma consecutiva sin posibilidad de salto.

Por tanto, los bloques básicos del programa serán aquellos fragmentos de código cuyas instrucciones no sean saltos, ni el destino de un salto. La excepción es la última instrucción de cada bloque básico, que sí puede (debe) ser un salto. La primera instrucción de un bloque básico se denomina como líder, y será el punto de entrada al bloque.

Esta estructuración permite visualizar el flujo del programa como un grafo, como muestra el siguiente ejemplo:

```
i:=m-1
j:=n
t1:=4*n
v:=a[t1]
B2:
i:=i+1
t2:=4*i
t3:=a[t2]
if t3<v goto B2
B3:
j:=j-1
t4:=4*j
t5:=a[t4]
if t5>v goto B3
if i>=j goto B6
t6:=4*i
x:=a[t6]
t7:=4*i
goto B2
B6:
t11:=4*i
x:=a[t11]
t15:=4*n
```

equivale a:

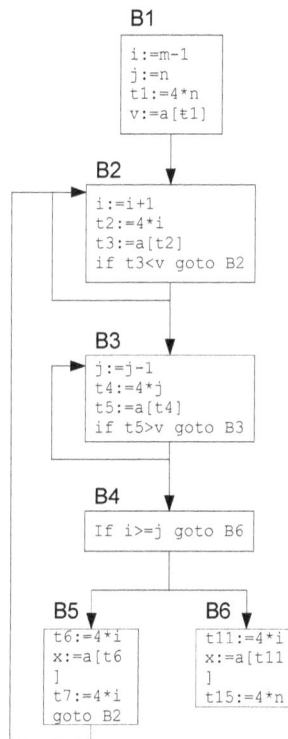

## Optimizaciones locales

Las optimizaciones locales, o de ventana, son aquellas que se efectúan dentro de un bloque básico. Algunas de ellas son:

| Optimización | Descripción | Ejemplo (antes) | Ejemplo (después) |
|---|---|---|---|
| Eliminación de subexpresiones comunes | Detectar cálculos duplicados, y eliminarlos | `a:=b+c`<br>`b:=a-d`<br>`c:=b+c`<br>`d:=a-d` | `a:=b+c`<br>`b:=a-d`<br>`c:=b+c`<br>`d:=b` |
| Propagación de copias | Eliminar uso de variables que no son necesarias | `t3:=a+1`<br>`x:=t3`<br>`y:=x` | `y:=a+1` |
| Transformaciones algebraicas | Simplificar expresiones matemáticas | `x:=x+0`<br>`x:=x*1`<br>`x:=y**2`<br>`x:=1+2` | `-`<br>`-`<br>`x:=x*x`<br>`x:=3` |
| Eliminación de saltos | Eliminar saltos redundantes | `y:=2`<br>`goto b`<br>`b:`<br>`x:=a+1` | `y:=2`<br>`x:=a+1` |

## Optimizaciones globales

La optimización global realiza un análisis del flujo de datos del programa, determinando las interacciones entre bloques en lo que respecta al manejo de datos. A partir de esta información, es posible realizar optimizaciones de mayor complejidad.

A continuación se muestran las principales técnicas de optimización global:

### Expresiones disponibles

El objetivo de esta optimización es detectar y eliminar duplicidades en el código de manera que, para cada instrucción, si el valor que se calcula ya había sido calculado con anterioridad, se elimine la instrucción redundante y se use el valor original.

Para ello, se procesa cada bloque básico para calcular los siguientes conjuntos:

- gen(B): Expresiones generadas al final del bloque básico B.

- muertas(B): Expresiones que han dejado de estar disponibles al final del bloque B

- in(B): Expresiones generadas en el resto del programa, y que están disponibles al inicio de B

- out(B): Expresiones que se han generado en el propio B o en el resto del programa, y que están disponibles al salir de B.

Tanto gen(B) como muertas(B) son conjuntos que pueden calcularse individualmente para cada bloque básico. in() y out(), por su parte, dependen del resto de bloques del programa, por lo que su cálculo es un proceso iterativo consistente en las operaciones:

1. $out(B) = gen(B)$

2. Repetir

$$out(B) = gen(B) \cup (in(B) - muertas(B)):$$

$$in(B) = \bigcap_{P \in predecesores\ de\ B} out(P)$$

hasta que no haya cambios en in(B) y out(B)

Al final de este cálculo, en in(B) estarán aquellas expresiones disponibles al inicio de cada bloque B. La intersección es debida a que es necesario que la expresión esté disponible en todos los bloques predecesores, ya que si hubiera un solo flujo de código en el que no se definiese, no sería correcto utilizarla.

Por ejemplo, el siguiente diagrama muestra el cálculo de gen() y muertas() para cada bloque B:

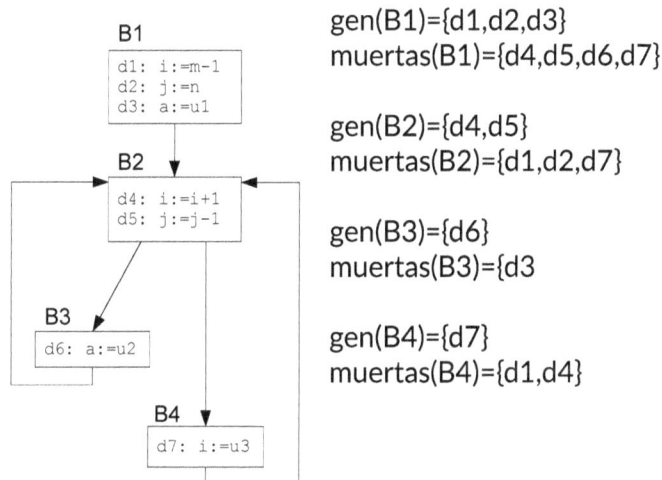

gen(B1)={d1,d2,d3}
muertas(B1)={d4,d5,d6,d7}

gen(B2)={d4,d5}
muertas(B2)={d1,d2,d7}

gen(B3)={d6}
muertas(B3)={d3

gen(B4)={d7}
muertas(B4)={d1,d4}

Una vez realizado este proceso, y calculados por tanto los distintos conjuntos, la optimización consistiría en recorrer el código de cada bloque, sustituyendo los cálculos de expresiones ya disponibles en ese punto por la referencia a donde se calculan.

## Eliminación de código muerto (variables vivas)

El objetivo de esta optimización es eliminar del código todas aquellas instrucciones cuyo resultado no se utiliza posteriormente en el programa.

Esta optimización, además de para eliminar código muerto generado por el compilador, también sirve para eliminar gran parte del código generado/modificado en fases anteriores de optimización que, aunque eliminan cálculos, introducen también un gran número de instrucciones inútiles. Por tanto, la eliminación de código muerto suele ser el último paso de la optimización.

El planteamiento es similar al caso de la optimización de expresiones disponibles, con las mismas estructuras, si bien en este caso el significado que se les da es algo diferente:

- gen(B): Conjunto de variables que se consideran "vivas", ya que alguna de las instrucciones del bloque B utiliza su valor.

- muertas(B): Conjunto de variables que mueren al final del bloque B, debido a que el valor que contenían ha sido sobreescrito y se ha perdido.

- in(B): Conjunto de todas las variables vivas al inicio del bloque B, teniendo en cuenta todos los bloques del programa.

- out(B): Conjunto de variables vivas a la salida del bloque B, teniendo en cuenta todo el programa.

Para el cálculo de in() y out(), se seguiría el siguiente algoritmo:

Repetir

$$\text{out}(B) = \bigcup_{P \in \text{sucesores de } B} \text{in}(P)$$

$$\text{in}(B) = gen(B) \cup (out(B) - muertas(B))$$

hasta que no haya cambios en in(B) y out(B)

En este caso, el recorrido se hace a la inversa, analizando los sucesores (en lugar de los predecesores como se hacía en el caso de las expresiones disponibles), ya que lo que interesa encontrar son usos posteriores de cada variable para saber si está viva o no.

Una vez se dispone de todos los conjuntos, la optimización pasa por recorrer el código, analizando si la variable creada se utiliza posteriormente. Si no es así, puede eliminarse del código. Hay que tener en cuenta que este proceso deja huecos en el código, por lo que un paso final será eliminar los huecos ajustando las referencias correspondientemente.

## Otras optimizaciones

Además de las optimizaciones vistas hasta ahora, existen otras técnicas de optimización de ámbito global. La mayoría están relacionadas con los bucles, dado que es donde se suele gastar más tiempo de ejecución, y donde por tanto las optimizaciones son más efectivas. Algunas de ellas son:

- Detección de código invariante en bucles: Si se detectan instrucciones dentro de un bucle cuyos cálculos son idénticos en cada iteración, pueden moverse al inicio o al final del bucle para ahorrar numerosos cálculos.

- Eliminación de variables inducidas: Aunque algunas instrucciones varíen en cada ejecución de un bucle, puede ser posible mover el cálculo fuera para ganar en rendimiento. Por ejemplo, un contador que se incremente en 1 en cada iteración podría calcularse sólo una vez al final del bucle (asignándole el n° total de iteraciones), sustituyendo las referencias al mismo por las expresiones apropiadas.

- Desenrollamiento de bucles (loop-unrolling): El caso contrario, consiste en reducir el número de iteraciones de un bucle, "desplegando" el cuerpo del bucle para ejecutarlo 2 o más veces en cada iteración. Esto tiene diferentes consecuencias:

  ○ Se reduce el número de cálculos de la condición de iteración, así como el n° de saltos

  ○ Se aumenta el tamaño de los bloques básicos resultantes, aumentando las posibilidades de aplicar optimizaciones globales

○ En la mayoría de arquitecturas superescalares, el disponer de un gran nº de instrucciones consecutivas no de salto permite el reordenamiento del código y aumentar el grado de paralelismo en la ejecución de código.

## Generación de código máquina

Una vez optimizado el código intermedio, el siguiente paso es transformarlo en código máquina para la arquitectura destino.

Aunque el proceso es considerablemente automático, presenta también ciertos problemas:

■ Formato del código máquina: El código intermedio utiliza un formato de tres direcciones (operando1, operando2 y destino), mientras que muchas arquitecturas utilizan un formato de instrucción de 2 direcciones (operando y destino). Por tanto, es necesario hacer la conversión correspondiente.

■ Elección de instrucciones: En juegos de instrucciones complejos, suele ser posible realizar la misma operación de formas diferentes. Así, es importante elegir la forma más eficiente.

■ Ortogonalidad del juego de instrucciones: Las arquitecturas no siempre disponen de juegos de instrucciones ortogonales, es decir, que permitan usar cualquier registro y cualquier modo de direccionamiento en cualquier instrucción. Normalmente existen limitaciones en este sentido, que deben ser tenidas en cuenta a la hora de hacer la conversión.

■ Gestión eficiente de registros: Es importante asignar los registros a las instrucciones críticas del programa, para un mejor rendimiento.

■ Gestión de la memoria: Hay que adaptar la ubicación del código, las referencias de los saltos y la representación de las estructuras de memoria a las particularidades de la arquitectura destino.

## Optimización específica

El paso final de la compilación es optimizar el código máquina en función de las particularidades de la arquitectura destino. Si bien las optimizaciones a realizar dependerán de cada arquitectura concreta, generalmente se aplican las siguientes técnicas:

■ Optimizaciones locales: Se utilizan las mismas técnicas de optimización local descritas anteriormente. Estas técnicas permiten eliminar redundancias y expresiones inútiles que puedan haberse generado en, por ejemplo, el proceso de transformación de código de 3 direcciones a código máquina de 2 direcciones.

■ Optimizaciones globales: Si el juego de instrucciones de la arquitectura destino es conceptualmente muy diferente de la representación intermedia, puede ser útil repetir algunas optimizaciones globales para el código máquina.

■ Optimizaciones específicas de la arquitectura: Algunas serían:

○ Asignación de registros: Detectar las instrucciones más usadas para hacer que utilicen los registros (más rápidos) en lugar de variables en memoria.

○ Reordenamiento de código: Cambiar el orden de instrucciones no dependientes entre sí para aprovechar mejor la superescalaridad de los procesadores.

○ Desenrollado de bucles: En arquitecturas superescalares, el desenrollado de bucles puede mejorar notablemente el rendimiento.

# Tecnología de la programación: Tipos abstractos de datos, algoritmos de búsqueda y ordenación, recursividad, complejidad

## Índice de contenido

## Estudio de la complejidad

La complejidad de un algoritmo mide cómo varía su tiempo de ejecución en función del tamaño de los datos de entrada. Así, es posible que un algoritmo aparentemente muy rápido sea muy poco eficiente con muchos datos, y viceversa.

Según la forma de medir la complejidad, podremos decir que un algoritmo es:

- $O(g)$, si $f(n) < c \cdot g(n)$ a partir de un cierto n.

- $\Omega(g)$, si $f(n) > c \cdot g(n)$ a partir de un cierto n.

- $\Theta(g)$, si $f(n)$ es $O(g)$ y $\Theta(g)$

Generalmente, al hablar de complejidad únicamente se tiene en cuenta la forma de su función g, ignorando el resto de constantes multiplicativas o sumatorias. Esto es debido a que la influencia de las constantes puede ser engañosa para volúmenes pequeños de datos, y dar impresiones erróneas del rendimiento de un algoritmo. Por ejemplo, un algoritmo $O(n^2)$ puede parecer más rápido que otro $O(50 \cdot n)$ para valores pequeños de n, cuando en realidad el algoritmo cuadrático será mucho más lento en cuanto los datos superen un cierto umbral.

Los únicos casos en los que las constantes multiplicativas son relevantes se dan, en primer lugar, cuando se están comparando algoritmos del mismo orden de complejidad. Así, por ejemplo, las constantes no aportan nada al análisis de si $O(3n^2)$ es mejor que $O(2^n-7)$ (al final lo que cuenta es que el primero es cuadrático y el segundo exponencial), pero en cambio sí tienen sentido si estamos comparando un algoritmo $O(n)$ con otro $O(3n)$.

Por otra parte, si sabemos que el volumen de datos a tratar va a ser pequeño, y por tanto la escalabilidad del algoritmo no es relevante, sí tiene interés analizar la complejidad de los algoritmos incluyendo las constantes. Por ejemplo, aunque un algoritmo $O(50n)$ tenga un orden de complejidad lineal, debido a su constante multiplicativa puede ser preferible utilizar otro $O(2n^2)$, que a pesar de tener una complejidad cuadrática tiene un mejor rendimiento si el volumen de datos es inferior a $n=25$.

## Tipos abstractos de datos

Un tipo abstracto de datos o TAD es un modelo matemático compuesto por un conjunto de datos y una serie de operaciones (interfaz) que operan sobre ellos. Se caracterizan por:

- Separación de la especificación y de la implementación: De esta manera, es posible cambiar en el futuro la implementación sin afectar a los programas que usan el TAD.

- Ocultación de la implementación: Los detalles de implementación no son visibles para los usuarios del TAD

- Encapsulación: El TAD representa una entidad en sí misma.

Un TAD se compone de:

- Especificación: Descripción de las operaciones mediante el cual los programas accederán al TAD

- Implementación: Código que implementará las operaciones definidas en la especificación, así como aquellas otras operaciones privadas que sean necesarias. También incluye los datos que manejará el TAD.

Por ejemplo, a continuación se muestra un ejemplo de TAD que implementa una pila:

```
# Especificación

tipo Pila es privado
tipo Elemento es privado

funcion inicializa_pila() retorna Pila
procedimiento encolarelemento_pila(P,elem)
funcion extraercima_pila(P) retorna Elemento
funcion numeroelementos_pila(P) retorna entero
procedimiento eliminar_pila(P)



# Implementación

tipo Pila es puntero

funcion inicializa_pila() retorna Pila es
  retorna nulo
ffuncion

procedimiento encolarelemento_pila(P,elem) es

  aux=reservarmemoria(Elemento)
  aux.valor=elem
  aux.siguiente=P

fprocedimiento
```

```
...
p=inicializar_pila()
encolarelemento_pila(p,2)
encolarelemento_pila(p,7)
encolarelemento_pila(p,3)
n=numeroelementos_pila(p)
print("La pila tiene "+n+" elementos")
...
```

De esta manera, un programa usaría este TAD Pila de la siguiente forma:

La ventaja de usar un TAD es que, aunque en un momento dado se reimplementase la pila de otra manera (p. ej. usando vectores en vez de punteros), no habría que hacer ningún cambio en los programas que usan el TAD, ya que la especificación del TAD (y por tanto la interfaz) es la misma, y sólo habría cambiado la implementación (a la que ningún programa tiene acceso).

De esta forma, mediante el uso de TADs es posible construir programas mejor estructurados y escalables. El uso de TADs facilita también la validación de los programas, ya que al encapsular el programa en bloques es posible comprobar su buen funcionamiento por separado.

## Validación formal de programas

Generalmente, la comprobación de que un programa lleva a cabo su tarea correctamente se basa en llevar a cabo un diseño cuidadoso, así como la prueba del programa con algunos juegos de datos. Esta formar de programar deja la puerta a funcionamientos incorrectos del programa que hayan pasado desapercibidos al programador y que ocurran ante datos de entrada no probados en la fase de test.

En determinados entornos se hace necesaria una mayor seguridad de que el programa va a cumplir su tarea correctamente. Para ello, se puede emplear la validación formal de programas, que se basa en considerar un programa como una sucesión de transformaciones sobre unos datos de entrada, que los convierten en otros datos de salida. Así, el comportamiento deseado de un programa se puede expresar, usando la lógica de predicados, como la propiedad que deben cumplir los datos de salida (postcondición) si se le proporcionan unos ciertos datos de entrada (precondición). Por ejemplo, un procedimiento que devuelva el máximo de dos números se especificaría de la siguiente forma:

```
# Precondición: {a,b∈ℕ}
funcion max(a,b) devuelve c

    si a>=b entonces
        devolver a
    sino
        devolver b
    fsi
ffuncion

# Postcondición: {c=max(a,b)}
```

Mediante esta formulación, un algoritmo S será válido si $\mathrm{wp}(S,Post)\to Pre$, donde $\mathrm{wp}(S,P)$ se define como:

$\mathrm{wp}(S,P)$ es igual al predicado más débil que hace que, ejecutándose S, se cumpla P

Por ejemplo, si S es el algoritmo anterior, $\mathrm{wp}(S,\{c=max(a,b)\})=\{a,b\in\mathbb{N}\}$, ya que cualesquiera que sean los valores de a y b, al ejecutar el algoritmo S se cumplirá el predicado. Por el contrario, $\mathrm{wp}(S,\{c=b+1\})=\{a=b+1\}$, ya que para asegurarnos de que el resultado del algoritmo sea $b+1$ es necesario que $a=b+1$.

En el caso de que los algoritmos a validar incluyan operaciones más elaboradas que las transformaciones básicas, la demostración se hace algo más compleja. En la siguiente tabla se muestra el procedimiento a seguir para validar las construcciones más comunes de los lenguajes de programación:

| Condicional | Demostración |
|---|---|
| {Pre}<br>**si** C **entonces**<br>  B1<br>**sino**<br>  B2<br>**fsi**<br>{Post} | ■ $Pre \wedge C \rightarrow \mathrm{wp}(B_{1,Post})$<br>■ $Pre \wedge \neg C \rightarrow \mathrm{wp}(B_{2,Post})$ |
| **Bucle While** | **Demostración** |
| {Pre}<br>Inicializaciones<br>**mientras** C<br>  S<br>**fmientras**<br>{Post} | ■ $Pre \rightarrow \mathrm{wp}(Inicializaciones, I)$<br>■ $I \wedge C \rightarrow \mathrm{wp}(S, I)$<br>■ $I \wedge \neg C \rightarrow I$ |

Por tanto, para validar el algoritmo del ejemplo anterior, y dado que es un condicional, habría que demostrar, en primer lugar:

$$Pre \wedge C \rightarrow \mathrm{wp}(B_1, Post)$$
$$\{a, b \in \mathbb{N} \wedge a \geq b\} \rightarrow \mathrm{wp}(\{c=a\}, \{c=max(a,b)\})$$
$$\{a, b \in \mathbb{N} \wedge a \geq b\} \rightarrow a \geq b = Verdadero$$

Y, por otra parte:

$$Pre \wedge \neg C \rightarrow \mathrm{wp}(B_2, Post)$$
$$\{a, b \in \mathbb{N} \wedge a < b\} \rightarrow \mathrm{wp}(\{c=b\}, \{c=max(a,b)\})$$
$$\{a, b \in \mathbb{N} \wedge a < b\} \rightarrow a < b = Verdadero$$

Por tanto, el algoritmo queda validado formalmente.

Aunque la validación formal es una herramienta muy útil para garantizar la robustez de los algoritmos, su complejidad a medida que aumenta el tamaño de los programas hace que su uso sea mínimo. No obstante, en determinados ámbitos en los que el fallo de un programa sería crítico, se utiliza la validación formal como garantía de correcto funcionamiento.

# Algoritmos de búsqueda

## Búsqueda lineal

El algoritmo de búsqueda más sencillo es la búsqueda lineal. En este algoritmo, se empieza la búsqueda desde el primer elemento, avanzando hasta que se encuentre el elemento buscado.

Si N es el número de elementos, el coste de este algoritmo oscila entre 1 paso (si el primer elemento es el buscado) y N pasos si es el último, haciendo un coste promedio de $\dfrac{N}{2}$ pasos, por lo que podemos decir que este algoritmo es $O(n)$.

Si el conjunto de datos está ordenado, es posible reducir la constante multiplicativa de este algoritmo haciendo que se detenga cuando los valores de la lista sean superiores al valor buscado.

## Búsqueda binaria

La búsqueda binaria es una mejora sobre la búsqueda lineal para el caso de que el conjunto de datos esté ordenado. Lo que propone la búsqueda binaria es comenzar por la mitad de los datos, comparando con el elemento a buscar. Si el elemento en la posición actual es mayor que el buscado, dividir la posición por dos. Si por el contrario es menor, multiplicarla por dos.

De esta manera, se reduce sensiblemente el tiempo de búsqueda, quedando una complejidad de $O(\log_2(n))$.

# Algoritmos de ordenación

La ordenación consiste en, dado un conjunto de datos en orden arbitrario, ordenarlos según algún criterio. Al ser un procedimiento muy común, ha atraído históricamente mucha investigación, por lo que existen muy variados algoritmos.

El máximo rendimiento de un algoritmo de ordenación de propósito general es $O(n \cdot \log(n))$. Ahora bien, en algunas situaciones la constante multiplicativa de los algoritmos más eficientes asintóticamente puede hacer más conveniente usar algoritmos teóricamente más lentos. A continuación se muestran algunos de los principales algoritmos de ordenación.

## Algoritmos cuadráticos

### *Selección directa*

Uno de los algoritmos de ordenación más sencillos es el de selección directa. Este algoritmo consiste en hacer N pasadas sobre los datos, calculando cada vez el elemento mínimo. Al final de cada pasada, se extrae el mínimo y se añade a una lista aparte, que al final del proceso contendrá los datos ordenados.

La complejidad de este algoritmo es $O(n^2)$, ya que requiere un recorrido completo por los n datos para cada uno de los datos. Además, requiere un espacio de memoria de 2n: n posiciones para los datos originales, más n adicionales para el espacio auxiliar en el que se van añadiendo elementos ordenados.

### Inserción directa

El algoritmo de inserción directa recorre los datos, moviendo cada elemento a su posición correcta en el array. Si bien su funcionamiento es similar al de selección directa (y su coste también es $O(n^2)$ ), tiene una serie de ventajas:

- No necesita memoria adicional
- Si los datos están ordenados, el tiempo de ejecución es n

### Bubble-sort

El algoritmo de ordenación por burbuja realiza varias pasadas por los datos, comparándolos por parejas. Si en alguna de estas comparaciones detecta dos datos desordenados (el primero es mayor que el segundo), los intercambia. El algoritmo se detiene cuando se ha realizado una pasada completa sin cambiar ningún elemento. El nombre de este algoritmo viene precisamente de este comportamiento de los datos, que "flotan" en sucesivas pasadas hasta quedar ubicados ordenadamente.

Una variante de este algoritmo es el algoritmo de la sacudida, que se diferencia en que el sentido de las pasadas es alterno, es decir, unas veces se hace hacia adelante, y otras hacia atrás. De esta manera se reduce el número de pasadas necesario. En cualquier caso, el coste del algoritmo es $O(n^2)$ .

Este algoritmo no presenta ventajas significativas respecto al de inserción directa, pero su simplicidad lo hace apropiado para la enseñanza.

## Algoritmos n-logarítmicos

### Quicksort

El algoritmo quicksort es $\Theta(n \cdot \log(n))$ y $O(n^2)$ , es decir, aunque en el peor caso se ejecuta en $n^2$ pasos, en promedio necesita $n \cdot \log(n)$ pasos. Su funcionamiento se basa en el siguiente algoritmo:

- Escoger un elemento (llamado pivote) del conjunto de datos
- Reordenar los datos de manera que todos los elementos menores al pivote queden a su izquierda, y todos los mayores a su derecha
- Repetir el proceso recursivamente para los dos conjuntos de datos resultantes

Aspectos destacables de este algoritmo:

- Es fácilmente paralelizable (escalabilidad lineal)
- Su eficiencia depende de la correcta elección del elemento pivote
- Funciona mejor en conjuntos de datos grandes. De hecho, muchas implementaciones utilizan otros algoritmos cuando los subconjuntos se vuelven inferiores a un umbral

El peor caso de funcionamiento de quicksort es cuando se escoge como pivote el elemento mínimo de los datos. Esto puede suceder frecuentemente si la política de selección de pivote es poco sofisticada: por ejemplo, si como pivote se escoge siempre el primer elemento del conjunto, y los datos están ya ordenados, siempre se ejecutará en $O(n^2)$ .

Por tanto, es importante seleccionar el pivote correctamente, y para ello hay diferentes elecciones:

- Mediana: La mediana es, por definición, el valor que divide un conjunto en dos subconjuntos con el mismo número de elementos, por lo que es el pivote ideal. El problema es que calcular la mediana requiere $O(n)$, por lo que, aunque el coste del algoritmo en el peor caso seguiría siendo de $O(n \cdot log(n))$, la constante multiplicativa aumentaría considerablemente respecto a otros algoritmos también $O(n \cdot log(n))$.

- Valor central: Mejor funcionamiento que escoger el primer valor, pero un conjunto de datos particular (que puede haber sido creado específicamente como ataque de denegación de servicio) puede causar coste $O(n^2)$.

- Valor aleatorio: Buen funcionamiento si los valores son suficientemente aleatorios.

- Mediana de tres valores: Calcular la mediana de tres valores, como por ejemplo el primero, el último y el central. Es un buen esquema de propósito general, y si además se le añade algún valor aleatorio es robusto contra ataques.

## Merge-sort

El algoritmo de merge-sort es una alternativa a quick-sort especialmente útil cuando los datos sólo son accesibles secuencialmente. Al igual que quick-sort, utiliza el principio de divide y vencerás, y funciona de la siguiente forma:

- Dividir los datos en dos subconjuntos de tamaño similar

- Ordenar los dos subconjuntos separadamente

- Fusionar los dos subconjuntos en el conjunto final

Ventajas e inconvenientes:

| Ventajas | Inconvenientes |
|---|---|
| ■ Mejor tiempo en el peor caso: $O(n \cdot log(n))$ siempre | ■ Mayor uso de memoria: $O(n)$ respecto a $log(n)$ de quicksort |
| ■ Menor número de comparaciones que quicksort | ■ Mayor constante multiplicativa |

## Heap-sort

Heap-sort es un algoritmo de ordenación que utiliza una estructura de montículo o heap para llevar a cabo la ordenación. Un heap no es más que un árbol que cumple la característica de que el valor de cada nodo es mayor que el de todos sus hijos. Así, recuperar el valor máximo de un heap es tan fácil como tomar el elemento raíz.

De esta manera, el funcionamiento de heap-sort consiste en ir insertando los datos a ordenar en un heap, extrayéndolos luego en orden para obtener los datos ordenados. Como la inserción en un heap es $O(log(n))$, y la extracción es un tiempo constante, el tiempo total de ejecución es $O(n \cdot log(n))$.

Una técnica que se usa en este algoritmo es mantener el heap no como una estructura separada, sino integrarla dentro de los datos. Esto se hace reordenando previamente los datos para que funcionen como una estructura de heap binario.

La siguiente figura muestra una reordenación de datos en un heap binario:

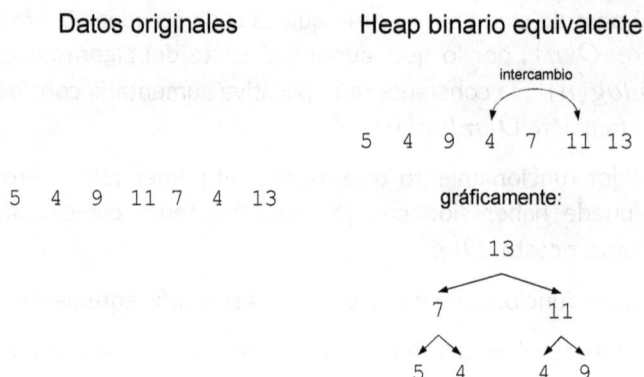

Datos originales          Heap binario equivalente

intercambio

5   4   9   4   7   11   13

5   4   9   11   7   4   13          gráficamente:

13

7          11

5   4      4   9

La reordenación previa es una operación muy rápida, y permite que el algoritmo de ordenación no necesite memoria adicional, lo que le otorga ventaja frente a quick-sort y merge-sort.

| Ventajas | Inconvenientes |
| --- | --- |
| ■ $O(n \cdot log(n))$ en el peor caso<br>■ No necesita memoria adicional | ■ En promedio algo más lento que quick-sort<br>■ Difícilmente paralelizable<br>■ Accesos muy aleatorios, no hace buen uso de las cachés |

A pesar de sus desventajas, heap-sort es una opción interesante cuando los requisitos de memoria son muy estrictos (p. ej. sistemas empotrados).

# Recursividad

## Concepto

La recursividad es una técnica de programación consistente en que un bloque de código se haga una llamada a sí mismo. Para evitar que la ejecución sea infinita, en cada llamada sucesiva el problema se va simplificando, hasta llegar a un caso trivial en el que ya no es necesario hacer ninguna recursión adicional, por lo que se finaliza la ejecución.

Mediante la recursividad es posible resolver fácilmente problemas que, si bien son difíciles de expresar o resolver de un modo iterativo convencional, tienen una expresión simple usando la recursión. Por ejemplo, un problema clásico fácilmente resoluble usando la recursividad es el cálculo del factorial de un número. La definición matemática de factorial es ya de por sí recursiva, y es: $n! = n \cdot (n-1)!$. Un algoritmo recursivo que calcularía el factorial de un número podría ser el siguiente:

```
funcion fact(n)
   si n<=1 entonces
      devolver 1
   sino
      devolver n*fact(n-1)
   fsi
ffuncion
```

En este caso, la manera de no seguir la recursión infinitamente es mediante la detección de un caso de resolución trivial ( $n \leq 1$ ), para el que se puede devolver directamente la solución sin necesidad de añadir una nueva recursión.

La recursividad es un eje fundamental de algunas técnicas avanzadas de programación, como la de "Divide y vencerás" o el backtracking.

## Transformación recursivo-iterativa

Si bien la recursividad es útil para resolver determinados problemas, tiene también el problema de que aumenta notablemente el número de llamadas a función. Como cada llamada a una función implica una serie de trabajo adicional (paso de parámetros, almacenamiento de la instrucción de retorno, etc.), los algoritmos recursivos tienden a ser más lentos que los iterativos.

Por este motivo, y dado que matemáticamente se puede demostrar que cualquier algoritmo recursivo tiene un equivalente iterativo, es común transformar los algoritmos recursivos a su versión iterativo, consiguiendo así un aumento de su rendimiento. La transformación recursivo-iterativa puede ser muy compleja, en función del tipo de recursividad. A continuación se muestran algunas técnicas:

- Transformación simple: A partir de las llamadas recursivas, identificar los "elementos" equivalentes de la versión iterativa. Así, determinar las reglas de establecen el sucesor y el antecesor de cada elemento, y reconstruir el algoritmo de forma que recorra iterativamente el espacio de datos, aplicando correspondientemente los tratamientos recursivos y de caso trivial.

- Plegado y desplegado: Si la recursión es compleja y son necesarias varias operaciones, intentar generalizar la función recursiva para incluir algunos de los datos involucrados en parámetros de la función recursiva. De esta manera, se consigue un algoritmo recursivo más simple, que puede ser resuelto mediante el método anterior.

# Técnicas avanzadas de programación

## Divide y vencerás (Divide & Conquer)

La técnica de divide y vencerás consiste, como indica su nombre, en dividir el problema en subproblemas más pequeños y, por tanto, más fácilmente resolubles. Concretamente, se basa en tres pasos:

- Dividir el problema en problemas menores

- Resolver los subproblemas

- Unificar los resultados para obtener la solución final

Dado que en el paso 2 también es posible volver a dividir los subproblemas, es común que esta técnica dé lugar a algoritmos recursivos.

## Vuelta atrás (backtracking)

Los algoritmos de vuelta atrás se caracterizan por recorrer todo el espacio de soluciones del problema en busca de la solución óptima (o la primera solución). Si bien su carácter exhaustivo hace que sea posible encontrar la solución óptima a un problema, el tiempo de ejecución de esta técnica acostumbra a ser exponencial, por lo que es común acelerar el rendimiento mediante la poda del árbol de soluciones (no recorrer aquellas ramas que ya sabemos que son subóptimas, o que se descartan por cualquier otro motivo).

## Algoritmos voraces (Greedy Algorithms)

Los algoritmos voraces se caracterizan por resolver un problema mediante iteraciones, seleccionando en cada iteración la solución localmente óptima. La idea subyacente es reducir lo máximo posible el tamaño del problema en cada iteración, de manera que se llegue a una solución en un tiempo razonable. A diferencia de técnicas como el backtracking, un algoritmo voraz nunca considera dos veces el mismo conjunto de datos

Debido a su análisis puramente local del problema, un algoritmo voraz no garantiza encontrar una solución óptima, en cuyo caso se conoce como heurística.

Un ejemplo conocido de algoritmo voraz sería el algoritmo de Dijkstra para calcular recorridos mínimos en grafos. En este algoritmo, se parte de un conjunto de nodos, y en cada iteración se busca el nodo de camino mínimo hasta llegar al nodo destino.

## Programación dinámica

La programación dinámica es una técnica de programación que intenta reducir al máximo la duplicación de cálculos para reducir el tiempo de ejecución de un algoritmo. Para poder aplicar esta técnica, el problema a tratar debe reunir dos características:

- Subestructura óptima: Es decir, que si se divide el problema en subproblemas, y para cada uno de ellos se encuentra una solución óptima, la concatenación de las soluciones óptimas será una solución óptima del problema completo. Por ejemplo, la búsqueda del camino mínimo en grafos tiene subestructura óptima

- Subproblemas superpuestos: Sucede cuando, al descomponer el problema en subproblemas, aparecen subproblemas repetidos

Una vez determinado que el problema a resolver tiene estas dos características, la técnica de la programación dinámica consiste en almacenar los cálculos intermedios, de manera que si en un momento dado son necesarios de nuevo ya estén calculados.

# Técnicas de desarrollo de aplicaciones en Métrica V3

## Índice de contenido

## Introducción

La metodología de desarrollo Métrica V3 hace uso de diferentes técnicas. A continuación se describen algunas de ellas.

## Técnicas de desarrollo

Las técnicas de desarrollo son un conjunto de procedimientos que se basan en reglas y notaciones específicas en términos de sintaxis, semántica y gráficos, orientadas a la obtención de productos en el desarrollo de un sistema de información.

En desarrollos del tipo estructurado o de orientación a objetos merecen especial atención las técnicas gráficas, que proponen símbolos y notaciones estándares para una mejor comprensión de los sistemas o sus componentes.

### Análisis coste-beneficio

La técnica de análisis coste/beneficio tiene como objetivo fundamental proporcionar una medida de los costes en que se incurre en la realización de un proyecto y comparar dichos costes previstos con los beneficios esperados de la realización de dicho proyecto. Esta medida o estimación servirá para:

■ Valorar la necesidad y oportunidad de acometer la realización del proyecto.

■ Seleccionar la alternativa más beneficiosa para la realización del proyecto.

■ Estimar adecuadamente los recursos económicos necesarios en el plazo de realización del proyecto.

Esta técnica comprende los siguientes pasos:

1. Producir estimaciones de costes y beneficios

    1. Realizar una lista de todo lo necesario para implantar el sistema. P. ej:

        • Adquisición software/hardware

        • Gastos comunicaciones (teléfono, etc.)

        • Coste desarrollo

        • Costes formación

    2. Realizar una lista de los beneficios que proporcionará el sistema. P. ej:

        • Incremento productividad

        • Ahorro de gastos de mantenimiento

        • Incremento de ventas

2. Determinar la viabilidad del proyecto. Se basa en uno de los dos métodos siguientes:

    ○ Retorno de la inversión (ROI): Conociendo el coste total de inicio del proyecto, calcular el coste y beneficio anual, determinando en qué año se recupera el coste total inicial.

    ○ Valor actual: Determinar el beneficio anual que nos da el proyecto, evaluando si, en un plazo de n años, la suma supera al coste inicial o a la suma de dinero invertido. Tiene en cuenta los tipos de interés.

## Casos de uso

Los objetivos de los casos de uso son los siguientes:

■ Capturar los requisitos funcionales del sistema y expresarlos desde el punto de vista del usuario.

■ Guiar todo el proceso de desarrollo del sistema de información.

Un caso de uso es una secuencia de acciones realizadas por el sistema, que producen un resultado observable y valioso para un usuario en particular, es decir, representa el comportamiento del sistema con el fin de dar respuestas a los usuarios.

Los casos de uso proporcionan, por tanto, un modo claro y preciso de comunicación entre cliente y desarrollador. Desde el punto de vista del cliente proporcionan una visión de "caja negra" del sistema, esto es, cómo aparece el sistema desde el exterior sin necesidad de entrar en los detalles de su construcción. Para los desarrolladores, suponen el punto de partida y el eje sobre el que se apoya todo el desarrollo del sistema en sus procesos de análisis y diseño.

Aquellos casos de uso que resulten demasiado complejos se pueden descomponer en un segundo nivel, en el que los nuevos casos de uso que intervengan resulten más sencillos y manejables.

La especificación de un caso de uso incluye:

■ Descripción textual, opcionalmente indicando precondición y postcondición

- ■ Escenarios en los que se aplica
- ■ Actores: Usuarios o sistemas involucrados en el caso de uso

Generalmente los casos de uso se representan gráficamente mediante diagramas. Un diagrama de casos de uso incluye la siguiente información:

- ■ Relaciones entre actores y casos de uso
- ■ Relaciones entre diferentes casos de uso. Pueden ser:
  - ○ De uso: Indica que un caso de uso utiliza otro. Es una forma de organizar comportamientos comunes entre casos de uso
  - ○ De extensión: Indica que un caso de uso realiza la misma función que otro, añadiendo alguna funcionalidad extra o comportamiento diferenciado.

La notación de los diagramas de casos de uso acostumbra a ser en forma de grafo, de la siguiente forma:

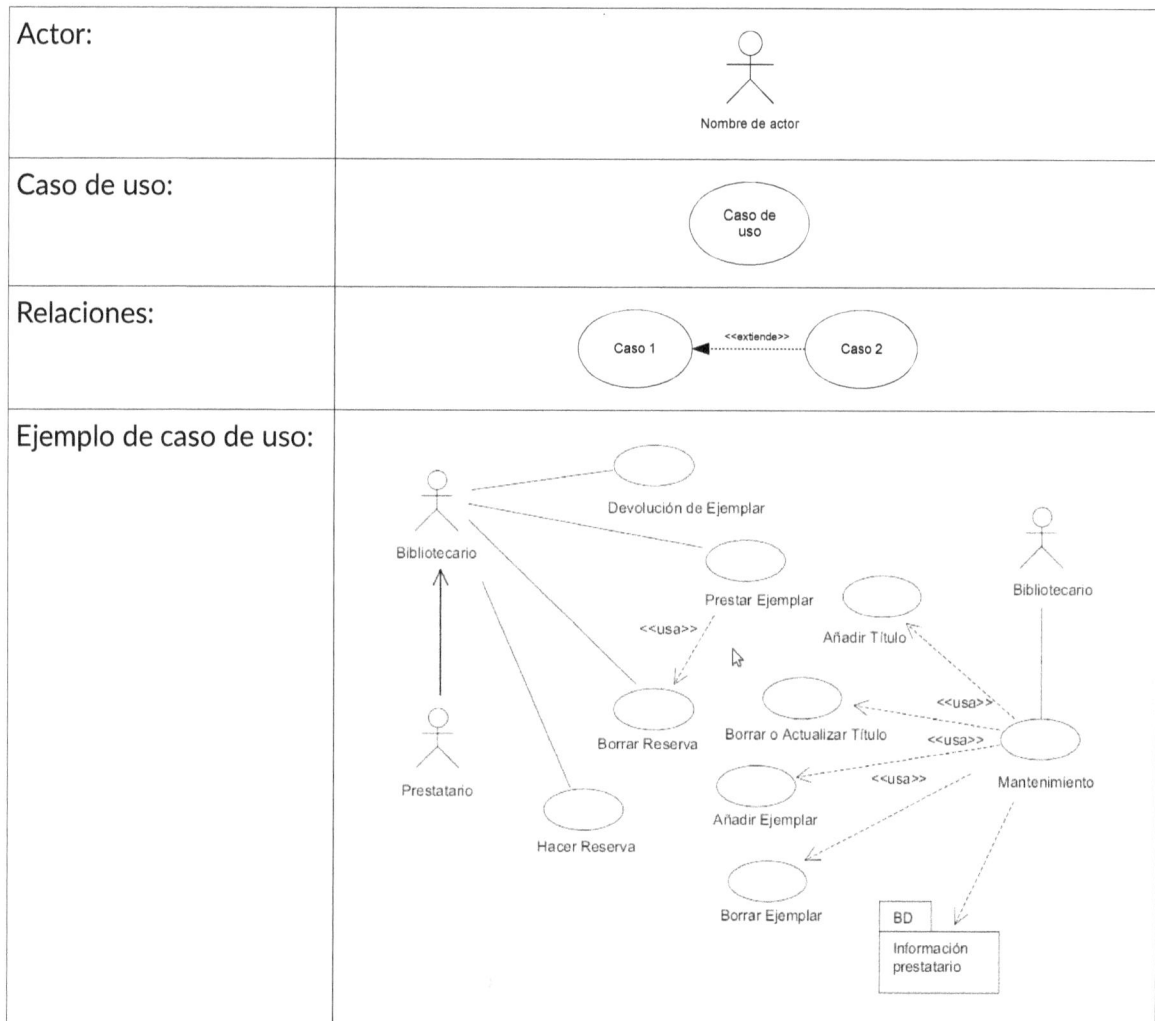

| | |
|---|---|
| Actor: | <br>Nombre de actor |
| Caso de uso: | <br>Caso de uso |
| Relaciones: | <br>Caso 1  <<extiende>>  Caso 2 |
| Ejemplo de caso de uso: |  |

## Diagrama de clases

El objetivo principal de este modelo es la representación de los aspectos estáticos del sistema, utilizando diversos mecanismos de abstracción (clasificación, generalización, agregación).

El diagrama de clases recoge las clases de objetos y sus asociaciones. En este diagrama se representa la estructura y el comportamiento de cada uno de los objetos del sistema y sus relaciones con los demás objetos.

Con el fin de facilitar la comprensión del diagrama, se pueden incluir paquetes como elementos del mismo, donde cada uno de ellos agrupa un conjunto de clases.

Este diagrama no refleja los comportamientos temporales de las clases, aunque para mostrarlos se puede utilizar un diagrama de transición de estados, otra de las técnicas propuestas en MÉTRICA Versión 3.

Este diagrama tiene los siguientes elementos:

- Clases: Una clase describe un conjunto de objetos con propiedades (atributos) similares y un comportamiento común. Los objetos son instancias de las clases. Dentro de la estructura de la clase se definen:

    - Atributos: Datos asociados a los objetos

    - Métodos: Funciones o procesos propios de los procesos de la clase

    - Estereotipo al que pertenece: Tipología de clase. Algunos tipos estándar de clase son:

        - Objetos entidad

        - Objetos límite o interfaz

        - Objetos de control

- Relaciones: Las relaciones entre las diferentes clases. Pueden ser de diferentes tipos:

    - Asociación: Es el tipo más general, y denota una dependencia semántica entre dos clases. Por ejemplo, una persona (clase) trabaja (relación) para una empresa (clase). Para cada relación se debe especificar su nombre y su multiplicidad.

    - Herencia: Representa una jerarquía de generalización/especialización. Permite a una clase incorporar atributos y métodos de otra clase, añadiéndolos a los que ya tiene. La clase de la cual se hereda se denomina superclase, y la clase heredada es subclase. P. ej., de la clase Persona podrían derivarse las clases Profesor y Estudiante, cada una con sus particularidades añadidas a la funcionalidad de la clase estándar Persona.

    - Agregación: Representa una asociación jerárquica entre un objeto y las partes que lo componen. P. ej., la clase Automóvil se compondría de clases Motor, Rueda, etc.

    - Composición: Es un tipo de agregación especialmente fuerte, en la que los objetos de las clases parte y completa están ligados de forma más fuerte, por ejemplo en cuanto a sus tiempos de vida.

    - Dependencia: Refleja una dependencia entre dos clases, en el sentido de que una clase necesita de la funcionalidad de otra para proporcionar alguno de sus servicios.

- Interfaces: Una interfaz es una especificación de la semántica de un conjunto de operaciones de una clase o paquete que son visibles desde otras clases o paquetes. Normalmente, se corresponde con una parte del comportamiento del elemento que la proporciona.

- Paquetes: Los paquetes se usan para dividir el modelo de clases del sistema de información, agrupando clases u otros paquetes según los criterios que sean oportunos. Las dependencias entre ellos se definen a partir de las relaciones establecidas entre los distintos elementos que se agrupan en estos paquetes (ver Diagrama de paquetes).

La notación de las clases es la siguiente:

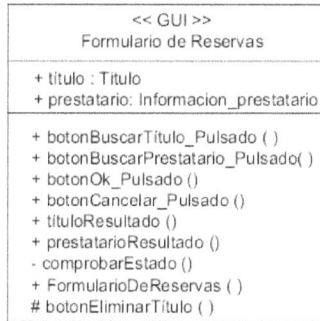

```
              << GUI >>
          Formulario de Reservas

   + título : Titulo
   + prestatario: Informacion_prestatario

   + botonBuscarTítulo_Pulsado ( )
   + botonBuscarPrestatario_Pulsado( )
   + botonOk_Pulsado ()
   + botonCancelar_Pulsado ()
   + tituloResultado ()
   + prestatarioResultado ()
   - comprobarEstado ()
   + FormularioDeReservas ( )
   # botonEliminarTítulo ( )
```

Una clase se representa como una caja, separada en tres zonas por líneas horizontales. En la zona superior se muestra el nombre de la clase y propiedades generales como el estereotipo. El nombre de la clase aparece centrado y si la clase es abstracta se representa en cursiva. El estereotipo, si se muestra, se sitúa sobre el nombre y entre el símbolo: << .... >>.

La zona central contiene una lista de atributos, uno en cada línea. La notación utilizada para representarlos incluye, dependiendo del detalle, el nombre del atributo, su tipo y su valor por defecto, con el formato:

visibilidad nombre : tipo = valor-inicial { propiedades }

La visibilidad será en general publica (+), privada (-) o protegida (#), aunque puede haber otros tipos de visibilidad dependiendo del lenguaje de programación empleado.

En la zona inferior se incluye una lista con las operaciones (métodos) que proporciona la clase. Cada operación aparece en una línea con formato:

visibilidad nombre (lista-de-parámetros): tipo-devuelto { propiedad }

La visibilidad será en general publica (+), privada (-) o protegida (#), aunque como con los atributos, puede haber otros tipos de visibilidad dependiendo del lenguaje de programación. La lista de parámetros es una lista con los parámetros recibidos en la operación separados por comas.

Las relaciones se representan de la siguiente forma:

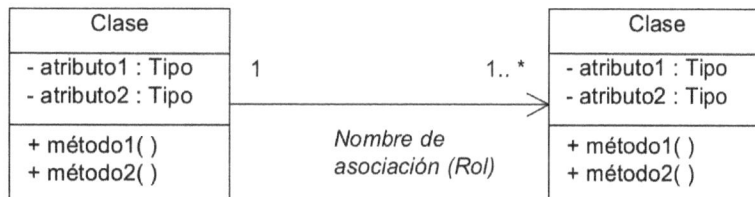

```
    Clase                                    Clase
┌─────────────────┐  1            1.. *  ┌─────────────────┐
│ - atributo1 : Tipo│─────────────────▶│ - atributo1 : Tipo│
│ - atributo2 : Tipo│   Nombre de       │ - atributo2 : Tipo│
├─────────────────┤   asociación (Rol)  ├─────────────────┤
│ + método1( )      │                    │ + método1( )      │
│ + método2( )      │                    │ + método2( )      │
└─────────────────┘                    └─────────────────┘
```

Una relación de asociación se representa como una línea continua entre las clases asociadas. En una relación de asociación, ambos extremos de la línea pueden conectar con la misma clase, indicando que una instancia de una clase, está asociada a otras instancias de la misma clase, lo que se conoce como asociación reflexiva.

La relación puede tener un nombre y un estereotipo, que se colocan junto a la línea. El nombre suele corresponderse con expresiones verbales presentes en las especificaciones, y define la semántica de la asociación. Los estereotipos permiten clasificar las relaciones en familias y se escribirán entre el símbolo: << ... >>.

Las diferentes propiedades de la relación se pueden representar con la siguiente notación:

- Multiplicidad: La multiplicidad puede ser un número concreto, un rango o una colección de números. La letra 'n' y el símbolo '*' representan cualquier número.

- Orden: Se puede especificar si las instancias guardan un orden con la palabra clave '{ordered}'. Si el modelo es suficientemente detallado, se puede incluir una restricción que indique el criterio de ordenación.

- Navegabilidad: La navegación desde una clase a la otra se representa poniendo una flecha sin relleno en el extremo de la línea, indicando el sentido de la navegación.

- Rol o nombre de la asociación: Este nombre se coloca junto al extremo de la línea que esta unida a una clase, para expresar cómo esa clase hace uso de la otra clase con la que mantiene la asociación.

Para el resto de tipos de relación, se usa la siguiente notación:

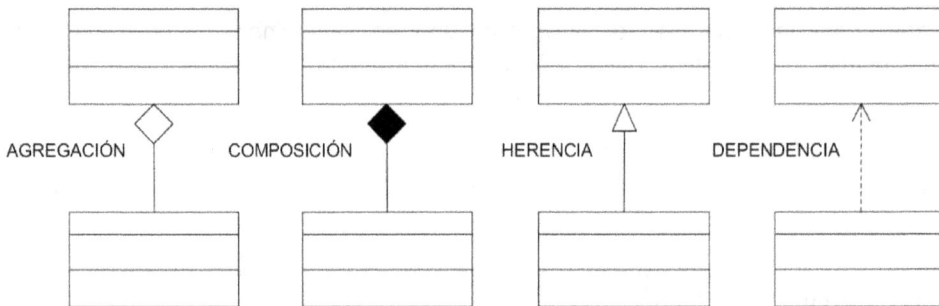

Una interfaz se representa como una caja con compartimentos, igual que las clases, con las únicas diferencias de que debe indicar como estereotipo <<Interface>>, y que la lista de atributos estará vacía o incluso puede omitirse.

Existe una representación más simple para la interfaz: un círculo pequeño asociado a una clase con el nombre de la interfaz debajo. Las operaciones de la interfaz no aparecen en esta representación; si se quiere que aparezcan, debe usarse la primera notación.

Entre una clase que implementa las operaciones que una interfaz ofrece y esa interfaz se establece una relación de realización que, dependiendo de la notación elegida, se representará con una línea continua entre ellas cuando la interfaz se representa como un círculo y con una flecha hueca discontinua apuntando a la interfaz cuando se represente como una clase. Por ejemplo:

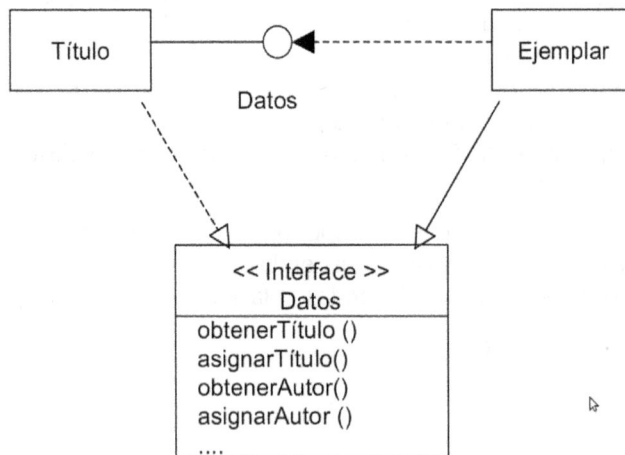

## Diagrama de componentes

El diagrama de componentes proporciona una visión física de la construcción del sistema de información. Muestra la organización de los componentes software, sus interfaces y las dependencias entre ellos.

Un componente es un módulo de software que puede ser código fuente, código binario, un ejecutable, o una librería con una interfaz definida. Una interfaz establece las operaciones externas de un componente, las cuales determinan una parte del comportamiento del mismo. Además se representan las dependencias entre componentes o entre un componente y la interfaz de otro, es decir uno de ellos usa los servicios o facilidades del otro.

Estos diagramas pueden incluir paquetes que permiten organizar la construcción del sistema de información en subsistemas y que recogen aspectos prácticos relacionados con la secuencia de compilación entre componentes, la agrupación de elementos en librerías, etc.

La notación de los diferentes elementos es la siguiente:

| | |
|---|---|
| Componente | |
| Interfaz | |
| Relación de dependencia | Línea discontinua entre componentes |
| Paquete | Icono de carpeta (ver diagrama de paquetes) |

Un ejemplo sería el siguiente:

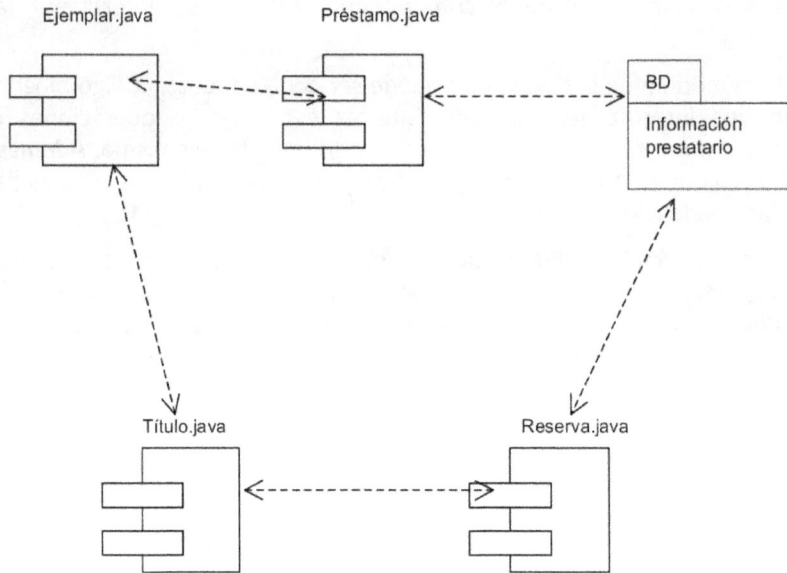

## Diagrama de descomposición

El objetivo del diagrama de descomposición es representar la estructura jerárquica de un dominio concreto.

La técnica es una estructura por niveles que se lee de arriba abajo y de izquierda a derecha, donde cada elemento se puede descomponer en otros de nivel inferior y puede ser descrito con el fin de aclarar su contenido.

El diagrama de descomposición, también conocido como diagrama jerárquico, tomará distintos nombres en función del dominio al que se aplique. En el caso de MÉTRICA Versión 3, se utilizan los diagramas de descomposición funcional, de descomposición organizativo y de descomposición en diálogos.

Los elementos del dominio que se esté tratando se representan mediante un rectángulo, que contiene un nombre que lo identifica. Las relaciones de unos elementos con otros se representan mediante líneas que los conectan.

Un ejemplo de diagrama sería el siguiente:

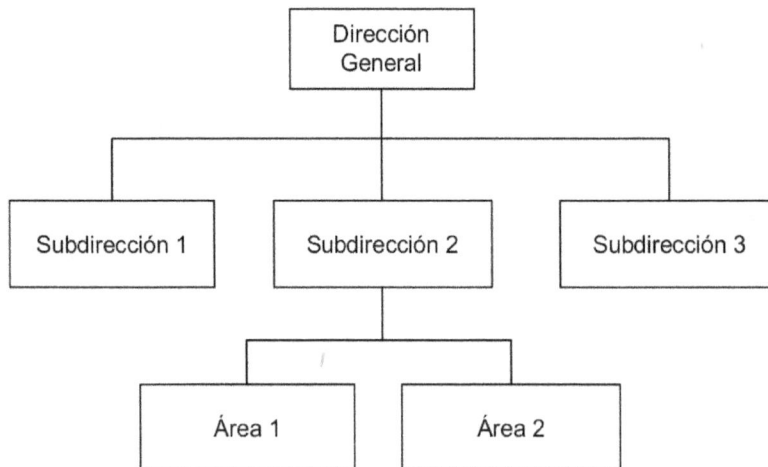

## Diagrama de despliegue

El objetivo de estos diagramas es mostrar la disposición de las particiones físicas del sistema de información y la asignación de los componentes software a estas particiones. Es decir, las relaciones físicas entre los componentes software y hardware en el sistema a entregar.

En estos diagramas se representan dos tipos de elementos, nodos y conexiones, así como la distribución de componentes del sistema de información con respecto a la partición física del sistema.

La notación es la siguiente:

- Nodos: Se representan en forma de cubos. Cada cubo tiene una etiqueta y, opcionalmente, subdivisiones internas

- Conexión: Línea continua que, opcionalmente, puede describir el tipo de conexión.

Un ejemplo de diagrama sería:

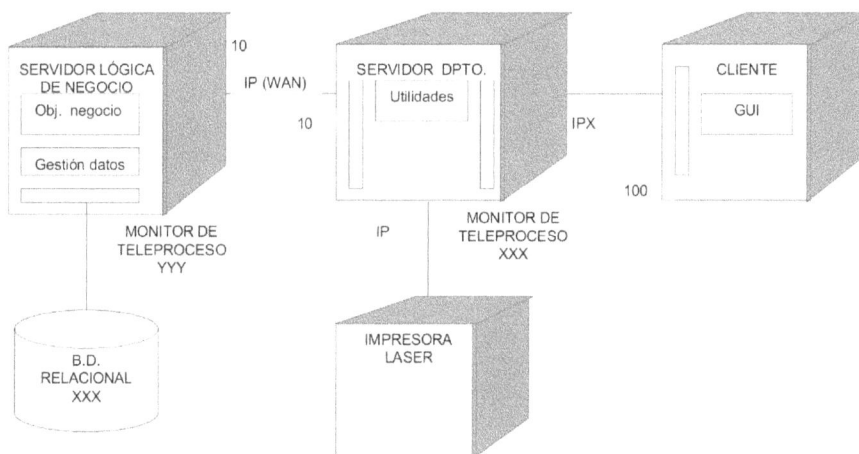

## Diagrama de estructura

El objetivo de este diagrama es representar la estructura modular del sistema o de un componente del mismo y definir los parámetros de entrada y salida de cada uno de los módulos. Para su realización se partirá del modelo de procesos obtenido como resultado de la aplicación de la técnica de diagrama de flujo de datos (DFD).

Un diagrama de estructura se representa en forma de árbol con los siguientes elementos:

| | |
|---|---|
| **Módulo**: división del software clara y manejable con interfaces modulares perfectamente definidas. Un módulo puede representar un programa, subprograma o rutina dependiendo del lenguaje a utilizar. Admite parámetros de llamada y retorno. En el diseño de alto nivel hay que ver un módulo como una caja negra, donde se contemplan exclusivamente sus entradas y sus salidas y no los detalles de la lógica interna del módulo.<br><br>Los módulos predefinidos son aquellos que ya están disponibles en la biblioteca del sistema o de la propia aplicación, y por tanto no es necesario codificarlos. Se representas como un módulo con barras verticales | REALIZAR PRESTAMO<br><br>IMPRIMIR CHEQUE DE PAGO |
| **Conexión**: representa una llamada de un módulo a otro. Se representa como una flecha desde el módulo que hace la llamada hacia al módulo llamado. | A — Conexión — B. Módulo que llama, Módulo llamado. Conexión estática, Conexión dinámica |
| **Parámetro**: Información que se intercambia entre los módulos. Pueden ser de dos tipos en función de la clase de información a procesar:<br><br>■ Control: son valores de condición que afectan a la lógica de los módulos llamados. Sincronizan la operativa de los módulos.<br><br>■ Datos: información compartida entre módulos y que es procesada en los módulos llamados. | OBTENER CONTRATO / Número de contrato / Nombre del cliente / Número de contrato correcto / ENCONTRAR EMPLEADO. Control, Datos |
| **Módulo predefinido**: | |
| **Almacén de datos**: es la representación física del lugar donde están almacenados los datos del sistema. | NOMBRE |
| **Dispositivo físico**: es cualquier dispositivo por el cual se puede recibir o enviar información que necesite el sistema. | NOMBRE |

Existen ciertas representaciones gráficas que permiten mostrar la secuencia de las llamadas entre módulos. Las posibles estructuras son:

| **Secuencial**: un módulo llama a otros módulos una sola vez y, se ejecutan de izquierda a derecha y de arriba abajo. | **Iterativa**: cada uno de los módulos inferiores se ejecuta varias veces mientras se cumpla una condición. | **Alternativa**: cuando el módulo superior, en función de una decisión, llama a un módulo u otro de los de nivel inferior. |
|---|---|---|
|  |  |  |

Un ejemplo de diagrama de estructura sería:

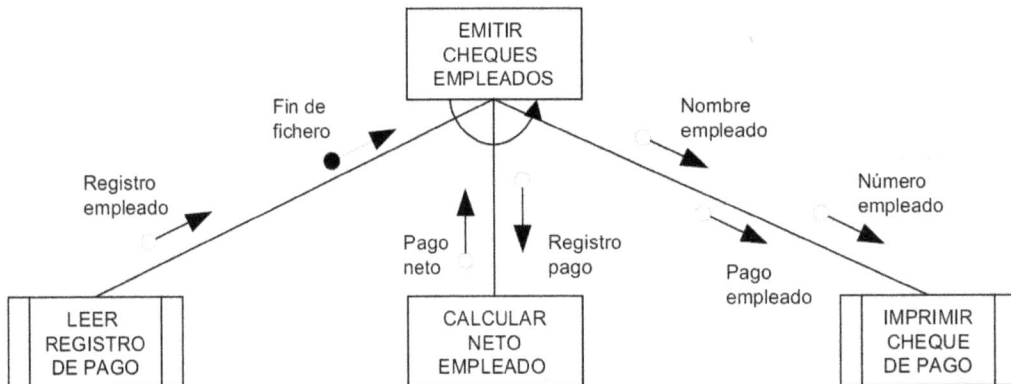

## Diagrama de flujo de datos (DFD)

El objetivo del diagrama de flujo de datos es la obtención de un modelo lógico de procesos que represente el sistema, con independencia de las restricciones físicas del entorno. Así se facilita su comprensión por los usuarios y los miembros del equipo de desarrollo.

El sistema se divide en distintos niveles de detalle, con el objetivo de:

■ Simplificar la complejidad del sistema, representando los diferentes procesos de que consta.

■ Facilitar el mantenimiento del sistema.

Un diagrama de flujo de datos es una técnica muy apropiada para reflejar de una forma clara y precisa los procesos que conforman el sistema de información. Permite representar gráficamente los límites del sistema y la lógica de los procesos, estableciendo qué funciones hay que desarrollar. Además, muestra el flujo o movimiento de los datos a través del sistema y sus transformaciones como resultado de la ejecución de los procesos.

Esta técnica consiste en la descomposición sucesiva de los procesos, desde un nivel general, hasta llegar al nivel de detalle necesario para reflejar toda la semántica que debe soportar el sistema en estudio.

El diagrama de flujo de datos se compone de los siguientes elementos:

- **Entidad externa**: Ente ajeno al sistema que proporciona o recibe información del mismo. Puede hacer referencia a departamentos, personas, máquinas, recursos u otros sistemas. El estudio de las relaciones entre entidades externas no forma parte del modelo. Puede aparecer varias veces en un mismo diagrama, así como en los distintos niveles del DFD para mejorar la claridad del diagrama.

- **Proceso**: Funcionalidad que tiene que llevar a cabo el sistema para transformar o manipular datos. El proceso debe ser capaz de generar los flujos de datos de salida a partir de los de entrada, más una información constante o variable al proceso. El proceso nunca es el origen ni el final de los datos, puede transformar un flujo de datos de entrada en varios de salida y siempre es necesario como intermediario entre una entidad externa y un almacén de datos.

- **Almacén de datos**: Información en reposo utilizada por el sistema independientemente del sistema de gestión de datos (por ejemplo un fichero, BD, archivador, etc.). Contiene la información necesaria para la ejecución del proceso. El almacén no puede crear, transformar o destruir datos, no puede estar comunicado con otro almacén o entidad externa y aparecerá por primera vez en aquel nivel en que dos o más procesos accedan a él.

- **Flujo de datos**: Representa el movimiento de los datos, y establece la comunicación entre los procesos y los almacenes de datos o las entidades externas. Un flujo de datos entre dos procesos sólo es posible cuando la información es síncrona, es decir, el proceso destino comienza cuando el proceso origen finaliza su función.
  Los flujos de datos que comunican procesos con almacenes pueden ser de los siguientes tipos:

  - De consulta: Utilización de los valores de uno o más campos de un almacén o la comprobación de que los valores de los campos seleccionados cumplen unos criterios determinados.

  - De actualización: Alteración de los datos de un almacén como consecuencia de la creación de un nuevo elemento, por eliminación o modificación de otros ya existentes.

  - De diálogo: Consulta y actualización simultáneas.

Existen sistemas que precisan de información orientada al control de datos y requieren flujos y procesos de control, así como los mecanismos que desencadenan su ejecución. Para que resulte adecuado el análisis de estos sistemas, se ha ampliado la notación de los diagramas de flujo de datos incorporando los siguientes elementos:

- **Proceso de control**: Procesos que coordinan y sincronizan las actividades de otros procesos del diagrama de flujo de datos.

- **Flujo de control**: Flujo entre un proceso de control y otro proceso. El flujo de control que sale de un proceso de control activa al proceso que lo recibe y el que entra le informa de la situación de un proceso. A diferencia de los flujos tradicionales, que pueden considerarse como procesadores de datos porque reflejan el movimiento y transformación de los mismos, los flujos de control no representan datos con valores, sino que en cierto modo se trata de eventos que activan los procesos (señales o interrupciones).

Los diagramas de flujo de datos han de representar el sistema de la forma más clara posible, por ello su construcción se basa en el principio de descomposición o explosión en distintos niveles de detalle.

La descomposición por niveles se realiza de arriba abajo (top-down), es decir, se comienza en el nivel más general y se termina en el más detallado, pasando por los niveles intermedios necesarios. De este modo se dispondrá de un conjunto de particiones del sistema que facilitarán su estudio y su desarrollo.

La explosión de cada proceso de un DFD origina otro DFD y es necesario comprobar que se mantiene la consistencia de información entre ellos, es decir, que la información de entrada y de salida de un proceso cualquiera se corresponde con la información de entrada y de salida del diagrama de flujo de datos en el que se descompone.

En cualquiera de las explosiones puede aparecer un proceso que no necesite descomposición. A éste se le denomina Proceso primitivo y sólo se detalla en él su entrada y su salida, además de una descripción de lo que realiza. En la construcción hay que evitar en lo posible la descomposición desigual, es decir, que un nivel contenga un proceso primitivo, y otro que necesite ser particionado en uno o varios niveles más.

Así, el modelo de procesos deberá contener:

■ Un diagrama de contexto (Nivel 0).

■ Diagramas sucesivos para cada subnivel (niveles 1..n)

El diagrama de contexto tiene como objetivo delimitar el ámbito del sistema con el mundo exterior definiendo sus interfaces. En este diagrama se representa un único proceso que corresponde al sistema en estudio, un conjunto de entidades externas que representan la procedencia y destino de la información y un conjunto de flujos de datos que representan los caminos por los que fluye dicha información.

A continuación, este proceso se descompone en otros DFDs, que se siguen descomponiendo hasta que los procesos estén suficientemente detallados y tengan una funcionalidad concreta, es decir, sean procesos primitivos.

Como resultado se obtiene un modelo de procesos del sistema de información que consta de un conjunto de diagramas de flujo de datos de diferentes niveles de abstracción, de modo que cada uno proporciona una visión más detallada de una parte definida en el nivel anterior.

Además de los diagramas de flujo de datos, el modelo de procesos incluye la especificación de los flujos de datos, de los almacenes de datos y la especificación detallada de los procesos primitivos. En la especificación de un proceso primitivo se debe describir, de una manera más o menos formal, cómo se obtienen los flujos de datos de salida a partir de los flujos de datos de entrada y características propias del proceso.

Dependiendo del tipo de proceso se puede describir el procedimiento asociado utilizando un lenguaje estructurado o un pseudocódigo, apoyándose en tablas de decisión o árboles de decisión.

Una vez construidos los diagramas de flujo de datos que componen el modelo de procesos del sistema de información, es necesario comprobar y asegurar su validez. Para ello, se debe estudiar cada diagrama comprobando que es legible, de poca complejidad y si los nombres asignados a sus elementos ayudan a su comprensión sin ambigüedades.

Además, los diagramas deben ser consistentes. En los diagramas hay que comprobar que en un DFD resultado de una explosión:

■ No falten flujos de datos de entrada o salida que acompañaban al proceso del nivel superior.

■ No aparezca algún flujo que no estuviese ya asociado al proceso de nivel superior.

■ Todos los elementos del DFD resultante deben estar conectados directa o indirectamente con los flujos del proceso origen.

La notación de un DFD en Métrica es la siguiente:

| | |
|---|---|
| **Entidad externa**: Si aparece varias veces en el DFD, se indica con una barra. | A1 CLIENTE / A1 CLIENTE |
| **Proceso**: Se indica el nombre del proceso, un número identificativo del nivel y la localización.<br>Si el proceso es primitivo, se indica con un asterisco en el ángulo inferior derecho. | *ID / Localización* — NOMBRE DEL PROCESO (tres variantes) |
| **Almacén de datos:** Se indica un identificador, y el nombre.<br>Si aparece varias veces en el mismo DFD, se usa una barra doble. | *ID* NOMBRE — *ID* NOMBRE |
| **Flujo de datos**: Flecha con la dirección de los datos, y un identificador representativo. La flecha indica si el flujo es de consulta, actualización o diálogo. | Nombre del flujo de datos / Nombre del flujo de control — FLUJO DE CONSULTA, FLUJO DE ACTUALIZACIÓN, FLUJO DE DIÁLOGO |

Un ejemplo de DFD sería el siguiente:

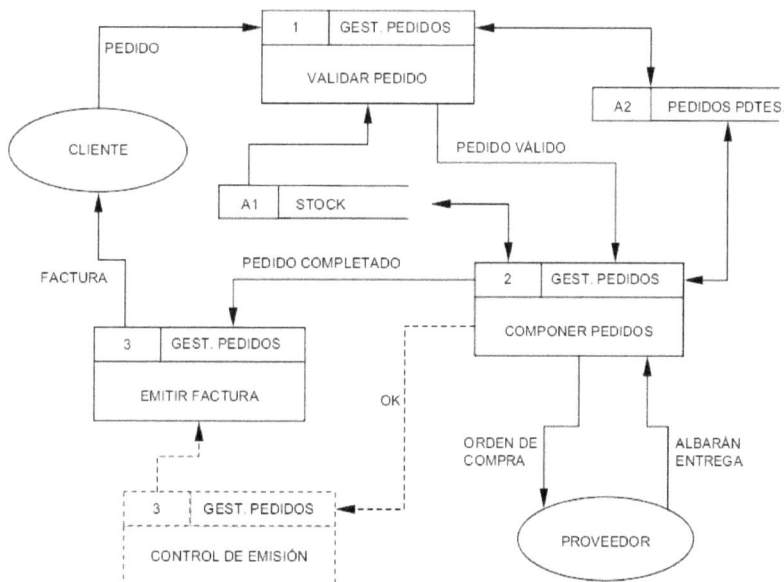

## Diagrama de secuencia

El diagrama de secuencia es un tipo de diagrama de interacción cuyo objetivo es describir el comportamiento dinámico del sistema de información haciendo énfasis en la secuencia de los mensajes intercambiados por los objetos.

Un diagrama de secuencia tiene dos dimensiones, el eje vertical representa el tiempo y el eje horizontal los diferentes objetos. El tiempo avanza desde la parte superior del diagrama hacia la inferior. Normalmente, en relación al tiempo sólo es importante la secuencia de los mensajes, sin embargo, en aplicaciones de tiempo real se podría introducir una escala en el eje vertical. Respecto a los objetos, es irrelevante el orden en que se representan, aunque su colocación debería poseer la mayor claridad posible.

Cada objeto tiene asociados una línea de vida y focos de control. La línea de vida indica el intervalo de tiempo durante el que existe ese objeto. Un foco de control o activación muestra el periodo de tiempo en el cual el objeto se encuentra ejecutando alguna operación, ya sea directamente o mediante un procedimiento concurrente.

La notación es la siguiente:

- Objeto y línea de vida : Un objeto se representa como una línea vertical discontinua, llamada línea de vida, con un rectángulo de encabezado con el nombre del objeto en su interior. También se puede incluir a continuación el nombre de la clase, separando ambos por dos puntos. Si el objeto es creado en el intervalo de tiempo representado en el diagrama, la línea comienza en el punto que representa ese instante y encima se coloca el objeto. Si el objeto es destruido durante la interacción que muestra el diagrama, la línea de vida termina en ese punto y se señala con un aspa de ancho equivalente al del foco de control. En el caso de que un objeto existiese al principio de la interacción representada en el diagrama, dicho objeto se situará en la parte superior del diagrama, por encima del primer mensaje. Si un objeto no es eliminado en el tiempo que dura la interacción, su línea de vida se prolonga hasta la parte inferior del diagrama. La línea de vida de un objeto puede desplegarse en dos o más líneas para mostrar los diferentes flujos de mensajes que puede intercambiar un objeto, dependiendo de alguna condición.

- Foco de control o activación: Se representa como un rectángulo delgado superpuesto a la línea de vida del objeto. Su largo dependerá de la duración de la acción. La parte superior del rectángulo indica el inicio de una acción ejecutada por el objeto y la parte inferior su finalización.

- Mensaje : Un mensaje se representa como una flecha horizontal entre las líneas de vida de los objetos que intercambian el mensaje. La flecha va desde el objeto que envía el mensaje al que lo recibe. Además, un objeto puede mandarse un mensaje a sí mismo, en este caso la flecha comienza y termina en su línea de vida. La flecha tiene asociada una etiqueta con el nombre del mensaje y los argumentos. También pueden ser etiquetados los mensajes con un número de secuencia, sin embargo, este número no es necesario porque la localización física de las flechas que representan a los mensajes ya indica el orden de los mismos.

Ejemplo de diagrama de secuencia:

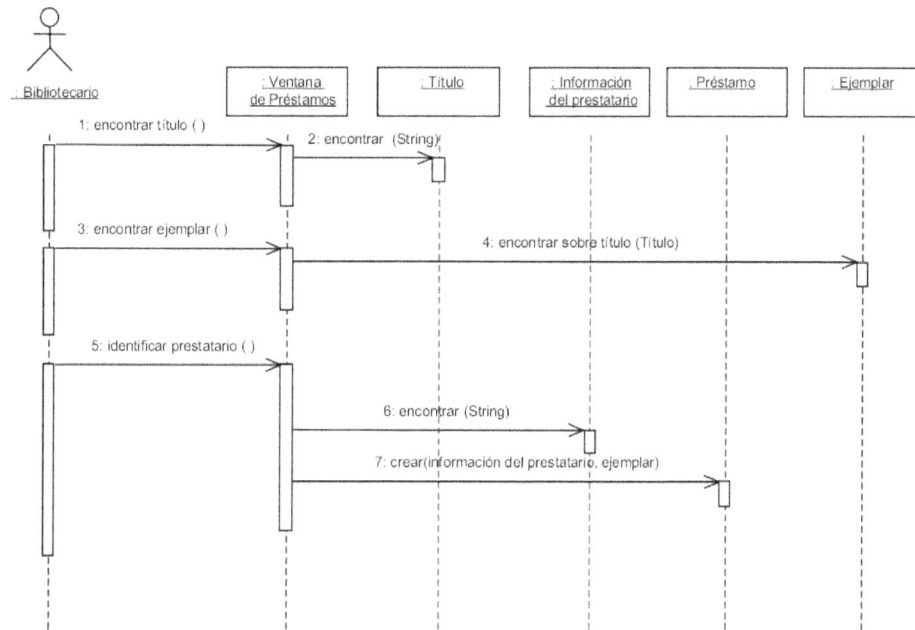

## Diagrama de colaboración

El diagrama de colaboración es un tipo de diagrama de interacción cuyo objetivo es describir el comportamiento dinámico del sistema de información mostrando cómo interactúan los objetos entre sí, es decir, con qué otros objetos tiene vínculos o intercambia mensajes un determinado objeto.

Un diagrama de colaboración muestra la misma información que un diagrama de secuencia pero de forma diferente. En los diagramas de colaboración no existe una secuencia temporal en el eje vertical; es decir, la colocación de los mensajes en el diagrama no indica cuál es el orden en el que se suceden. Además, la colocación de los objetos es más flexible y permite mostrar de forma más clara cuáles son las colaboraciones entre ellos. En estos diagramas la comunicación entre objetos se denomina vínculo o enlace (link) y estará particularizada mediante los mensajes que intercambian.

- Objeto : Un objeto se representa con un rectángulo dentro del que se incluye el nombre del objeto y, si se desea, el nombre de la clase, separando ambos por dos puntos.

- Vínculo : En el diagrama, un vínculo se representa como una línea continua que une ambos objetos y que puede tener uno o varios mensajes asociados en ambas direcciones. Como un vínculo instancia una relación de asociación entre clases, también se puede indicar la navegabilidad del mismo mediante una flecha.

- Mensaje : Un mensaje se representa con una pequeña flecha colocada junto a la línea del vínculo al que está asociado. La dirección de la flecha va del objeto emisor del mensaje al receptor del mismo. Junto a ella, se coloca el nombre del mensaje y sus argumentos. A diferencia de los diagramas de secuencia, en los diagramas de colaboración siempre se muestra el número de secuencia del mensaje delante de su nombre, ya que no hay otra forma de conocer la secuencia de los mismos. Además, los mensajes pueden tener asociadas condiciones e iteraciones que se representarán como en los diagramas de secuencia.

Un ejemplo sería el siguiente:

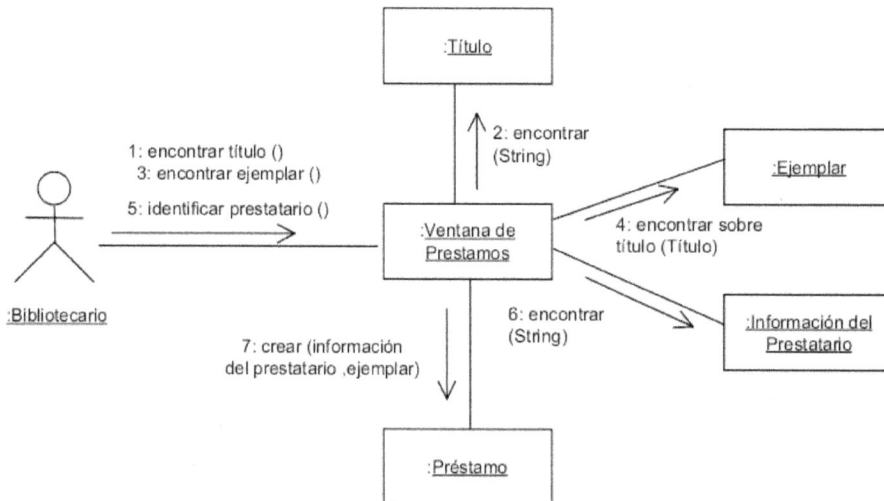

## Diagrama de paquetes

El objetivo de estos diagramas es obtener una visión más clara del sistema de información orientado a objetos, organizándolo en subsistemas, agrupando los elementos del análisis, diseño o construcción y detallando las relaciones de dependencia entre ellos. El mecanismo de agrupación se denomina Paquete.

Estrictamente hablando, los paquetes y sus dependencias son elementos de los diagramas de casos de uso, de clases y de componentes, por lo que se podría decir que el diagrama de paquetes es una extensión de éstos. En MÉTRICA Versión 3, el diagrama de paquetes es tratado como una técnica aparte, que se aplica en el análisis para la agrupación de casos de uso o de clases de análisis, en el diseño de la arquitectura para la agrupación de clases de diseño y en el diseño detallado para agrupar componentes.

Estos diagramas contienen dos tipos de elementos:

- Paquetes: Un paquete es una agrupación de elementos, bien sea casos de uso, clases o componentes. Los paquetes pueden contener a su vez otros paquetes anidados que en última instancia contendrán alguno de los elementos anteriores.

- Dependencias entre paquetes: Existe una dependencia cuando un elemento de un paquete requiere de otro que pertenece a un paquete distinto. Es importante resaltar que las dependencias no son transitivas.

Se pueden optimizar estos diagramas teniendo en cuenta cuestiones como: la generalización de paquetes, el evitar ciclos en la estructura del diagrama, la minimización de las dependencias entre paquetes, etc.

La notación es la siguiente:

- Paquete : Un paquete se representa mediante un símbolo con forma de 'carpeta' en el que se coloca el nombre en la pestaña y el contenido del paquete dentro de la 'carpeta'. En los casos en que no sea visible el contenido del paquete se podrá colocar en su lugar el nombre. Si el paquete tiene definido un estereotipo, éste se representa encima del nombre entre el símbolo << ... >>, y si se definen propiedades, se representan debajo del nombre y entre llaves. La visibilidad de los elementos que forman el paquete se debe indicar anteponiendo a su nombre los símbolos: '+' para los públicos, '-' para los privados y '#' para los protegidos.

- Dependencia : Las dependencias se representan con una flecha discontinua con inicio en el paquete que depende del otro.

Un ejemplo de diagrama de paquetes sería el siguiente:

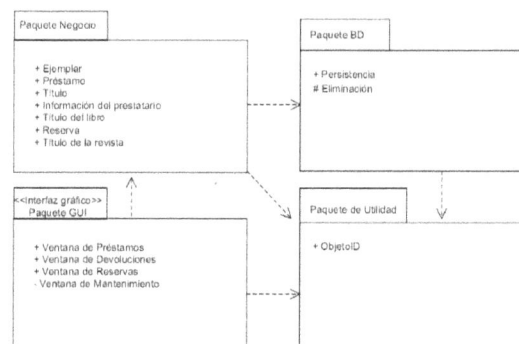

## Diagrama de transición de estados

Un diagrama de transición de estados muestra el comportamiento dependiente del tiempo de un sistema de información. Representa los estados que puede tomar un componente o un sistema y muestra los eventos que implican el cambio de un estado a otro.

Los elementos principales en estos diagramas son:

- Estados: El estado de un componente o sistema representa algún comportamiento que es observable externamente y que perdura durante un periodo de tiempo finito. Viene dado por el valor de uno o varios atributos que lo caracterizan en un momento dado.

- Transición: Una transición es un cambio de estado producido por un evento y refleja los posibles caminos para llegar a un estado final desde un estado inicial. Desde un estado pueden surgir varias transiciones en función del evento que desencadena el cambio de estado, teniendo en cuenta que, las transiciones que provienen del mismo estado no pueden tener el mismo evento, salvo que exista alguna condición que se aplique al evento.

- Acciones: Una acción es una operación instantánea asociada a un evento, cuya duración se considera no significativa y que se puede ejecutar: dentro de un estado, al entrar en un estado o al salir del mismo.

- Actividades: Una actividad es una operación asociada a un estado que se ejecuta durante un intervalo de tiempo hasta que se produce el cambio a otro estado.

Un sistema sólo puede tener un estado inicial, que se representa mediante una transición sin etiquetar al primer estado normal del diagrama. Pueden existir varias transiciones desde el estado inicial, pero deben tener asociadas condiciones, de manera que sólo una de ellas sea la responsable de iniciar el flujo. En ningún caso puede haber una transición dirigida al estado inicial.

El estado final representa que un componente ha dejado de tener cualquier interacción o actividad. No se permiten transiciones que partan del estado final. Puede haber varios estados finales en un diagrama, ya que es posible concluir el ciclo de vida de un componente desde distintos estados y mediante diferentes eventos, pero dichos estados son mutuamente excluyentes, es decir, sólo uno de ellos puede ocurrir durante una ejecución del sistema.

Para aquellos estados que tengan un comportamiento complejo, se puede utilizar un diagrama de transición de estados de más bajo nivel. Estos diagramas se pueden mostrar por separado o bien incluirse en el diagrama de más alto nivel, dentro del contorno del estado que representa. En cualquier caso su contenido formará un contexto independiente del resto, con sus propios estados inicial y final.

La notación es la siguiente:

| | |
|---|---|
| **Estados**: Un estado se representa como un rectángulo con las esquinas redondeadas. El nombre del estado se coloca dentro del rectángulo y debe ser único en el diagrama. Si se repite algún nombre, se asume que simboliza el mismo estado.<br>Las acciones y actividades descritas como respuesta a eventos que no producen un cambio de estado, se representan dentro del rectángulo con el formato:<br> nombre-evento (parámetros) [condición] /acción<br>El estado inicial se representa con un pequeño circulo relleno, y el estado final como un pequeño circulo relleno con una circunferencia que lo rodea. |  |
| **Transiciones:** Una transición se representa con una flecha continua que une dos estados y que se dirige al estado al que cambia el componente. Junto a ella se coloca una etiqueta que debe contener al menos el nombre del evento que provoca la transición. Según el nivel de detalle, puede presentar otros elementos con el formato siguiente:<br><br>nombre-evento (parámetros) [condición] /acción |  |

Un ejemplo de diagrama de estados sería el siguiente:

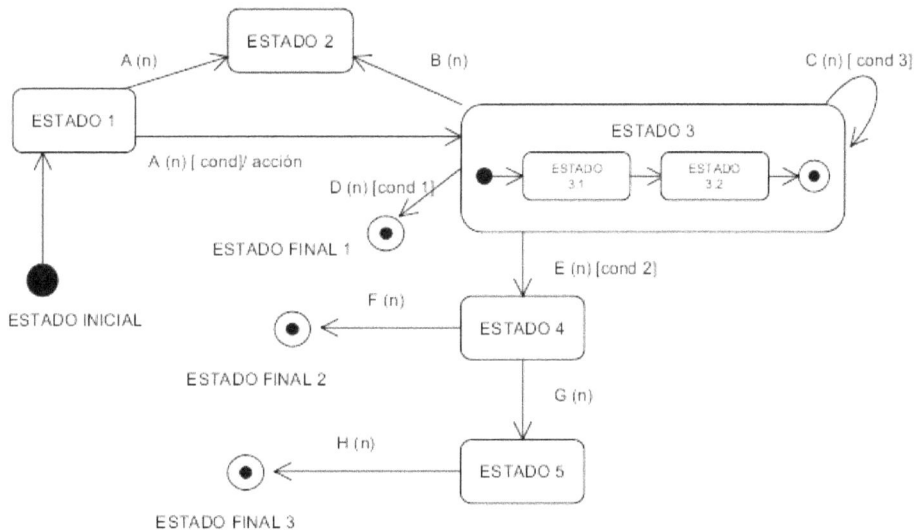

147

## Modelado de procesos SADT

En Métrica V3 se utiliza como técnica de modelado de procesos el diagrama de actividades de la metodología SADT, debido a que permite representar un proceso con las actividades que lo componen.

Un modelo realizado con la técnica SADT permite representar las actividades de un proceso, definir las dependencias y relaciones entre dichas actividades, los controles que determinan o limitan su ejecución, los mecanismos que los ponen en marcha, así como los datos que se utilizan, comparten o transforman en los procesos.

Los diagramas SADT incorporan los procesos de la organización en orden secuencial, de acuerdo a su lógica de ejecución mediante una numeración que se refleja en la esquina inferior derecha de cada actividad. De esta manera se consigue un modelo de actividades que refleja el nivel de influencia de una actividad sobre el resto de las del proceso.

El resultado final es un conjunto de diagramas que contienen las actividades del proceso, coordinados y organizados en niveles, que empiezan por el diagrama de nivel más general y terminan por los de detalle. Cualquier actividad compleja puede subdividirse en actividades más detalladas.

Los flujos que interconectan actividades se clasifican en cuatro tipos de acuerdo a su significado:

- Entrada: hace referencia a la información que se utilizará para producir las salidas de la actividad. La entrada es transformada por la actividad.

- Salida: se trata de información que se produce en la actividad.

- Control: se trata de restricciones que afectan a una actividad. Regula la producción de las salidas a partir de las entradas, pudiendo indicar cómo y cuando se producen las salidas.

- Mecanismo: normalmente se refiere a máquinas, personas, recursos o sistemas existentes que ejecutan la actividad. Es importante incluir aquellos mecanismos que serán diferentes en el entorno actual y en el entorno futuro.

Al incorporar controles que regulan las actividades, los flujos de salida de una actividad pueden actuar como controles e incluso mecanismos en la actividad precedente o dependiente.

Los dos elementos principales de los diagramas SADT son:

- Actividades: Se representan mediante una caja rectangular cuyo nombre contiene un

- verbo, que responde a una función o parte activa del proceso

- Flujos: Establecen la comunicación entre las actividades, y se representan mediante flechas. Cada flujo representa planes, datos, máquinas e información, etc., y debe nombrarse con un sustantivo.

El número de actividades en un diagrama, para hacerlo comprensible, debe oscilar entre 3 y 6.

Cada lado de la caja tiene un significado específico:

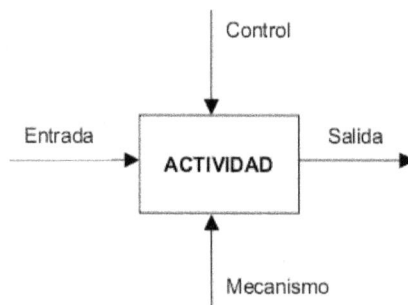

Esta notación responde a los siguientes principios: las entradas son transformadas en salidas, los controles son restricciones bajo las que se desarrollan las actividades y los mecanismos son los medios, humanos o materiales, que permiten su ejecución.

Las actividades en los diagramas SADT se ubican según la influencia que una actividad tiene sobre otras. La más dominante, es decir, la que más influye en las restantes, debe ser normalmente la primera en la secuencia de actividades y se sitúa en la esquina superior izquierda del diagrama. Por ejemplo, si se trata de realizar un proceso de selección de personal, la actividad más dominante será la de revisar las referencias de los candidatos. La menos dominante, por el contrario, se sitúa en la esquina inferior derecha, por ejemplo, en el caso anterior, sería la de contratar o rechazar a un candidato a empleo. Cada actividad se numera siguiendo una secuencia que empieza en la que se corresponde con la actividad más dominante y así sucesivamente.

La influencia de una actividad sobre otra se manifiesta en una salida de la primera que o bien es entrada o bien es un control en la segunda.

A continuación se muestra un ejemplo de proceso modelado como diagrama SADT:

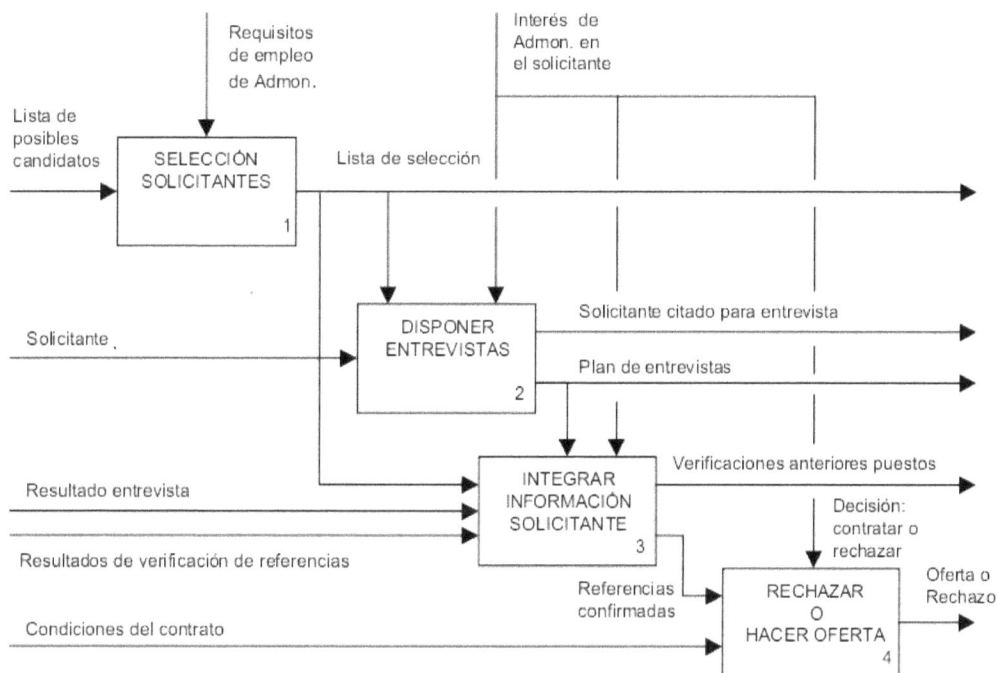

## Modelo entidad relación

Se trata de una técnica cuyo objetivo es la representación y definición de todos los datos que se introducen, almacenan, transforman y producen dentro de un sistema de información, sin tener en cuenta las necesidades de la tecnología existente, ni otras restricciones.

Dado que el modelo de datos es un medio para comunicar el significado de los datos, las relaciones entre ellos y las reglas de negocio de un sistema de información, una organización puede obtener numerosos beneficios de la aplicación de esta técnica, pues la definición de los datos y la manera en que éstos operan son compartidos por todos los usuarios.

Las ventajas de realizar un modelo de datos son, entre otras:

- Comprensión de los datos de una organización y del funcionamiento de la organización.
- Obtención de estructuras de datos independientes del entorno físico.
- Control de los posibles errores desde el principio, o al menos, darse cuenta de las deficiencias lo antes posible.

■   Mejora del mantenimiento.

Aunque la estructura de datos puede ser cambiante y dinámica, normalmente es mucho más estable que la estructura de procesos. Como resultado, una estructura de datos estable e integrada proporciona datos consistentes que puedan ser fácilmente accesibles según las necesidades de los usuarios, de manera que, aunque se produzcan cambios organizativos, los datos permanecerán estables.

Este diagrama se centra en los datos, independientemente del procesamiento que los transforma y sin entrar en consideraciones de eficiencia. Por ello, es independiente del entorno físico y debe ser una fiel representación del sistema de información objeto del estudio, proporcionando a los usuarios toda la información que necesiten y en la forma en que la necesiten.

El modelo entidad/relación extendido describe con un alto nivel de abstracción la distribución de datos almacenados en un sistema. Existen dos elementos principales: las entidades y las relaciones. Las extensiones al modelo básico añaden además los atributos de las entidades y la jerarquía entre éstas. Estas extensiones tienen como finalidad aportar al modelo una mayor capacidad expresiva.

Los elementos fundamentales del modelo son los siguientes:

■   Entidad : Es aquel objeto, real o abstracto, acerca del cual se desea almacenar información en la BD. La estructura genérica de un conjunto de entidades con las mismas características se denomina tipo de entidad.

■   Relación : Es una asociación o correspondencia existente entre una o varias entidades. Una relación se caracteriza por:

○   Nombre: que lo distingue unívocamente del resto de relaciones del modelo.

○   Cardinalidad: es el número máximo de ocurrencias de cada tipo de entidad     que pueden intervenir en una ocurrencia de la relación que se está tratando. Conceptualmente se pueden identificar tres clases de relaciones:

■   Relaciones 1:1: Cada ocurrencia de una entidad se relaciona con una y sólo una ocurrencia de la otra entidad.

■   Relaciones 1:N: Cada ocurrencia de una entidad puede estar relacionada con cero, una o varias ocurrencias de la otra entidad.

■   Relaciones M:N: Cada ocurrencia de una entidad puede estar relacionada con cero, una o varias ocurrencias de la otra entidad y cada ocurrencia de la otra entidad puede corresponder a cero, una o varias ocurrencias de la primera.

■   Dominio : Es un conjunto nominado de valores homogéneos. El dominio tiene existencia propia con independencia de cualquier entidad, relación o atributo.

■   Atributo : Es una propiedad o característica de un tipo de entidad. Se trata de la unidad básica de información que sirve para identificar o describir la entidad. Un atributo se define sobre un dominio .Cada tipo de entidad ha de tener un conjunto mínimo de atributos que identifiquen unívocamente cada ocurrencia del tipo de entidad. Este atributo o atributos se denomina identificador principal. Se pueden definir restricciones sobre los atributos, según las cuales un atributo puede ser:

○   Univaluado, atributo que sólo puede tomar un valor para todas y cada una de las ocurrencias del tipo de entidad al que pertenece.

○   Obligatorio, atributo que tiene que tomar al menos un valor para todas y cada una de las ocurrencias del tipo de entidad al que pertenece.

Además de estos elementos, existen extensiones del modelo entidad/relación que incorporan determinados conceptos o mecanismos de abstracción para facilitar la representación de ciertas estructuras del mundo real:

- Generalización: Permite abstraer un tipo de entidad de nivel superior (supertipo) a partir de varios tipos de entidad (subtipos); en estos casos los atributos comunes y relaciones de     los subtipos se asignan al supertipo. Se pueden generalizar por ejemplo los tipos profesor y estudiante obteniendo el supertipo persona.

- Especialización: Es la operación inversa a la generalización, en ella un supertipo se descompone en uno o varios subtipos, los cuales heredan todos los atributos y relaciones del supertipo, además de tener los suyos propios. Un ejemplo es el caso del tipo empleado, del que se pueden obtener los subtipos secretaria, técnico e ingeniero.

- Categorías: Se denomina categoría al subtipo que aparece como resultado de la unión de varios tipos de entidad. En este caso, hay varios supertipos y un sólo subtipo. Si por ejemplo se tienen los tipos persona y compañía y es necesario establecer una relación con vehículo, se puede crear propietario como un subtipo unión de los dos primeros.

- Agregación: Consiste en construir un nuevo tipo de entidad como composición de otros y su tipo de relación y así poder manejarlo en un nivel de abstracción mayor. Por ejemplo, se tienen los tipos de entidad empresa y solicitante de empleo relacionados mediante el tipo de relación entrevista; pero es necesario que cada entrevista se corresponda con una determinada oferta de empleo. Como no se permite la relación entre tipos de relación, se puede crear un tipo de entidad compuesto por empresa, entrevista y solicitante de empleo y relacionarla con el tipo de entidad oferta de empleo. El proceso inverso se denomina desagregación.

- Asociación: Consiste en relacionar dos tipos de entidades que normalmente son de dominios independientes, pero coyunturalmente se asocian. La existencia de supertipos y subtipos, en uno o varios niveles, da lugar a una jerarquía, que permitirá representar una restricción del mundo real.

La notación de un DER es la siguiente:

| Entidad | |
| --- | --- |
| Atributos | Lista asociada a cada entidad, o bien en elipses unidas a cada entidad/relación |
| Relación | |
| Exclusividad de relaciones | |
| Jerarquías | |

Es conveniente normalizar los DER para asegurar que los datos modelados carecen de ciertas dependencias que podrían complicar el trabajo futuro. Existen diferentes niveles de normalización:

- Primera forma normal (1FN): Todos los atributos son atómicos
- Segunda forma normal (2FN): Los atributos dependen completamente de la clave primaria, no sólo de parte de ella.
- Tercera forma normal (3FN): No existen dependencias respecto de atributos que no son de la clave primaria.
- Forma normal de Boyce-Codd: Existe una única clave primaria para cada entidad.

# Técnicas de gestión de proyectos

## Análisis de puntos función

La estimación del coste de los productos de software es una de las actividades más difíciles y propensas a error de la ingeniería del software. Es difícil hacer una estimación exacta de coste al comienzo de un desarrollo debido al gran número de factores conocidos o esperados que determinan la complejidad y desconocidos o no esperados que van a producirse en cualquier momento, determinando la incertidumbre.

Las técnicas de estimación ayudan en esta tarea y dan como resultado un número de horas de esfuerzo, a partir de las cuales se calculará el coste correspondiente. La estimación nos aportará un número de horas aproximado que habrá que combinar con los recursos para obtener la planificación de actividades en el tiempo y establecer los hitos del proyecto.

Las técnicas de estimación más fiables se basan en el análisis de Puntos Función. La técnica de Puntos Función permite la evaluación de un sistema de información a partir de un mínimo conocimiento de las funcionalidades y entidades que intervienen.

Las características más destacables de esta técnica son:

- Es una unidad de medida empírica.

- Contempla el sistema como un todo que se divide en determinadas funciones.

- Es independiente del entorno tecnológico en que se ha de desarrollar el sistema.

- Es independiente de la metodología que vaya a ser utilizada.

- Es independiente de la experiencia y del estilo de programación.

- Es fácil de entender por el usuario.


El resultado de la aplicación de esta técnica viene dado en Puntos Función, que posteriormente habrán de ser pasados a días de esfuerzo, para lo que sí habrán de tenerse en cuenta la experiencia del equipo de desarrollo y el estilo de programación, la aplicación de una u otra metodología y la tecnología.

Este cálculo de días por punto función debe basarse en la experiencia adquirida en la valoración y realización de sistemas anteriores, debiendo actualizarse el valor de conversión con posterioridad a la finalización de cada proyecto.

Entre las técnicas de estimación basadas en el análisis de puntos función, se destacan los siguientes dos métodos:

### *Método Albrecht.*

Consiste en los siguientes pasos:

1. Identificación de componentes: Consiste en identificar una serie de componentes del sistema, que serán evaluados en función de su complejidad de acuerdo a una serie de tablas predefinidas por el método. Los componentes a identificar son:

   - Entradas externas: Ficheros, dispositivos de entrada y cualquier fuente de datos.

   - Salidas externas: Informes, mensajes por pantalla, etc.

   - Grupos lógicos de datos internos: Datos generados y mantenidos por el programa.

   - Grupos lógicos de datos de interfaz: Datos internos que se usan para comunicarse con otras aplicaciones.

   - Consultas externas: Consultas externas de datos que no implican actualización

2. Cálculo de puntos función no ajustados: Una vez se han identificado los componentes del sistema y calculado el número total, se les aplican una serie de multiplicadores en función del grado de complejidad calculado en el punto anterior. Así, se obtiene una suma de puntos función no ajustados.

3. Ajuste de puntos función: Corrección de los PF calculados en el paso anterior, en base a diferentes criterios. Así, para cada criterio se puntúa de 0 a 5 en función del grado de influencia. Algunos criterios son:

   - Importancia de las prestaciones del SI final

   - Si la aplicación es distribuida o no

   - Énfasis en la facilidad de uso/instalación

   - Etc

.Una vez se ha obtenido esta suma de ajustes, se obtiene el número final de puntos función con la fórmula:

$$PFA = PFNA \cdot (0,65 + (0,01 \cdot SVA))$$

Donde PFNA son los puntos función no ajustados y SVA es la suma de ajustes. El número de días equivalente se calculará mediante el baremo de días por punto función que establezca cada organización. Generalmente se comienza con el baremo de 1 día=1 PF, y se va ajustando en función de la experiencia.

### Método MARK II

El método MARK II es una evolución del método Albrecht, y tiene un funcionamiento similar, si bien tiene en cuenta un mayor número de factores tanto en lo que respecta a la identificación de componentes como al ajuste de los puntos función.

### Staffing size

Staffing Size es un conjunto de métricas para estimar el número de personas necesarias en un desarrollo Orientado a Objetos, y para determinar el tiempo de su participación en el mismo.

Las métricas son:

### Número medio de personas por día y clase

El esfuerzo medio empleado en el desarrollo de una única clase es el mejor indicador de la cantidad de trabajo requerido en un proyecto. Esto supone contar con una estimación previa del número de clases a desarrollar.

Hay una serie de aspectos que influyen directamente en la estimación del promedio de personas necesarias al día por clase:

- El número de clases clave y clases secundarias existentes en el modelo.

- El lenguaje de programación utilizado. Hay muchas diferencias, por ejemplo entre C++ y Smalltalk.

Factores importantes :

- Las clases de interfaz vs resto de clases del modelo: Las clases de interfaz de usuario suelen tener muchos más métodos y son menos estables en memoria que las propias del modelo de clases.

- Clases abstractas vs clases concretas: El sobreesfuerzo necesario para desarrollar una clase abstracta, se puede compensar con el que precisa el desarrollo de una clase concreta.

- Clases clave vs clases de soporte: Las clases clave generalmente conllevan un tiempo superior de desarrollo, porque son las clases que representan las características principales del dominio del negocio.

- Clases avanzadas vs a clases sencillas: La utilización de clases más complejas como los patrones y los marcos hace que el modelo sea mucho más efectivo, aunque el desarrollo de este tipo de clases requiere un mayor esfuerzo.

- Clases "maduras" versus "inmaduras": Las clases maduras, aquellas cuyo funcionamiento y utilidad ha sido ampliamente comprobado porque se han utilizado durante un periodo de tiempo suficiente, suelen tener más métodos pero requieren menos tiempo de desarrollo, porque únicamente habrá que realizar algún desarrollo adicional sobre las ya existentes.

- Profundidad de herencia en la jerarquía de clases: Las clases más anidadas, es decir con una profundidad mayor en la jerarquía, suponen menos esfuerzo de desarrollo ya que suelen ser una especialización de superclases, y generalmente tienen menos métodos.

- Ámbito de programación: Depuradores de código integrados, visores de jerarquía de clases, compiladores incrementales y otro tipo de herramientas pueden facilitar y acelerar el desarrollo.

Basándose en el desarrollo de algunos tipos de proyectos se han establecido algunas estimaciones orientativas para el tiempo preciso de desarrollo de las clases:

- De 10 a 15 días para una clase en producción, es decir, incluyendo la documentación y pruebas de las clases.

- De 6 a 8 días para desarrollar un prototipo, es decir, incluyendo código para las pruebas unitarias, pero sin tener en cuenta las pruebas de integración y las pruebas formales de casos.

### *Número de clases clave*

Las clases clave representan el dominio del negocio a desarrollar y son las que se definen en las etapas iniciales del análisis. Este tipo de clases, por sus características particulares, suelen ser punto de partida de futuros proyectos y se reutilizan frecuentemente porque representan generalidades del dominio del negocio de gran variedad de proyectos.

El número de clases clave depende directamente de las clases identificadas y consideradas como de vital importancia para el negocio. Para descubrirlas se pueden plantear preguntas como:

- ¿Se puede desarrollar la aplicación en este dominio sin esta clase?

- ¿El cliente puede considerar este objeto importante?

- ¿Los casos de uso incluyen esta clase?

Las clases secundarias son las que representan interfaces de usuario, comunicaciones entre clases o clases de bases de datos, es decir, clases que complementan a las clases clave.

El número de clases clave es un indicador del volumen de trabajo necesario para el desarrollo de la aplicación. También es un indicador de la cantidad de objetos reutilizables en el futuro en proyectos con dominio de negocio similares. Hay que tener en cuenta que la elaboración de componentes reutilizables es más laboriosa y su número influye especialmente en el proyecto.

Un factor importante es el tipo de interfaz de usuario que tendrá la aplicación. Así, una aplicación con una interfaz de usuario importante se construye generalmente con clases secundarias para gestionar la interacción del usuario con la aplicación por medio de ventanas de diálogo.

En general y basándose en la experiencia en este tipo de proyectos, el porcentaje de clases clave varía entre el 20 y el 40 por ciento, el resto suelen ser clases secundarias (interfaces de usuario, comunicaciones, bases de datos).

Un número especialmente bajo de clases clave (inferior a un 20 por ciento) puede indicar que es necesario revisar el examen del dominio de negocio.

### Número de clases secundarias

Una clase secundaria es un tipo de clase que no es indispensable para el dominio del negocio. Este tipo de clases proporciona una serie de funcionalidades valiosas para las clases clave y las complementan.

Entre las clases secundarias están incluidas las interfaces de usuario y las clases básicas que representan objetos de programación habituales (fichero, string, stream, base de datos, etc.). Por último también incorporan las numerosas clases de ayuda. Este tipo de clases incorporan la gestión de las clases especializadas con el fin de garantizar un buen desarrollo Orientado a Objetos.

Las clases secundarias tienen especial interés porque nos da un método para estimar el esfuerzo. Las clases clave generalmente se descubren al principio del proceso de desarrollo. Si se conoce el número de clases secundarias y sus relaciones con las clases clave, la estimación y planificación del proyecto será más adecuada.

El número de clases secundarias es un indicador del volumen de trabajo necesario para desarrollar la aplicación. Hay que tener en cuenta las clases de interfaz de usuario, incluyendo las interfaces gráficas de usuario, ya que es uno de los factores más importante para estimar el número de clases secundarias.

El número de clases secundarias suele variar de una a tres veces el número de clases clave. El intervalo depende principalmente del tipo de clases de usuario. Las interfaces gráficas de usuario incrementan en dos veces el número de clases en la aplicación final. Las aplicaciones sin interfaces de usuario se incrementan en una vez el número de clases, es decir, en una aplicación con unas 100 clases clave y con interfaces gráficas de usuarios, una estimación previa podría apuntar a unas 300 clases para la aplicación final.

### Promedio de clases secundarias por clases clave

Mide el ratio de clases secundarias respecto a las clases clave.

Como se ha indicado anteriormente, el número de clases secundarias está entre 1 y 3 veces el de clases clave, dependiendo de aspectos como el tipo de interfaz de usuario. Por tanto, desviaciones excesivas respecto a estos umbrales pueden ser indicativas de problemas en la fase de análisis.

## Diagramas PERT

El objetivo de PERT (Program Evaluation and Review Technique) es establecer las dependencias entre las distintas tareas del proyecto para saber de qué manera han de encadenarse dichas tareas en la planificación.

El método PERT divide en proyecto en:

■ Actividades: Ejecución de una tarea, que exige para su realización la utilización de recursos tales como: mano de obra, maquinaria, materiales,... Así, por ejemplo, la nivelación de terrenos, la excavación de cimientos, etc., son actividades en el proyecto de construcción de un edificio.

■ Sucesos: Un suceso es un acontecimiento, un punto en el tiempo o una fecha en el calendario. El suceso no consume recursos, sólo indica el principio o el fin de una actividad o de un conjunto de actividades.

Para representar las diferentes actividades en que se descompone un proyecto, así como sus correspondiente sucesos, se utiliza una estructura de grafo. Los arcos del grafo representan las actividades, y los vértices los sucesos. La dependencia entre actividades queda explícitamente representada por los arcos del grafo.

A continuación se muestra un ejemplo de diagrama PERT:

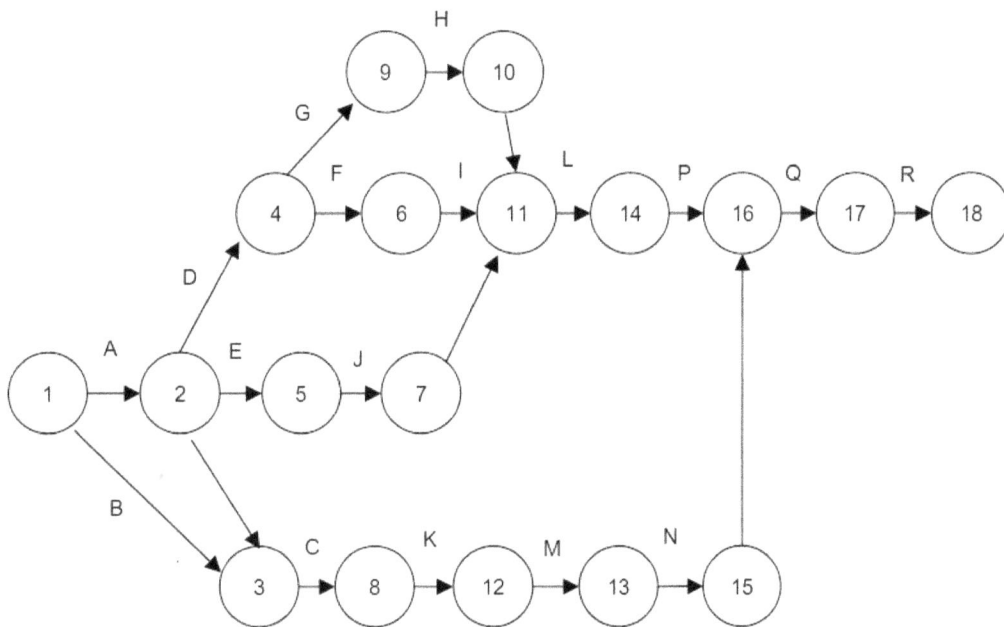

En el diagrama, los números se corresponden a eventos, y las letras a actividades. Así, los eventos provocan la ejecución de una actividad.

## Diagrama de Gantt

El diagrama de Gantt o cronograma tiene como objetivo la representación del plan de trabajo, mostrando las tareas a realizar, el momento de su comienzo y su terminación y la forma en que las distintas tareas están encadenadas entre sí.

El gráfico de Gantt es la forma habitual de presentar el plan de ejecución de un proyecto, recogiendo en las filas la relación de actividades a realizar y en las columnas la escala de tiempos que se está manejando, mientras la duración y situación en el tiempo de cada actividad se representa mediante una línea dibujada en el lugar correspondiente.

Notación

- Las tareas se sitúan sobre el eje de ordenadas (y) y los tiempos sobre el de abscisas (x).

- Cada actividad se representa con una barra limitada por las fechas previstas de inicio y fin.

- Las actividades se agrupan en fases y pueden descomponerse en tareas.

- Cada actividad debe tener recursos asociados.

- Los hitos son un tipo de actividad que no representa trabajo ni tiene recursos asociados.

- Las actividades se pueden encadenar por dos motivos:

  - Encadenamiento funcional o por prelaciones. (Ej.: un programa no puede probarse hasta que haya sido escrito).

  - Encadenamiento orgánico o por ocupación de recursos. (Ej.: un programador no puede empezar un programa hasta que haya terminado el anterior).

Pueden realizarse actividades en paralelo siempre que no tengan dependencia funcional u orgánica.

A continuación se muestra un ejemplo de diagrama Gantt:

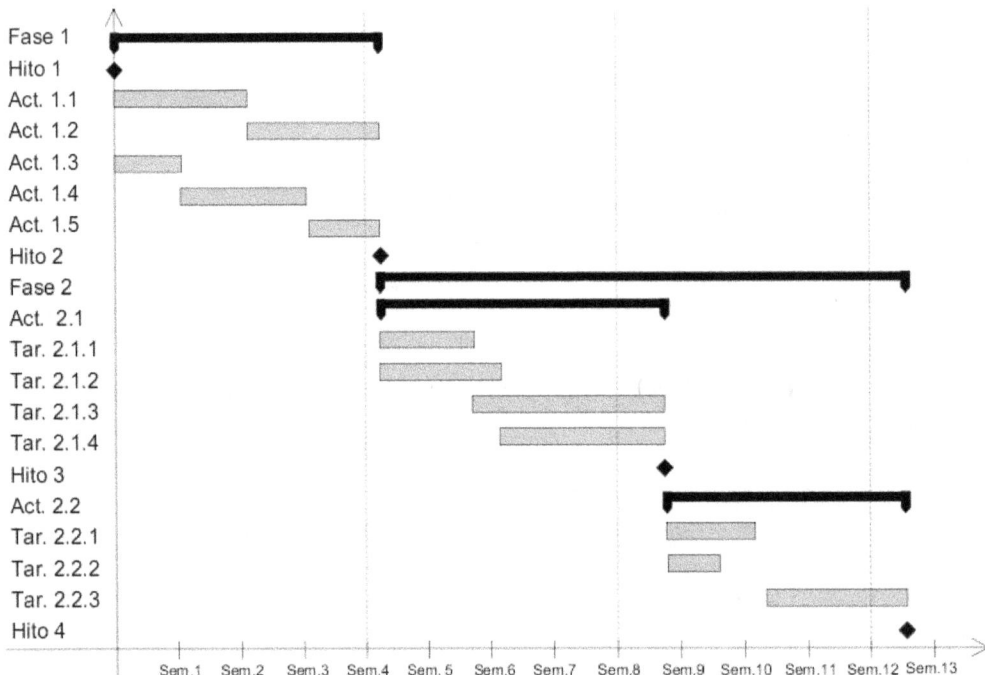

Un aspecto crucial a la hora de hacer diagramas Gantt es estimar y asignar correctamente los recursos. Un modelo común es considerar una cantidad total de recursos diferente en las distintas etapas del proyecto:

- Inicio del proyecto: Pocos recursos, ya que se está haciendo el análisis inicial y, en realidad, no están las tareas aún bien definidas y hay poco que hacer

- Fase media: Aquí se aumentan el total de recursos, ya que es la fase pico de trabajo

- Final del proyecto: Se reducen los recursos, ya que el grueso del trabajo está hecho y sólo quedan las tareas finales (pruebas finales, documentar, formar a los usuarios, etc.), por lo que es más rentable desviar parte de los recursos a otros proyectos.

## Estructura de descomposición de trabajo (WBS)

La técnica de estructura de descomposición de trabajo (WBS: Work Breakdown Structure) permite estructurar las actividades, sirviendo de "lista de comprobación" y de herramienta de contabilidad analítica del proyecto software.

La WBS presenta una descomposición de las actividades de un proyecto según su naturaleza, las cuales posteriormente se asignarán a "cuentas" (identificativos numéricos de las actividades que pueden ser utilizados para soporte de la contabilidad). Es un árbol que agrupa actividades: desarrollo, calidad, gestión, etc.

Por ejemplo, un WBS podría dividirse en los siguientes niveles:

- Nivel 0: Todo el proyecto.

- Nivel 1: Desarrollo, Gestión de Calidad, Gestión de Configuración, etc.

- Nivel 2: Dentro de Desarrollo: Proceso EVS, Proceso ASI, Proceso DSI, etc.

Un ejemplo de WBS sería:

El WBS se utiliza en combinación con diagramas PERT y GANTT, de manera que permitan realizar la planificación del proyecto.

## Diagrama de extrapolación

Esta técnica se utiliza para realizar un seguimiento de los proyectos software. Con ella se obtienen previsiones de desviaciones en la duración del desarrollo del proyecto.

Los Diagramas de Extrapolación constituyen un modo de representación gráfica de la cronología de las estimaciones del consumo de recursos necesarios para la realización de un hito. El eje de abscisas representa el tiempo de seguimiento. El eje de ordenadas representa las estimaciones de duración (duraciones previstas) para la realización del hito considerado. Dado que los ejes tienen la misma escala, los hitos que procedan normalmente (sin retrasos ni adelantos) deben caer sobre la bisectriz.

Los diagramas de extrapolación se inicializan para cada hito a evaluar en la fecha prevista de comienzo de los mismos, y se actualizan en cada etapa del seguimiento.

La interpretación de estos diagramas se basa en la hipótesis de que si existe una desviación, su tendencia es a permanecer o empeorar hasta el final del proyecto, a no ser que se apliquen las medidas necesarias para evitarlo. También puede suceder que las medidas aplicadas (más recursos, nuevas tecnologías, etc.) den lugar a un acortamiento de las fechas previstas inicialmente. Por todo ello, se trata de estimar la nueva fecha de fin de proyecto extrapolando la tendencia constatada en un momento determinado del desarrollo.

El método de previsión de una nueva fecha de fin de proyecto, consiste en realizar una estimación en un momento determinado del desarrollo, obteniendo un nuevo punto de horas de esfuerzo. A continuación se unirán el punto del eje Y que indicaba el esfuerzo previsto inicial con el obtenido en la estimación, alargando la línea hasta que se corte con la bisectriz. Por último, se unirá este punto de corte con el eje X mediante una línea recta, obteniendo así la nueva previsión de tiempo para el fin del desarrollo del proyecto.

Un ejemplo sería el siguiente:

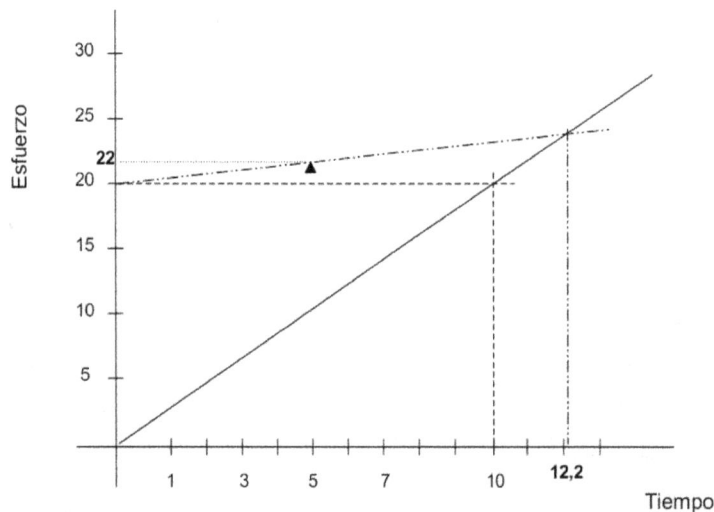

En este ejemplo, se ha estimado que hay que hacer un esfuerzo de 20.000 horas en 10 meses. En el mes 5, se hace una estimación y sale que, en base al estado en ese momento, el total será de 22.000 horas (marca de triángulo). Así, se une ese punto con el punto del eje Y que marcaba la estimación inicial (20.000 horas), y se busca la intersección de esta recta con la bisectriz. Siguiendo el punto de corte hasta el eje X, vemos que ahora el tiempo estimado para el proyecto, con el ajuste, será de 12,2 meses, 2,2 meses más que la estimación inicial.

# El lenguaje SQL

## Índice de contenido

## Introducción e historia

SQL (Structured Query Language) es un lenguaje de acceso a bases de datos. Permite tanto definir la estructura de los datos como hacer consultas sobre ellos, siempre según las directrices del álgebra y el cálculo relacionales. A día de hoy, SQL es el lenguaje estándar de acceso a bases de datos.

El origen de SQL viene de un intento de crear una sintaxis legible para el álgebra relacional propuesta por Codd. Aunque los orígenes de SQL están en IBM, la primera implementación fue llevada a cabo por Oracle a finales de los años 70. Posteriormente fue adoptado por el resto de SGBD. En 1987, la ISO lo establece como estándar. A partir de aquí, ha habido diferentes revisiones:

- SQL'1987: Versión inicial.

- SQL'1992: Se añade integridad referencial.

- SQL'1999: Se añaden los triggers, así como características de orientación a objetos.

- SQL'2003: Soporte para XML, mejor orientación a objetos.

Las instrucciones del lenguaje SQL se pueden dividir, según su función, en diferentes categorías:

- DDL (Data Definition Language): Instrucciones para crear y alterar las estructuras relacionales.

- DML (Data Manipulation Language): Instrucciones para manipular los datos.

- DQL (Data Query Language): Instrucciones para consultar datos.

- DCL (Data Control Language): Instrucciones de gestión interna del SGBD (permisos, etc.).

## Sentencias DDL

Las sentencias de definición de datos permiten crear y alterar las estructuras básicas de la base de datos. Si bien el modelo relacional establece que los datos se almacenan estructurados como relaciones (llamadas tablas en SQL), el lenguaje permite agrupar las relaciones de forma lógica en lo que se conoce como esquemas o bases de datos

### Gestión de esquemas

Estas sentencias permiten crear o eliminar un esquema, que es una estructura lógica que contendrá una o más tablas. La sintaxis es la siguiente:

```
CREATE SCHEMA nombre;
DROP SCHEMA nombre;
```

Es común que se utilice el término DATABASE en lugar de SCHEMA en muchos SGBDs.

### Gestión de tablas

La sintaxis para gestionar tablas es la siguiente:

```
CREATE TABLE nombre (
    columna tipodatos [NULL|NOT NULL] opciones,
    ...
);
ALTER TABLE nombre [ADD|DROP] [COLUMN|CONSTRAINT|INDEX|...] SET ...;
DROP TABLE nombre;
```

Por tanto, una tabla puede tener diferentes columnas, cada una de ellas con un tipo de datos. Los tipos de datos básicos que define el estándar son:

- Textuales: char, varchar
- Numéricos: numeric, integer, float, double
- Fecha y hora: date, time

En realidad, cada SGBD acostumbra a definir sus propios tipos de datos, por lo que los tipos de datos estándar no se suelen usar demasiado.

Además de un tipo de datos, cada columna tiene asociadas una serie de opciones adicionales. Estas opciones pueden ser:

- Indicadores de clave primaria: Permiten establecer si la columna es o forma parte de la clave primaria de la tabla.
- Restricciones de integridad: Permite establecer restricciones para mantener la integridad de la tabla. Por ejemplo, aquí se podría indicar si la columna es una clave externa a otra tabla, si se permiten valores nulos o si se debe hacer alguna comprobación sobre los valores.
- Otros: Por ejemplo, establecer valores por defecto de una columna o crear índices.

La sentencia ALTER permite hacer cambios a la estructura de tablas ya creadas, modificando, añadiendo o eliminando características.

## Sentencias DML

Las sentencias DML permiten actuar sobre los datos de la base de datos. Así, a diferencia de las DDL, que definen la estructura de las tablas, las sentencias DML permiten alterar los datos contenidos en las mismas.

Los tres tipos de sentencias DML son:

```
INSERT INTO tabla (col1,col2,...,coln) VALUES (val1,val2,...,valn);
UPDATE tabla SET col1=val1[,col2=val2,...,coln=valn] WHERE condicion;
DELETE FROM tabla [WHERE condicion];
```

De esta manera, la sentencia INSERT permite insertar nuevos datos a una tabla, mientras que la sentencia UPDATE permite alterar datos ya existentes. La sentencia DELETE elimina registros de una tabla.

## Sentencias DCL

Las sentencias DCL permiten llevar a cabo tareas administrativas de la base de datos tales como la asignación de permisos. Las instrucciones DCL definidas por SQL son:

```
GRANT [SELECT|INSERT|UPDATE|DELETE|REFERENCE] ON objeto TO usuario [WITH GRANT OPTION];
REVOKE [SELECT|INSERT|UPDATE|DELETE|REFERENCE] ON objeto TO usuario [WITH GRANT OPTION];
```

De esta manera, es posible asignar o eliminar permisos a un usuario, habilitándole para realizar determinadas operaciones sobre los diferentes objetos de la base de datos. Además de esta asignación, también es posible establecer si el usuario puede o no propagar sus permisos a otros usuarios.

## Sentencias DQL

Las sentencias DQL permiten consultar los datos de la base de datos, de diferentes maneras. Es uno de los aspectos más potentes tanto de SQL como del modelo relacional en general.

### Consultas básicas

El conjunto de sentencias DQL se compone únicamente de la sentencia SELECT. Si bien es una instrucción relativamente compleja, su sintaxis básica es la siguiente:

```
SELECT [DISTINCT] columnas
FROM tablas
[WHERE condicion]
[GROUP BY columnas]
[ORDER BY columnas];
```

Por tanto, las únicas partes obligatorias de un SELECT son la especificación de la(s) tabla(s) desde las que leer los datos, así como las columnas que se desean consultar. A partir de ahí, se puede hacer más compleja la consulta indicando alguna condición extra que deban cumplir los datos a consultar, estableciendo una ordenación de los resultados, o bien agrupando los resultados según los valores de alguna de las columnas. Un ejemplo sería el siguiente:

```
SELECT dni,nombre,apellidos,salario
FROM empleado
WHERE salario>20000
ORDER BY dni;
```

## Funciones de agregado

Además de obtener valores de columnas mediante la sentencia SELECT, también es posible calcular determinadas estadísticas sobre el conjunto de los datos. Esto se consigue mediante las funciones de agregado, como muestra el siguiente ejemplo:

```
SELECT MAX(salario) FROM empleado;
```

Las funciones de agregado disponibles en el SQL estándar son MAX, MIN, AVG, COUNT y SUM.

Si además se quiere calcular estas estadísticas para los diferentes valores de una columna, se puede hacer utilizando la cláusula GROUP BY, por ejemplo para saber cuántos empleados hay con cada nombre:

```
SELECT COUNT(*) FROM empleado GROUP BY nombre;
```

## Joins

La sentencia SELECT no está limitada a consultar datos de una sola tabla, sino que permite consultar datos de diferentes tablas a la vez. Ahora bien, al ejecutar una sentencia SELECT sobre varias tablas, se considera el producto cartesiano de todos sus valores, por lo que generalmente es deseable añadir alguna condición que restrinja el número de resultados. Esto es lo que se conoce como JOIN. Un ejemplo sería el siguiente:

```
SELECT e.dni,d.nombredep
FROM empleado e,departamento d
WHERE e.coddep=d.codigo;
```

Un aspecto a tener en cuenta de los JOINs es que sólo se mostrarán aquellos registros que cumplan la condición especificada. Esto en ocasiones no es deseable, de manera que se definen diferentes tipos de JOIN según el resultado deseado:

- Equi-Join o Inner Join: Es el JOIN "estándar", que se consigue mediante el uso de la cláusula WHERE
- Left Outer Join: Al hacer JOIN de dos tablas, recorre la tabla de la izquierda, buscando su correspondencia en la de la derecha. Si no hay correspondencia, se muestra el registro con el valor derecho a NULL
- Right Outer Join: El mismo comportamiento, pero recorriendo la tabla de la derecha
- Full Outer Join: El comportamiento de los JOINs left y right

El siguiente ejemplo muestra el resultado de hacer la misma consulta, pero utilizando diferentes tipos de JOIN:

| | **JOIN estándar** | **Left JOIN** | **Outer JOIN** |
|---|---|---|---|
| **Consulta** | `SELECT e.dni,d.nombredep`<br>`FROM empleado e,`<br>`    departamento d`<br>`WHERE e.coddep=d.codigo;` | `SELECT e.dni,d.nombredep`<br>`FROM empleado e LEFT JOIN`<br>`    departamento d`<br>`    ON e.coddep=d.codigo;` | `SELECT e.dni,d.nombredep`<br>`FROM empleado e OUTER JOIN`<br>`    departamento d`<br>`    ON e.coddep=d.codigo;` |
| **Resultado** | `DNI        NOMBREDEP`<br>`---------- ----------`<br>`43123456   Ventas` | `DNI        NOMBREDEP`<br>`---------- ----------`<br>`43123456   Ventas`<br>`43111222   NULL` | `DNI        NOMBREDEP`<br>`---------- ----------`<br>`43123456   Ventas`<br>`43111222   NULL`<br>`NULL       Personal` |

## Subquerys

Las sentencias SELECT se pueden anidar, dando lugar a expresiones más complejas. Para ello, se introduce la subsentencia SELECT entre paréntesis en cualquier lugar de la sentencia donde generalmente se usaría un valor literal o un identificador de columna. A continuación se muestra un ejemplo:

```
SELECT dni,nombre
FROM empleado e
WHERE e.salario=(SELECT MAX(salario) FROM empleado);
```

## Vistas

Cuando se utilizan extensivamente los JOINs y los subquerys, es posible que el código SQL pierda legibilidad. Para aliviar en cierta medida este problema, el lenguaje ofrece la posibilidad de crear vistas, que no son más que tablas "virtuales" que contienen el resultado de una sentencia SELECT. De esta manera, podemos extraer algunos subquerys de una sentencia SELECT compleja en forma de vistas, ganando en legibilidad.

La sintaxis de creación de vistas es la siguiente:

```
CREATE VIEW nombre AS SELECT ...;
```

A partir de aquí, podemos usar la vista creada como si fuera cualquier otra tabla. En realidad, las vistas normalmente no son más que una facilidad puramente sintáctica, y la mayoría de SGBDs las implementan simplemente guardando su sentencia SELECT asociada. A la hora de ejecutar una sentencia SELECT con vistas, se sustituyen internamente las referencias a las vistas por su código, y se ejecuta la sentencia final resultante, por lo que desde el punto de vista del rendimiento no hay ninguna diferencia entre usar vistas o subquerys (excepto, tal vez, el pequeño overhead adicional de procesar las referencias a las vistas).

Algunos SGBDs permiten no sólo consultar las vistas, sino también manipular sus datos. Para ello debe ser posible determinar a qué tabla corresponde cada una de las columnas de una vista. Por supuesto, si la vista consiste en valores calculados (p. ej. con funciones de agregación, esto no es posible).

## Combinación de querys

Es posible combinar los resultados de varias sentencias SELECT en una sola, mediante el uso de la siguiente sintaxis:

```
(SELECT ...) [UNION|INTERSECT|EXCEPT] [ALL|CORRESPONDING BY columna] (SELECT ...)
```

De esta manera, es posible combinar los resultados de diferentes consultas en una sola sentencia, ya sea uniéndolos, mostrando sólo los registros comunes o efectuando la diferencia entre resultados. Por defecto, se eliminan del resultado los registros repetidos, pero es posible mantener absolutamente todos los registros, incluidos los repetidos, usando el modificador ALL. De la misma manera, si no se usa ALL, es posible indicar qué columnas se compararán a la hora de buscar repetidos mediante la cláusula CORRESPONDING BY.

## Extensiones propietarias

### Lenguaje procedural PL/SQL

El lenguaje PL/SQL es una extensión de SQL que permite escribir programas de forma modular. Si bien es una extensión propietaria de Oracle, el resto de SGBDs han desarrollado extensiones similares. Los programas PL/SQL se almacenan en la base de datos, ya sea como procedimientos almacenados, que se ejecutan explícitamente, o bien como triggers, que son rutinas de código que se ejecutan ante determinados eventos como insertar datos, eliminar tablas, etc.

La sintaxis de PL/SQL mezcla elementos del propio SQL con otros muy en la línea de lenguajes como ADA, y así soporta la mayoría de construcciones de un lenguaje estructurado: variables, bucles, condicionales, etc., así como otras menos habituales como excepciones.

La estructura básica de un bloque de código PL/SQL es la siguiente:

```
DECLARE
   -- Declaración de variables
   dni number(8);
   s varchar2(100);
BEGIN
   -- Cuerpo del programa
   dni:=43123456;
   select nombre into s from empleado e where e.dni=dni;
EXCEPTION
   -- Gestión de excepciones
   WHEN NO_DATA_FOUND THEN
      dbms_output.put_line("Error");
END
```

Otros SGBDs disponen de lenguajes similares a PL/SQL, aunque la sintaxis varía de uno a otro.

### Otros

Además de la sintaxis definida por el estándar SQL, cada fabricante de SGBDs acostumbra a añadir ciertas extensiones específicas de su producto. Esto es especialmente aplicable a los tipos básicos, para los que raramente se utilizan los que define el estándar sino que se usan los propios del SGBD. A continuación se muestran algunas de estas extensiones para los SGBDs más importantes.

- Tipos de datos: Cada SGBD acostumbra a implementar sus propios tipos de datos, que sustituyen a los tipos especificados en el estándar.

- Sentencia REPLACE: MySQL define la sentencia REPLACE, de funcionamiento idéntico a INSERT pero que, en caso de que ya exista una fila con la clave primaria especificada, la sustituye en lugar de mostrar un error. Otros SGBDs consiguen una funcionalidad similar mediante la adición de nuevas opciones a la sentencia INSERT.

- Operar tablas mediante SELECTS: La mayoría de SGBDs (Oracle, MySQL, PostgreSQL) permiten hacer cosas como insertar en una tabla el resultado de un SELECT (INSERT INTO tabla SELECT ...), o crear una tabla con la estructura y los datos de un SELECT (CREATE TABLE tabla AS SELECT ...).

- Limitar resultados de un SELECT: Mediante construcciones como SELECT FIRST, la mayoría de SGBDs permiten limitar el número de resultados de una consulta.

## Extensiones SQL'1999 i SQL'2003 orientadas a objetos

Desde la publicación de SQL'1992, el paradigma de la orientación a objetos ha ido tomando fuerza tanto en el ámbito de la programación como en el de las bases de datos, apareciendo así SGBDs orientados a objetos. Debido a esta tendencia, en las posteriores revisiones de SQL (en el 1999 y en el 2003) se añadieron diferentes mecanismos de orientación a objetos.

Si bien estas revisiones del estándar de 1992 añaden numerosas funcionalidades, el soporte de las mismas por parte de los SGBDs es bastante irregular. Además, existen numerosas críticas a determinados aspectos como los tipos estructurados, que chocan frontalmente con algunos postulados del modelo relacional. Estos problemas hacen que el único estándar ampliamente soportado sea el SQL'1992.

## SQL'1999

SQL'1999 es la primera revisión del estándar desde 1992, e incluye una serie de nuevas funcionalidades agrupadas en grupos. Así, un primer grupo de características, llamadas *Core Features*, incluye pequeñas modificaciones y añadidos similares a las características propietarias de cada SGBD. Así, por ejemplo, se añaden nuevas funciones, nuevos tipos de JOIN, etc. Además de este grupo, hay una serie de novedades adicionales, de mayor envergadura, y que se separan de las *Core Features* para no obligar a todos los SGBDs a cumplirlas, ya que puede ser complicado.

Estas características adicionales son principalmente:

- Tipos personalizados: Pueden estar basados en un tipo ya existente (p. ej., un entero con un rango de valores limitado), o bien tener una estructura. En este último caso, se permite además crear jerarquías mediante el uso de herencia.

- Arrays: Se soportan los arrays como un tipo básico más.

- Procedimientos almacenados: Se permite almacenar procedimientos en la base de datos. Este era un aspecto que ya soportaban la mayoría de SGBDs, si bien mediante sus propios lenguajes. SQL'1999 define un dialecto estándar.

- Microtransacciones: Se añade la posibilidad de guardar el estado de la transacción en un punto dado, para volver a él si algo sale mal (microrollback).

## SQL'2003

SQL'2003 refina algunos aspectos de SQL'1999 y añade nuevas características:

- Nuevos tipos de datos: Entre otros, enteros grandes, conjuntos y el tipo XML.

- Instrucción MERGE: Permite hacer inserts que tengan en cuenta que el registro ya existe.

- Secuencias: Objetos especiales que generan una secuencia de números.

- Columnas generadas: Es posible, en el momento de crear una tabla, indicar que una columna se obtiene operando sobre otras, o a través de una secuencia. Esto permite simplificar los querys y mejorar el rendimiento.

# Desarrollo para navegadores web: HTML, DHTML, CSS, DOM, Javascript y objetos incrustados

## Índice de contenido

# HTML

HTML (*HyperText Markup Language*) es un lenguaje de marcado que permite definir la estructura de un documento de hipertexto. Es el estándar para las páginas web.

HTML está definido según SGML, que es un estándar internacional para la descripción de documentos.

La idea de HTML es definir, de una forma textual, el contenido de un documento, estableciendo una serie de marcas (llamadas *tags*), que indican características especiales, como por ejemplo que el texto es un título, un enlace, o que debe ser destacado de manera especial. De esta manera, se define el documento de una forma abstracta, y es responsabilidad del cliente (normalmente el navegador web) el mostrar el documento de una forma gráfica, escogiendo apropiadamente las fuentes, el uso de negrita, diferentes tamaños, etc.

La sintaxis que define a los tags es la siguiente:

```
<tag>texto</tag>
<tag/>
```

Se puede ver como un tag va incluido dentro de símbolos < y >, y que hay dos tipos de tags: el más común, y que afecta a un fragmento concreto de texto, tiene dos componentes, el inicial y el final. El texto que va incluido entre estos símbolos será afectado por el tag. Además, un tipo especial de tag, que no afecta a texto y tiene entidad por sí mismo, se indica mediante una barra antes del símbolo >.

## Estructura de un documento

Un documento básico HTML tendría la siguiente estructura:

```
<html>
   <head>
      <title>Título de la página web</title>
   </head>
   <body>
      Contenido de la página web
   </body>
</html>
```

Se puede observar como, en primer lugar, existe un tag llamado `html`, que indica que el documento es HTML. Dentro de este tag, se define en primer lugar el tag `head`, que contiene información sobre el documento, en este caso únicamente el título pero podría haber más información (autor, codificación de caracteres, etc.). A continuación viene el cuerpo del documento, en el tag `body`, que es donde está el contenido.

## Tags principales

### Formateado de texto

Existen infinidad de tags para formatear el texto de un documento. Algunos de los principales son:

- b: Negrita
- i: Cursiva
- s: Subrayado

O bien, si se desea una mayor separación entre el contenido y la presentación:

- em: Texto enfatizado
- strong: Mayor énfasis que em
- code: Fragmento de código
- cite: Citación o referencia
- etc.

### División lógica del documento

Algunos tags permiten indicar la estructura del documento:

- p: Párrafo de texto
- span: Fragmento de texto. Establece una separación lógica respecto al resto del párrafo.
- h1, h2, ..., h6: Títulos de diferentes niveles
- div: Bloque. Establece una separación lógica entre bloques del documento.

Si bien muchos de estos tags no suponen una diferencia en el aspecto del documento una vez renderizado en el navegador web, sí es cierto que aportan información importante sobre la estructura del documento. Esta información puede ser utilizada para conseguir formatos complejos, por ejemplo mediante el uso de CSS, o para llevar a cabo automatizaciones complejas mediante Javascript.

## Tablas

HTML permite mostrar texto tabulado, mediante el tag table. A su vez, este tag se compone de otros tags para definir filas y celdas, de modo que una tabla HTML tiene el siguiente aspecto:

```
<table>
   <tr>
      <td>Fila 1, Columna 1</td><td>Fila 1, Columna 2</td>
   </tr>
   <tr>
      <td>Fila 2, Columna 1</td><td>Fila 2, Columna 2</td>
   </tr>
</table>
```

Este código definiría una tabla con dos filas y dos columnas. Como se puede observar, la definición de la tabla se hace por filas, quedando definidas las columnas implícitamente.

## Listas

En HTML también es posible mostrar listados de diferentes maneras:

| Lista desordenada | Lista ordenada | Definiciones |
|---|---|---|
| ```<br><ul><br>   <li>Elemento 1</li><br>   <li>Elemento 2</li><br>   <li>Elemento 3</li><br></ul><br>``` | ```<br><ol><br>   <li>Elemento 1</li><br>   <li>Elemento 2</li><br>   <li>Elemento 3</li><br></ol><br>``` | ```<br><dl><br>   <dt>Perro</dt><br>   <dd>Animal<br>doméstico</dd><br></dl><br>``` |

## Enlaces e imágenes

La sintaxis de un enlace a otra página es la siguiente:

```
<a href="http://www.direccion.com">Texto del enlace</a>
```

Por tanto, el tag rodea al texto que se mostrará en el navegador, y la dirección de destino del enlace se indica mediante un atributo.

La inclusión de imágenes en el documento se hace de forma similar a los enlaces, mediante la sintaxis:

```
<img src="ruta/a/la/imagen.gif"/>
```

La diferencia es que, en este caso, la imagen es un tag que no se aplica a ningún texto, sino que tiene entidad por sí mismo.

## Formularios

Además de mostrar conenido, HTML proporciona una cierta interactividad con el usuario mediante el uso de formularios. Un formulario permite introducir una serie de informaciones que serán posteriormente enviadas al servidor web para su procesado.

### Evolución histórica. XHTML

A pesar de ser el estándar de definición de webs, en sus inicios no había un estándar demasiado claro para HTML. Muchos de sus elementos no estaban claramente definidos, y la tolerancia de los navegadores en aspectos como etiquetas no cerradas o atributos sin comillas no ayudó en este sentido.

Ante esta situación, se propuso hacer más rígido el formato mediante la creación de lo que se conoció como xHTML, que es una especificación de HTML basada en XML, y que por tanto respetaba estrictamente las reglas de este último en cuanto a la jerarquía y a la estructura de los documentos. Puesto que tanto HTML como XML están basados en SGML, la adaptación de HTML a XML es bastante directa, y la rigurosidad de XML permite crear una definición de HTML sin ambigüedades. Como consecuencias inmediatas de la adopción de XML para definir HTML, se obliga a que no existan tags sin cerrar, así como a hacer un uso extensivo de las comillas para los atributos, entre otras cosas.

Al mismo tiempo, conforme se ha ido revisando el estándar HTML, se ha hecho un mayor énfasis en la separación de presentación y contenido. De esta manera, en las últimas versiones se recomienda utilizar etiquetas de descripción de contenido (em, strong, etc.) en lugar de sus equivalentes de formateado (negrita, cursiva, etc.), e incluso en algunos casos se ha eliminado el soporte para determinados tags.

## CSS

A medida que se han ido popularizando las páginas web, el tamaño medio de las mismas, así como su complejidad ha ido en aumento. De la misma manera, el abanico de clientes diferentes que puedan visitar una web se ha ido diversificando, y hoy en día no es extraño visitar una web desde un teléfono móvil o un PDA.

Esto ha puesto de relieve la necesidad de separar el contenido de una web de la forma en la que se presenta. En este aspecto, la especificación de HTML complica la tarea, ya que permite la utilización de tags específicos de presentación (como aplicación de negritas y cursivas), con lo que es fácil acabar mezclando presentación con contenido.

Ante esta necesidad de separar estos dos aspectos de la creación de una página web, surgieron las hojas de estilos CSS (*Cascading Style Sheets*). El estándar CSS define una forma de especificar todos los aspectos de presentación de un documento HTML utilizando una hoja de estilos externa, en la que se especifican los detalles de presentación de cada elemento HTML. De esta manera, en el HTML únicamente se incluiría el documento en sí, junto con metadatos que determinan su estructura. A la hora de visualizar el documento, el navegador aplicaría la hoja de estilos correspondiente para formatear el documento de cara a su visualización.

Un aspecto destacable es que, en este esquema, es posible disponer de diferentes hojas de estilo para un mismo documento, de manera que la visualización del mismo varíe en función de cómo se quiera visualizar. Por ejemplo, podría existir una hoja de estilo para ver el documento como una página web, otra para verlo en un PDA (ajustando el tipo de letra y eliminando elementos superfluos), otra para preparar el documento para su impresión, o incluso otras para formateos específicos para usuarios con discapacidades visuales.

Además de la versatilidad que proporciona el uso de CSS en lo que respecta a la visualización del documento, también hace más fácil el mantenimiento de un sitio web, ya que mediante la modificación de la hoja de estilos es posible cambiar completamente el aspecto de una web sin necesidad de revisar cada documento HTML.

### Estructura

Una hoja de estilos CSS consiste en una serie de reglas, con la siguiente estructura:

```
id_tag {
   modificador 1;
   modificador 2;
}
```

En este caso, el identificador `id_tag` sería uno de los elementos de HTML, y los modificadores serían palabras clave CSS que indicarían el tipo de formateado que se lleva a cabo para ese elemento. Por ejemplo, el siguiente código establece el formato de texto para el cuerpo del documento:

```
body {
    font-family: Times;
    font-size: 12pt;
    text-align: left;
}
```

De esta manera, es posible establecer los atributos de cualquier elemento HTML, ya sean párrafos, tablas, enlaces, etc.

Si bien usando este sistema es posible personalizar el aspecto del documento, muchas veces se necesita mayor control sobre el formateo. Para ello, CSS permite la asignación de identificadores a los elementos HTML, así como la definición de clases, que se indicarían en el fichero HTML mediante los atributos `id` y `class`, respectivamente:

| Fichero HTML | Fichero CSS |
|---|---|
| `...`<br>`<p>Párrafo normal</p>`<br>`<p id="especial">Párrafo especial</p>`<br>`<p class="c1">De la clase</p>`<br>`<p class="c1">Otro de la clase</p>`<br>`...` | `p {`<br>`    text-align: left;`<br>`    font-family: Times;`<br>`}`<br><br>`.c1 {`<br>`    color: red;`<br>`}`<br><br>`#especial {`<br>`    font-weight: bold;`<br>`}` |

En este documento de ejemplo hay cuatro párrafos formateados con CSS. El primero de ellos es un párrafo convencional, por lo que se formatea según la regla de los tags `p`, asignándole por tanto un tipo de letra y una alineación. El segundo párrafo recibe también este formateo, pero además, al tener asignada una identificación, se le aplica un formato adicional, en este caso coloreándolo a rojo. Con el tercer y cuarto párrafos ocurre lo mismo, sólo que en lugar de disponer de identificadores pertenecen a una clase, y en este párrafo se les aplica una negrita.

CSS permite también aplicar reglas más complejas. Por ejemplo, en el ejemplo anterior, podría haber existido otro elemento que no fuese un párrafo, pero que tuviese asignada la clase `c1`. De ser así, se le hubiese aplicado también el color rojo. Si lo que se desea es que únicamente se aplique el formato a una clase de un tag concreto, se podría haber indicado así:

```
...
p.c1 {
    color: red;
}
...
```

Esto es aplicable a cualquier otro caso, y por ejemplo se pueden conseguir reglas complejas, como por ejemplo:

```
#menu a {
    color: blue;
}
```

En este caso, el formato sólo se aplicaría a los enlaces que estuviesen dentro del elemento con identificador `menu` (por ejemplo, un `div`).

## Maquetación CSS

La presentación de un documento, además del formateado, incluye también el maquetado de los diferentes elementos que lo componen. Tradicionalmente, la maquetación del documento se ha hecho en el propio HTML, frecuentemente usando tablas. Esto, además de ir totalmente en contra de la función original de las tablas, y del objetivo de separar presentación de contenido, resulta en código ilegible y difícil de mantener.

El estándar CSS dispone de toda una serie de elementos para definir la maquetación de un documento. A diferencia de la maquetación basada en tablas, CSS establece que los diferentes elementos flotan en el documento, y mediante las instrucciones apropiadas es posible controlar su posición exacta, alineación, etc. A continuación se muestra un ejemplo de maquetación CSS:

| Código HTML | Resultado |
| --- | --- |
| ```html<html><body>  <div class="container">    <div class="header">      <h1 class="header">Titulo</h1>    </div>    <div class="left">      <p>Menu de la izquierda</p>    </div>    <div class="content">      <h2>Contenido</h2>      <p>Aqui iría el contenido</p>    </div>    <div class="footer">Pie</div>  </div></body></html>``` | **Título**  Menú de la izquierda / **Contenido** / Aquí iría el contenido / Pie |

**Hoja de estilos**

```css
div.container {
  width:100%; margin:0px;
  border:1px solid gray;
}
div.header,div.footer {
  padding:0.5em;
  color:white; background-color:gray;
  clear:left;
}
h1.header {
  padding:0; margin:0;
}
div.left {
  float:left;
  width:160px; padding:1em;
}
div.content {
  margin-left:190px; padding:1em;
  border-left:1px solid gray;
}
```

Como se puede apreciar, los elementos fundamentales son `float` y `clear`. Mediante `float` indicamos que el elemento debe "flotar" en el documento, tendiendo a ir hacia la izquierda hasta encontrar el margen de su elemento contenedor (en este caso el documento entero). El resto de elementos se ajustarán alrededor suyo. En este caso, es útil para el menú, que debe estar siempre a la izquierda. Haciéndolo flotante, el contenido del documento se ajustará a su derecha utilizando el espacio restante.

174

Por su parte, con `clear` indicamos que no queremos que el elemento se ajuste alrededor de los elementos flotantes, sino que queremos que deje un margen suficiente y, a partir de ahí, utilice todo el espacio. En este caso es apropiado para la cabecera y el pie, que deben estar fijos.

La utilización de CSS permite implementar maquetaciones complejas, y además presenta una serie de ventajas respecto a la maquetación con tablas. Así, además de permitir separar la presentación del contenido, aporta mayor flexibilidad en cuanto al aprovechamiento de espacio en pantalla. Por otra parte, permite la carga gradual del documento a medida que se va descargando, cosa que no pasa con la maquetación con tablas, en la que, generalmente, una tabla no se muestra hasta que no se ha descargado completamente.

## Javascript

Javascript es un lenguaje interpretado, que se utiliza para añadir automatización a las páginas web. Su origen se remonta al navegador Netscape Navigator en su versión 2. En realidad, y aunque el nombre parezca indicar lo contrario, Javascript tiene poco que ver con el lenguaje Java, y lo único que los une es su parecida sintaxis al provenir ambos de C. Actualmente, Javascript se ha estandarizado como ECMAScript, si bien es común usar el nombre original para referirse al lenguaje.

Javascript, a diferencia de tecnologías como PHP, se ejecuta en la parte del cliente, como componente del navegador. Las características de Javascript son:

- Se ejecuta en el cliente: A diferencia de tecnologías como PHP, Javascript se ejecuta en el propio navegador.

- Interpretado: No se compila, sino que se interpreta en tiempo de ejecución. Por eso mismo, también es dinámico.

- Basado en objetos: Si bien se basa en manipular objetos, no permite la creación de objetos en la clásica estructura de jerarquía de clases.

- Dinámico: Hace la comprobación de tipos en ejecución. También es capaz de modificarse a sí mismo, así como generar nuevas construcciones (funciones, etc.) sobre la marcha.

- Débilmente tipado: Realiza conversiones implícitas de tipos de datos, sin requerir definición explícita de tipos.

La idea detrás del uso de Javascript es realizar en el cliente todas aquellas tareas que sean posibles, sin necesidad de recargar la página o recurrir al servidor. Esto permite mejorar la responsividad de la página, al tiempo que se reduce la carga en el servidor.

Algunos usos típicos de Javascript en la web son:

- Validar formularios, comprobando que se ha rellenado la información de forma correcta antes de enviar los datos

- Responder a eventos, como por ejemplo abrir nuevas ventanas ante determinados clics

- Control de todos los elementos de la página web en curso

Si bien el uso de Javascript permite dotar a una web de una gran interactividad, también tiene inconvenientes:

- Seguridad: La complejidad de Javascript lo hace susceptible de ser usado para tareas maliciosas. En principio, un programa Javascript no debería tener acceso más allá del navegador, pero es común que errores en el mismo permitan acceso al equipo local.

- Compatibilidad: No todos los navegadores soportan Javascript, especialmente los de dispositivos de pocos recursos, como móviles o PDAs, para los que no es posible o práctico implementar un motor Javascript completo. En esos casos, así como en aquellos navegadores que hayan desactivado Javascript por seguridad, las páginas web pueden no visualizarse correctamente, especialmente si se hace un uso intensivo de código.

## DOM y DHTML

El DOM (Document Object Model) es una representación de un documento HTML en forma de jerarquía de objetos, que permite a los programas escritos en Javascript y lenguajes similares manipular y controlar toda la página de forma programática. La representación del DOM es independiente de la plataforma o lenguaje utilizado, de manera que puede usarse con cualquier lenguaje de scripting y cualquier navegador.

La primera implementación de DOM tuvo lugar con Netscape Navigator 2, que al introducir por primera vez soporte para Javascript, proporcionaba una forma programática de manipular los principales objetos de un documento HTML, como formularios, enlaces e imágenes. Este primer DOM se conoció como DOM de nivel 0, y a partir de ahí, y en sucesivas versiones, se ha ido ampliando, llegando a estandarizarse por el W3C (WWW Consortium) hasta el DOM de nivel 3, que es el actual.

Un DOM típico podría ser el siguiente:

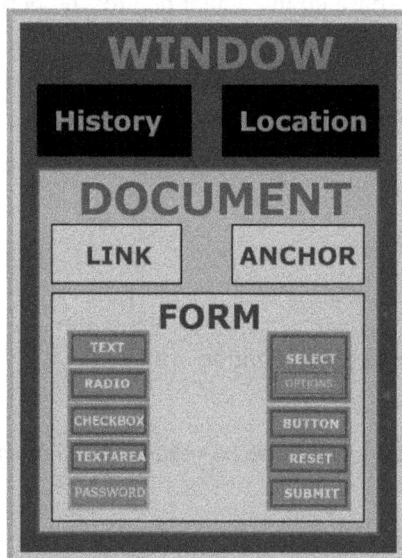

Los diferentes recuadros serían los objetos que componen el documento. Así, el objeto Window representa a la ventana del navegador, que contiene, entre otros, el objeto Document que tendría el documento HTML en sí. Colgando de Document estarían los objetos de la página, como enlaces (Link), formularios (Form), imágenes (Image), etc., cada uno con sus propiedades.

Cada navegador define exactamente lo que se puede hacer con el DOM. Así, determinados navegadores sólo permiten leer la información del DOM, mientras que otros más avanzados permiten la modificación de propiedades de los elementos, alterando así aspectos como el tamaño, el texto, etc. Incluso es posible alterar el propio código HTML de la página, generando nuevo código en tiempo de ejecución y, por tanto, regenerando partes de la página sin necesidad de contactar con el servidor. Esto permite la realización de interacciones complejas de forma mucho más rápida que usando HTML clásico.

El uso de HTML, CSS y Javascript accediendo al DOM se conoce con el nombre genérico de DHTML, si bien recientemente se asocia el término al uso que se le daba hace unos años, y que usaba versiones incompatibles tanto de dialectos HTML como de las implementaciones del DOM de los diferentes navegadores. Esto hacía que fuera común el disponer de diferentes versiones de cualquier código (una para cada navegador). Hoy en día, la tendencia es a respetar estrictamente los estándares del W3C y escribir sólo código estándar, y el uso de estas tecnologías se conoce como DOM scripting.

## Ajax

Ajax son las siglas de *Asynchronous Javascript And XML*, y define a un conjunto de tecnologías que pretenden mejorar la experiencia del usuario.

La idea de Ajax se basa en, una vez cargada la página, conectar en segundo plano con el servidor para llevar a cabo tareas que generalmente requerirían una recarga incluso una vez que la página ya se ha cargado. Esto se hace generalmente utilizando Javascript y una especificación reciente del DOM (que permite conexiones con el servidor desde Javascript). Una vez recuperada la información del servidor, el código Javascript manipula el DOM para cambiar los objetos necesarios o, incluso, generar nuevos objetos.

Ajax tiene ventajas e inconvenientes:

- Ventajas
    - Evita las recargas de la página, reduciendo las conexiones con el servidor
    - El tiempo de respuesta de cara al usuario se reduce, haciendo la navegación considerablemente más rápida
    - Es más sencillo mantener el estado de la página, al no perderse en la recarga
- Inconvenientes
    - El estado de la página se vuelve difuso, y ya no se puede identificar una página unívocamente con una URL.
    - Es complicado gestionar el historial de navegación.
    - Deja de funcionar el paradigma de navegación clásico de la web (atrás, adelante, recargar, etc.)
    - Se hace complicado indexar correctamente las páginas por parte de los buscadores
    - Dispositivos con soporte limitado para Javascript (p. ej. móviles) no funcionan
    - No hay un estándar claro, cada web implementa Ajax de una manera

Si bien tiene sus inconvenientes, el uso de Ajax se ha popularizado debido a su gran potencia, que ha hecho que se puedan programar páginas web con funcionalidades semejantes a aplicaciones de escritorio (p. ej., Google Docs es una suite ofimática enteramente vía web).

# Objetos incrustados

El estándar HTML permite incluir en una página, además de los elementos estándar como imágenes, enlaces, formularios, etc., otro tipo de objetos de mayor complejidad. Estos objetos incrustados se clasifican en dos categorías:

## Contenido multimedia

Para incrustar contenidos multimedia en una página web, se usa el tag <object> de HTML. El contenido de un objeto <object> puede indicar cualquier tipo de contenido que reconozca el navegador, identificándolo mediante su tipo MIME. Tipos comunes son sonido, vídeo o presentaciones multimedia.

Una vez incrustados, el navegador será el encargado de detectar el tipo de contenido y buscar el programa apropiado para interpretarlo y mostrarlo al usuario.

## Objetos interactivos

Además de contenido multimedia, es posible incrustar otros tipos de objetos, en este caso para proporcionar una interactividad al usuario mayor de la que se puede conseguir mediante HTML puro. Estos objetos se incluyen usando también el tag <object>, y pueden ser, entre otros:

- Applets Java: El estándar Java permite la programación de Applets, que son pequeños programas incrustados en una web. Están programados en Java, usando un subconjunto del API para tener en cuenta las limitaciones del espacio web, y así funcionan en cualquier máquina que disponga de su correspondiente máquina virtual Java. Si bien tienen sus aplicaciones, han caído en desuso como solución general a la interactividad debido al bajo grado de cohesión con el resto de la página.

- Flash: Flash es una tecnología propietaria diseñada para realizar animaciones. El uso extensivo de gráficos vectoriales hace que los objetos Flash ocupen muy poco espacio, y el soporte de scripting hace que se hayan impuesto como solución general para realizar interacciones complejas en una página web, desplazando a los applets Java.

Si bien la incrustación de objetos interactivos ha resultado bastante popular, especialmente en el caso de Flash, su uso conlleva una serie de problemas fundamentales:

- Es necesario software y configuración extra en el cliente, más allá del soporte web: P. ej., los applets requieren una máquina virtual Java, y el Flash la instalación de un plug-in.

- Baja cohesión con el resto de la página: Tanto los applets como el Flash están limitados a un espacio rectangular, y tienen poca o nula interacción con el resto de elementos, limitando sus posibilidades.

- El contenido es generalmente inaccesible desde el exterior, lo que impide, por ejemplo, indexar correctamente en los buscadores, o adaptar el contenido a dispositivos móviles y/o usuarios con discapacidad.

Estos inconvenientes hacen que progresivamente se esté optando por utilizar la combinación de DOM y Javascript para conseguir interactividad dentro de los estándares web, avanzando hacia esquemas Ajax en detrimento del uso de objetos incrustados.

# Estándares SGML y XML. Entornos de aplicación

## Índice de contenido

# SGML

## Introducción

SGML son las siglas de Standard Generalized Markup Language, y es un estándar ISO para la definición y el etiquetado de documentos. El objetivo es representar la información de una forma abstracta, legible por una máquina e independiente del sistema y/o el dispositivo de salida.

SGML no define un lenguaje concreto, sino que es un metalenguaje compuesto de una serie de reglas que permite definir lenguajes específicos para la representación de información.

SGML define dos niveles de información en un documento:

- Contenido: Conjunto de datos que contiene la información del documento en sí.

- Etiquetado: Nivel adicional de información que describe el contenido. Esta metainformación define aspectos del documento como niveles jerárquicos, formato, etc. El etiquetado se realiza mediante la inserción de marcas o tags mezcladas con el texto del documento. Estos tags tienen un formato específico que los distingue del contenido en sí.

Así, por ejemplo, un lenguaje como HTML (que está definido según SGML), tendría por una parte el texto de la página web correspondiente, marcado con una serie de tags que identificarían las distintas partes del documento, establecerían formatos de visualización, etc.

## Etiquetado

En un documento SGML el etiquetado puede realizarse de dos formas:

- Etiquetado procedimental: Se indica explícitamente lo que se desea. Por ejemplo, en un texto se indicaría qué partes deben ir en negrita, qué tamaños de letra se deben usar, etc. Por ejemplo, en HTML se indicaría que un texto está en negrita usando el tag <b>.

- Etiquetado descriptivo: El etiquetado se hace de forma abstracta, definiendo los elementos estructurales del documento, las relaciones entre ellos y descripciones más genéricas, de manera que el resultado final es adaptable a diferentes situaciones. Por ejemplo, en HTML podría usarse, en lugar del tag explícito de negrita, el tag <em>, que indica que hay que dar énfasis a un texto. La forma de enfatizar ese texto no se indica, y se utilizará una u otra en función del medio de salida o de otros aspectos.

Si bien SGML permite la definición de cualquier tipo de etiquetado, se hace un énfasis especial en utilizar etiquetados descriptivos, por sus diversas ventajas en cuanto a la adaptabilidad de los documentos así especificados.

Las etiquetas SGML consisten en un nombre descriptivo de la etiqueta, rodeado de caracteres de delimitación. El estándar SGML define diferentes caracteres utilizables como delimitador, si bien es común utilizar los caracteres por defecto del estándar, que son <nombre> para etiquetar bloques de texto (p. ej. <p>texto</p> para definir un párrafo), y &nombre; para indicar entidades especiales (p. ej., &bullet; es un punto negro).

## Estructura de un documento SGML

Un documento SGML tiene diferentes partes:

- Prólogo: Define la estructura del documento.

    - Declaración: Indica que el documento es SGML, y define algunos parámetros generales, como el tipo de codificación de caracteres, qué carácter se usa como delimitador de tags, etc.
    Puede omitirse si se están usando los parámetros por defecto definidos por SGML.

    - Definición de tipo de documento (Document Type Definition o DTD): Indica, mediante una serie de reglas con una sintaxis concreta, el lenguaje que usará el documento, es decir, qué etiquetas/entidades se usarán, y cómo se estructurarán.
    Es común que el DTD se incluya en un fichero externo, de modo que exista un DTD estándar, y los diferentes ficheros SGML simplemente hagan referencia a él en lugar de incluirlo íntegramente cada vez.

- Instancia: Contenido del documento en sí, etiquetado según las reglas definidas en el DTD.

Un documento SGML tiene dos niveles de validez:

- Bien formado: Cuando el documento está escrito según la sintaxis de SGML

- Válido: Cuando, además de estar escrito conforme a SGML, se ha comprobado que el documento se ajusta a la descripción de su DTD.

## DTD

La definición de tipo de documento define el lenguaje que utilizará el documento SGML. De esta forma, un documento SGML puede estar en dos estados:

- Bien formado: Sigue las reglas básicas de SGML en cuanto a la estructuración de elementos.

- Válido: Además de estar bien formado, se ha validado contra un DTD que especifica una estructura concreta.

Así, en el DTD se definen las siguientes entidades:

### *Elementos*

Un elemento es la unidad textual básica, en el sentido de que cualquier parte del texto de un documento debe pertenecer, al menos, a un elemento. Cada elemento se identifica mediante un nombre.

Los elementos pueden estar anidados unos dentro de otros, lo que define la estructura del documento, y también pueden tener atributos, que permiten asociar información a elementos concretos.

Un elemento se representa en un DTD usando la siguiente sintaxis:

| <!ELEMENT | nombre | - - | (contentmodel+) > |
|---|---|---|---|
| Indicador de que se está definiendo un elemento | Identificador del elemento | Reglas de minimización. Indican si los tags de inicio/fin son obligatorios (-) u opcionales (O) | Content model, define qué otros elementos puede/debe contener el elemento actual. Se indica el identificador del elemento, junto con un carácter que indica el n° de ocurrencias:<br><br>• +: 1 o más<br>• ?: Exactamente 1<br>• *: 0 o más<br><br>Se pueden indicar diferentes elementos, separándolos por:<br><br>• Comas: Orden estricto<br>• Ampersand: Sin orden especial<br>• Barra vertical: Opcionalidad<br><br>El valor especial #PCDATA indica texto arbitrario<br><br>También se pueden indicar excepciones para, por ejemplo, elementos que pueden aparecer en cualquier lugar del documento. |

Ejemplo: <!ENTITY html - - (head?,body?) >

### Atributos

Información asociada a una instancia específica de un elemento. Se indica con la sintaxis:

| <!ATTLIST | nombreelemento | | | |
|---|---|---|---|---|
| | | atrib1 | tipo | obligatoriedad |
| | | ... | ... | ... |
| | | atribn | tipo | obligatoriedad > |

| Indicador de definición de atributo | Nombre del elemento del que se están definiendo atributos | Nombre del atributo | Tipo del atributo. Algunos son:<br><br>• ID: Identificador único<br>• CDATA: Texto<br>• IDREF: Referencia al ID de otro elemento<br>• NUMBER: Número | Obligatoriedad de incluir el atributo:<br>• #REQUIRED: Obligatorio<br>• #IMPLIED: Opcional<br>• #CURRENT: Si no se indica, usar el último asignado |
|---|---|---|---|---|

| Ejemplo: | <!ATTLIST | img | | |
|---|---|---|---|---|
| | | src | CDATA | #REQUIRED |
| | | width\|height | NUMBER | #IMPLIED > |

### Entidades

Una entidad es una referencia a parte del documento, a la que se le asigna un nombre. Se utilizan para representar textos que se repiten en el documento, o textos especiales que serían difíciles o engorrosos de escribir a mano.

La sintaxis para definir una entidad es:

| <!ENTITY | nombre | SYSTEM | sustitución | > |
|---|---|---|---|---|
| Identificador de definición de entidad | Nombre de la entidad | Opcional, indica si la entidad es de ámbito local al documento, o es de sistema | Texto que sustituye a la entidad cuando se use. Si la entidad es de sistema, este valor puede ser un fichero del sistema operativo | |

| Ejemplos: | <!ENTITY copyright "Todos los derechos reservados"> |
|---|---|
| | <!ENTITY externo SYSTEM "fichero.txt"> |

## Ejemplo de documento SGML

Un ejemplo de documento SGML, que representaría un documento HTML simplificado, sería el siguiente:

```
<!DOCTYPE minihtml.dtd [
   <!ELEMENT html - - (head?,body?)>
   <!ELEMENT head - - (#PCDATA)>
   <!ELEMENT body - - (#PCDATA|p)*>
   <!ELEMENT p    - - (#PCDATA)>
   <!ATTLIST p
            ident ID #REQUIRED>
   <!ENTITY fechacreacion "10 de enero de 2047">
]>

<minihtml.dtd>
   <html>
      <head>Cabecera</head>
      <body>
         <p ident="1">Soy el primer párrafo</p>
         Yo no tengo párrafo asociado
         <p ident="2">Yo soy el 2° párrafo</p>
         El fichero se ha creado el &fechacreacion;
      </body>
   </html>
</minihtml.dtd>
```

## Entornos de aplicación

### *Publicaciones en texto. Tex y Latex*

El ámbito en el que el uso de SGML es más extensivo es en la edición profesional de textos. Así, los siguientes paquetes software usan SGML como base:

- Tex: Tex es un lenguaje de maquetación definido en términos de SGML, y que permite la edición de documentos controlando todos los aspectos del maquetado.

- Latex: Es un conjunto de macros de Tex orientadas a más alto nivel, de manera que, en lugar de plantear un etiquetado procedural orientado a la impresión, se utiliza un etiquetado descriptivo que permite maquetar documentos a alto nivel separando la presentación del contenido. A día de hoy, Latex es el estándar en la literatura científica y de investigación, así como en general para la maquetación de textos extensos, debido, entre otras cosas, a su alta escalabilidad.

183

# XML

XML (Extensible Markup Language) es un lenguaje de etiquetado extensible para la creación y edición de documentos procesables de forma automática. Sus objetivos son similares a los de SGML, si bien SGML se presenta como una solución generalista, mientras que XML se orienta específicamente a la representación de información de forma simple y compacta, de forma que permita un procesamiento eficiente por parte de un ordenador.

## Diferencias con SGML

XML y SGML son tecnologías muy similares y, de hecho, XML es una aplicación concreta de SGML. El nacimiento de XML surgió de la necesidad de simplificar algunos aspectos de SGML que, si bien resultan muy útiles en ámbitos como la maquetación de documentos, hacían excesivamente compleja la creación y procesamiento de documentos electrónicos.

Por tanto, se puede decir que XML es un subconjunto de SGML, con unas reglas más simples. Concretamente, XML se diferencia de SGML en los siguientes aspectos:

- Se elimina el soporte para las reglas de minimización. Por tanto, todas las etiquetas del documento deben estar correctamente delimitadas.

- No se pueden elegir libremente los caracteres de delimitación para elementos y entidades. Se utilizan los estándar de SGML: "<" y "/>" para etiquetas, y "&" y ";" para entidades.

- Siempre es obligatorio el uso de comillas, no se pueden omitir como en SGML.

- Se elimina uno de los conectores para definir subjerarquías de elementos, el ampersand. De esta forma, se debe definir explícitamente el orden en que aparecen los subelementos.

- Todos los elementos de un documento XML deben ser hijos de un elemento raíz.

- Otras diferencias menores.

De esta forma, la estructura de un documento XML es la misma que en SGML, con la salvedad de que, al usar los parámetros por defecto de SGML y no permitir modificarlos, la declaración inicial del documento se simplifica y se limita únicamente a la línea:

```
<?xml version="1.0" encoding="iso-8859-15">
```

Estas restricciones respecto a SGML permiten simplificar considerablemente la verificación y el procesamiento de documentos XML.

## Tecnologías asociadas

### *XML-Namespaces*

Cuando se trabaja con documentos XML, es común que diferentes ficheros utilicen elementos con el mismo nombre, aunque tengan significados diferentes. Para evitar colisiones entre nombres al mezclar la información, se usan los espacios de nombres, que definen nomenclaturas como espacios separados.

Así, en un elemento se puede indicar qué espacio de nombres usarán sus subelementos con el atributo especial xmlns, y hacer referencia después al espacio de nombres usando su nombre y el carácter ":":

```
<root>
   <h:table xmlns:h="http://www.w3.org/TR/html4/">
      <h:tr>
         <h:td>Apples</h:td>
         <h:td>Bananas</h:td>
      </h:tr>
   </h:table>

   <f:table xmlns:f="http://www.w3schools.com/furniture">
      <f:name>Mesita de té</f:name>
      <f:width>80</f:width>
      <f:length>120</f:length>
   </f:table>
</root>
```

Aquí, se está especificando el namespace que debe usarse en cada elemento. Si se quiere evitar el uso del prefijo en todos los elementos, se puede establecer cuál es el namespace por defecto de un elemento con, por ejemplo:

```
<table xmlns="http://www.w3.org/TR/html4/">
  <tr>
    <td>Apples</td>
    <td>Bananas</td>
  </tr>
</table>
```

El identificador del namespace es una URI (Uniform Resource Locator) que, aunque tenga apariencia de URL, es simplemente un identificador unívoco del namespace, si bien se acostumbra a aprovechar su similitud con una URL para que apunte a una URL donde se describe el namespace.

Un ejemplo de uso de namespaces XML se encuentra en XSLT, que es un lenguaje que transforma ficheros XML en otros documentos. XSLT se implementa en forma de un namespace especial XSL, que permite introducir tags especiales que indican cómo se realizará la transformación.

## XML-Schema (XSD)

XML Schema es una alternativa a los DTDs para la especificación de la estructura de un documento XML. A diferencia de los DTDs, XML Schema está basado en XML, y debido a esta integración y a su mayor potencia, es a día de hoy la tecnología estándar para la definición de documentos XML.

Un ejemplo de definición de estructura con DTD y XML Schema sería el siguiente:

| XML |
|---|
| ```
<?xml version="1.0"?>
<note>
  <to>Tove</to>
  <from>Jani</from>
  <body>Don't forget me this weekend!</body>
</note>
``` |

| DTD | XSD |
|---|---|
| ```
<!ELEMENT note (to,from,body)>
<!ELEMENT to (#PCDATA)>
<!ELEMENT from (#PCDATA)>
<!ELEMENT body (#PCDATA)>
``` | ```
<?xml version="1.0"?>
<xs:schema xmlns:xs="http://www.w3.org/2001/XMLSchema"
targetNamespace="http://www.w3schools.com"
xmlns="http://www.w3schools.com"
elementFormDefault="qualified">

<xs:element name="note">
  <xs:complexType>
    <xs:sequence>
      <xs:element name="to" type="xs:string"/>
      <xs:element name="from" type="xs:string"/>
      <xs:element name="body" type="xs:string"/>
    </xs:sequence>
  </xs:complexType>
</xs:element>

</xs:schema>
``` |

Como se puede ver, en XSD la jerarquía se define implícitamente, no de forma explícita como en los DTDs. XSD se implementa como un namespace que define una serie de elementos especiales. Algunos de ellos son:

| Elemento | Descripción | Ejemplo |
|---|---|---|
| element | Define un elemento simple. Se indica el tipo de elemento, de forma más precisa que en DTD | ```<xs:element name='hola' type='xs:integer'/>``` |
| restriction | Restringe los valores que puede tomar un elemento | ```
<xs:element name='hola'>
<xs:restriction>
  <xs:minInclusive value='0'/>
  <xs:maxInclusive value='10'/>
  </xs:restriction>
</xs:element>
``` |
| complexType | Define elementos complejos, es decir, que contienen subelementos, texto, o una combinación de ambos | ```
<xs:element name="employee">
  <xs:complexType>
    <xs:sequence>
      <xs:element name="first" type="xs:string"/>
      <xs:element name="last" type="xs:string"/>
    </xs:sequence>
  </xs:complexType>
</xs:element>
``` |
```

| Elemento | Descripción | Ejemplo |
|---|---|---|
| attribute | Define atributos para un elemento complejo | `<xs:attribute name="lang" type="xs:string"/>` |
| any, anyattribute | Permite indicar elementos/atributos no especificados explícitamente en el esquema | ```<xs:element name="person">\n  <xs:complexType>\n    <xs:sequence>\n      <xs:element name="first" type="xs:string"/>\n      <xs:element name="last" type="xs:string"/>\n      <xs:any minOccurs="0"/>\n    </xs:sequence>\n  </xs:complexType>\n</xs:element>``` |

## XML DOM

### Transformaciones XSL

XSL (EXtensible Markup Language) es una familia de lenguajes de transformación que permiten definir cómo se formateará/convertirá un documento XML. Así, XSL define los siguientes lenguajes:

- XSLT: XSL Transformations, define transformaciones sobre un documento XML, para convertirlo en otro documento XML diferente.

- XSL-FO (XSL Formating Objects) o simplemente XSL: Define la transformación de un documento XML en otro documento, que puede ser textual, binario, etc.

- Xpath: Sublenguaje transversal, que facilita la navegación y referenciación de los elementos de un árbol XML. Se utiliza extensivamente tanto en XSLT como en XSL-FO.

Por tanto, la transformación de un documento XML en otro documento tiene dos fases:

1. Transformar el árbol XML original en otro árbol, usando XSLT
2. Transformar este nuevo árbol en el formato textual/binario deseado, con XSL

A continuación se describen estos lenguajes en mayor detalle.

## XSLT

XSLT es un lenguaje basado en XML que permite transformar un árbol XML en otro. Para ello, define una serie de transformaciones mediante XPath que especifican cómo se debe transformar el documento.

XSLT se implementa como el namespace xsl. Los diferentes elementos de XSLT permiten realizar transformaciones de forma procedural. Por ejemplo, se podrían transformar un documento XML en una versión HTML con el siguiente XSLT:

| Documento original | XSLT |
|---|---|
| ```<br><?xml version="1.0"<br>encoding="ISO-8859-1"?><br><catalog><br>  <cd><br>    <title>Empire<br>Burl</title><br>    <artist>Bob<br>Dylan</artist><br>    <country>USA</country><br>    <price>10.90</price><br>    <year>1985</year><br>  </cd><br></catalog><br>``` | ```<br><?xml version="1.0" encoding="ISO-8859-1"?><br><br><xsl:stylesheet version="1.0"<br>xmlns:xsl="http://www.w3.org/1999/XSL/Transform"><br><br><xsl:template match="/"><br>  <html><br>  <body><br>  <h2>My CD Collection</h2><br>  <table border="1"><br>    <tr><br>      <th>Title</th><th>Artist</th><br>    </tr><br>    <xsl:for-each select="catalog/cd"><br>    <tr><br>      <td><xsl:value-of select="title"/></td><br>      <td><xsl:value-of select="artist"/></td><br>    </tr><br>    </xsl:for-each><br>  </table><br>  </body><br>  </html><br></xsl:template><br></xsl:stylesheet><br>``` |

Así, se define primero una transformación con el tag xsl:template, indicando que debe aplicarse a todo el documento ("/"), y a continuación se indica la salida en caso de que el template sea aplicable a alguna parte del documento. Esta salida se compone del código HTML equivalente, más un bucle, definido con el tags xsl:for-each, que recorre todos los elementos de un nivel concreto, extrayendo su información.

Algunos tags de XSLT son:

| Elemento | Descripción |
|---|---|
| \<xsl:template match=PATRON\> | Define una transformación, aplicable a los elementos indicados con PATRON. El contenido del tag es la salida en caso de que PATRON se cumpla. |
| \<xsl:value-of select=RUTA/\> | Recupera el contenido de un elemento del árbol XML origen, indicado por RUTA |
| \<xsl:for-each select=RUTA\> | Itera sobre todos los subelementos de RUTA, generando el contenido de \<xsl:for-each\> para cada uno. |
| \<xsl:sort select=RUTA/\> | En un \<xsl:for-each\>, establece el orden en que se recorren los tags |
| \<xsl:if test=CONDICION\> | Genera o no una salida en función de una condición |

## XSL-FO

XSL-FO (o simplemente XSL) es la abreviatura de XSL Formatting objects, y es un lenguaje que permite la transformación de documentos XML en otros formatos. Estos formatos pueden ser otros tipos de documento no XML, representaciones en pantalla, etc. Por ejemplo, un uso común de XSL-FO es la transformación de documentos XML a formato PDF.

XSL está basado en XML.

Un documento XSL utiliza el namespace fo para realizar indicaciones de formato. Así, la estructura básica de un documento XSL sería:

```
<?xml version="1.0" encoding="ISO-8859-1"?>

<fo:root xmlns:fo="http://www.w3.org/1999/XSL/Format">

   <fo:layout-master-set>
      <fo:simple-page-master master-name="pagina_A4">
         ...
      </fo:simple-page-master>
   </fo:layout-master-set>

   <fo:page-sequence master-reference="pagina_A4">
      ...
   </fo:page-sequence>

</fo:root>
```

Así, en primer lugar se definen, en el elemento layout-master-set, las diferentes plantillas de página que se van a usar en el documento de salida. En este caso, se define el tipo de página pagina_A4. Una vez definidas, se define la secuencia de páginas en que se dividirá el documento, haciendo referencia a las plantillas definidas anteriormente.

La salida de un documento XSL se estructura según el siguiente orden jerárquico:

- Páginas

  - Regiones: Se corresponden con las principales zonas de una página: cuerpo, encabezado, pie, etc.

    - Bloques: Elementos dentro de una región. Se corresponden con párrafos, tablas, listas, etc. Un bloque puede contener más bloques, o bien:

      - Líneas: Línea de texto

        - Inline: Texto dentro de una línea. P. ej., palabras.

Los elementos de una página fluyen dentro de la misma según los parámetros indicados en la definición de la plantilla. De esta forma, un ejemplo real de XSL sería:

| XSL | Resultado |
|---|---|
| ```xml<br><?xml version="1.0" encoding="ISO-8859-1"?><br><br><fo:root xmlns:fo="http://www.w3.org/1999/XSL/Format"><br><br>   <fo:layout-master-set><br>      <fo:simple-page-master master-name="pagina_A4"><br>         <fo:region-body /><br>      </fo:simple-page-master><br>   </fo:layout-master-set><br><br>   <fo:page-sequence master-reference="pagina_A4"><br>      <fo:flow flow-name="xsl-region-body"><br>         <fo:block>Soy un bloque</fo:block><br>         <fo:block>Yo soy otro bloque</fo:block><br>      </fo:flow><br>   </fo:page-sequence><br><br></fo:root><br>``` | Soy un bloque Yo soy otro bloque |

En la definición de plantillas de página se establecen los parámetros de la plantilla. Aquí se definen aspectos como el tamaño, márgenes, etc.

Hay que tener en cuenta que XSL entiende la página como compuesta de una serie de regiones, que sirven tanto para ubicar posteriormente los elementos como para establecer parámetros. El esquema usado por XSL es el siguiente:

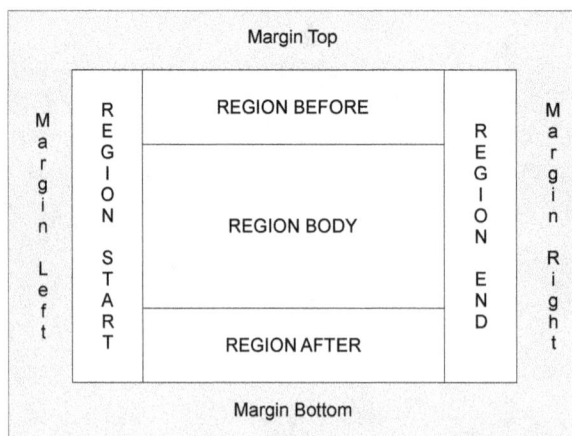

Si bien XSL permite indicar formato y contenido en el mismo documento, generalmente no se utiliza así, sino que se combina XSL con XSLT para transformar un documento XML en otro documento. Por ejemplo:

| XML | XSLT |
|---|---|
| ```<br><header>XSL y XSLT</header><br><par>Ejemplo de separación de<br>XML y XSL usando XSLT</par><br>``` | ```<br><xsl:template match="header"><br>  <fo:block font-size="14pt" color="red" space-´<br>after="5mm"><br>    <xsl:apply-templates/><br>  </fo:block><br></xsl:template><br><br><xsl:template match="par"><br>  <fo:block text-indent="5mm" font-size="12pt"><br>    <xsl:apply-templates/><br>  </fo:block><br></xsl:template><br>``` |
| **Resultado** | |
| XSL y XSLT<br><br>Ejemplo de separación de XML y XSL usando XSLT | |

De esta forma, es posible combinar XSLT con XSL para realizar conversiones de un documento XML a prácticamente cualquier formato.

## Xpath

Xpath es una sintaxis para definir, referenciar y buscar información dentro de un documento XML. Funciona como apoyo a otras tecnologías como XSL, permitiendo trabajar con el árbol XML usando una sintaxis cómoda y compacta.

Xpath trata a un documento XML como un árbol de elementos (nodos) anidados, donde cada uno puede tener asociados subnodos hijos, un texto asociado y diferentes atributos.

Por ejemplo, el siguiente documento de ejemplo estaría compuesto de:

| Documento | Componentes |
|---|---|
| ```<br><?xml encoding="ISO-8859-1"?><br><br><bookstore><br><br><book><br>  <title lang="en">Harry Potter</title><br>  <author>J K. Rowling</author><br></book><br><br></bookstore><br>``` | • Elementos: bookstore, book, title y author.<br>• Atributos: lang |

Xpath también define relaciones entre elementos. Así, se definen las relaciones de parentesco clásicas de un árbol: padres, hijos, hermanos, etc.

De esta forma, Xpath permite referenciar cualquier parte de un documento XML usando la siguiente sintaxis:

| Expresión | Descripción | Ejemplo |
|---|---|---|
| *nombre* | Devuelve los elementos hijos del nodo especificado | bookstore devuelve book |
| / | Raíz del árbol | / devuelve bookstore |
| // | Nodos independientemente de dónde estén ubicados en el documento | //book devuelve todas las ocurrencias de book en el documento |
| . | Nodo actual | |
| .. | Padre del nodo actual | |
| *@atributo* | Devuelve atributos con el nombre dado, para el nodo actual | @book devuelve los atributos de book |

Estos operadores pueden combinarse para dar lugar a expresiones más potentes. También pueden combinarse con expresiones regulares y funciones propias para hacer búsquedas/referencias más refinadas. A continuación se muestran algunos ejemplos:

| Expresión | Descripción |
|---|---|
| /bookstore/book[2] | Devuelve la 2ª ocurrencia de book dentro de bookstore |
| /bookstore/book[last()] | Devuelve la última ocurrencia |
| /bookstore/book[position()<3] | Devuelve las 2 primeras ocurrencias |
| //title[@lang='es'] | Devuelve las ocurrencias de cualquier nodo title que tengan un atributo lang='es' |
| //* | Todos los nodos del documento |
| //title[@*] | Todos los nodos title con algún atributo |
| //book | //author | Todos los nodos book y author del documento |

### Otros: Xlink, Xpointer, Xquery, XML DOM

Otras tecnologías XML son:

- XQuery: Es un lenguaje de consulta de documentos XML, similar al lenguaje SQL usado en bases de datos. Utiliza Xpath y un lenguaje de consultas propio para construir expresiones más complejas que las que podrían construirse usando únicamente Xpath.

- XLink y XPointer: Permiten definir enlaces entre documentos XML (XLink), o bien a partes específicas de un documento (XPointer). Utilizan XPath de forma intensiva para permitir enlaces sofisticados, como por ejemplo referenciar al tercer elemento de una lista. La analogía con HTML sería que XLink implementa el elemento <a>, mientras que XPointer implementa los anchors ("#anchor").

- XML DOM: El DOM (Document Object Model) de XML es una definición de interfaz para manejar documentos XML desde un lenguaje de programación. De esta forma, es posible manipular árboles XML desde diferentes lenguajes de programación usando una interfaz estándar. Un uso común del XML DOM es la manipulación de documentos XML desde Javascript.

## Entornos de aplicación

A continuación se muestran algunos escenarios comunes donde se aplican las diferentes tecnologías XML.

### Documentación: Docbook, OASIS

Un uso común de XML es la creación de documentos. Las diferentes tecnologías XML permiten realizar una separación efectiva entre el contenido y la presentación, por lo que son especialmente apropiadas para la edición de documentos de gran tamaño.

Algunas de las principales tecnologías basadas en XML para la edición de documentos son:

- DocBook: Desarrollado por la editorial O'Reilly para uso interno, se ha establecido como un estándar muy utilizado para la escritura de documentación técnica.

- OASIS OpenDocument: Es el formato de documento utilizado por la suite OpenOffice, y está basado en XML. En 2006 fue estandarizado por la ISO.

### Comunicación entre aplicaciones web: SOAP

SOAP es un protocolo basado en XML que permite el intercambio de información entre aplicaciones web usando HTTP. El uso de SOAP frente a otros tipos de comunicación tiene diferentes ventajas:

- Es independiente de las plataformas y lenguajes usados en las diferentes aplicaciones

- Define tanto el protocolo en sí como la estructura de los mensajes

- Permite la comunicación directa entre aplicaciones sin necesidad de clientes intermediarios

Un mensaje SOAP se compone de los siguientes elementos:

- Envelope: Contenedor del mensaje

- Header: Cabecera

- Body: Contenido del mensaje

- Fault: Información de estado y error.

A continuación se muestra un ejemplo de mensaje SOAP, con su correspondiente respuesta:

| Mensaje | Respuesta |
|---|---|
| ```xml<br><?xml version="1.0"?><br><soap:Envelope<br>xmlns:soap="http://www.w3.org/2001/12/<br>soap-envelope"<br>soap:encodingStyle="http://www.w3.org/<br>2001/12/soap-encoding"><br><br><soap:Body<br>xmlns:m="http://www.example.org/stock"><br>  <m:GetStockPrice><br>    <m:StockName>IBM</m:StockName><br>  </m:GetStockPrice><br></soap:Body><br><br></soap:Envelope><br>``` | ```xml<br><?xml version="1.0"?><br><soap:Envelope<br>xmlns:soap="http://www.w3.org/2001/12/<br>soap-envelope"<br>soap:encodingStyle="http://www.w3.org/<br>2001/12/soap-encoding"><br><br><soap:Body<br>xmlns:m="http://www.example.org/stock"><br>  <m:GetStockPriceResponse><br>    <m:Price>34.5</m:Price><br>  </m:GetStockPriceResponse><br></soap:Body><br><br></soap:Envelope><br>``` |

## Gráficos independientes de la plataforma: SVG

SVG (Scalable Vector Graphics) es un lenguaje para la descripción de gráficos vectoriales en XML. Su uso presenta las siguientes ventajas:

- Permite definir gráficos vectoriales

- Es independiente de la plataforma.

- Permite animación y scripting

- Es compacto

- Es fácilmente integrable dentro de otro contenido XML/HTML

El hecho de estar basado en XML hace de SVG una tecnología más flexible y eficaz que otras alternativas propietarias, como Flash.

Un ejemplo de documento SVG sería el siguiente:

```xml
<?xml version="1.0" standalone="no"?>

<svg width="100%" height="100%" xmlns="http://www.w3.org/2000/svg">
   <circle cx="100" cy="50" r="40" fill="red"/>
</svg>
```

# Selección de paquetes informáticos: metodologías, criterios de valoración. Inconvenientes y ventajas frente al desarrollo propio

## Índice de contenido

## Alternativas

A la hora de seleccionar un paquete informático para nuestra organización, se presentan diferentes opciones sobre la mejor manera de conseguir un producto apropiado. A continuación se explican brevemente las opciones más comunes:

### Compra

Consistiría en comprar un paquete informático ya hecho. Esta opción no requiere tiempo de desarrollo, si bien no siempre está disponible, salvo para funcionalidades comunes para las que exista un mercado importante, como p. ej. la gestión de nóminas, contabilidad, etc.

Si nuestra organización realiza tareas más específicas, es posible que los productos disponibles no contemplen todos nuestros procesos e, incluso, que el producto realice tareas que no necesitemos (pero que también estaríamos pagando).

### Desarrollo propio

El desarrollo propio consiste en disponer en nuestra organización de un equipo de desarrollo que se encargue de crear el sistema informático deseado en función de las necesidades. Lógicamente, requiere disponer de personal cualificado para la tarea.

### Desarrollo externo

Si no se dispone de un equipo de desarrollo, el desarrollo externo consiste en subcontratar a una empresa para realizar el desarrollo. Se diferencia de la opción de compra de un paquete en que, en este caso, no se utiliza un programa ya hecho, sino que el desarrollo es a medida para las necesidades concretas de nuestra organización.

## Criterios de valoración

Las diferentes opciones en cuanto a la adquisición de nuevo software pueden evaluarse desde diferentes puntos de vista:

- Coste: Coste económico de la opción.

- Adaptabilidad: Capacidad de personalizar el sistema informático para las características concretas de nuestra organización.

- Tiempo de implantación: Tiempo entre que se decide la implantación del sistema y que éste empieza a funcionar.

- Soporte: Capacidad de hacer frente a problemas con el nuevo aplicativo, tanto durante el proceso de implantación como durante la fase de explotación del mismo.

## Comparación posibilidades

A continuación se evalúan las diferentes aproximaciones a la selección de paquetes, en función de los criterios expuestos en el apartado anterior.

### Coste

En lo que respecta al coste, la opción más económica acostumbra a ser la compra de un paquete. Esto es así debido a que el mayor coste de un programa está en su desarrollo, y en el caso de un paquete informático el coste de desarrollo está distribuido entre todos aquellos que lo compran (además de, por supuesto, el margen de beneficio del desarrollador).

La comparación entre desarrollo propio o externo es más complicada. A priori podría parecer que el desarrollo externo siempre será más costoso, ya que al desarrollo en sí hay que añadir el margen de beneficio que añade la empresa desarrolladora. No obstante, existen factores adicionales que pueden cambiar la situación:

- Se dispone o no de un equipo de desarrollo propio: Si no es así, en caso de que quisiéramos desarrollar el programa dentro de nuestra organización habrá que añadir al coste de personal, recursos, etc. el coste de creación inicial del equipo, teniendo también en cuenta que la productividad del equipo (que al fin y al cabo también es coste) no será inicialmente la misma que la de un equipo con experiencia. Por tanto, en este caso probablemente sería más económica la opción del desarrollo externo.

- La tipología del proyecto: Si el sistema de información que se necesita es relativamente convencional tanto en su tipología como en las tecnologías que utiliza (p. ej., un sistema de gestión de nóminas), probablemente el desarrollo externo sea más económico al existir muchas empresas a las que recurrir para el desarrollo. Si, por el contrario, se trata de un proyecto muy específico o que usa tecnologías muy concretas (p. ej. el sistema de gestión del censo de un país), puede ser más eficiente crear un equipo de desarrollo a la medida del proyecto.

Un último aspecto a tener en cuenta es que, cuando se habla del coste, hay que tener en cuenta no sólo el coste inicial de comprar/desarrollar el producto, sino todos aquellos costes indirectos u ocultos que se producen durante toda la vida del producto, y que pueden ser muy considerables. Entre estos costes estarían el soporte de la aplicación, la formación a los usuarios, la facilidad para acometer actualizaciones, etc.

En el anexo a este documento se explican en profundidad algunas métricas como el TCO (Total Cost of Ownership) o el ROI (Return on Investment) que permiten estimar con precisión el coste total de un producto teniendo en cuenta todos estos factores.

De la misma forma, también se explica la técnica del análisis de puntos función, que permite obtener una estimación del coste de un desarrollo software.

## Adaptabilidad

En el caso de la adaptabilidad a las necesidades de nuestra organización, hay que tener en cuenta que la adaptabilidad puede enfocarse de diferentes maneras:

- Adaptabilidad respecto a la funcionalidad del programa: Es decir, la capacidad de ir modificando el programa para añadir nuevas funcionalidades o modificar las existentes.

- Adaptabilidad frente a cambios tecnológicos: Aunque se mantenga la misma funcionalidad, cambios tecnológicos externos (de hardware, sistema operativo, etc.), pueden requerir un mantenimiento específico de la aplicación.

Está claro que la opción que da una mayor adaptabilidad es el desarrollo propio, ya que se dispone de un control total sobre el sistema, seguido de cerca por el desarrollo externo. La diferencia entre ambos sería en principio inexistente, si bien hay diferentes factores que hacen que pueda existir una cierta diferencia:

- El hecho de tratar con una organización externa, que no está tan integrada con el funcionamiento de nuestra organización como un equipo propio, hace que puedan surgir malentendidos a la hora de diseñar el sistema. Esto puede dar lugar a efectos que van desde los simples retrasos en la entrega del producto hasta deficiencias en la funcionalidad.

- Una organización externa puede tener condicionantes en cuanto al desarrollo (uso de determinados lenguajes o tecnologías) que impidan una adaptabilidad total.

La opción que está claramente por detrás del resto en cuanto a la adaptabilidad es la de la compra de un software empaquetado. En este caso, se compra un paquete tal cual, desarrollado pensando en unas necesidades que no tienen por qué ser las de nuestra organización, y la adaptabilidad es nula o muy limitada.

## Soporte

La comparación en cuanto al soporte es similar a la de la adaptabilidad. Así, está claro que la opción que ofrece un mejor soporte en todas las fases de uso del sistema es la del desarrollo propio, ya que el disponer del equipo de desarrollo de la aplicación dentro de la propia organización permite hacer frente con garantías a cualquier problemática que pueda surgir. Simplemente hay que tener en cuenta que existe un sobrecoste añadido, que es el mantenimiento en plantilla del equipo de desarrollo una vez finalizado el mismo, que puede ser asumible o no en función del caso.

En lo que respecta al desarrollo externo, el grado de soporte también es alto, puesto que la mayoría de empresas ofrecen la opción de soporte al producto desarrollado. Así, se puede considerar que está opción está un punto por debajo debido a que, además del coste del soporte, se genera una fuerte dependencia hacia la empresa que ha desarrollado el software.

En el caso del software empaquetado, el soporte disponible varía mucho en función del caso, desde ninguno en absoluto (el paquete tal cual), hasta documentación abundante e incluso servicios de soporte proporcionados por la empresa desarrolladora del paquete. Debido a esta variabilidad, es importante informarse adecuadamente de este punto en el caso de optar por este tipo de software.

## Tiempo de implantación

El tiempo de implantación menor de entre todas las opciones disponibles es claramente el de la compra de software empaquetado. Esto es así porque el desarrollo ya está hecho, y la implantación es generalmente rápida al ser un desarrollo rígido que no admite demasiadas adaptaciones.

Por el contrario, tanto el desarrollo propio como externo requieren de un tiempo considerable, tanto por lo que respecta al desarrollo del software como para la implantación posterior. La diferencia entre estas dos opciones dependerá mucho del caso, y generalmente consistirá en uno de los dos siguientes casos:

■ Si se ha creado un equipo de desarrollo específico para el proyecto, el tiempo de implantación será probablemente mayor que el de una empresa externa, que dispondrá de un equipo más rodado y con mayor experiencia.

■ Si se dispone de un equipo de desarrollo con experiencia, el tiempo será similar al del desarrollo externo, o incluso mejor al disponer de mayor conocimiento sobre la organización.

## Resumen

A continuación se muestra una tabla resumen de los apartados anteriores:

| | Software empaquetado | Desarrollo propio | Desarrollo externo |
|---|---|---|---|
| **Coste** | Bajo | Alto | Alto |
| **Tiempo de implantación** | Bajo | Alto | Alto |
| **Adaptabilidad** | Escasa o nula | Máxima | Alta |
| **Soporte** | Variable | Alto | Alto |
| **Conclusión** | Cuando exista un paquete que coincida en gran medida con nuestras necesidades, no se esperen cambios futuros y tenga un coste razonable | Si disponemos de un equipo propio de desarrollo, o no lo tenemos pero el soporte y la adaptabilidad son cruciales | Cuando no se dispone de un equipo de desarrollo, y no se quiere asumir el coste inicial de formar uno |

# Metodología

A continuación se expone una posible metodología para afrontar el proceso de selección de un paquete informático.

1. Evaluar necesidades: Realizar una evaluación exhaustiva de las necesidades existentes, determinando claramente los requisitos funcionales de la nueva aplicación

2. Estudiar opciones existentes: Estudiar en primer lugar qué paquetes hay disponibles en el mercado, determinando hasta qué punto se adaptan a nuestras necesidades, así como calculando qué coste tienen. Debe analizarse el coste real, que incluye:

- Precio del paquete

- Coste del soporte

- Tipo de licencia: Determinará si nos atamos a una empresa para futuras actualizaciones, o bien si tenemos acceso al código fuente y, por tanto, disponemos de flexibilidad a la hora de modificar la aplicación.

3. Estimar coste de desarrollo propio: Si se dispone de un equipo de desarrollo, evaluar el coste del desarrollo de la aplicación, teniendo en cuenta el personal del que disponemos, su formación, etc. Si no se dispone de equipo de desarrollo, realizar el mismo cálculo añadiendo el coste de formación inicial del equipo (contrataciones, formación, etc.).

4. Estimar coste de desarrollo externo: Pedir presupuestos a una muestra de empresas externas para el desarrollo de la aplicación. Tener en cuenta:

- Coste del desarrollo

- Posibilidad y coste del soporte

- Coste de las ampliaciones y cambios futuros

5. Evaluación y selección final: Evaluar todas las posibilidades y escoger la más ventajosa evaluando la relación funcionalidades/coste. Es posible utilizar algún tipo de métrica para representar el grado de "cubrimiento" de las necesidades, pudiendo calcular así el coste de la solución según los diferentes esquemas (paquete, desarrollo propio o desarrollo externo).

## Software libre vs software privativo

Una aspecto importante a la hora de seleccionar un paquete informático es la licencia del software que vamos a usar, ya que las condiciones de uso, acceso y modificación pueden limitarnos en el futuro.

A continuación se muestran las posibilidades más comunes, con sus ventajas e inconvenientes.

### Software privativo

En este caso, la empresa desarrolladora conserva los derechos de acceso, modificación y distribución sobre el software, otorgándonos únicamente licencias de uso que pueden ser permanentes, o renovables periódicamente.

Es prácticamente la norma en el software empaquetado, y puede darse también en el caso del desarrollo externo.

Esta opción supone básicamente un alquiler del software, que da lugar a tres consecuencias principales:

- Dependencia de la empresa desarrolladora: Dado que la empresa desarrolladora es la única capaz de realizar modificaciones, se crea una situación de dependencia que puede ser problemática si, en el futuro, esta empresa desaparece, decide incrementar sus precios o toma decisiones técnicas (p. ej. un cambio de arquitectura) incompatibles con nuestras políticas.

- Dificultades de adaptación: Por el mismo motivo, se depende de la empresa original para cualquier tipo de adaptación del programa a nuestras necesidades particulares. Dependiendo del caso, esta adaptación puede ser posible o no siempre en función de la empresa desarrolladora.

- Problemas seguridad: Dado que no existe acceso al código del programa, se hace difícil auditarlo frente a vulnerabilidades de seguridad. Las restricciones en cuanto a quién puede modificar el programa también afectan al tiempo de respuesta si se descubre un fallo de seguridad, ya que se depende de la empresa original para arreglar el problema.

En definitiva, el uso de software privativo es una decisión con riesgos, ya que supone ceder el control del programa a la empresa desarrolladora, cuyas estrategias y objetivos no tienen por qué coincidir con los nuestros.

## Software libre

El software libre es aquél que concede a sus usuarios los siguientes derechos:

- Uso
- Distribución
- Acceso al código fuente del programa, y modificación para adaptarlo.
- Distribución de las modificaciones

Existen diferentes variantes de licencias libres, siendo las más comunes las dos siguientes:

- GPL: Otorga las cuatro libertades, obligando además a que cualquier producto derivado las mantenga. Por esta obligación se la conoce como una licencia "vírica".
- BSD: Si bien también otorga las cuatro libertades, no añade restricciones en cuanto a la licencia que deben tener productos derivados. De esta forma, es posible utilizar un producto libre con licencia BSD para derivarlo en un software privativo.

El uso de software libre presenta las siguientes ventajas:

- Control total: Existe un control total sobre el software, en el sentido de que se dispone del código fuente y se puede acometer cualquier modificación o adaptación sin depender del desarrollo original, independientemente de que éste desaparezca o cambie sus políticas. De hecho, el carácter libre hace que si nuestra organización no está preparada para modificar/adaptar el software, sea posible recurrir a cualquier empresa (y no sólo a la desarrolladora) para la tarea.
- Mejor seguridad: Diferentes estudios demuestran que el hecho de disponer públicamente del código fuente del programa aumenta la seguridad. Esto, aunque resulte inicialmente contra-intuitivo, se debe a que la mayor exposición del código permite detectar más fácilmente posibles problemas, y al mismo tiempo acelera su resolución. De esta forma, si en lugar de emprender un desarrollo desde cero se realiza una adaptación de un producto libre ya existente, es posible aprovechar la experiencia previa para obtener un producto probado a una fracción del coste que supondría alcanzar el mismo grado de madurez en un desarrollo de nueva creación.
- Ahorro de costes: Si bien no es la norma, el carácter libre de muchos programas permite disponer de una gran cantidad de software de forma gratuita.
- Fomento de la industria de TIC local: El hecho de poder acometer modificaciones a los programas sin depender de empresas externas, que generalmente son multinacionales foráneas, hace que se fomente la industria local de TIC. Esto, aunque no tenga por qué ser un argumento decisivo en una empresa privada, sí debería ser un argumento de peso en una administración pública (como es el caso).

Hay que hacer notar que el software libre también tiene desventajas:

- Inmadurez: Determinados productos libres no están al mismo nivel de madurez que sus equivalentes propietarios, ya sea porque se encuentra en sus primeras fases de desarrollo, o bien porque el desarrollo de software libre tiende a ser más caótico al requerir la coordinación de una comunidad heterogénea de desarrolladores, en comparación con una organización cerrada. Aunque este problema se reduce día a día, hay que considerarlo y evaluar con precisión si un producto libre cubre nuestras necesidades.

- Falta de habituación de los usuarios: Dado que tradicionalmente el software privativo ha sido predominante, la gran mayoría de usuarios se encuentra más habituado a su uso y el paso a determinados productos libres puede ser problemático. Por ello, en el coste de transición a software libre hay que considerar que probablemente se requiera de una formación adicional.

De esta forma, el software libre es una opción a considerar debido al hecho de que da el control a los usuarios del programa y no a sus desarrolladores. Por ello, y pese a sus problemas, debería ser una opción a evaluar en la medida de lo posible.

## Propiedad total

Otra opción consiste en que la empresa desarrolladora nos ceda la propiedad y, por tanto, la totalidad de los derechos sobre el software. Es un caso común en el desarrollo externo, y lógicamente es la norma en el desarrollo propio.

En este caso, se dispone de una mezcla de las ventajas e inconvenientes:

| Ventajas | Inconvenientes |
|---|---|
| ■ Control total sobre el producto<br>■ Independencia del desarrollador original | ■ Costes generalmente elevados<br>■ Potenciales vulnerabilidades de seguridad al tratarse de código de nueva creación |

Una posibilidad potencial en caso de optar por este tipo de licencia es la de, una vez finalizado el desarrollo, liberar el software con una licencia libre. Esta opción es apropiada si se desea optar por licencias libres, pero ningún producto libre disponible se ajusta totalmente a nuestras necesidades, y se considera que la adaptación de uno existente sería más costosa que el desarrollo a medida.

La opción de liberar el desarrollo a medida tiene la ventaja de que, a medio/largo plazo, permite hacer más robusto el producto a base de exponerlo a un número mayor de usuarios/desarrolladores (que en este caso serían los nuestros, más aquellos terceros que también usasen el producto). Por tanto, sería posible detectar posibles errores no detectados durante el desarrollo.

## Anexo: Métricas

En este apartado se muestran algunas métricas útiles para evaluar la viabilidad de un proyecto informático, desde diferentes puntos de vista. Concretamente son:

- TCO (Total Cost of Ownership): Permite calcular el coste total de un proyecto, teniendo en cuenta no sólo los costes iniciales directos, sino aquellos posteriores, indirectos, u ocultos.

- ROI (Return On Investment):

- Análisis de puntos función: Más que una métrica, el análisis de puntos función es una técnica que permite estimar el coste de un desarrollo software, teniendo en cuenta tanto las características del desarrollo como cualquier factor, interno o externo, que pudiese influir durante el mismo.

### Total Cost of Ownership (TCO)

El TCO (Total Cost of Ownership) es una métrica financiera que pretende calcular el coste total de un producto/proyecto. El TCO tiene en cuenta los costes generados durante todo el ciclo de vida de un proyecto, no sólo los iniciales. De esta forma, se tienen cuenta costes indirectos u ocultos, que pueden ser difíciles de ver inicialmente y que pueden aumentar notablemente el coste aparente inicial.

El análisis del TCO tiene en cuenta dos grandes grupos de costes:

- Coste de adquisición
- Costes operativos

En el ámbito de un producto software, algunos costes que se tienen en cuenta al calcular el TCO, además de los directos de la compra/desarrollo del producto, son los siguientes:

| Hardware y software | De operación | A largo plazo |
|---|---|---|
| ■ Equipos necesarios: estaciones, servidores, etc.<br>■ Instalación y configuración de los equipos<br>■ Configuración de la red<br>■ Costes de licencias<br>■ Migración desde otros productos | ■ Electricidad<br>■ Infraestructura necesaria: locales, etc.<br>■ Realización de backups<br>■ Formación a los usuarios | ■ Coste de la sustitución<br>■ Escalabilidad ante incremento de usuarios |

Al calcular el TCO también se tienen en cuenta los riesgos asociados a cada producto, desde diferentes puntos de vista:

| Sistema | Físicos |
|---|---|
| ■ Susceptibilidad a vulnerabilidades<br>■ Disponibilidad de actualizaciones y parches<br>■ Posibles cambios en las licencias | ■ Caídas del sistema<br>■ Errores del aplicativo |

## Return on Investment (ROI)

El ROI (Return on Investment) es una medida porcentual que indica el ratio de dinero ganado o perdido en una inversión, comparado con el dinero invertido. El ROI permite hacerse una idea de la rentabilidad de un producto/proyecto a largo plazo, así como analizar en qué momento la inversión empieza a ser rentable, de cara a plantearse su viabilidad.

El ROI se calcula como:

$$ROI = \frac{[Beneficio - Inversión]}{Inversión}$$

El ROI puede calcularse para diferentes periodos de tiempo, y así el ROI del primer año desde la inversión puede ser sustancialmente diferente del ROI al final del ciclo de vida del producto. Así, por ejemplo, la siguiente tabla muestra el ROI acumulado para diferentes años de un proyecto en el que se han invertido 1000 euros:

|  | Año 1 | Año 2 | Año 3 |
|---|---|---|---|
| **Beneficios** | 500 € | 400 € | 300 € |
| **ROI** | $\frac{[500-1000]}{1000}=-50\%$ | $\frac{[900-1000]}{1000}=-10\%$ | $\frac{[1200-1000]}{1000}=20\%$ |

Puede verse como, a pesar de que inicialmente el proyecto es deficitario y los beneficios son decrecientes, a partir del tercer año se consigue la rentabilidad.

Un aspecto a tener en cuenta es que, aunque el ROI se mida en dinero, éste no tiene por qué ser siempre dinero efectivo, sino que se pueden cuantificar otros aspectos como ganancias retornadas por la inversión, tales como una mejora de la imagen de la organización, o el establecimiento de compromisos beneficiosos con terceros.

Dado que para calcular con precisión el ROI es importante cuantificar con precisión tanto el coste inicial como los costes futuros derivados, indirectos y ocultos, el ROI se complementa perfectamente con el cálculo del TCO.

## Análisis de puntos función

La estimación del coste de los productos de software es una de las actividades más difíciles y propensas a error de la ingeniería del software. Es difícil hacer una estimación exacta de coste al comienzo de un desarrollo debido al gran número de factores conocidos o esperados que determinan la complejidad y desconocidos o no esperados que van a producirse en cualquier momento, determinando la incertidumbre.

Las técnicas de estimación ayudan en esta tarea y dan como resultado un número de horas de esfuerzo, a partir de las cuales se calculará el coste correspondiente. La estimación nos aportará un número de horas aproximado que habrá que combinar con los recursos para obtener la planificación de actividades en el tiempo y establecer los hitos del proyecto.

Las técnicas de estimación más fiables se basan en el análisis de Puntos Función. La técnica de Puntos Función permite la evaluación de un sistema de información a partir de un mínimo conocimiento de las funcionalidades y entidades que intervienen.

Las características más destacables de esta técnica son:

- Es una unidad de medida empírica.

- Contempla el sistema como un todo que se divide en determinadas funciones.

- Es independiente del entorno tecnológico en que se ha de desarrollar el sistema.

- Es independiente de la metodología que vaya a ser utilizada.

- Es independiente de la experiencia y del estilo de programación.

- Es fácil de entender por el usuario.

El resultado de la aplicación de esta técnica viene dado en Puntos Función, que posteriormente habrán de ser pasados a días de esfuerzo, para lo que sí habrán de tenerse en cuenta la experiencia del equipo de desarrollo y el estilo de programación, la aplicación de una u otra metodología y la tecnología.

Este cálculo de días por punto función debe basarse en la experiencia adquirida en la valoración y realización de sistemas anteriores, debiendo actualizarse el valor de conversión con posterioridad a la finalización de cada proyecto.

Entre las técnicas de estimación basadas en el análisis de puntos función, se destacan los siguientes dos métodos:

### Método Albrecht.

Consiste en los siguientes pasos:

1. Identificación de componentes: Consiste en identificar una serie de componentes del sistema, que serán evaluados en función de su complejidad de acuerdo a una serie de tablas predefinidas por el método. Los componentes a identificar son:

   - Entradas externas: Ficheros, dispositivos de entrada y cualquier fuente de datos.

   - Salidas externas: Informes, mensajes por pantalla, etc.

   - Grupos lógicos de datos internos: Datos generados y mantenidos por el programa.

   - Grupos lógicos de datos de interfaz: Datos internos que se usan para comunicarse con otras aplicaciones.

   - Consultas externas: Consultas externas de datos que no implican actualización

2. Cálculo de puntos función no ajustados: Una vez se han identificado los componentes del sistema y calculado el número total, se les aplican una serie de multiplicadores en función del grado de complejidad calculado en el punto anterior. Así, se obtiene una suma de puntos función no ajustados.

3. Ajuste de puntos función: Corrección de los PF calculados en el paso anterior, en base a diferentes criterios. Así, para cada criterio se puntúa de 0 a 5 en función del grado de influencia. Algunos criterios son:

   - Importancia de las prestaciones del SI final

   - Si la aplicación es distribuida o no

   - Énfasis en la facilidad de uso/instalación

   - Etc

Una vez se ha obtenido esta suma de ajustes, se obtiene el número final de puntos función con la fórmula:

$$PFA = PFNA \cdot (0{,}65 + (0{,}01 \cdot SVA))$$

Donde PFNA son los puntos función no ajustados y SVA es la suma de ajustes. El número de días equivalente se calculará mediante el baremo de días por punto función que establezca cada organización. Generalmente se comienza con el baremo de 1 día=1 PF, y se va ajustando en función de la experiencia.

### Método MARK II

El método MARK II es una evolución del método Albrecht, y tiene un funcionamiento similar, si bien tiene en cuenta un mayor número de factores tanto en lo que respecta a la identificación de componentes como al ajuste de los puntos función.

# Administración de sistemas

# El sistema operativo: gestión de procesos

## Índice de contenido

## Introducción

### Evolución histórica

Históricamente, los sistemas han evolucionado en la siguiente progresión:

- Proceso en serie: Los programas se introducían de forma manual en el ordenador. No hay multiprogramación.

- Proceso batch: Se establece un sistema para encolar los programas y que se ejecuten en sucesión. Sigue sin haber multiprogramación.

- Batch con multiprogramación: Para aprovechar mejor la CPU, cuando un programa del proceso batch ejecuta una operación de E/S, se conmuta a otro programa hasta que ésta acabe.

- Tiempo compartido: Se divide el tiempo de CPU en pequeñas fracciones, asignándose cada una de ellas a un programa. De esta manera se simula la ejecución en paralelo de todos los programas.

### Concepto de proceso

Si bien en la literatura se encuentran muchas definiciones, se puede decir que un proceso es el conjunto de datos que representa a un programa en ejecución. Tiene sentido hablar de procesos en entornos de multiprogramación, en los que hay varios programas ejecutándose pseudo-simultáneamente. Cada uno de estos programas está representado mediante un proceso.

Un proceso se compone de:

- Código ejecutable: Instrucciones que ejecuta el programa.

- Datos de programa: Variables que usará el programa en su ejecución.

- Contexto: Estado de la CPU, así como otras informaciones relevantes para describir al proceso.

La disposición de los programas en memoria sería la siguiente:

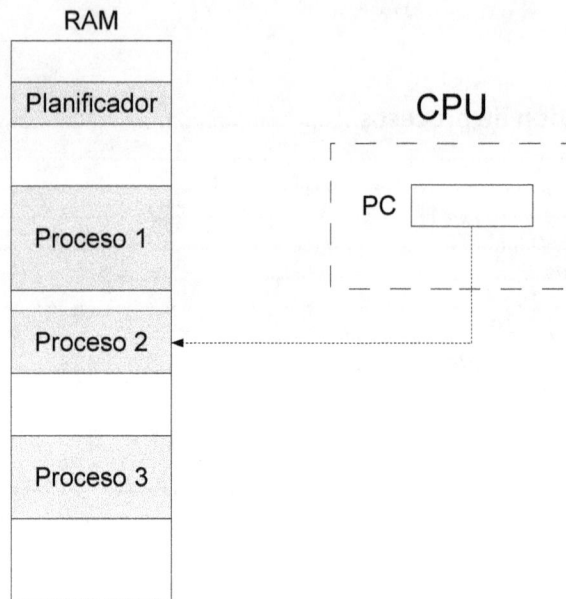

Como se puede ver, en memoria estarían cargados los diferentes procesos, con su código, datos e información de contexto. Un proceso adicional, perteneciente en este caso al sistema operativo, sería el planificador, que se encargaría de decidir qué proceso debe ejecutarse en un momento dado. Todo este procedimiento se implementaría alterando convenientemente el registro PC de la CPU, que contiene la dirección de la siguiente instrucción a ejecutar.

## Ciclo de vida de un proceso

### Modelos de 5 y 7 estados

Los diferentes estados en los que puede estar un proceso se ven representados en el siguiente diagrama:

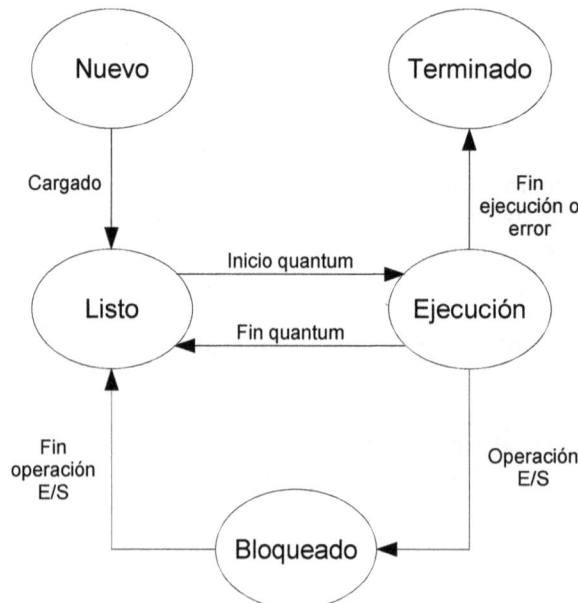

Así, los procesos se inician con la carga del programa, y a continuación quedan esperando a que se les asigne la CPU (listo). En ese momento se empiezan a ejecutar, momento en el cual pueden pasar dos cosas: que se acabe su quantum de CPU, en cuyo caso vuelven a esperar al siguiente, o bien que ejecuten una operación de E/S. En este último caso el proceso pasa a estado de espera de E/S (bloqueado) y abandona la CPU. Cuando la operación de E/S ha terminado, y por tanto el proceso está en disposición de ejecutar más código, vuelve al estado listo.

Una implementación de este esquema podría ser la siguiente:

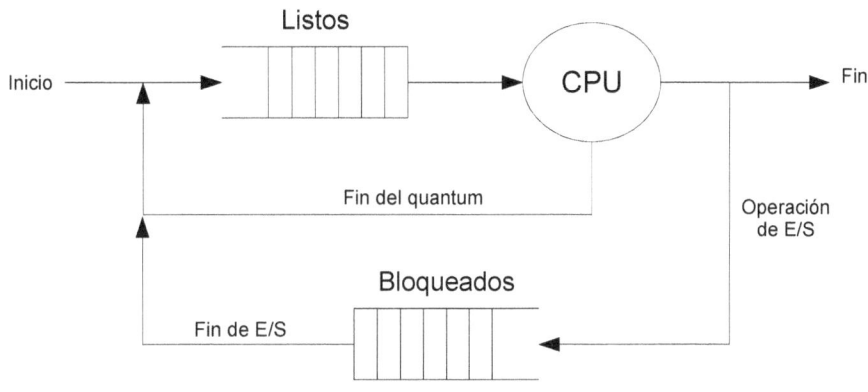

En este esquema, los procesos que llegan al sistema se van encolando, y son atendidos en orden por la CPU. Si, una vez en la CPU, el proceso agota su quantum, vuelve a ser encolado en la cola de listos. Si por el contrario ejecuta una operación de E/S, pasa a otra cola, la de bloqueados, en la que se encolarían los procesos que están esperando para alguna operación de E/S. Una vez obtenido su turno y ejecutada la operación, el proceso volvería a la cola de listos. Si bien en el esquema se muestra una única cola de bloqueados, en realidad debería haber tantas como dispositivos de E/S existan en el sistema.

Un modelo que representa de forma más compleja el ciclo de vida de los procesos es el siguiente, que contempla la posibilidad de descargar los procesos menos usados a disco para ahorrar memoria:

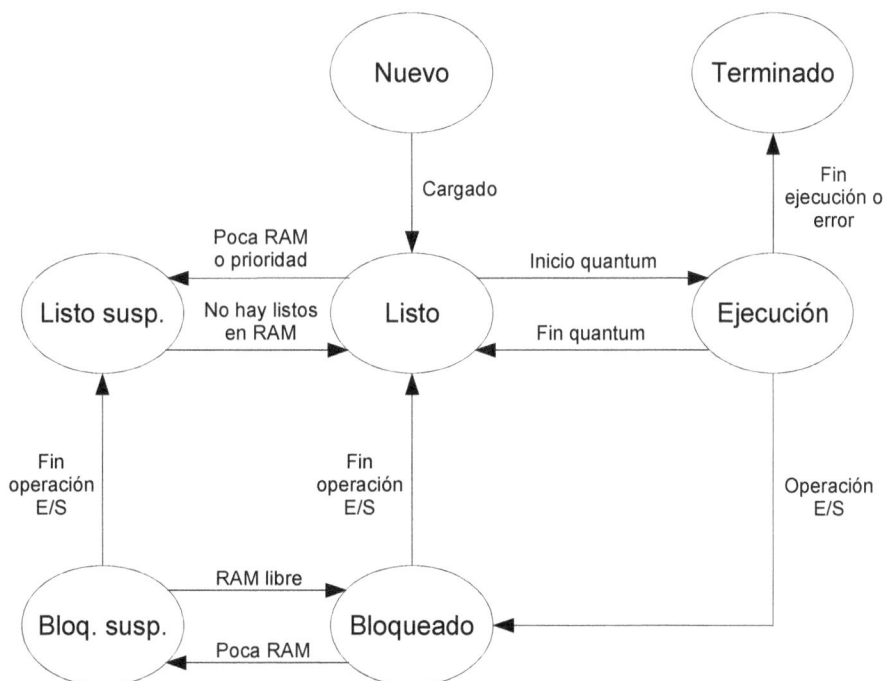

211

En este caso, además de los estados del modelo anterior, se añaden dos adicionales: Listo-suspendido y Bloqueado-suspendido. La diferencia entre estos estados y sus equivalentes no suspendidos es que en estos últimos el proceso se encuentra en memoria, mientras que en los suspendidos se ha descargado a disco. De esta manera es posible ahorrar memoria (que suele ser un recurso escaso).

En este modelo, la idea es tener el máximo número de procesos en memoria, tanto listos como bloqueados. Ahora bien, cuando la memoria escasea, la primera medida es descargar a disco a procesos bloqueados. Si aún hay necesidad de memoria, y no hay ningún proceso bloqueado en memoria, se empiezan a descargar los procesos listos. Conforme se vaya liberando memoria, los procesos suspendidos irán siendo recargados.

Es importante planificar cuidadosamente la política de carga y descarga de procesos, intentando descargar a disco procesos para los que no se prevea que entren en la CPU a corto plazo. En caso contrario, se podrían producir ciclos de lecturas y escrituras que ralentizarían considerablemente el sistema (hiperpaginación).

## Planificación de procesos

En un sistema multiprogramado, en el que hay varios procesos en ejecución, la política que definirá a qué proceso se le asigna la CPU en un momento dado es crucial para el buen rendimiento del sistema. Básicamente existen los siguiente esquemas:

- FIFO: Los procesos se ejecutan en orden de llegada. Tiene el problema de que ralentiza en exceso a los procesos cortos.

- Primero el más corto: En cada momento, se envía a la CPU el proceso más corto. Mejora el tiempo de respuesta, pero es poco predecible (no es trivial determinar si un proceso es corto) y puede provocar inanición.

- Round-robbin: Se establece un tiempo (quantum) para cada proceso, al final del cual debe ceder la CPU para ser asignada a otro proceso. Si el quantum es pequeño, se simula el efecto de la ejecución simultánea de todos los procesos. Es un buen esquema de propósito general, aunque sin una buena gestión de prioridades tiende a marginar a los procesos que usan mucha E/S.

Para implementar diferentes niveles de prioridad en el sistema, se puede establecer un esquema como el siguiente:

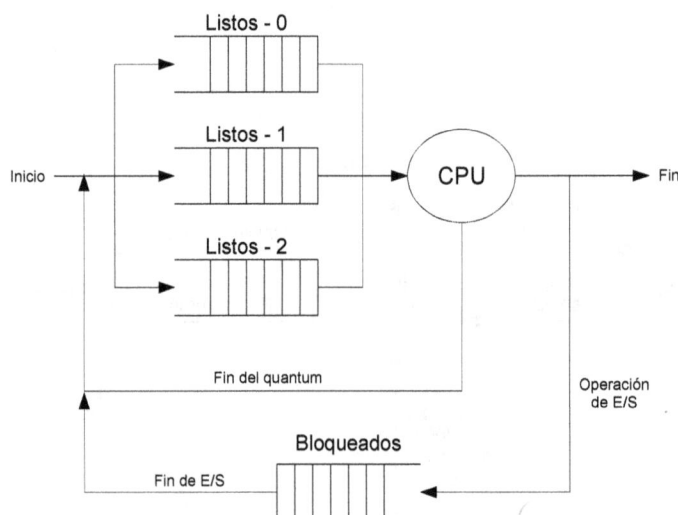

En este caso, en vez de disponer de una cola de listos, existirían diferentes colas, cada una correspondiente a una prioridad. El planificador del sistema, a la hora de seleccionar el proceso a ejecutar en el siguiente quantum, buscaría en primer lugar entre los procesos de la cola 0. Si allí no hay procesos listos, buscaría en la 1, y así sucesivamente. De esta manera, se implementa un sistema de prioridades en el que los procesos más prioritarios podrán disponer de la CPU con preferencia respecto a los de baja prioridad.

La prioridad de un proceso puede ser fija (asignada en el momento de la carga) o bien puede ir variando durante la ejecución. Así, una política común para mejorar el comportamiento del sistema es alterar la prioridad de los procesos según su comportamiento. Por ejemplo, si un proceso ha usado sólo parte de su quantum debido a que se ha bloqueado por una operación de E/S, se le aumenta la prioridad. Por el contrario, si ha agotado su quantum, su prioridad disminuye. De esta manera, se mejora el tiempo de respuesta para los procesos de E/S, que sólo usan la CPU esporádicamente, sin ralentizar en exceso los procesos de cálculo, ya que los procesos que les adelantan liberan en seguida la CPU.

## Threads

Si bien los procesos son un mecanismo imprescindible para conseguir un sistema operativo multiprogramado, también es cierto que tienen una serie de inconvenientes:

- Overhead: La gestión de procesos tiene asociado un overhead importante en lo que respecta a la gestión de su contexto.

- Dificultad de comunicación: La gran independencia de los procesos entre sí obliga a utilizar mecanismos de comunicación generalmente complejos para que los diferentes procesos intercambien información.

Por estos motivos, y para las ocasiones en los que los procesos resultan demasiado complejos, la mayoría de sistemas operativos soportan lo que se conoce como hilos o threads. La diferencia respecto a los procesos es que todos los hilos de un mismo proceso comparten el mismo contexto, es decir, espacio de direcciones y variables, y asignación de recursos. Ventajas e inconvenientes:

| Ventajas | Inconvenientes |
|---|---|
| ■ Cambios de contexto extremadamente rápidos<br>■ Comunicación entre threads sencilla | ■ Mayores problemas de concurrencia: interbloqueos, exclusión mutua, etc. |

## Problemas de los sistemas multiproceso

El hecho de ejecutar varios procesos a la vez, compartiendo por tanto los recursos de la máquina, da lugar a diferentes problemas:

- Exclusión mutua: Es difícil garantizar que sólo accederá un proceso a la vez a un recurso dado.

- Interbloqueos: Si hay interdependencias entre las necesidades de recursos de dos procesos, pueden producirse situaciones de espera infinita.

- Inanición: La existencia de procesos de diferentes prioridades puede dar lugar a que algunos procesos no reciban tiempo de CPU al estar permanentemente superados por otros de mayor prioridad.

### Exclusión mutua

Cuando dos procesos diferentes acceden al mismo recurso, hay que controlar quién está accediendo en cada momento, ya que de lo contrario se pueden dar situaciones peligrosas. Por ello, es necesario utilizar técnicas que garanticen que sólo un proceso está accediendo a un recurso dado (región crítica) en cada momento.

## *Soluciones*

Para conseguir la exclusión mutua en el acceso a un recurso, hay básicamente dos enfoques: utilizar algoritmos que organicen el acceso a los recursos de forma ordenada, o bien utilizar mecanismos provistos por el sistema operativo. Los diferentes algoritmos para conseguir la exclusión mutua son:

- Algoritmo de Dekker: Usar un flag para indicar la intención de entrar en la sección crítica. A continuación, si el turno es de otro proceso, abandonar la intención hasta que el otro proceso haya acabado. En ese momento ya podemos entrar a la región crítica.

- Algoritmo de Peterson: Versión simplificada del anterior. Consiste en establecer el flag de intención, y a continuación dar el turno al otro proceso hasta que lo suelte. En ese momento ya podemos entrar en la región crítica.

- Algoritmo de la panadería: Consiste básicamente en asignar a los procesos un número que indicará el orden de acceso. A partir de ahí, los procesos esperarán hasta que sea su turno.

Si bien estos algoritmos pueden garantizar la exclusión mutua, generalmente implican que el proceso espere de forma activa, lo cual es ineficiente desde el punto de vista de la CPU. Por tanto, el sistema más utilizado consiste en usar diferentes mecanismos provistos por el propio sistema operativo:

- Semáforos: Es un TAD con dos operaciones atómicas: wait (P) y signal (V), y un parámetro, su tamaño. Básicamente un semáforo es una variable que se incrementa con wait() y se decrementa con signal(). Si al hacer wait() el valor interno iguala o supera al tamaño, se proceso queda bloqueado hasta que otro proceso hace un signal(). De esta manera, si N procesos hacen wait() de un semáforo de tamaño M antes de entrar a la región crítica, se garantiza que sólo entrarán a la región crítica M procesos simultáneamente. Para un M=1, se dice que es un semáforo binario.

- Monitores: Son estructuras que integran los datos objeto de la exclusión mutua con las operaciones que los manipulan. Por la estructura de los monitores, se garantiza la ordenación de las ejecuciones de las operaciones, así como la exclusión mutua en el acceso. Usando monitores, la mayor parte del código destinado a sincronización queda encapsulado dentro del propio monitor, por lo que es un mecanismo más limpio y escalable que los semáforos.

- Paso de mensajes: En sistemas en los que la implementación de mecanismos como semáforos no es trivial, como por ejemplo en sistemas distribuidos, se utiliza el paso de mensajes como forma de sincronización. En este esquema, cualquier proceso utiliza dos operaciones: send() y receive(), que permiten el intercambio de información y la sincronización de operaciones.

## Interbloqueos

Un interbloqueo o deadlock se da cuando dos procesos esperan mutuamente a que el otro libere un recurso para continuar. Como ambos están esperando al otro para liberar el recurso, la espera es infinita y los procesos quedan bloqueados. Si en el proceso participan más de dos procesos, se conoce como espera circular.

Las condiciones para que se dé un interbloqueo son:

- Exclusión mutua: Un proceso debe poder reservar en exclusiva un recurso

- Reserva múltiple: Los procesos deben poder reservar en exclusiva más de un recurso a la vez

- Espera circular: Los procesos involucrados deben tener un recurso asignado, y estar esperando para el recurso reservado del siguiente. El último proceso de la cadena debe estar solicitando el recurso del primero

## *Soluciones*

Algunas soluciones a los interbloqueos son:

- Liberación ante denegación: Si un proceso con un recurso asignado pide otro, y se le deniega, está obligado a liberar todos los recursos

- Prioridad: En caso de interbloqueo, el proceso de menor prioridad debe ceder y liberar su recurso en favor del de mayor prioridad. Al igual que el anterior, sólo es aplicable con recursos fácilmente liberables.

- Ordenación de recursos: Ordenar linealmente los recursos, e impedir peticiones de recursos con un identificador menor a los ya asignados. Elimina los interbloqueos, pero impide también muchos accesos legítimos.

- Grafo de dependencias: Construir un grafo con las dependencias entre procesos para detectar ciclos y resolverlos mediante la anulación de los procesos que provocan el interbloqueo.

- Algoritmo del banquero: Algoritmo que lleva un control sobre el estado del sistema en lo que respecta a la asignación de recursos. Así, cada proceso informa al iniciarse la cantidad máxima de recursos que va a utilizar. A partir de ahí, en cada petición de recursos el sistema analiza si esa asignación puede llevar a un estado "inseguro", es decir, desde el que (teniendo en cuenta la previsión de consumo de recursos) se puede llegar a un interbloqueo. Si es así, no autoriza la petición. Dado que generalmente no es posible prever el consumo de recursos de un proceso, no es un método demasiado factible.

Dado que ninguna de estas soluciones es infalible, el mejor resultado se consigue combinando diferentes técnicas.

## Inanición

La inanición se da cuando un proceso ve negado perpetuamente el acceso a un recurso, por lo que nunca puede finalizar su ejecución. Esto se debe generalmente a la ejecución de otros procesos con mayor prioridad a los que siempre se les asignan los recursos.

Un caso especial de inanición se da cuando a un proceso C se le niega el acceso a un recurso en favor de B, un proceso de mayor prioridad. Si además C es el responsable de un resultado por el que está esperando A, un proceso de mayor prioridad aún que B y C, sucederá que A sufrirá inanición a pesar de ser el proceso de mayor prioridad del sistema. Esto se conoce como inversión de prioridades.

La solución a la inanición pasa por establecer mecanismos que asignen una cantidad mínima de cada recurso a todos los procesos, independientemente del sistema de prioridades.

# El sistema operativo: gestión de memoria

## Índice de contenido

## Esquemas de carga de programas

Generalmente, los programas se almacenan en forma de ficheros en algún medio de almacenamiento. A la hora de ejecutar un programa, es necesario leer este fichero y cargarlo en memoria para su ejecución. Este proceso implica una serie de transformaciones, y básicamente se compone de dos etapas:

- Enlazado: Consiste en determinar y reunir todos los módulos que componen un programa, como el programa en sí, las librerías que utiliza, etc.

- Carga: En el fichero, las direcciones de las diferentes variables, saltos, etc. se almacenan en forma relativa. Antes de ejecutar el programa, es necesario transformar estas direcciones a las direcciones reales que usará el programa una vez en ejecución.

### Enlazado

Tipos de enlazado:

- Estático: En el momento de la compilación, se determinan los módulos necesarios para el programa, y se integran en el fichero ejecutable final.

- Dinámico: Igual que el estático, pero el proceso se lleva a cabo en el momento de la ejecución.

- Dinámico en tiempo de ejecución: En este caso, se carga la librería en memoria en la primera ocasión que se accede a ella. Además, se mantiene una única instancia de la librería en memoria, que usarán todos los programas que la necesiten.

El enlazado estático tiene la ventaja de que genera ejecutables independientes del entorno, en el sentido de que no necesitan librerías externas. Ahora bien, el precio que se paga es un mayor tamaño de los ejecutables, y una duplicación de recursos si dos programas utilizan la misma librería (ambos la incluirían en su ejecutable). Por otra parte, si una vez compilado el programa aparece una nueva versión de la librería, los programas no la utilizarían.

El enlazado dinámico sigue padeciendo el problema de la duplicación de datos en tiempo de ejecución, pero en este caso los ejecutables son más pequeños, y es posible actualizar las librerías en el sistema de manera que los cambios se propaguen a todos los programas que las usan.

El enlazado dinámico en tiempo de ejecución presenta las ventajas del enlazado dinámico, pero además soluciona el problema de la duplicación de datos, al utilizar todos los programas una misma instancia de la librería. La desventaja que tiene es que, al estar la librería en un espacio de direcciones diferente al del resto del programa, se añade un nivel de indirección en cada acceso, lo que puede ralentizar la ejecución.

En general, el esquema más utilizado es el dinámico en tiempo de ejecución, ya que el ahorro en uso de recursos respecto al dinámico y al estático compensan la disminución del rendimiento. El enlazado estático también tiene su uso en programas pequeños en los que se busque el máximo rendimiento o en los que sea importante la independencia respecto al sistema operativo y las librerías instaladas.

### Carga

Como las direcciones almacenadas en un fichero ejecutable son relativas, en el momento de la carga del programa es necesario convertirlas a las direcciones reales de memoria. Existen diferentes esquemas:

- Carga absoluta: Al cargar, se convierten las direcciones relativas a direcciones absolutas de la zona de memoria en la que se va a cargar el programa. Impide reubicar el programa en otro momento.

- Carga reubicable: Establece las direcciones relativas respecto a 0, y dispone de un registro base que indica la dirección en la que se carga el programa. Durante la ejecución, se suma a la dirección relativa el contenido del registro base para determinar la dirección absoluta final. Permite reubicar el programa simplemente moviéndolo y cambiando el valor del registro base.

- Carga dinámica en ejecución: Dejar las direcciones en forma relativa, y en tiempo de ejecución resolver cada dirección. Es el esquema más flexible, pero el gran overhead añadido requiere hardware específico para que funcione bien.

Generalmente, y dado que todos los sistemas operativos modernos utilizan memoria virtual, el esquema más utilizado es la carga dinámica en ejecución. En sistemas operativos empotrados también es posible encontrar esquemas reubicables.

## Estrategias de organización de la memoria

En un sistema operativo multiprogramado, en el que a lo largo del tiempo van a ejecutarse diferentes programas, y donde por tanto entrarán y saldrán de memoria gran cantidad de procesos, es importante planificar la estrategia de organización de memoria. A continuación se muestran los principales esquemas.

## Partición fija

En este caso, la memoria está dividida en bloques de tamaño fijo:

| Tamaño fijo | Tamaño variable |
|---|---|
| 512 K | 128 K |
| | 128 K |
| | 256 K |
| 512 K | 512 K |
| 512 K | 512 K |
| 512 K | 1024 K |
| 512 K | |

De esta forma, a cada proceso se le asigna un bloque de la memoria. Los bloques pueden ser todos del mismo tamaño (tamaño fijo) o tener diferentes tamaños (tamaño variable), si bien el tamaño de los bloques nunca cambia en tiempo de ejecución.

El direccionamiento en este esquema es sencillo, basta con almacenar la dirección inicial del bloque en el que está el proceso, y sumarla a sus direcciones relativas en cada acceso. La reubicación también es sencilla, siempre y cuando existan bloques disponibles del tamaño apropiado.

Los problemas de este esquema son:

■  Gran fragmentación interna: Es decir, se desperdicia espacio dentro de cada bloque si el proceso es de menor tamaño que el bloque. Este aspecto es aliviado en cierta manera por el esquema de tamaño variable, pero aún así sigue existiendo.

■  Gran fragmentación externa: Se corresponde con el caso de que un proceso no se pueda cargar porque, a pesar de que globalmente hay suficiente memoria libre, no existe ningún bloque libre de su tamaño.

## Partición dinámica

| |
|---|
| P1 |
| P2 |
| |
| P3 |
| P4 |

En este esquema, se utiliza una estrategia similar a la partición fija, pero los bloques se van creando y asignando según se necesitan. Por tanto, para cada proceso será necesario guardar dónde comienza su bloque y cuál es su longitud.

Al asignarse los bloques de forma personalizada a cada proceso, este esquema no padece de fragmentación interna. Ahora bien, sí que tiene fragmentación externa debido a los huecos que van quedando a medida que los procesos entran y salen del sistema, lo que requiere compactar periódicamente el espacio de memoria.

Para intentar controlar esta fragmentación del espacio libre, es necesario planear bien cómo se asignan los espacios de memoria a los nuevos procesos.

Básicamente existen tres esquemas:

■  First-fit: Se asigna el primer espacio libre de suficiente tamaño.

■  Next-fit: Como first-fit, pero se empieza a buscar desde la última asignación, para no favorecer (y por tanto fragmentar) el comienzo de la memoria.

■  Best-fit: Se asigna el espacio que mejor ajusta al tamaño del proceso.

■  Worst-fit: Se asigna el espacio que peor se ajusta, es decir, el más grande disponible.

Contrariamente a lo que pudiera parecer, el mejor algoritmo es worst-fit, seguido de first-fit, next-fit y, finalmente, best-fit. La explicación de que best-fit funcione tan mal es que, al buscar siempre el espacio que mejor ajusta, genera también huecos de espacio libre de pequeño tamaño, que son difíciles de asignar y, por tanto, generan fragmentación externa. Por ese mismo motivo, y al ser worst-fit el algoritmo que deja huecos de mayor tamaño, es el que genera menor fragmentación.

## Paginación

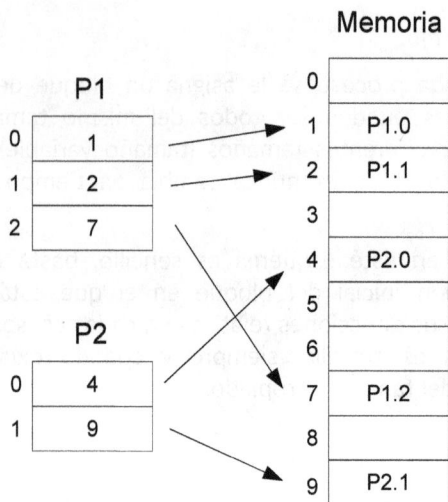

Este esquema consiste en dividir, por una parte, la memoria en particiones de muy pequeño tamaño llamadas marcos, y, por otra, los programas en particiones del mismo tamaño que los marcos llamadas páginas. Para cada proceso, se guarda una tabla que asigna a cada página su marco correspondiente en memoria.

El acceso a memoria consistiría en averiguar, a partir de la dirección de memoria, la página a la que se refiere la dirección. De esta manera se podría consultar la tabla de páginas para obtener el marco de memoria, y luego se le sumaría el desplazamiento para obtener la dirección final.

El número de página correspondiente a una dirección serían simplemente los N bits más significativos de la misma, dependiendo N del tamaño de página. Por ejemplo, para un tamaño de página de 32 KB, los 12 bits menos significativos serían el desplazamiento, y el resto de bits indicarían la página.

En un esquema paginado no existe fragmentación externa, y la fragmentación interna se reduce a la última página de un proceso, por lo que es despreciable. La principal desventaja es el overhead al acceder a memoria, puesto que para cada acceso hay que consultar la tabla de páginas del proceso. En cualquier caso, dadas las ventajas de este esquema, la mayoría de microprocesadores disponen de métodos hardware para acelerar la gestión de la tabla de páginas y poder usar un esquema paginado de forma eficiente.

## Segmentación

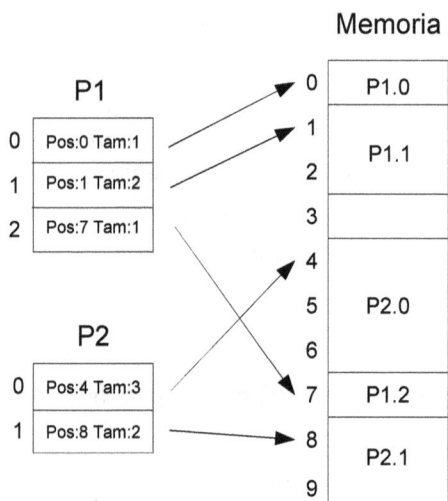

Es un esquema similar a la paginación, pero en el que los programas se dividen en segmentos en lugar de en páginas. La diferencia es que cada segmento puede tener un tamaño diferente, si bien el resto del funcionamiento es idéntico: una tabla de correspondencia entre segmentos y bloques de memoria, y un direccionamiento en el que parte de la dirección se usa para determinar el segmento y el resto para el desplazamiento.

La segmentación no tiene fragmentación interna, aunque sí tiene fragmentación externa al ser los segmentos de diferente tamaño.

A pesar de la fragmentación, la ventaja de este sistema respecto a la paginación es que facilita la programación a alto nivel, favoreciendo la modularización del programa. De esta manera, es posible utilizar un segmento para código, otro para datos, etc., con lo que además de facilitar la escritura de programas se hace más fácil la protección de los mismos (p. ej. impidiendo escribir en segmentos de código).

## Segmentación y paginación

Para combinar las ventajas de la segmentación y la paginación, es posible utilizar simultáneamente los dos esquemas. Así, la gestión de memoria sería paginada, es decir, dividiendo el programa en páginas y la memoria en marcos, pero además el programa se dividiría a más alto nivel en segmentos, cada uno de ellos con un tamaño en número de páginas.

De esta manera, se pueden conseguir los beneficios en cuanto a modularidad de la segmentación, sin ninguno de sus inconvenientes, ya que al usar paginación no existiría fragmentación externa.

En cualquier caso, la popularización de lenguajes de alto nivel, que por una parte permiten modularizar programas sin problemas, y que por otra alejan al programador de los detalles de implementación del sistema operativo, hacen que la segmentación no se utilice en exceso, ya sea por sí sola o combinada con paginación.

# Memoria virtual

## Concepto

El esquema de memoria virtual consiste en establecer, para cada proceso, un espacio de direcciones virtual, e independiente del espacio de memoria real. En tiempo de ejecución, el sistema operativo se encargaría de mapear este espacio virtual a la memoria real.

Una ventaja fundamental de este sistema es que permite tener cargada en memoria únicamente la parte de un programa que se está ejecutando, cargando las páginas a medida que se necesitan y descargándolas (por ejemplo a disco) cuando ya no se usan. Debido a los principios de localidad, en un momento dado sólo se utiliza una parte muy pequeña de la memoria que utilizará el programa en su ciclo de vida, por lo que el uso de memoria se reduce drásticamente, aumenta el grado de multiprogramación del sistema y, en particular, es posible ejecutar programas que requieren más memoria que la existente físicamente.

El conjunto de páginas de un proceso que están cargadas en memoria en un momento dado es lo que se conoce como el conjunto residente del proceso. Este conjunto va variando con el tiempo a medida que se cargan y descargan páginas de memoria. Cuando el proceso intenta acceder a una página que no está en memoria, se produce un fallo de página, y el sistema operativo se encarga de cargar la página solicitada en memoria.

Aunque generalmente la memoria virtual se utiliza en conjunción con la paginación, también es posible hacerlo en un esquema segmentado.

## TLBs

A pesar de sus ventajas, el esquema de memoria virtual ralentiza notablemente el funcionamiento del sistema, ya que para cada acceso a memoria se requieren dos operaciones: una para traducir la dirección virtual a una dirección real, y otra con el acceso en sí. Para aliviar este problema, los microprocesadores modernos disponen de mecanismos hardware que facilitan el proceso.

Un de las facilidades que incluyen los microprocesadores es el TLB (Translation Lookaside Buffer), que no es más que una pequeña caché muy rápida (generalmente asociativa) que contiene parte de la tabla de páginas del proceso. De esta manera, para la mayoría de accesos (el hit ratio suele ser superior al 99%) la CPU traduce las direcciones virtuales a direcciones físicas mediante el TLB, sin necesidad de accesos a memoria adicionales a la tabla de páginas.

En caso de que la dirección virtual no esté en el TLB, la propia CPU se encarga de leerla de la tabla de páginas en memoria y actualizar el TLB. Si la página tampoco estuviese en la tabla de páginas, quiere decir que no está cargada en memoria, por lo que se generaría una interrupción, y el sistema operativo se encargaría de cargar la página en memoria.

## Políticas de lectura de páginas

Las diferentes políticas de carga en memoria de páginas pueden ser principalmente dos:

- Por demanda: Cuando se produce un fallo de página, se lee la página de disco.

- Previa: Ante un fallo de página, se cargan en memoria la página que ha producido el fallo, así como las contiguas. Esto se basa en los principios de localidad y es especialmente eficiente en el inicio de los programas. Además, aprovecha también las características de los discos duros.

## Políticas de reemplazo

En muchas ocasiones, la carga de una página en memoria implica la descarga de otra que ya estuviera allí. Escoger una buena política de reemplazo es fundamental para obtener un buen rendimiento del sistema, ya que las cargas de páginas son costosas en tiempo de ejecución. La opción ideal sería descargar de memoria la página a la que se va a tardar más tiempo en acceder, pero como eso es un dato imposible de obtener, existen diferentes esquemas que intentan aproximarse al ideal:

- FIFO: Se extrae siempre la página que lleva más tiempo en memoria. Poco preciso.

- LRU: Se mantiene un registro de accesos a cada página, y se descarga aquella que menos se ha usado recientemente. Es más eficiente que FIFO, pero es costoso de implementar.

- Política del reloj: Se basa en almacenar, para cada página, un bit que se activa al acceder a ella. A la hora de descargar páginas, se recorre de forma circular la lista de páginas hasta encontrar una página a 0. A medida que se recorre, se van poniendo los 1s a 0s, de modo que en el peor caso (todas las páginas están a 1) se volvería a la primera página. La eficiencia de este esquema es cercana a la de LRU, pero es mucho más sencillo de implementar.

En cualquiera de estas políticas, si se descarga una página y en poco tiempo se vuelve a acceder, el sistema se resiente innecesariamente.

Una forma de aliviar este problema es, al descargar una página, no borrarla de memoria sino simplemente quitarla de la tabla de páginas y guardar su referencia en una FIFO. Cuando realmente sea necesario liberar memoria, ir descargando las páginas de la FIFO, pero si la política de reemplazo se ha equivocado y se vuelve a acceder a una página supuestamente descargada, restaurarla será casi instantáneo.

Para poder implementar este sistema, hay que iniciar las acciones de reemplazo antes de agotar completamente la memoria, de modo que se disponga de algo de margen. En realidad, este esquema es similar a una caché.

## Gestión del conjunto residente

Para maximizar el número de procesos que pueden estar en memoria en un momento dado y, por tanto, el grado de multiprogramación del sistema, se suele limitar el número de páginas que puede tener simultáneamente en memoria un proceso, o lo que es lo mismo, su conjunto residente. Es importante establecer con precisión este tamaño, ya que un conjunto residente demasiado grande reduce el grado de multiprogramación del sistema, mientras que uno demasiado pequeño aumenta innecesariamente el número de fallos de página en el sistema.

La gestión del conjunto residente también establece el alcance de la sustitución de páginas: puede ser local (se descargan páginas del proceso que ha provocado el fallo) o global (se consideran las páginas de todos los procesos).

La asignación de tamaño del conjunto residente puede ser de dos tipos:

- Fija: Se asigna un número N fijo de páginas que puede tener en memoria un proceso, y este N se mantiene constante a lo largo de la ejecución del proceso. Implica alcance local.

- Variables: El valor de N va cambiando durante la vida del proceso según diferentes parámetros.

En un esquema variable de asignación del conjunto residente, el valor de N fluctúa a lo largo de la ejecución del proceso. Idealmente, el valor de N debería ser aquel que produce un número de fallos de página mínimo. Las siguientes estrategias intentan acercarse a este ideal:

- Estrategia del conjunto de trabajo: Se monitoriza periódicamente a qué páginas accede el proceso, y se establecen estas páginas como su conjunto residente. Es un esquema difícil de implementar.

- Estrategia de frecuencia de fallos: Se establecen umbrales para la frecuencia de fallos provocados por el proceso en un intervalo concreto. Si se supera el umbral superior, se aumenta el tamaño del conjunto residente, mientras que si no se llega al umbral inferior, se reduce. Es fácil de implementar, pero tiene problemas en los transitorios (carga, reubicaciones del proceso, etc.).

- Estrategia de muestreo: Se funciona como en la estrategia de frecuencia de fallos, pero no se hace el recuento continuamente sino que sólo se hace cada cierto tiempo. Esto hace que sea menos sensible a los períodos transitorios.

## Hiperpaginación

Cuando el tiempo dedicado por el sistema a los fallos de página supera al tiempo utilizado en la ejecución de los procesos, se dice que el sistema ha entrado en hiperpaginación. La causa de la hiperpaginación suele ser una excesiva multiprogramación, que provoca que el conjunto residente de todos los procesos sea insuficiente, y se disparen los fallos de página.

Algunas soluciones a este fenómeno son:

- Utilizar una estrategia de gestión del conjunto residente, ya que estas estrategias no permiten lanzar un proceso hasta que no haya disponibles como mínimo tantas páginas de memoria como el tamaño de su conjunto residente.

- Ajustar el grado de multiprogramación del sistema según el tiempo entre fallos, aumentándolo o disminuyéndolo según evolucione.

Suspender procesos hasta que la situación se estabilice. A la hora de escoger qué procesos suspender, se pueden utilizar diferentes criterios: prioridad, tamaño en memoria, número de fallos que ha provocado, etc.

# El sistema operativo: gestión de entrada/salida

## Índice de contenido

## Introducción y evolución histórica

El sistema de entrada/salida (E/S) es la parte del sistema operativo encargada de la gestión de los dispositivos de E/S. Así, actúa como interfaz entre los dispositivos y los usuarios, de manera los archivos y dispositivos se traten de una manera uniforme y puedan ser manipulados por medio de instrucciones de alto nivel.

La gestión de la E/S tiene asociados una serie de problemas:

- Operación asíncrona: Los eventos y sucesos asociados a la operación E/S no guardan ninguna relación de sincronismo con los de la CPU, por lo que la sincronización entre CPU y E/S no es trivial

- Diferencia de velocidad: La E/S es varios órdenes de magnitud más lenta que la CPU. Incluso hay grandes diferencias entre diferentes tipos de E/S (p. ej., es más rápida una red ethernet que una disquetera).

- Diferencias de formato: La CPU trabaja con representaciones de los datos y formatos fijas, mientras que cada dispositivo E/S lo gestiona de una manera diferente.

- Heterogeneidad de los dispositivos: Los dispositivos de E/S toman múltiples formas, lo que complica la gestión al tener que tener en cuenta todos los posibles tipos.

La conexión de los diferentes dispositivos de E/S al sistema, y la visión que tiene el sistema operativo y las aplicaciones de ellos, es la mostrada en la siguiente figura:

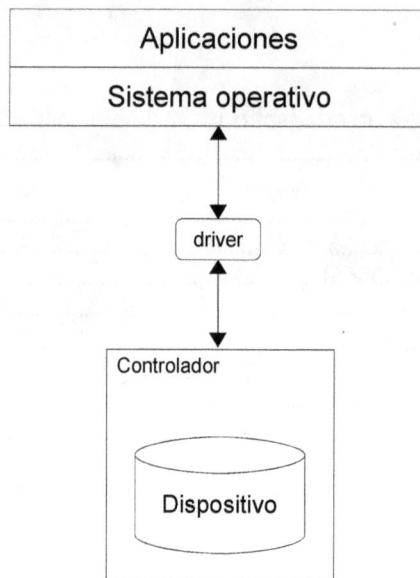

```
┌─────────────────────────────┐
│        Aplicaciones         │
├─────────────────────────────┤
│      Sistema operativo      │
└─────────────────────────────┘
               ▲
               │
               ▼
           ┌────────┐
           │ driver │
           └────────┘
               ▲
               │
               ▼
     ┌──────────────────────┐
     │ Controlador          │
     │                      │
     │      ╭──────╮        │
     │      │      │        │
     │    Dispositivo       │
     │      ╰──────╯        │
     └──────────────────────┘
```

Se definen por tanto los siguientes conceptos básicos:

■ Dispositivo: Es cada uno de los dispositivos de E/S que se van a gestionar.

■ Controlador: Dispositivo hardware encargado de gestionar los aspectos internos de gestión del dispositivo (señales de control, etc.), ofreciendo al exterior un interfaz estandarizado. Este interfaz consiste en una serie de registros internos, que generalmente son:

  ○ Registro de estado: Indica el estado actual del dispositivo (ocupado, error, byte disponible, etc.)

  ○ Registro de control: Mediante escrituras al mismo, permite indicar la operación a realizar o cambiar aspectos de su configuración.

  ○ Registros de entrada de datos: Sirven para transferir datos hacia el dispositivo

  ○ Registros de salida de datos: Inverso, es decir, transferencia de datos desde el dispositivo hacia el SO.

■ Driver: Módulo software encargado de intermediar entre el dispositivo físico y el sistema operativo, definiendo tres interfaces:

  ○ API para programas: Conjunto de operaciones que utilizarán los programas para acceder al dispositivo (lecturas, escrituras, etc.).

  ○ Comunicación con el controlador: Traducción de las operaciones de la API en operaciones del controlador, que serán enviadas para la ejecución de operaciones de E/S en el dispositivo.

  ○ Interfaz con el kernel: Comunicación entre el driver y el kernel, para su gestión interna. P. ej., para la carga de drivers, gestión de recursos, notificación de eventos, etc.

## Esquemas hardware de gestión de E/S

Así, la principal tarea del controlador de E/S del sistema operativo será gestionar la comunicación entre los diferentes dispositivos. Para ello, existen distintos esquemas:

### Polling

El controlador de E/S consulta de forma cíclica a todos los dispositivos, buscando si tienen operaciones pendientes. Es un esquema sencillo, si bien se pierde mucho tiempo de CPU consultando y esperando, especialmente en dispositivos lentos.

Admite dos enfoques:

- Instrucciones específicas: La CPU dispone de instrucciones especiales para el acceso a los dispositivos de E/S

- E/S mapeada en memoria: Se reserva un espacio del direccionamiento de memoria para los dispositivos de E/S, de manera que toda la información que éstos presentan en forma de registros, etc, se hace accesible leyendo esas posiciones de memoria. Igualmente, cualquier operación sobre el dispositivo se realiza escribiendo en las posiciones apropiadas de la memoria. El sistema operativo se encargará de traducir estas lecturas/escrituras a memoria en las operaciones reales sobre el dispositivo apropiado. La ventaja de este método es que no requiere implementar instrucciones específicas en la CPU para la gestión de la E/S, ya que se utilizan las instrucciones convencionales de lectura/escritura en memoria..

### Interrupciones

En este esquema, la CPU dispone de una línea extra llamada solicitud de interrupción (IRQ), que funciona de manera que, cuando se activa, la CPU detiene lo que esté haciendo y pasa a ejecutar una rutina especial, que actuará en función de los parámetros de la interrupción y que, una vez acabada, devolverá el control al flujo de programa que se estuviera utilizando.

Usando este esquema, cada dispositivo puede solicitar la atención de la CPU cuando lo necesite, de manera que no es necesario perder tiempo de la CPU monitorizando los dispositivos.

Para gestionar diferentes tipos de interrupción, en la solicitud de interrupción se indica un número correspondiente a diferentes tipos de interrupción. Así, el gestor de interrupción consultará una tabla o vector de interrupciones, y ejecutará la rutina indicada en la posición correspondiente.

Las interrupciones se clasifican generalmente en enmascarables o no enmascarables, refiriéndose a si la CPU puede inhibir la interrupción del código por una IRQ. Así, generalmente la CPU puede impedir, para zonas críticas del código, que una interrupción convencional interrumpa el flujo de ejecución. No obstante, las interrupciones no enmascarables se reservan para eventos de alta prioridad, para los que no se acepta el enmascaramiento. Por ejemplo, una petición de un disco sería enmascarable, mientras que el aviso de un inminente corte eléctrico no lo sería.

### Acceso directo a memoria (DMA)

Para aquellos dispositivos que realizan grandes transferencias de datos, incluso el mecanismo de interrupciones es ineficiente, ya que hay que realizar una operación para cada dato. Así, un esquema común es, para estos casos, utilizar un procesador dedicado, llamado controlador DMA, que se encargará de los detalles de la transferencia.

La programación de este procesador consiste simplemente en indicarle el origen de los datos, la posición de destino en la memoria, y el número de datos a transferir, y a partir de aquí el procesador DMA se encargará de la comunicación con el dispositivo y con el bus de memoria. De esta forma, la CPU principal sólo intervendría al inicio de la operación, y al final, cuando el procesador DMA avisase a la CPU del fin de la transferencia mediante una interrupción.

## Gestión de la E/S por parte del SO

A pesar de los numerosos tipos de dispositivos existentes y sus diferencias, el objetivo del tratamiento de la E/S del sistema operativo es tratar los dispositivos de una forma uniforme y estandarizada, de manera que las aplicaciones no deban preocuparse por los detalles de cada tipo de dispositivo.

Así, una estrategia común es catalogar los dispositivos en función de sus características principales:

- Flujo de caracteres o de bloques: Si transfieren los datos de carácter en carácter (p. ej. un módem) o en bloques de bytes (p. ej. un disco duro).

- De acceso aleatorio o secuencial

- Síncrono o asíncrono: Un dispositivo síncrono transfiere datos con tiempos de respuesta predecibles, mientras que uno asíncrono es irregular e impredecible a priori.

- Compartido o dedicado: Si puede ser usado por varios procesos a la vez, o debe ser usado en forma exclusiva.

- Velocidad de operación: En qué orden de magnitud realiza las transferencias.

Mediante esta catalogación, el subsistema de E/S del sistema operativo define una interfaz para el tratamiento de cada clase de dispositivos. Cada dispositivo necesitará únicamente de un pequeño programa o driver que implemente las operaciones de este interfaz. A continuación se muestra este esquema:

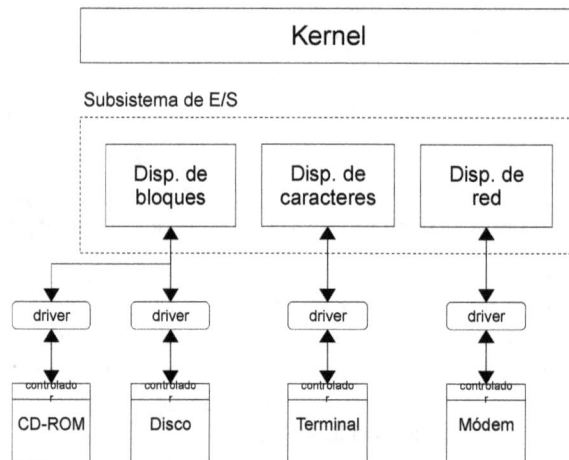

De esta forma se consiguen dos cosas:

- Abstraer los detalles de implementación de cada dispositivo, de modo que las aplicaciones no tienen por qué saber de qué dispositivo se trata.

- Simplificar la tarea de soporte de un nuevo dispositivo (es más sencillo hacer un driver que modificar el kernel).

Otro aspecto que clasifica a las operaciones de E/S es su sincronicidad:

- Operaciones bloqueantes (síncronas): Cuando se invocan, la ejecución de la aplicación se suspende hasta que finaliza la operación.

- Operaciones no bloqueantes (asíncronas): Una vez invocada, la aplicación continúa su tarea. La forma de funcionar se divide en dos tipos:

  ○ La operación devuelve el mejor resultado que tenga. P. ej., a una lectura de un socket se le puede especificar un timeout, y cuando expire devolverá los datos que tenga.

  ○ La operación se termina de ejecutar en 2° plano, y avisa a la aplicación principal cuando haya terminado y el subsistema de E/S requiera su atención.

Las operaciones asíncronas son más eficientes que las síncronas, ya que evitan las esperas activas (especialmente graves en dispositivos lentos), si bien el uso de operaciones asíncronas complica el código del programa.

## Tipos de dispositivos

A continuación se muestran algunos detalles de las clases de dispositivos más comunes:

### Dispositivos de bloques y caracteres

Los dispositivos de bloques y los de caracteres tienen un tratamiento muy similar, y se diferencian únicamente en la unidad de datos que manejan (bloque o carácter). Aparte de estas consideraciones, disponen de tres operaciones básicas:

- Leer

- Escribir

- Seek (sólo si permite acceso aleatorio)

Generalmente, un dispositivo de bloques ser utiliza de una de las siguientes formas:

- En bruto (raw): Se utilizan las tres operaciones básicas para leer/escribir bloques arbitrarios

- Como sistema de ficheros: Una capa superior del SO proporciona el acceso al dispositivo en forma de sistema de ficheros.

- Como mapeo en memoria: En lugar de leer/escribir explícitamente al dispositivo, se asigna una región de la memoria de manera que todas las lecturas/escrituras a esa zona se trasladan al dispositivo. De esta forma, desde el punto de vista del programa se puede usar el dispositivo de forma transparente, sin necesidad de usar ninguna operación de E/S.

Los dispositivos de caracteres se suelen utilizar mediante sus operaciones básicas, y se usan para aquellos dispositivos que generan/esperan flujos de datos lineales y relativamente asíncronos, como teclados, ratones o impresoras.

## Dispositivos de red

Debido a su importancia, para los dispositivos de red, si bien podrían manejarse de forma genérica como un dispositivo de caracteres, se utiliza una abstracción específica, que es la de socket.

Un socket es un flujo de datos al que las aplicaciones pueden "conectarse", realizando las siguientes operaciones:

■ Conectarse a otro socket en otra máquina remota

■ Leer o escribir paquetes de datos

■ Recibir avisos de forma asíncrona cuando llegue información

Mediante el uso de sockets se facilita notablemente la gestión de las comunicaciones de red, con independencia del hardware de red o incluso de los protocolos subyacentes, maximizando la eficiencia y evitando situaciones de espera activa.

# Mejoras del rendimiento

## Buffering

Un buffer es un área de memoria en la que se almacenan los datos mientras se transfieren entre dos dispositivos o entre un dispositivo y una aplicación. Su utilidad es diversa:

■ Permiten hacer frente a las diferencias de velocidad entre dispositivos: P. ej., la transferencia de un módem (lenta) puede acumularse en un buffer para ser escrita en un disco duro (rápido) de una sola vez, reduciendo así el número de operaciones necesarias.

■ Doble buffer: En el caso de escrituras a un dispositivo, el mantener dos buffers de forma circular (uno con los datos que se escriben al dispositivo y otro con los que escribe la aplicación) permite mantener un flujo continuo de datos sin esperas.

■ Spooling: Algunos dispositivos deben tratar con una unidad de datos completa, y no pueden hacerlo sólo con una parte, por lo que el uso de un buffer permite ir acumulando los datos hasta que se dispongan de suficientes para operar.

■ Lectura adelantada: Cuando se realiza una lectura a un dispositivo lento, es común que el SO lea más datos de los necesarios y los coloque en un buffer. Así, si en el futuro se solicitan (cosa probable según los principios de localidad), ya se encuentran en memoria y se acelera la operación.

■ Caché: Si una lectura solicita datos que se han leído anteriormente y se encuentran ya en un buffer, es posible leerlos directamente del buffer y ahorrarse una operación a E/S.

## Políticas de planificación de discos

Debido a la importancia de los discos en los sistemas actuales como principal sistema de almacenamiento secundario, existen numerosas técnicas para acelerar su rendimiento.

Para comprender la motivación de muchas de estas técnicas, es necesario entender cómo funciona un disco duro. Básicamente, la información en un disco duro se almacena en pistas concéntricas de discos magnéticos, que a su vez se dividen en sectores. La información se lee y escribe mediante un cabezal. Así, una operación de disco se compone de tres etapas:

■ Seek: Tiempo necesario para que el cabezal se posicione en la pista apropiada. Depende de la tecnología de fabricación del disco duro, y es, con diferencia, el mayor de los tres.

- Latencia: Una vez posicionado el cabezal, tiempo que transcurre hasta que el sector deseado pasa por el cabezal. Depende de la velocidad de rotación del disco.

- Transferencia: Tiempo que se tarda en recorrer todo el sector para leer/escribir su contenido. Depende de la velocidad de rotación y la densidad de los datos.

Generalmente, el tiempo de seek se mueve en torno a los 8-10 ms, mientras que el tiempo de latencia está en 3-4 ms. Una velocidad de transferencia típica podrían ser 20-30 MB/s, por lo que, por ejemplo, para leer 100 KB serían necesarios aproximadamente 3 ms.

Dado que el tiempo de posicionamiento del cabezal de un disco duro depende, además de las propias características físicas del disco, de la posición desde la que parta, es deseable ordenar convenientemente las operaciones de E/S para minimizar el movimiento del cabezal y mejorar, por tanto, el rendimiento del disco duro.

Existen numerosos esquemas de planificación de operaciones de disco:

- FIFO: Las peticiones se procesan en orden de llegada. No tiene un buen rendimiento, pero tampoco genera desigualdades entre las peticiones.

- LIFO: Siempre se procesa en primer lugar la última petición en llegar. Es mejor que FIFO, ya que aprovecha el principio de localidad que dice que la última petición es probable que sea a zonas del disco cercanas a las más recientes. Ahora bien, puede generar inanición si continúan llegando peticiones mientras otras quedan en espera.

Si desde el sistema operativo se tiene información sobre la posición actual del cabezal, es posible llevar a cabo políticas más complejas y eficientes:

- SSTF (Shortest Seek Time First): Encolar las peticiones, y enviar cada vez a disco la petición más cercana a la posición actual del cabezal. Es eficiente, pero puede provocar inanición al discriminarse peticiones a zonas lejanas.

- SCAN: Ordena las peticiones según accedan al principio o al fin del disco. Una vez finalizado un recorrido de principio a fin, hace otro desde el fin hasta el principio. El problema que tiene, a pesar de que no es posible la inanición, es que estadísticamente favorece a las peticiones de los extremos del disco. Una variación de SCAN es LOOK, en la que se cambia de dirección en cuanto ya no hay más operaciones en un sentido. Este algoritmo se conoce también como del ascensor, ya que emula su comportamiento.

- SCAN circular: Similar a SCAN, pero una vez acabada una pasada se vuelve a empezar otra vez desde el principio en lugar de hacer una pasada inversa. De esta forma el tiempo máximo de espera es globalmente menor y el uso de disco es equitativo.

Estas políticas pueden tener problemas ante la llegada de nuevos trabajos, que si se producen frecuentemente en las mismas zonas pueden ralentizar las pasadas y discriminar a otras peticiones. Para evitarlo, se pueden usar diferentes técnicas:

- SCAN de N pasos: En cada pasada se procesan únicamente N peticiones. Si durante una pasada llegan más, ponerlas en una cola y procesarlas después.

- FSCAN: Usar dos colas. En cada pasada se procesa una de ellas, encolando las nuevas peticiones en la otra. Al acabar la pasada, intercambiarlas y repetir el proceso.

## Caché de disco

Como se ha comentado anteriormente, una técnica para aumentar el rendimiento es el uso de memorias caché para las operaciones de disco, de manera que se puedan evitar operaciones al disco si la información solicitada se encuentra en la caché.

La caché de disco puede implementarse de dos formas:

- Memoria específica en el propio dispositivo

- Reserva de parte de la memoria RAM como memoria caché

Generalmente se utiliza una combinación de ambos enfoques, dedicando una memoria de pequeño tamaño en el propio dispositivo, al tiempo que el SO reserva una cantidad variable de memoria principal como caché (en función de la carga del sistema, el tipo de dispositivo y otras consideraciones).

El uso de cachés de disco plantea dos problemáticas:

### Sincronización con el disco

Si bien el uso de caché permite evitar operaciones al disco, también retrasa las escrituras, haciendo que el disco se encuentre en un estado inconsistente respecto a la memoria caché. Por tanto, una de las tareas del SO es asegurar que las escrituras en caché se trasladan en algún momento al disco duro, de forma que a largo plazo el disco duro quede en un estado consistente.

Para ello, hay dos enfoques:

- Write-back: Acumular escrituras a la memoria caché, trasladándolas al disco pasado un tiempo. Si bien esta técnica aumenta considerablemente la velocidad de las escrituras, también es peligrosa, ya que un fallo del sistema cuando aún no se han escrito los cambios dejaría al disco en un estado inconsistente.

- Write-through: Escribir los cambios a disco inmediatamente después de producirse. Es una opción más lenta al no permitir acumular varias operaciones, pero también es más segura al mantener el disco siempre consistente con la caché.

### Políticas de reemplazo

Otro aspecto importante que debe gestionar el SO relacionado con las cachés de disco es qué bloques de la misma debe descartar cuando haya que cargar bloques nuevos. La incorrecta elección de los bloques a descartar puede provocar problemas importantes de rendimiento si, por ejemplo, un mismo bloque se descarta y se vuelve a cargar repetidamente.

Así, existen principalmente las siguientes políticas de reemplazo de bloques:

- LRU (Least Recently Used): Descartar el bloque que hace más tiempo que no se ha usado. Para ello, la caché se organiza como una pila, de manera que, cuando se accede a un bloque, se pone en la cabecera de la pila. Así, la implementación de LRU consiste simplemente en descartar el bloque que está en la parte inferior de la pila de bloques.

- LFU (Least Frequently Used): Descartar el bloque que ha sido usado con menos frecuencia. Para ello, junto con cada bloque se mantiene un contador que se incrementa con cada acceso. Así, al descartar se elige el bloque cuyo contador es más bajo.

Aunque en principio pueda parecer que LFU es una estrategia más apropiada, tiene problemas con las ráfagas de acceso a un bloque, ya que puede suceder que un bloque sea accedido muchas veces en un instante dado (incrementando así su contador), pero no vuelva a ser accedido posteriormente. El alto contador generado por la ráfaga de accesos impediría el descarte de este bloque.

Para solucionar este problema, se utiliza una técnica híbrida entre LRU y LFU, llamada descarte basado en frecuencia, que consiste en organizar los bloques en tres secciones:

| Alta | Media | Baja |
|------|-------|------|

Cuando un bloque es accedido, se incrementa su contador y se mueve a la zona alta. Si ya estaba en la zona alta, su contador no se incrementa, de forma que se evita que una ráfaga incremente los contadores artificialmente. Cuando transcurre un tiempo en la zona alta, el bloque se mueve a la zona media y, tiempo después, a la zona baja.

Para descartar un bloque, se escoge el que tenga el contador más bajo de la zona baja de la cola.

# El sistema operativo: gestión de ficheros

## Índice de contenido

## Sistemas de ficheros

Un sistema de ficheros se compone de dos elementos:

- Conjunto de ficheros

- Árbol de directorios

Las responsabilidades del sistema operativo en cuanto a la gestión de ficheros son:

- Transferir peticiones de los usuarios desde el espacio de direcciones lógico al espacio físico en el que está los datos efectivamente

- Gestionar el espacio en disco, tanto controlando dónde está cada dato como gestionando la asignación y liberación de espacio

- Soporte para la protección y el compartimiento de archivos, así como la recuperación frente a fallos

### Concepto de ficheros y directorios

Los datos presentes en un dispositivo de E/S (generalmente un disco) se organizan en forma de ficheros. Cada fichero es una colección de datos relacionados lógicamente, que se graba en almacenamiento secundario y a la que se le asigna un nombre.

Desde la perspectiva del usuario, el fichero es la porción más pequeña de almacenamiento secundario lógico. Los ficheros representan programas y datos, y los datos pueden ser numéricos, alfanuméricos o binarios.

Un fichero lleva asociada una serie de información:

- Nombre

- Tipo: Tipo del fichero. No todos los sistemas de ficheros lo implementan, y es común sustituir la gestión explícita por otros mecanismos:

  ○ Utilizar parte del nombre como el descriptor del tipo. Generalmente se usan los últimos caracteres, separados por un punto (extensión)

  ○ Utilizar el primer byte de datos de los ficheros para indicar el tipo.

- Ubicación física: Referencia al dispositivo en el que se encuentra la información del fichero, así como la posición dentro del dispositivo.

- Tamaño

- Permisos

- Timestamps de creación, modificación, etc.

Un fichero se estructura internamente en forma de registros, que son la unidad básica, de forma que cualquier operación del sistema de ficheros debe trabajar con, al menos, un registro completo. Si bien históricamente se han usado sistemas de ficheros orientados a registros con una estructuración compleja, la mayoría de sistemas de ficheros modernos utilizan el byte como registro básico, por lo que se puede considerar un fichero como un flujo de bytes, dejando la estructuración para cada programa.

## Operaciones con ficheros

Desde el punto de vista de la programación, los ficheros se clasifican en diferentes tipos:

- Secuenciales: Su contenido se accede de forma secuencial, desde el primer elemento hasta el deseado.

- Aleatorios: Se puede acceder a cualquiera de sus elementos de forma directa, sin necesidad de recorrer los anteriores.

Un fichero se puede considerar como un tipo abstracto de datos, con una serie de operaciones que permiten utilizarlo. El paradigma de fichero utilizado en la práctica totalidad de los sistemas de ficheros se basa en las siguientes operaciones primitivas:

- Creación

- Escritura: Escribir datos en el punto en el que se encuentre el puntero.

- Lectura: Leer datos desde el puntero.

- Posicionamiento en el fichero (seek): Cambiar de lugar el puntero.

- Eliminación: Eliminar el fichero del disco.

- Truncado: Eliminar el contenido, manteniendo el resto de propiedades (nombre, permisos, etc.)

Así, el uso de ficheros se basa en mantener un puntero que indica una posición dentro del fichero a partir de la cual se realizan las distintas operaciones de lectura o escritura. Este puntero se desplaza automáticamente a la última posición utilizada ante cada operación de lectura o escritura, y puede moverse manualmente mediante la operación seek. De esta forma, se obtiene un acceso puramente secuencial (usando únicamente lecturas y escrituras) o pseudo-aleatorio (si se utiliza seek).

Además de las primitivas, es común definir otras operaciones para mayor facilidad de uso:

- Anexión (appending): Añadir datos al final de un fichero
- Cambio de nombre/atributos

## Gestión de ficheros por parte del SO

Cuando un proceso quiere trabajar con un fichero, se lo indica al sistema operativo mediante la operación de apertura del fichero. En ese momento, el SO registra a ese proceso en una tabla interna, de manera que, en operaciones posteriores, no es necesario volver a indicar el fichero con el que quiere trabajar, sino que basta indicar la referencia a la tabla de ficheros abiertos. En un SO multiusuario, esta gestión es algo más compleja, ya que diferentes procesos pueden solicitar abrir el mismo fichero. Para ello, se establece el siguiente esquema:

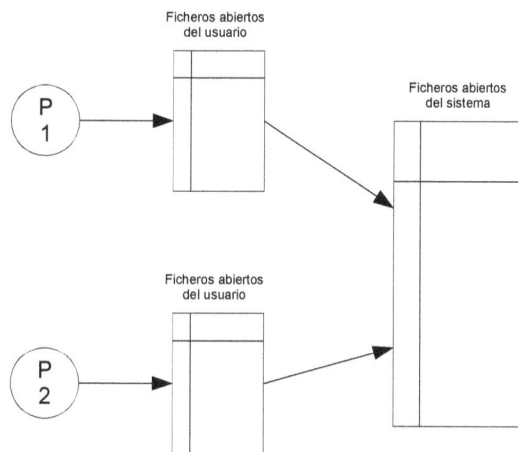

Así, cada proceso mantiene una tabla con sus ficheros abiertos, si bien esta tabla sólo contiene información sobre el uso por parte de ese proceso (p. ej., posición del puntero). El resto de la información se encuentra en una tabla mayor, global a todo el sistema, donde se guardan los aspectos generales, como la ruta, las fechas de modificación, etc. Por tanto, en la tabla del proceso se guarda una referencia a la posición en la tabla global.

La tabla global de ficheros abiertos mantiene un contador que indica cuántos usuarios tienen abierto ese fichero. Cada vez que un fichero cierra el fichero, se decrementa el contador, y cuando llega a cero el sistema elimina la entrada de la tabla.

El uso de una tabla centralizada permite también controlar cómo se gestiona la concurrencia permitiendo, por ejemplo, que sólo un proceso pueda escribir a la vez en un fichero, permitiendo al resto de los procesos un acceso de sólo lectura.

## *Estructuración de ficheros en directorios*

Dado que el número de ficheros en un sistema de ficheros puede ser grande, se hace necesario estructurar de alguna manera los datos para facilitar la organización y el acceso. Así, se define el concepto de directorio, que es una agrupación de ficheros relacionados de alguna manera. Dependiendo de la complejidad, los ficheros se pueden estructurar en directorios de diferentes formas:

- Directorio único: Un único directorio en el que se ubican todos los ficheros. Es equivalente a no usar directorios, y es problemático cuando el número de ficheros crece, ya que las búsquedas son ineficientes y, además, es fácil llegar a los límites del sistema operativo en cuanto al número total de ficheros posibles o al agotamiento del espacio de nombres de fichero.

- Directorio de dos niveles: Extensión en la que se permite, además de crear ficheros en el directorio principal, disponer de directorios de segundo nivel para realizar una clasificación básica (generalmente por usuarios). Así, el identificador único de un fichero es su nombre más el nombre del directorio en el que se ubica.

- Árbol de directorios: Generalización del concepto de dos niveles para poder crear tantos subdirectorios como se deseen. Así, cada fichero se identifica unívocamente mediante la concatenación de todos sus subdirectorios desde la raíz, más el nombre, en lo que se conoce como ruta del fichero.

- Directorios de grafo acíclico: Extensión al sistema de árbol, en el que se permite disponer de enlaces lógicos a directorios existentes, convirtiendo el árbol en grafo. Este esquema permite evitar duplicidades de ficheros y facilita la compartición de ficheros entre usuarios y aplicaciones, si bien hace algo más complejas determinadas operaciones, como la búsqueda de ficheros, que deben tener en cuenta los enlaces lógicos para evitar ciclos.

La implementación de un directorio puede hacerse de diferentes formas:

- Lista lineal: Se guarda una lista de nombres de archivo junto con la referencia a su posición física en disco. Es un esquema sencillo pero el acceso lineal ralentiza las operaciones. Puede mejorarse utilizando listas ordenadas o, mejor, árboles B.

- Hash: Además de la lista lineal, se mantiene un hash que, a partir del nombre de fichero, guarda la posición del fichero en la lista lineal, lo que permite búsquedas rápidas al evitar recorrer toda la lista. El problema es el de cualquier hash: hay que gestionar las colisiones que se puedan producir, y hay que tener en cuenta que el tamaño del hash suele ser fijo y, por tanto, se limita el número de ficheros del directorio.

La introducción de jerarquías de directorios da lugar a la aparición de elementos adicionales más allá de ficheros y directorios:

- Enlace: Referencia a un fichero/directorio existente. Puede ser de dos tipos:

  ○ Blando: Se trata de un fichero especial que contiene simplemente la ruta del fichero/directorio referenciado. No se garantiza la consistencia, de modo que, si se borra el fichero referenciado, se convierte en un enlace no válido.

  ○ Duro: Es un fichero en sí mismo, pero hace referencia a los bloques de datos de otro fichero (el referenciado). La ventaja es que son siempre consistentes, y añaden la particularidad de que, aunque se borre el fichero original, los datos seguirán existiendo mientras haya algún enlace duro que los referencie.

## Integridad y seguridad

Un aspecto importante de la gestión de ficheros es la protección de los mismos. Así, las agresiones que hay que afrontar toman dos formas:

■ Protección frente a daños físicos: Debidos a fallos del SO, cortes de electricidad, fallos de hardware, etc.

■ Protección contra accesos no deseados.

### *Integridad*

Por motivos de rendimiento, algunas estructuras del sistema de ficheros se mantienen memoria y se actualizan allí, escribiéndose sólo a disco un tiempo después. Como la información en memoria está más actualizada, en caso de un fallo eléctrico o de sistema podrían perderse datos, dando lugar a dos efectos:

■ Pérdida de información: Datos escritos en memoria que no se hayan trasladado al disco

■ Estado inconsistente: Debido a operaciones en memoria, el estado real de los ficheros no es el que describe la estructura de directorios.

Existen diferentes técnicas para prevenir o solventar este tipo de situaciones:

### Redundancia en estructuras de control

La información sobre los ficheros, así como las diferentes estructuras del sistema de ficheros se almacenan de forma duplicada, de modo que, en caso de que la principal se corrompa, se pueda recurrir a una de las copias. Además, regularmente se comprueba que todas las copias sean coherentes, interviniendo si no fuera así.

Un ejemplo de este funcionamiento es el del sistema de ficheros FAT, que almacena tres copias diferentes de la tabla de índices de bloques para poder recuperarse en caso de error.

Una precaución adicional es distribuir las diferentes copias a lo largo del disco, para tener en cuenta la localidad de los errores. Por ejemplo, una implementación común ubica las copias en zonas gestionadas por cabezas diferentes del disco, de modo que en caso de que una de las cabezas falle y roce con el disco sólo se pierda una copia.

### Journaling

Esta técnica consiste en considerar el sistema de ficheros de forma transaccional, donde cada una de sus operaciones es atómica. Así, cualquier operación a disco se divide en dos fases: registrar previamente en un log (journal) los cambios que se van a hacer, y escribirlos al disco, confirmando finalmente la operación. De esta forma, si la operación se ve interrumpida en algún momento por un fallo, basta consultar el log para retroceder los cambios hasta el último estado estable. De esta forma, se asegura que el sistema de ficheros siempre está en un estado coherente.

El journal se almacena en un espacio dedicado del disco, y puede estructurarse de dos formas:

■ Journal físico: Se almacenan íntegramente los bloques que se van a escribir a disco al final de la operación. Supone un overhead importante, ya que cualquier operación requiere dos escrituras: una en el journal, y otra en el bloque final una vez confirmada la transacción. Un ejemplo de journal físico sería ext3.

■ Journal lógico: Se almacenan los cambios a hacer de forma más descriptiva y compacta con la idea de reducir las escrituras necesarias, aunque es algo más sensible a errores. Este esquema lo usan XFS o JFS. El journaling puede considerarse a diferentes niveles:

■ De estructuras de control: Sólo se utiliza el esquema de transacciones para proteger las estructuras de control, pero no se establece ninguna garantía sobre los datos. Es el esquema de journaling más inseguro, ya que puede generar ficheros corruptos si, por ejemplo, hay un fallo en el momento en que se ha escrito el journal, pero aún no se han escrito los datos.

■ Completo: Se utilizan transacciones para cualquier operación, incluyendo las de datos. Añade una fiabilidad extra, si bien también ralentiza considerablemente el funcionamiento.

■ Mixto: Es similar al de control, con la diferencia de que sólo se escribe la transacción al journal cuando la escritura de datos se ha realizado con éxito. Así, aunque no se protegen los datos, en caso de fallo es posible determinar qué es lo que ha fallado y qué datos no se han escrito correctamente, descartándose los erróneos y recuperando al estado anterior. El único caso en que se pueden corromper datos es si el fallo se ha producido cuando se sobreescriben datos, ya que en este caso no hay manera de recuperar los datos originales. Este es el modo por defecto de ext3.

## Soft updates

Es una alternativa al journaling, y consiste en mantener en memoria las escrituras a disco, ordenándolas, agrupándolas y temporizando su escritura de manera que nunca se deje el disco en un estado inconsistente. Por ejemplo, Si la creación de un fichero incluye las operaciones de asignar un inodo y anotar la nueva entrada de fichero en el inodo del directorio, se agruparían estas dos operaciones de forma que se realizasen de forma simultánea. De lo contrario, un fallo podría dejar el disco en un estado inconsistente.

La única inconsistencia que se permite con este sistema es que existan bloques "huérfanos", es decir, asignados como usados pero sin uso en realidad. Por ello, un sistema de ficheros con soft updates dispone de un recolector de basura que, periódicamente, recupera los bloques marcados erróneamente.

Al igual que el journaling de control, las soft updates no protegen contra la pérdida de datos, sino que únicamente garantizan que el sistema de ficheros está siempre en un estado consistente. La principal ventaja sobre el journaling es la reducción de escrituras, ya que no se duplican las escrituras a disco, como mucho se temporizan. También aceleran el tiempo de recuperación ante un fallo ya que, por concepción, usando soft updates no es necesario hacer ningún tipo de recuperación, mientras que con journaling es necesario revertir los cambios de las transacciones a medias, lo cual consume un tiempo.

■ Ventajas: Tiempo de recuperación instantáneo, aumentan rendimiento al acumular operaciones y permitir planificarlas.

■ Inconvenientes: Complejo de implementar, tendencia a desincronizar en exceso memoria de disco.

Un sistema de ficheros que utiliza soft updates es UFS.

## *Control de accesos*

El control de accesos a los ficheros se realiza mediante la definición de permisos sobre los mismos. Así, junto con cada fichero se almacenan una serie de atributos que definen las operaciones que pueden realizar sobre ellos los diferentes usuarios del sistema.

Así, las operaciones que se controlan son:

■ Lecturas

■ Escrituras

■ Ejecución: Ejecutar el fichero, o permiso de entrada si se trata de un directorio

■ Eliminación

- Listado: Conocer su existencia y acceder a los atributos del fichero.

Aunque se pueden usar todos estos niveles de permiso, e incluso adicionales, generalmente sólo se utilizan los tres primeros.

Para asignar los permisos que tiene cada usuario a cada fichero, existen diferentes esquemas:

- Listas de acceso: Junto a cada fichero se guarda una lista con los usuarios que pueden acceder a él y sus permisos. Es un esquema muy versátil, pero la gestión de las listas puede ser compleja y su tamaño, además de poder llegar a ser muy grande, es variable y no previsible a priori, lo que complica la gestión de ficheros.

- Listas condensadas: Para cada fichero se guardan únicamente los permisos que tiene el propietario (u), el grupo de usuarios al que pertenece (g), y el resto de usuarios del sistema (o). Para cada uno de estos grupos se indica si tienen permiso de lectura (r), escritura (w) o ejecución (x, que significa permiso de entrada en el caso de los directorios). Si bien este esquema es más limitado que el de listas libres, es muy compacto y de tamaño fijo, y la correcta definición de grupos de usuarios permite una gestión eficaz, lo que lo convierte en uno de los esquemas más frecuentes.

## Gestión del espacio

Una función importante del sistema de ficheros es la gestión del espacio del disco. Esto incluye dos aspectos:

- Asignación de bloques a los ficheros: Cómo se asigna el espacio a los diferentes ficheros

- Gestión del espacio libre

Según cómo se gestionen estas dos tareas se conseguirá mayor o menor eficiencia en los siguientes aspectos:

- Velocidad de acceso a los datos

- Velocidad en operaciones con ficheros (borrado, movimiento, copia).

- Aprovechamiento del disco (fragmentación)

- Velocidad en accesos concurrentes

### *Políticas de asignación de bloques*

Las diferentes políticas de asignación de bloques a ficheros son:

### Asignación contigua

En este esquema, los ficheros deben ocupar bloques de disco contiguos. El objetivo es aprovechar que los accesos secuenciales a disco son muy rápidos.

De esta forma, para identificar los bloques pertenecientes a un fichero basta con almacenar la posición inicial y su tamaño, por lo que es un esquema sencillo.

| Ventajas | Inconvenientes |
|---|---|
| ■ Acceso rápido tanto secuencial como aleatorio<br>■ Direccionamiento de ficheros sencillo, poco uso de memoria | ■ Gran fragmentación externa (un fichero no se puede crear si no hay un conjunto de bloques contiguos de su tamaño)<br>■ Requiere conocer el tamaño del fichero al crearlo |

## Encadenamiento

En este caso, cada bloque tiene una referencia al siguiente bloque del fichero, organizándose por tanto los bloques en forma de lista enlazada. De esta forma, basta almacenar la referencia al primer bloque para poder referenciar todo el fichero a partir de ahí.

se utiliza una lista enlazada de agrupaciones de bloques, de manera que cada grupo de bloques tiene un enlace al siguiente grupo.

| Ventajas | Inconvenientes |
|---|---|
| ■ Rápido acceso secuencial<br>■ Sin fragmentación externa<br>■ Poco overhead | ■ Acceso aleatorio lento<br>■ Fragilidad: un solo puntero perdido implica perder todo el fichero<br>■ Dispersión de los datos en pequeños bloques puede disminuir drásticamente el rendimiento<br>■ El rendimiento puede degradarse con el tiempo si los datos están dispersos |

Existen diferentes extensiones a este sistema:

■ Tabla de enlaces: En lugar de almacenar las referencias en los bloques, utilizar una tabla centralizada donde se almacenan todos los enlaces entre bloques. De esta forma, si la tabla cabe en memoria, se reducen considerablemente los accesos a disco. Un ejemplo sería el sistema de ficheros FAT.

■ Clústers: Agrupar los bloques en grupos llamados clústers, de manera que se reduce el número de enlaces y, por tanto, aumenta la velocidad y disminuye el overhead de estructuras de control. No obstante, se crea fragmentación interna en ficheros que no rellenan completamente el último clúster.

## Indexación (i-nodos)

En este caso, el primer bloque de un fichero es un bloque especial, llamado bloque índice o i-nodo, que contiene referencias a todos los bloques que componen el fichero. De esta forma, con un único acceso a disco (para obtener el i-nodo) se dispone ya de toda la relación de bloques del fichero, lo que aumenta el rendimiento, especialmente en accesos aleatorios.

Para tener en cuenta que puede haber ficheros de tamaños diversos, generalmente las tablas de índices se encuentran jerarquizadas, de manera que las primeras entradas del i-nodo hacen referencia a bloques de datos, mientras que las últimas hacen referencia a i-nodos de segundo nivel con más índices. Así, se crea una jerarquía que permite el acceso rápido (sólo un nivel de indirección) a ficheros pequeños, al tiempo que permite utilizar ficheros grandes sin incurrir en un gran overhead.

| Ventajas: | Inconvenientes: |
|---|---|
| ■ Buen rendimiento en acceso secuencial y aleatorio<br>■ Sin fragmentación externa | ■ Cada acceso requiere como mínimo un acceso extra (para la tabla de índices)<br>■ Overhead considerable en almacenamiento |

### *Gestión del espacio libre*

Una de las funciones del sistema de ficheros es gestionar los bloques no usados del disco, de manera que puedan ser asignados de forma eficiente cuando se necesiten.

Existen diferentes esquemas:

■ Lista de bloques libres: Lista enlazada de todos los bloques libres. Esquema muy ineficiente, no se usa más allá de como un esquema teórico

■ Vector de bits: Se mantiene un bloque de bits con tantos bits como bloques tiene el disco, marcando los bloques usados con un 1, y los libres con un 0. La ventaja es que es compacto y rápido de manipular, si bien se vuelve ineficiente para tamaños grandes para los que no se puede mantener el vector en memoria.

■ Enlace de bloques libres: Se mantiene un puntero al primer bloque libre, y a partir de ahí cada bloque libre contiene un puntero al siguiente. Es sencillo pero lento.

■ Agrupamiento: Como el método anterior, pero en el primer bloque libre se guardan las referencias a N bloques libres. La última referencia indica dónde sigue la lista de bloques libres. Dado que es frecuente que los bloques libres estén contiguos, se puede compactar aún más guardando, junto a la dirección, el número de bloques siguientes libres. Es un esquema compacto y más rápido al necesitar de menos operaciones para leer los bloques libres.

## Técnicas avanzadas

Aun con todas las técnicas y esquemas explicadas anteriormente, los sistemas de ficheros tienden a degradarse con el tiempo, provocando los siguientes efectos negativos:

■ Dispersión de los datos: Los bloques de un fichero se encuentran dispersos por el disco, lo que ralentiza los accesos secuenciales

■ Fragmentación: El espacio libre está distribuidos en múltiples bloques de pequeño tamaño, lo que dificulta o incluso imposibilita (en algunos esquemas de asignación) la creación de nuevos ficheros aunque realmente haya espacio.

A continuación se exponen algunas técnicas comunes tanto para reducir la degradación como para mejorar el rendimiento de los sistemas de ficheros modernos:

## Criterios de asignación

A la hora de escoger qué bloques de los marcados como libres asignar a un fichero, el criterio con el que se asignan es importante de cara a la degradación futura del sistema de ficheros. Así, existen diferentes políticas:

- Best-fit: Escoger el hueco que mejor encaje con el tamaño de fichero. Aunque resulte antiintuitivo, es la peor política, ya que tiende a dejar huecos libres muy pequeños que, a la larga, provocan una gran fragmentación externa.

- Worst-fit: Escoger el hueco que peor encaje, es decir, el hueco más grande que haya en el disco. Es el mejor esquema, ya que evita la creación de huecos pequeños y deja margen para el crecimiento del fichero, si bien es lento al tener que buscar el mejor hueco de todos los del disco.

- First-fit: Escoge el primer hueco en el que encaje el fichero. Es rápido y más eficiente que best-fit, por lo que es un compromiso entre ambos.

- Next-fit: Como first-fit, pero para asignaciones consecutivas, reanuda la búsqueda donde se dejó en lugar de empezar desde el principio del disco. Esto uniformiza la fragmentación, en lugar de concentrarla en el inicio del disco.

## Asignación relacionada

Asignar los bloques de los ficheros de forma inteligente en función de su ubicación. Así, por ejemplo, se podría intentar almacenar cerca los ficheros de un mismo directorio.

## Extents

Para evitar la dispersión de ficheros, al crear un fichero se le asigna un espacio contiguo (extent) mucho mayor del que necesita. Así, si en el futuro el fichero crece, sus bloques permanecerán contiguos y mejorará el rendimiento. P. ej., NTFS y ext4 utilizan extents.

## Reserva retardada (delayed allocation)

Esta técnica también pretende evitar la dispersión de ficheros. Consiste en no reservar y escribir inmediatamente los bloques pendientes de escribir, sino acumularlos el máximo tiempo posible (generalmente hasta que se llena el buffer y el SO obliga a vaciarlo), y sólo entonces reservar el nuevo espacio. De esta forma, se evita dispersar los bloques de ficheros que crecen de forma lenta, y que si se escribiesen según se producen acabarían dispersados por el disco.

Otra ventaja de esta técnica es que, al acumular muchos accesos, permite reordenarlos para minimizar el reposicionamiento del cabezal y mejorar el rendimiento.

A pesar de sus ventajas, hay que tener en cuenta que el uso de la delayed allocation empeora las consecuencias de un fallo eléctrico, al retardar la escritura a disco.

## Defragmentación

Aunque no es una característica de un sistema de ficheros, sino que se realiza mediante utilidades externas, la defragmentación permite mejorar el rendimiento de un sistema de ficheros reorganizando los bloques, con diferentes objetivos:

- Agrupar los bloques de un mismo fichero

- Reubicar ficheros importantes o críticos en las zonas más rápidas del disco, y viceversa

- Compactar el espacio libre, reduciendo la fragmentación externa y la dispersión de nuevos ficheros

# Estación de usuario. Tipología, gestión automatizada

## Índice de contenido

## Tipología

Básicamente, es posible utilizar tres esquemas de configuración de la estación del usuario:

- Estaciones independientes: Cada usuario dispone de una máquina independiente, no conectada en red o conectada de forma mínima (conexión a internet, uso de unidades compartidas).

- Thin clients: El usuario dispone de una máquina mínima, que utilizará para conectarse a un servidor central, que es donde se ejecutarán los programas.

- Fat clients: Esquema intermedio, en el que cada estación es un ordenador completo, pero en el que se maximiza el uso de aplicaciones corporativas ejecutadas remotamente, al tiempo que se usa la potencia de la máquina local para las tareas y aplicaciones que así lo requieran.

## Criterios de análisis

Los diferentes esquemas se pueden analizar según diferentes criterios:

- Configuración inicial: Facilidad/versatilidad en lo que respecta a la configuración de la estación por primera vez.

- Escalabilidad: Crecimiento de la carga de trabajo de gestión conforme aumenta el parque de máquinas.

- Administración y gestión: Dificultad y complejidad de las operaciones comunes: actualización de SO y programas, creación de copias de seguridad, etc.

- Coste económico

## Análisis de cada tipo

A continuación se analiza cada esquema de implementación de terminales de usuario desde el punto de vista de los criterios anteriormente explicados.

### Estaciones independientes

En este esquema, cada usuario dispone de una máquina independiente, donde se ejecutan todos los programas. La conexión con otros ordenadores es inexistente, o bien muy débil.

La configuración inicial de estas estaciones implica los siguientes pasos:

1. Instalación del sistema operativo y programas

2. Configuración individual: Configuración de usuario y contraseña, configuración de la red.

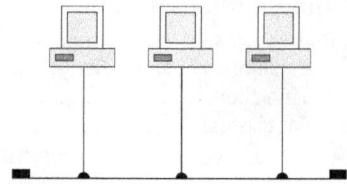

Estas tareas deben hacerse individualmente para cada máquina. Algunas de ellas, como la instalación de programas, se pueden automatizar en cierta medida (siempre y cuando las estaciones sean homogéneas en cuanto al hardware utilizado), por ejemplo mediante el uso de imágenes de disco.

Las tareas de administración en este tipo de estación presentan las siguientes particularidades:

■ Copias de seguridad: Deben hacerse máquina a máquina

■ Actualización de software: También de forma individual.

En general, cualquier cambio en la política global de la organización implica una actuación sobre cada máquina de forma individualizada. Así, la escalabilidad de este tipo de estación podría analizarse desde diferentes puntos de vista:

■ En cuanto a esfuerzo de gestión: Baja, ya que el esfuerzo aumenta de forma lineal respecto al número de estaciones

■ Respecto al uso de recursos de las aplicaciones: Alta, ya que, al ser las estaciones potentes, disponen de un margen considerable para absorber necesidades crecientes. No obstante, una vez se supera el límite de cómputo de la estación, el coste de actualización es altísimo, ya que implica actualizar todo el parque de estaciones.

■ Coste: Baja, ya que los terminales son costosos.

Así, este esquema presenta las siguientes ventajas e inconvenientes:

| Ventajas | Inconvenientes |
|---|---|
| ■ Buen rendimiento de las aplicaciones<br>■ Facilidad de personalización de estaciones en entornos heterogéneos | ■ Tanto la configuración inicial como la administración implican un gran esfuerzo<br>■ Menores posibilidades de trabajo en red<br>■ Movilidad reducida: cada usuario debe iniciar sesión en su máquina<br>■ Dificultad para establecer una configuración homogénea en toda la organización<br>■ Gran coste de las estaciones |

En conclusión, este esquema requiere un gran esfuerzo de administración, es costoso, y no aprovecha las ventajas del trabajo en red.

## Thin clients

En este esquema, las estaciones de usuario son un ordenador muy simple, cuya única función es iniciar sesión en un servidor central. A partir de ahí, todo el trabajo se ejecutará en el servidor, de forma que la estación servirá únicamente como intermediario entre usuarios y servidor.

La arquitectura hardware de un cliente ligero o thin client es muy sencilla, y generalmente consiste únicamente en una CPU mínima, una interfaz de red y una memoria RAM con un pequeño sistema operativo empotrado en una ROM. Generalmente no se dispone de disco duro ni otros dispositivos.

El proceso de arranque de un thin client sería el siguiente:

1. Arranque de la máquina mediante el sistema operativo en la ROM
2. Obtención de una dirección de red, generalmente mediante DHCP o RARP
3. Conexión al servidor central e inicio de sesión. A partir de aquí se utilizan protocolos como VNC, RD o NX para el desarrollo de la sesión en el servidor.

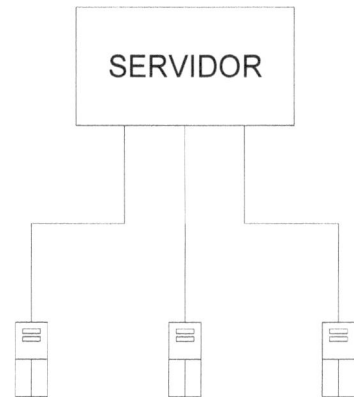

Una vez establecida la conexión, la ejecución de los programas se llevará a cabo exclusivamente en el servidor. El papel del thin client será, por tanto, únicamente el de intermediario entre la entrada de datos del usuario y los resultados del servidor. Dadas las grandes capacidades de las redes locales, es posible que cada usuario disponga de un entorno de escritorio completo, equivalente al que tendría en una máquina local y con unos tiempos de respuesta lo suficientemente buenos como para que el proceso sea transparente.

En este esquema, las tareas de configuración inicial de la estación serían:

1. Creación de la cuenta del usuario en el servidor
2. Instalación física del terminal
3. Configuración de red: No es necesaria si se usan mecanismos automáticos como DHCP

Las tareas de administración presentan las siguientes características:

- Copias de seguridad: Como los TC no disponen de almacenamiento y todos los datos se almacenan en el servidor, bastaría hacer copias del servidor.
- Actualización de software: Basta actualizar los programas en el servidor para que los cambios se propaguen automáticamente a todos los terminales.

En realidad, en un esquema thin client todo el trabajo de administración se realiza de forma centralizada en el servidor. El único caso en el que habría que actuar sobre el terminal sería en el caso de una avería física.

La escalabilidad de este tipo de estación sería la siguiente:

- En cuanto a esfuerzo de gestión: Alta, ya que el esfuerzo no es proporcional al número de estaciones sino que sólo aumenta marginalmente.

- Respecto al uso de recursos de las aplicaciones: Alta, ya que el servidor absorbe y centraliza el uso de recursos de las aplicaciones. En caso de que se supere la capacidad del servidor, es suficiente con actualizarlo. Un aspecto a tener en cuenta es que el servidor es un cuello de botella.

- Coste: Alta, ya que los terminales son sencillos y económicos, si bien hay que tener en cuenta también el coste de redimensionamiento del servidor.

Por tanto, las ventajas e inconvenientes de este esquema son:

| Ventajas | Inconvenientes |
|---|---|
| ■ Gran facilidad de despliegue y administración<br>■ Gran movilidad de los usuarios<br>■ Bajo coste de los terminales | ■ Alta dependencia de la red: una caída de la misma detiene a toda la organización<br>■ Necesidad de una red rápida y fiable, sino se pierde en usabilidad y transparencia de la ejecución remota<br>■ Algunos programas pueden ser problemáticos con la ejecución remota: cálculo intensivo, multimedia, etc.<br>■ El servidor central es un cuello de botella que requiere un cuidadoso esfuerzo de dimensionamiento |

Por tanto, este esquema es muy apropiado si se dispone de una red lo suficientemente rápida y las aplicaciones se adaptan al esquema de ejecución remota.

### Fat clients

Este esquema supone un intermedio entre los dos anteriores, de manera que cada estación es un sistema completo, pero se maximiza el uso de aplicaciones corporativas que se ejecuten en un servidor central. Así, este esquema tiene las siguientes características:

- Estaciones potentes

- Se inicia sesión en un servidor central, que se encarga de gestionar las configuraciones y mantenerlas homogéneas

- Se utilizan aplicaciones corporativas ejecutadas en el servidor para el máximo de tareas posibles, generalmente en forma de aplicaciones web

- Se utilizan aplicaciones locales para aquellos usos poco eficientes de forma remota

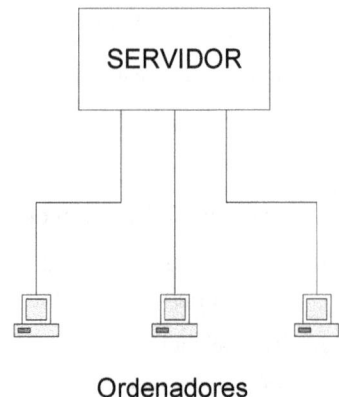

Ordenadores

Así, el proceso de arranque en este sistema sería:

1.  Arranque del sistema operativo

2.  Identificación del usuario

3.  Obtención de la dirección de red

4.  Conexión al servidor central y sincronización con las políticas del sistema (actualización de programas, configuración general, conexión con unidades de red e impresoras, etc.).

A partir de aquí, se haría un uso normal de la máquina, ejecutándose los programas en la propia estación. Hay que destacar que, aunque cada máquina ejecute los programas de forma local, existe un control preciso sobre las versiones de los mismos y su configuración. Este control se realiza en el momento de iniciar sesión, y persigue que todas las estaciones estén sincronizadas con las políticas de la organización de modo que, en la práctica, el esquema es prácticamente equivalente a la ejecución remota.

Por tanto, la configuración inicial de una estación implicaría:

1.  Crear una cuenta de usuario en el servidor

2.  Instalación del sistema operativo en el cliente

3.  Instalación de los programas necesarios

Aunque aparentemente estos pasos sean similares a los del esquema de estaciones independientes, la diferencia está en que gran parte de la instalación y configuración de programas se puede hacer de forma remota y automática la primera vez que la estación inicia sesión en la red, por lo que el trabajo es mucho menor.

La ejecución de las diferentes tareas administrativas se haría de la siguiente forma:

-   Copias de seguridad: Los datos almacenados localmente deberían copiarse de forma individual a cada máquina, mientras que los ubicados en recursos compartidos podrían gestionarse de forma centralizada.

-   Actualizaciones de software: Aunque deben realizarse en cada máquina, el proceso en sí puede automatizarse y ejecutarse globalmente en todas las máquinas.

La escalabilidad de este esquema sería la siguiente:

-   Esfuerzo: Media. Requiere menor esfuerzo que el uso de estaciones independientes, pero más que en un esquema thin client. Si se gestiona inteligentemente, maximizando el uso de recursos compartidos y automatizando al máximo las sincronizaciones, se acerca más a este último.

-   Uso de recursos: Alta, debido a que la potencia de los terminales deja margen a la mejora de las aplicaciones, y al mismo tiempo, al reducirse la carga en el servidor, éste deja de ser un cuello de botella.

-   Coste: Baja, ya que los terminales son costosos y, al mismo tiempo, es necesario dimensionar el servidor conforme aumenta el parque de usuarios.

# Aspectos avanzados de gestión

## Protocolos de conexión remota

En un esquema thin-client, en el que los programas se ejecutan en el servidor y el terminal únicamente muestra en pantalla los resultados, es importante llevar a cabo la comunicación mediante protocolos eficientes. A continuación se muestran los detalles de algunos de los protocolos de ejecución remota más utilizados.

### *VNC*

VNC (Virtual Network Computing) es un software de gestión remota que implementa el protocolo RFB (Remote Frame Buffer). Su funcionamiento se basa en instalar un pequeño programa en el servidor que realiza capturas de la pantalla de forma periódica, que serán enviadas por la red al cliente para que las muestre al usuario.

Al basarse únicamente en el contenido de la pantalla, VNC no es un protocolo particularmente eficiente, si bien tiene como ventajas que es muy sencillo de implementar y es independiente del sistema que se esté utilizando, por lo que es una opción muy utilizada en redes locales donde normalmente se dispone de un buen ancho de banda.

Para reducir el consumo de ancho de banda y solventar algunos puntos débiles, VNC ha ido extendiéndose desde sus versiones iniciales con diferentes técnicas:

- Captura selectiva: Detectar los cambios en la pantalla respecto al último envío, para enviar únicamente la región de la pantalla que ha cambiado. Requiere de más CPU en la parte del servidor al tener que detectar, si bien reduce considerablemente el tráfico. Muchos sistemas operativos disponen de facilidades para informar a las aplicaciones sobre las regiones cambiadas, por lo que, en ese caso, el overhead es casi nulo.

- Compresión de datos: No enviar los datos en bruto, sino comprimirlos mediante algún algoritmo de compresión de imágenes. Estos algoritmos pueden ir desde algoritmos sin pérdida como RLE o LZW, hasta compresiones más agresivas como JPEG. Para facilitar la compresión, es común que el módulo del servidor ignore algunos aspectos del escritorio, como el fondo de pantalla, o determinadas decoraciones de ventana (gradientes, etc.).

- Cifrado: Dado que el funcionamiento por defecto de enviar capturas de pantalla puede suponer un riesgo de seguridad, es posible cifrar el tráfico para evitar accesos no deseados.

En resumen:

| Ventajas | Inconvenientes |
|---|---|
| ■ Sencillo de implementar<br>■ No requiere soporte por parte del SO | ■ Usa un gran ancho de banda<br>■ Considerable uso de CPU |

Por tanto, VNC es una opción sencilla para establecer conexiones remotas en entornos donde el ancho de banda no sea un problema (LANs, etc.). Si el número de usuarios simultáneos es grande, o la red es más lenta, es preferible utilizar otros protocolos.

### X-Window

En un sistema UNIX, es posible aprovechar la orientación a red del sistema operativo para realizar conexiones remotas. Así, la concepción modular y orientada a red del gestor gráfico X-Window, estándar en UNIX, hace que sea posible ubicar el servidor y los clientes en puntos diferentes de la red, obteniendo así un escritorio remoto de forma transparente.

El problema de este esquema es que, al no estar especialmente optimizado para el uso en red, utiliza un considerable ancho de banda, lo que lo hace poco eficiente en redes lentas.

| Ventajas | Inconvenientes |
|---|---|
| ■ Implantación trivial y transparente | ■ Baja eficiencia de red |

### Remote Desktop, Citrix, NX

Este grupo de protocolos de escritorio remoto basa su funcionamiento en un esquema a alto nivel y, por tanto, totalmente diferente al de VNC. Así, en lugar trabajar con capturas de pantalla, las unidades básicas de trabajo son los eventos del sistema operativo, como la visualización de una ventana, el despliegue de un menú, etc.

Dado que la información enviada es mucho más compacta, este funcionamiento reduce drásticamente el ancho de banda necesario para la conexión, si bien requiere de un fuerte acoplamiento entre el programa servidor y el gestor de ventanas del sistema operativo. Por otra parte, también hace más compleja la parte del cliente, ya que no se limita a dibujar bitmaps como VNC, sino que debe ser capaz de dibujar ventanas a partir de la información recibida.

Así, Remote Desktop es la implementación que incorporan los sistemas operativos de Microsoft, mientras que NX es una extensión del protocolo estándar de X-Window para comprimir la información y optimizar el uso de red. Citrix es un protocolo propietario.

En resumen:

| Ventajas | Inconvenientes |
|---|---|
| ■ Uso eficiente de la red<br>■ Bajo uso de la CPU en el servidor<br>■ Posibilidad de enviar información no estrictamente gráfica: sonidos, etc. | ■ Requiere un alto grado de acoplamiento con el SO, por lo que no es tan universal como VNC<br>■ Clientes más complejos que sean capaces de decodificar y representar la información gráfica |

Pese al aumento de la complejidad en los clientes, el uso eficiente de la red hace que ésta sea la opción más usada en redes con muchos usuarios, o para conexiones remotas en las que la conexión de red no sea excesivamente rápida. Para solventar el problema de la complejidad del cliente en el caso de thin clients, es común que el funcionamiento del protocolo se implemente en hardware.

## Teletrabajo y extranets

Para mejorar la movilidad de los usuarios, es posible establecer esquemas que permitan a los usuarios acceder de forma remota a todos los recursos de la organización de la misma manera que si utilizasen su propia estación. Para ello hay diferentes esquemas:

### *Redes privadas virtuales (VPNs)*

Esta técnica consiste en encapsular el tráfico entre el servidor y el cliente remoto de forma segura, de manera que el terminal remoto aparezca ante el servidor como si se encontrase dentro de la misma LAN de la organización. Este proceso es transparente y es el que da el nombre a la técnica, ya que establece un segmento de red "virtual" y transparente que permite llevar a cabo la conexión.

Dado el gran nivel de acceso que otorga esta técnica a usuarios externos, un aspecto muy importante es garantizar la autenticidad del usuario, así como el mantenimiento de la confidencialidad de datos y de la integridad de los mismos. Para ello, se utilizan diferentes mecanismos:

- Cifrado de datos: Garantiza la confidencialidad de la información encriptando los datos a partir de una clave secreta conocida únicamente por el emisor y el receptor. El cifrado puede ser simétrico (una sola clave secreta) o asimétrico (emisor y receptor tienen dos claves: pública y privada). Si bien el cifrado simétrico es más sencillo y eficiente de implementar, requiere un mecanismo seguro de comunicación de claves, cosa que no ocurre en el caso del cifrado asimétrico, que por propia concepción permite la comunicación segura sin necesidad de intercambiar previamente información confidencial.

- Firma digital: Mecanismo generalmente basado en el cifrado asimétrico, que permite adjuntar una "firma" a los datos enviados que asegura que los datos provienen del emisor y que no han sido alterados, accidental o intencionadamente, durante la transmisión.

- Certificados digitales: Son un mecanismo que permite el intercambio seguro de claves. El funcionamiento se basa en utilizar como intermediario una entidad de confianza, que garantiza que las claves intercambiadas son de quien dicen ser y no han sido alteradas.

### *Extranets*

Una extranet permite el acceso externo a la intranet interna de una organización. Si el funcionamiento de la organización se basa en aplicaciones web, el acceso extranet es equiparable a la conexión desde un terminal local.

La ventaja de las extranets respecto a las redes privadas virtuales es que, al basarse en aplicaciones web, y por tanto utilizar protocolos de Internet, no requieren configuraciones especiales y permiten el acceso externo desde cualquier ordenador con acceso a Internet.

Para mejorar la movilidad de los usuarios, es posible establecer esquemas que les permitan acceder de forma remota a los recursos de la organización de la misma forma que si utilizasen su propia estación de trabajo. Para conseguir este objetivo existen diferentes esquemas:

## Escalabilidad en esquemas cliente/servidor

En un esquema como thin client, en el que todo el trabajo pasa por un servidor central, es importante dimensionar correctamente el hardware del servidor, así como establecer mecanismos destinados a prevenir que el servidor se convierta en un cuello de botella del sistema si, con el tiempo, aumenta el número de usuarios.

Es necesario analizar la escalabilidad desde dos puntos de vista:

- De proceso: Que el servidor tenga la suficiente potencia como para procesar todas las peticiones.

- De datos: Que el sistema pueda guardar los datos de todos los usuarios

Por lo que respecta a la escalabilidad a nivel de procesamiento, algunas técnicas para mejorarla son:

- Balanceo de carga: Disponer de varios servidores, asignando las peticiones de forma equilibrada entre ellos para evitar la saturación.

- Clustering: Un clúster es un conjunto de ordenadores configurados para que, de cara a los programas, se presenten como un único ordenador de gran rendimiento. De esta forma, la carga del cluster se distribuye entre los diferentes ordenadores que lo componen, además de que, en caso de necesitar más potencia, es posible añadir más máquinas al cluster de forma transparente.

Algunas técnicas para mejorar la escalabilidad de datos son:

- RAID: Un RAID es un arreglo de discos configurado para que actúe como un disco de mayor tamaño. Además, y dependiendo del esquema RAID concreto, es posible conseguir tolerancia a fallos en caso de avería de un disco, además de un mayor rendimiento fruto de la duplicación y distribución de los datos.

Almacenamiento en red: Mediante diferentes tecnologías, es posible distribuir los datos en la propia red de la organización, de manera que las ampliaciones de la capacidad sean más sencillas y flexibles. Algunas tecnologías que permiten este comportamiento son las redes SAN (Storage Area Network), que llevan el concepto de sistema de ficheros a una red de fibra óptica o Gigabit Ethernet, o NAS (Network Attached Storage), que se basa en utilizar servidores específicos para el acceso a los datos.

# Redes

# El modelo OSI

## Índice de contenido

## Introducción

### El modelo de referencia OSI

La comunicación entre sistemas es un proceso complejo que abarca diferentes etapas, desde la codificación eléctrica de los datos hasta la coordinación lógica de todo el intercambio de información, además de muchas otras gestiones como el control de errores, la gestión de topologías de red complejas, etc.

Históricamente, todos estos aspectos eran llevados a cabo por cada fabricante, por lo que, a medida que las redes se fueron haciendo más complejas, sucedían dos cosas:

■ La complejidad de implementación aumentaba al pretender abarcar todo el problema de la comunicación como un todo global

■ Las soluciones de los diferentes fabricantes eran incompatibles entre sí

Para hacer frente a esta problemática, la organización ISO propuso en los años 1970 el modelo OSI (Open Systems Interconnection), un modelo de referencia común, que estableciese una serie de reglas comunes que facilitasen la compartimentación de las tareas y estandarizasen las implementaciones, proporcionando conectividad entre sistemas independientemente de su tecnología subyacente.

Así, el modelo OSI es una descripción abstracta de referencia para describir la comunicación entre sistemas. Para ello, divide las tareas de conexión en 7 niveles o capas, ordenados según el nivel de abstracción:

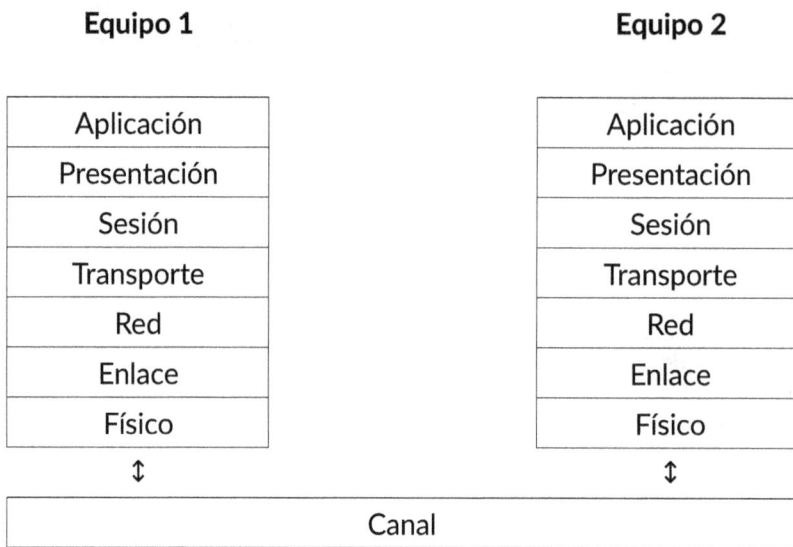

| Equipo 1 | Equipo 2 |
|---|---|
| Aplicación | Aplicación |
| Presentación | Presentación |
| Sesión | Sesión |
| Transporte | Transporte |
| Red | Red |
| Enlace | Enlace |
| Físico | Físico |
| ↕ | ↕ |
| Canal | |

Una capa es una colección de funciones conceptualmente similares que provee de servicios a la capa inmediatamente superior, mientras que a su vez utiliza los servicios de capas inferiores. La capa superior es la más cercana al usuario, mientras que la inferior es la más próxima al medio físico. Los servicios de cada capa son implementados por los diferentes protocolos.

El modelo OSI cumple tres propiedades:

■ La funcionalidad (protocolos) se agrupa en capas jerárquicas

■ Cada capa se comunica únicamente con las inmediatamente superior e inferior

■ Existe una simetría entre las capas de los diferentes sistemas

Si bien el modelo OSI nunca ha llegado a implementarse por completo, se ha establecido como referencia para comparar otros modelos como SNA o TCP/IP.

La especificación OSI tiene dos componentes:

■ El modelo de referencia: El modelo en sí, donde se establece el sistema de niveles, primitivas y protocolos, así como las funciones de cada nivel.

■ Un conjunto de protocolos de referencia que implementan las funciones de cada capa. No obstante, el modelo no obliga a utilizar estos protocolos, y permite el uso de cualquier otro que respete las normas del modelo.

La unidad de información en OSI es la PDU (Protocol Data Unit), que representaría el paquete de datos a enviar durante una comunicación. Cada nivel tendría su propio formato de PDU en función de sus necesidades, y así el formato de PDU de una capa será el de la capa inmediatamente superior, con la información extra que pueda ser necesaria a ese nivel. En el extremo receptor, el proceso será inverso, y así se irá eliminando información según sube la PDU entre los niveles, hasta llegar al nivel superior.

La comunicación entre capas se hace mediante un interfaz de operaciones llamadas primitivas. Cada capa dispone de sus primitivas, y el conjunto de primitivas que implementa una capa se conoce como SAP (Service Access Point).

## El concepto de protocolo. Representación y documentación

Un protocolo es un conjunto de reglas que rigen una comunicación. En el modelo OSI, los protocolos son los encargados de implementar las primitivas de cada capa.

Generalmente, un protocolo se compone de una serie de operaciones y un conjunto de estados. Existen diferentes formas de documentar y representar un protocolo:

### *Diagrama de secuencia*

Muestra la secuencia temporal de eventos asociada a diferentes operaciones:

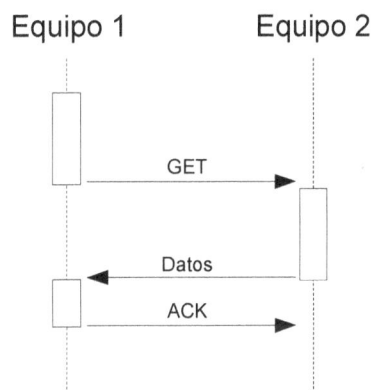

Equipo 1        Equipo 2

GET →

← Datos

ACK →

### *Diagrama de estados*

Muestra cómo varía el estado del sistema en función de los diferentes eventos, así como las acciones que se llevan a cabo en cada estado/cambio de estado. La representación es en forma de grafo, donde los nodos son los estados y las aristas representan los eventos:

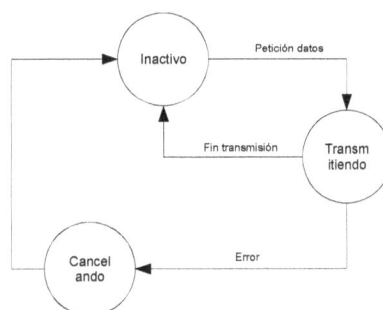

Inactivo — Petición datos → Transmitiendo

Transmitiendo — Fin transmisión → Inactivo

Transmitiendo — Error → Cancelando

Cancelando → Inactivo

### Tablas de estados

Muestra la misma información que con un diagrama de estados, pero en forma tabular. Es útil para protocolos complejos, en los que un elevado número de estados daría lugar a un diagrama de estados confuso y poco legible.

# Niveles del modelo OSI

## Físico

El nivel físico es el primer nivel de la arquitectura OSI, y es el que está en contacto directo con el hardware y el medio de transmisión. Define, entre otras cosas:

- Características del medio
- Características mecánicas: Tipo de conectores, cableado, etc.
- Representación de la información y modulaciones
- Sincronización de reloj

La unidad de información (PDU) en este nivel es el bit.

## Enlace. MAC y LLC

Este nivel se encarga de la transmisión de paquetes de datos entre nodos adyacentes de una red local. Algunos de los aspectos que se pueden gestionar en este nivel son:

- Transferencia de datos
- Control de flujo
- Gestión de errores

La unidad de información en este nivel es el paquete de datos, y el direccionamiento identificaría a los sistemas únicamente en la red local.

Este nivel se divide en dos subniveles:

- MAC (Media Access Control): Control de acceso al medio, es el encargado de coordinar el acceso ordenado al medio de transmisión por parte de diferentes sistemas.
- LLC (Logical Link Control): Control del enlace, es el que se encarga de la coordinación de la transmisión de datos, y es el que proporciona el direccionamiento, la gestión de errores o el control de flujo.

Un ejemplo de protocolo MAC sería CSMA/CD, que es el esquema usado en Ethernet para acceder al canal. Consiste en una serie de reglas que, monitorizando el canal y comparando lo leído con lo enviado, permiten detectar colisiones, por tanto, asegurar que sólo un sistema transmite en un momento dado.

Un protocolo LLC sería HDLC, que es un protocolo de transmisión de datos que permite el envío confiable de paquetes de datos, gestionando el troceado/ensamblaje, la gestión de errores y el control de flujo. HDLC es, además, el protocolo oficial de OSI para el nivel de enlace.

## *Ejemplo: CSMA/CD*

El esquema CSMA/CD (Carrier Sense Multiple Access / Collission Detection) es el estándar en redes ethernet, y es un ejemplo de protocolo MAC.

En este esquema cuando un nodo desea enviar algo por la red realiza los siguientes pasos:

1. Escuchar el canal. Si está ocupado, esperar hasta detectarlo inactivo

2. Empezar la transmisión. Leer los datos al mismo tiempo que se escriben, en busca de diferencias.

3. Si los datos leídos son diferentes de los enviados, es que otro nodo ha empezado también a transmitir, y se ha producido una colisión:

   1. Seguir transmitiendo un tiempo prefijado para asegurarse de que la colisión es detectada por toda la red (jam signal).

   2. Detener el envío, y esperar un tiempo aleatorio

   3. Volver al punto 1

4. Si por el contrario los datos leídos son iguales que los enviados, la transmisión finaliza con éxito.

Dado que el medio de transmisión es común, todos los nodos reciben toda la información. El proceso de recepción, por tanto, sería:

1. Escuchar el canal hasta detectar el inicio de una trama

2. Recibir la trama

3. Comprobar el CRC y que el tamaño sea correcto

4. Si la dirección es la de la estación actual, procesar la trama. Si no, descartarla.

El esquema CSMA/CD es muy simple de implementar, y al mismo tiempo muy eficiente si el número de nodos es moderado y se escogen con inteligencia los tiempos de espera de cada nodo en caso de colisión. No obstante, es poco escalable, y a medida que la red crece el número de colisiones puede hacerse inaceptable, ya que con solo un 40% de uso del medio la red puede volverse inusable por el elevado número de colisiones. En esos casos, se usan otros esquemas como la ethernet conmutada.

## Red

La función del nivel de red es permitir la comunicación entre nodos cualesquiera de la red, sean adyacentes o no e independientemente de la topología de la red. Así, este nivel proporciona:

■ Enrutamiento de paquetes entre redes

■ Direccionamiento global

Un ejemplo de protocolo de red sería IP que, por una parte, define una nomenclatura homogénea y unívoca para todos los nodos de la red (las direcciones IP), mientras que al mismo tiempo permite el envío de información entre ellos, encargándose de enrutar los paquetes entre redes si corresponde.

La tarea de determinar cómo encaminar los paquetes para llegar a destino está a cargo de los protocolos de enrutado, como por ejemplo RIP y OSPF. Estos protocolos monitorizan el estado de la red buscando cambios en la topología, propagando esa información por toda la red de forma que cada nodo/enrutador pueda construir sus tablas de enrutado y determinar, por tanto, la ruta óptima para llegar a cada nodo. RIP usa como criterio el número de saltos (hops) entre origen y destino para determinar la calidad de una ruta, mientras que OSPF tiene en cuenta la calidad de los enlaces y usa algoritmos de recorrido en grafos.

El nivel de red puede estar vacío en el caso de redes locales, en las que el enrutamiento no es necesario.

En el modelo OSI, el protocolo de red oficial es X.25, mientras que para el enrutado se usan los protocolos ES-IS y IS-IS:

### Ejemplo: IP

IP es un protocolo que proporciona transmisión simple de información entre dos sistemas. Tiene las siguientes características:

■ No es orientado a conexión

■ Permite fragmentar la información en fragmentos (datagramas) de manera que puede adaptarse al tamaño de paquete de diferentes redes físicas.

■ Abstrae la topología de la red de la transmisión, encontrando así la ruta correcta hasta el destino independientemente de cómo/dónde está conectado.

■ No realiza control de errores, de manera que se acepta que un paquete se pierda, llegue mal o sus fragmentos lleguen desordenados

■ No hay control de flujo

### Transmisión de datos

Un datagrama IP se compone de los datos y una cabecera con información. Esta cabecera contiene, entre otras, las siguientes informaciones:

■ Direcciones origen y destino

■ Checksum: Sólo de la cabecera, de los datos no se hace comprobación

■ Protocolo superior que ha generado la transmisión (p. ej. TCP)

■ Información de fragmentación: ID del fragmento, flag indicador de último fragmento, etc.

■ TOS: Type of Service, describe requerimientos de calidad de servicio como latencia máxima, throughput mínimo, prioridad, etc. En muchas implementaciones no se usa.

- TTL: Time to live, es un contador que va decreciendo conforme el paquete recorre la red. Cuando llega a 0, se descarta el paquete.

- Timestamps: Marcas de tiempo que indican el momento en que se generó el paquete, cuándo fue procesado por cada router, etc. Permiten reconstruir la ruta de un paquete y analizar el rendimiento.

La transmisión de un paquete implica generalmente su división en fragmentos más pequeños, a los que se les asigna un identificador y, en particular, al último se le asigna un flag de último paquete. Una vez enviados, cuando un router de la red detecta que un paquete es un fragmento, empieza a acumular todos los fragmentos, hasta que los ha recibido todos, momento en el cual reenvía el paquete entero, refragmentándolo si es necesario según las características de la siguiente red. Si pasa un determinado tiempo y no se han recibido todos los fragmentos de un paquete, se descarta por completo.

## Direccionamiento

El direccionamiento en IP se hace mediante direcciones de 32 bits, indicadas como 4 bytes separados por puntos. Parte de esta dirección indica la subred a la que pertenece la dirección. Históricamente, la evolución en la forma de dividir estas dos partes ha sido la siguiente:

- Clases: Inicialmente, se dividió el espacio de direcciones en 4 tipos de direcciones, en función de cuántos bits se dedicasen a la subred y cuántos al host. Era un esquema sencillo, porque la información de subred estaba en la propia dirección (con los 3 primeros bits se sabía la clase de la IP), pero al hacer saltos de un byte entero entre una clase y otra desperdiciaba muchas direcciones y, a medida que el tamaño de las redes creció, provocó el agotamiento del espacio de direcciones.

- Máscaras de subred: Junto con la IP se proporciona una máscara de subred, que indica qué bits de la dirección corresponden a la subred. Por ejemplo, la IP 192.168.0.1 puede llevar asociada la máscara de subred 255.255.255.0, que indica que los 3 primeros bytes son la subred, y el último byte es el host. Esto permite una creación de clases mucho más fina, adaptándose mejor a los casos y desperdiciando menos direcciones.

- CIDR: Classless interdomain routing, es el mismo concepto que las máscaras de subred, pero con una notación más compacta. Así, los bits que se usan para subred se indican con una barra al final de la dirección y el número de bits. En el ejemplo anterior, sería 192.168.0.1/24

Para solventar aún más el problema del agotamiento de direcciones, en 1996 se establecieron algunos rangos de IPs como direcciones privadas, de forma que subredes internas puedan utilizar sus propias IPs, y luego salir al exterior usando una única IP. La traducción entre las IPs privadas y la IP pública se hace mediante NAT (network address translation), que es una técnica que altera las IPs de los paquetes para cambiarlas según el paquete esté en la red interna o en el exterior.

## Enrutado

IP lleva a cabo el enrutado de paquetes, determinando la mejor ruta hasta el destino independientemente de la topología de la red. Para ello, en cada router utiliza una tabla de enrutado que le dice, en función de la dirección destino del paquete, cuál es el siguiente salto que debe tomar de entre todos los posibles.

Las tablas de enrutado son generadas y mantenidas por protocolos específicos de enrutado, como RIP o OSPF, y contienen entradas con la siguiente información:

- Dirección destino: Marca para qué dirección/subred son válidos los siguientes campos

- Interfaz

- Dirección del siguiente router

- Información de velocidad del enlace (número de hops, calidad, etc.)

- Antigüedad de la entrada: Las entradas expiran con el tiempo para hacer frente a cambios en la red.

De esta forma, para determinar el siguiente salto, se buscaría la dirección destino en la tabla de enrutado, y se reenviaría el paquete a la dirección del siguiente router.

## IPsec

IPsec es una extensión de IP (opcional en IPv4, pero obligatoria en IPv6) que añade características de seguridad a IP. A diferencia de otras soluciones similares como SSL o HTTPS, IPsec opera en la capa de red, por lo que no requiere soporte específico de la aplicación o niveles superiores.

IPsec ofrece:

- Autenticación: Asegurar que el paquete es de quien dice ser, y que no ha sido modificado por el camino. Utiliza hashes criptográficos para crear firmas de los datos del paquete.

- Cifrado: Cifrar la información de manera que sólo pueda verla el receptor. Utiliza sistemas de doble clave.

IPsec puede funcionar en dos modos:

- Transporte: Sólo se cifran los datos del paquete, dejando la cabecera intacta

- Tunnelling: Se cifra el paquete entero, encapsulándolo dentro de otro

La evolución del estándar IP actual (IPv4) es IPv6, que presenta como principales diferencias:

- Espacio de direcciones de 128 bits

- Menores comprobaciones para acelerar la transmisión. P. ej., se elimina la comprobación de checksum en la cabecera

- Inclusión forzosa de IPsec

### *Ejemplo: protocolos de enrutado RIP y OSPF*

Como se ha explicado anteriormente, el protocolo IP es un protocolo de red, que por tanto permite el envío de datos entre dos nodos cualesquiera de la red, independientemente de su ubicación. Para saber el camino hasta cada nodo, utiliza las tablas de enrutado en cada router de la red con el fin de determinar la ruta correcta hasta el destino. Si bien IP usa estas tablas, la generación de las mismas está a cargo de diferentes protocolos de enrutamiento.

En términos generales, una tabla de enrutado debe dar, para una dirección destino, el siguiente paso de la ruta óptima para poder llegar. Los criterios para establecer qué ruta es la óptima son diversos, y los protocolos de enrutado se agrupan en dos tipos:

- Por distancia: Establecen como medida el número de routers intermedios (hops) que hay que atravesar para llegar.

- Por calidad de enlace: No sólo se usa el número de routers intermedios, sino que se tienen en cuenta también otros aspectos, como la velocidad del enlace, la tasa de errores, la latencia, etc.

Las necesidades de enrutado varían también dependiendo de la función que lleve a cabo el router en la red:

- Interior router: Interconecta dos subredes relativamente cercanas, tratando directamente con nodos de las mismas.

- Border o external router: Interconecta dos redes lejanas o complejas, generalmente sin tratar directamente con nodos sino con routers interiores.

A continuación se muestran dos de los protocolos de enrutado más comunes.

## RIP

El protocolo RIP es un protocolo interior basado en la distancia. Concretamente, mide los enlaces según el número de hops necesario para llegar a destino.

La medición se lleva a cabo mediante el envío periódico de su tabla de enrutado, en la forma de paquetes con la siguiente información:

- IP destino

- Número de hops necesarios para llegar a la IP

- Información adicional (timestamp, etc.)

Cuando un router lee un paquete RIP de un router adyacente, lo retransmite aumentando en 1 el número de hops. De esta forma, cada router puede, leyendo estos paquetes, determinar el coste de llegar a otro nodo. Para evitar bucles, si el número de hops es superior a 16, se descarta el paquete y se asume que no se puede llegar a ese destino.

Los dispositivos RIP pueden ser:

- Activos: Emiten paquetes regularmente

- Pasivos: Sólo escuchan para actualizar sus tablas de enrutado

Si bien RIP es muy simple, presenta también numerosos inconvenientes:

- Genera mucho tráfico en la red

- Tiene problemas con bucles en la red. No son fatales, pero puede pasar un tiempo considerable hasta que las tablas de enrutado se estabilicen (tiempo de convergencia)

- No es viable para redes grandes, en las que pueda haber más de 16 saltos

Pese a estos problemas, la simplicidad de RIP hace que se utilice en redes LAN rápidas.

## OSPF

OSPF es un protocolo de estado de enlace, por lo que tiene en cuenta no sólo el número de saltos hasta el destino, sino también parámetros como la velocidad o la tasa de errores del enlace.

OSPF se basa en la topología de la red. Así, la información que envía un nodo OSPF es una descripción sobre qué otros nodos tiene conectados directamente, junto con una descripción de sus enlaces. Con esta información, cada nodo puede construirse un grafo dirigido de toda la red, y calcular el camino mínimo a cualquier otro nodo mediante algoritmos de recorrido de grafos.

El cálculo de camino mínimo tiene en cuenta la calidad de los enlaces, e incluso, si hay dos caminos equivalentes, OSPF obliga a balancear el tráfico entre ambos.

Además, OSPF permite definir áreas, tanto para facilitar el enrutado y compactar las tablas como para poder establecer restricciones de seguridad en el acceso.

Las ventajas de OSPF respecto a RIP son:

- Más funcionalidad: Calidad de servicio, definición de áreas, etc.

- Menor tráfico en la red: La información de enrutado sólo se envía cuando cambia la topología de la red.

Por contra, OSPF requiere más recursos en los routers para el mantenimiento de los grafos y el cálculo de camino mínimo.

### Transporte

El nivel de transporte proporciona el envío de información de forma confiable entre dos nodos de la red. Tiene dos funciones principales:

- Proporciona confiabilidad a la transmisión de datos

- Sirve de frontera entre el hardware y el software

Un ejemplo de protocolo de transporte sería TCP, que funciona sobre IP (protocolo de red), añadiendo la gestión de errores, control de flujo y gestión de la calidad de servicio que IP no proporciona.

El protocolo oficial de transporte de OSI es TP4, de características similares a TCP.

### *Ejemplo: TCP*

TCP es uno de los protocolos centrales de TCP/IP. Funciona sobre IP, y ofrece las funcionalidades que este último no tiene, como:

- Transferencias confiables: Se hace comprobación de checksum de los datos, y se envían respuestas positivas para confirmar la recepción correcta.

- Establecimiento de conexión

- Control de flujo

- Transferencia en orden

- Multiplexación: Diferentes usuarios pueden compartir el mismo canal.

TCP no está basado en paquetes, sino en flujos de bytes.

TCP introduce el concepto de puertos y sockets. Un puerto está asociado a un servicio concreto, y consiste en un número. Los puertos menores de 1024 están asignados a servicios estándar (como HTTP=80), mientras que los puertos superiores están disponibles para servicios de usuario.

La combinación de una IP y un número de puerto se conoce como socket, y es el enlace entre la aplicación que lo ha creado y la pila TCP/IP.

## Establecimiento de la conexión

El establecimiento de una conexión se puede hacer de dos maneras:

- Activa: Iniciarla explícitamente

- Pasiva: Esperar a una conexión entrante

Para establecer la conexión, se hace un handshake de 3 vías, que consiste en el siguiente proceso:

1. El cliente envía un paquete con el flag SYN indicando que desea conectar

2. El servidor responde con el flag SYN-ACK

3. El cliente envía el flag ACK al servidor, y se considera establecida la conexión

## Transmisión de datos

La transmisión de datos en TCP se hace en forma de segmentos, que son fragmentos del flujo de bytes asociado al socket. Cada segmento tiene asociada la siguiente información:

- Puertos origen y destino

- Número de secuencia: Indica a qué byte del flujo de datos se corresponde el primer byte de datos del segmento

- ACK: Número de secuencia a confirmar, por si la trama es de ACK

- Flags: Diferentes indicadores de urgencia (URG), de ACK, de fin de tranmisión (FIN), de establecimiento de conexión (SYN), etc.

- Checksum de los datos

- Tamaño de ventana recomendado para futuras transmisiones (ver control de flujo)

TCP ofrece transmisión de datos confiable. Para asegurar que un segmento ha llegado correctamente, cada byte del flujo tiene asociado un número de secuencia, y se envían confirmaciones positivas. El esquema sería el siguiente:

- Se envía la información en forma de segmentos (partes de la secuencia)

- Cuando llega un segmento, el receptor examina a qué parte de la secuencia se corresponde y responde con un ACK que confirma que se han recibido correctamente datos hasta el número de secuencia leído.

Hay que tener en cuenta que la confirmación se hace en orden, por lo que si, por ejemplo, se han confirmado hasta el byte 500 y llegan los bytes 700-800, no se enviará el ACK de 800 hasta haber recibido los bytes 500-700. En su lugar, al recibir los 700-800 se reenviará el ACK de 500, como forma de indicar al transmisor de que faltan datos. En el caso del transmisor, si expira un temporizador y no se reciben ACKs, se reenviará toda la información pendiente desde el último ACK confirmado.

No es el funcionamiento óptimo, porque la pérdida de un solo segmento puede provocar la retransmisión de muchos datos, pero hace muy simple el protocolo. Un esquema opcional es el SACK (Selective ACK), que permite hacer ACK de partes específicas de la secuencia, de manera que sólo sea necesario retransmitir lo estrictamente necesario. Si bien SACK complica el protocolo, por su utilidad la mayor parte de implementaciones lo utilizan.

## Control de flujo

El control de flujo en TCP se hace mediante un sistema de ventana adaptable. Así, al transmitir se lleva un contador de bytes enviados y bytes confirmados. Si la diferencia entre estos dos valores supera un umbral (el tamaño de ventana de transmisión) no se puede transmitir más, hay que esperar a que se confirmen más bytes.

El tamaño de ventana se va ajustando dinámicamente según diferentes algoritmos, además de utilizar las recomendaciones que el receptor envía junto con los ACKs..

## Sesión

La función del nivel de sesión es proporcionar los mecanismos para establecer sesiones en la comunicación y gestionar la sincronización en la comunicación.

Un ejemplo muy típico de uso del nivel de sesión sería en el caso de una videoconferencia, en la que interesa que el audio y el vídeo estén correctamente sincronizados.

Como ejemplo, el protocolo TCP proporciona funcionalidades del nivel de sesión, tanto mediante el establecimiento de conexiones explícitas como con el soporte de puertos, que son una mecanismo de direccionamiento adicional que permite multiplexar conexiones entre diferentes sistemas por el mismo canal.

## Presentación

La capa de presentación se encarga de resolver las diferencias que pueden existir entre los diferentes sistemas en cuanto a la representación de los datos. Concretamente, se ocupa de aspectos como:

- Codificación de caracteres: Qué representación se usará (ASCII, ECBDIC)
- Cifrado
- Compresión de datos
- Otros aspectos (fechas, representación strings, etc.)

En realidad, en la práctica los protocolos no distinguen demasiado entre este nivel y el de aplicación, encontrándose las funcionalidades mezcladas. Por ejemplo, el protocolo HTTP (de aplicación) gestiona también las diferencias en cuanto a codificaciones de caracteres entre los distintos países.

## Aplicación

El nivel de aplicación es la capa superior del modelo OSI, y es el enlace con las aplicaciones y usuarios. Por tanto, aquí entran todos aquellos protocolos que se usan directamente desde una aplicación.

Algunos protocolos definidos por el modelo OSI son FTAM (transferencia de datos, similar a FTP), VT (terminales virtuales) o CMIP (para gestión de red, también usado en TCP/IP).

## *Ejemplo: HTTP*

### Introducción e historia

El protocolo HTTP permite la recuperación de documentos de texto entrelazados entre ellos (hipertexto), y supone la base de la WWW.

HTTP fue desarrollado conjuntamente por el WWW Consortium y el IETF, dando lugar a la versión HTTP 1.1, que es la vigente hoy día.

HTTP usa un esquema cliente/servidor, en el que los clientes hacen peticiones al servidor web. Aunque HTTP es un protocolo de aplicación, y puede funcionar sobre cualquier enlace de transporte, la situación más común es que funcione sobre TCP, utilizando el puerto 80.

La evolución de HTTP ha sido la siguiente:

- HTTP/0.9 (1991): Sólo soporta el comando GET

- HTTP/1.0 (1996): Primera versión de uso general, soporta las principales características.

- HTTP/1.1 (1999): Versión en uso actualmente, añade nuevas características:

    o Conexiones persistentes: Reutilizar luna conexión para más de un comando, en vez de cerrar la conexión en cada comando como hace HTTP/1.0.

    o Pipelining de peticiones: Permitir el envío de nuevos comandos antes de recibir la respuesta del primero, de forma que se puedan ir procesando.

    o Byte serving: Solicitar sólo parte de un recurso.

### Direccionamiento

Los documentos que solicitan los clientes al servidor están referenciados por una URL (Uniform Resource Locator), que es una cadena de texto que identifica unívocamente a un documento. El formato de una URL es:

<esquema>:<dirección>

Donde esquema indica el tipo de comunicación, que será "http" para el caso de HTTP, y dirección es un localizador compuesto de una jerarquía de nombres separados por barras. Por ejemplo, una URL válida sería http://www.google.com.

### Comandos

HTTP es un protocolo relativamente simple, y funciona mediante comandos textuales. El formato siempre es el mismo:

<Petición> <URL> <Versión soportada>

<Cabeceras>

<Cuerpo>

Donde Petición es el comando, URL el recurso a descargar, las cabeceras indican parámetros extra al servidor y Cuerpo es opcional, y se refiere al contenido en comandos que impliquen el envío de recursos.

Los comandos disponibles son:

- GET: Solicita la descarga de la URL dada.

- HEAD: Como GET, pero no descarga nada, simplemente permite obtener meta-información sobre el documento.

- POST: Envía datos para ser procesados (p. ej., un formulario HTML). Los datos a enviar se incluyen en la propia petición, después de la URL.

- PUT: Sube al servidor un recurso a la ruta indicada en la URL.

- DELETE: Elimina del servidor el recurso referenciado.

- TRACE: Permite reconstruir la ruta de una petición, para ver la influencia de servidores intermedios.

- OPTIONS: Permite saber los parámetros soportados por el servidor web.

- CONNECT: Permite establecer una conexión cifrada.

De estos comandos, sólo son obligatorios GET y HEAD, el resto son opcionales.

Los comandos HEAD, GET, OPTIONS y TRACE se consideran seguros, ya que únicamente solicitan información y, por tanto, no alteran en principio el estado del servidor como sí hacen comandos como PUT o DELETE.

La respuesta del servidor incluye, además del contenido solicitado, un conjunto de cabeceras de respuesta, así como una línea de estado que contiene un código de respuesta y un texto descriptivo.

Los códigos de respuesta más comunes son:

- 200 OK: Todo correcto

- 404 Not found: No se ha encontrado el recurso solicitado.

- 403 Forbidden: No está autorizado a acceder a ese recurso.

Un ejemplo de comunicación sería el siguiente:

| Petición del cliente | Respuesta del servidor |
|---|---|
| `GET /index.html HTTP/1.1`<br>`Accept-Language = es` | `HTTP/1.1 200 OK`<br>`Date: Mon, 14 May 2008 18:34:16 GMT`<br>`Server: Apache/2.0.15 (Unix)`<br>`Content-Length: 234`<br>`Content-Type: text/html;`<br>`charset=UTF-8` |

## HTTPS

HTTPS es la combinación del protocolo HTTP con características de cifrado y autenticación.

El funcionamiento de HTTPS consiste en encapsular la comunicación HTTP sobre un canal SSL (o su sucesor, TSL), que es un protocolo de transporte cifrado. El proceso para conectar sería el siguiente:

- El cliente se conecta y envía al servidor una lista de métodos de autenticación/cifrado que soporta.

- El servidor compara los métodos soportados por el cliente con los suyos propios, elige el más potente de entre los comunes, y lo notifica al cliente.

- El servidor envía al cliente su certificado digital (que contiene su nombre, su clave pública y el id de la autoridad de certificación que garantiza la veracidad de la información).

- El cliente verifica con la autoridad de certificación que el certificado es correcto.

- El cliente genera una clave de cifrado aleatoria, la cifra con la clave pública del servidor, y se la envía. A partir de ese momento, esa será la clave que se usará para el cifrado.

En HTTP/1.1, es posible cambiar una misma conexión de abierta a cifrada sin necesidad de desconectar.

Las URLs de HTTPS empiezan por https:// en lugar de por http://.

# Análisis del modelo OSI

## Críticas

Críticas:

- Diferencia de grosor entre capas
- Funcionalidad duplicada
- Excesiva complejidad

## Alternativas: TCP/IP

La alternativa evidente al modelo OSI, más que nada porque es la que se ha impuesto como estándar de facto, es el modelo TCP/IP que, si bien al igual que OSI se basa en niveles jerárquicos, presenta diferencias fundamentales:

- La división en niveles no es rígida, y se puede romper. Esto permite evitar la duplicidad de funcionalidades entre niveles, y simplificar determinados tipos de comunicación.

- Simple. Se considera más importante mantener la simplicidad de los protocolos que dar más funcionalidad

- Menos niveles. En lugar de los 7 niveles, TCP/IP agrupa Aplicación, Presentación y Sesión en un único nivel, y unifica también Enlace y Físico como una misma entidad, para dar lugar a 4 niveles:

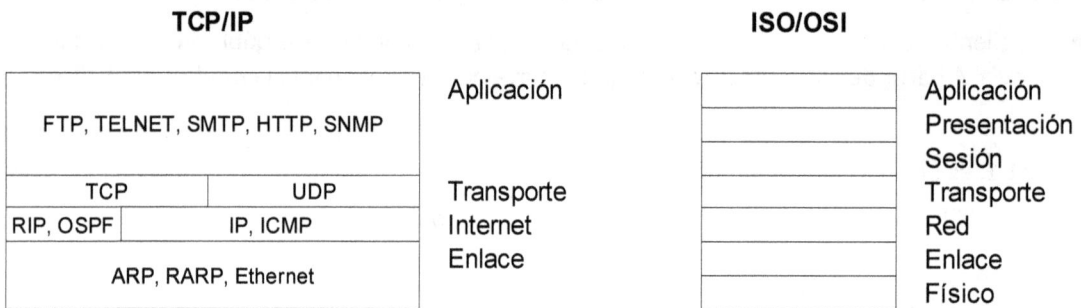

| TCP/IP | | ISO/OSI | |
|---|---|---|---|
| FTP, TELNET, SMTP, HTTP, SNMP | Aplicación | | Aplicación |
| | | | Presentación |
| | | | Sesión |
| TCP \| UDP | Transporte | | Transporte |
| RIP, OSPF \| IP, ICMP | Internet | | Red |
| ARP, RARP, Ethernet | Enlace | | Enlace |
| | | | Físico |

La simplicidad de TCP/IP ha hecho que sea fácil de implementar, y que las infraestructuras necesarias sean económicas, lo que ha dado lugar a su implantación como estándar. OSI, por contra, nunca ha llegado a implementarse por completo, y ha quedado como un modelo de referencia teórico.

# El modelo TCP/IP

## Índice de contenido

## Introducción

El problema de la comunicación entre sistemas es complejo, sobre todo cuando las redes crecen y se complican. En esos casos, considerar la tarea de comunicación en forma monolítica no es viable, y se hace necesario dividir el problema en tareas compartimentadas con dos objetivos: hacer abarcable el problema, y abstraer los detalles de cada extremo de la comunicación, de manera que sea posible la comunicación entre sistemas heterogéneos.

Para solucionar este problema se han desarrollado diferentes opciones, y una de ellas es TCP/IP. TCP/IP es un conjunto de protocolos estructurado en una serie de niveles jerárquicos, que representan las tareas a realizar a diferentes niveles de abstracción. Cada nivel proporciona una serie de servicios a los niveles superiores, que llevan a cabo tareas de complejidad creciente.

Los orígenes de TCP/IP están en ARPANet, una red militar que se desarrolló en los años 1970 y que terminó usándose para I+D en círculos académicos, y que fue el núcleo inicial de lo que después sería Internet. TCP/IP era la base de ARPANet, y la popularización de estos protocolos en círculos académicos hizo que se popularizase su uso y surgiesen diferentes implementaciones, haciendo que hoy en día sea el modelo estándar de facto, por diferentes motivos:

- TCP/IP es más simple que el modelo OSI, lo que facilita su implementación

- Existen diferentes implementaciones de TCP/IP que son de dominio público, la más popular la de la Universidad de Berkeley.

- El sistema operativo UNIX se construyó en torno a TCP/IP

A continuación se muestran los diferentes niveles de TCP/IP, junto con la comparación con sus equivalentes OSI:

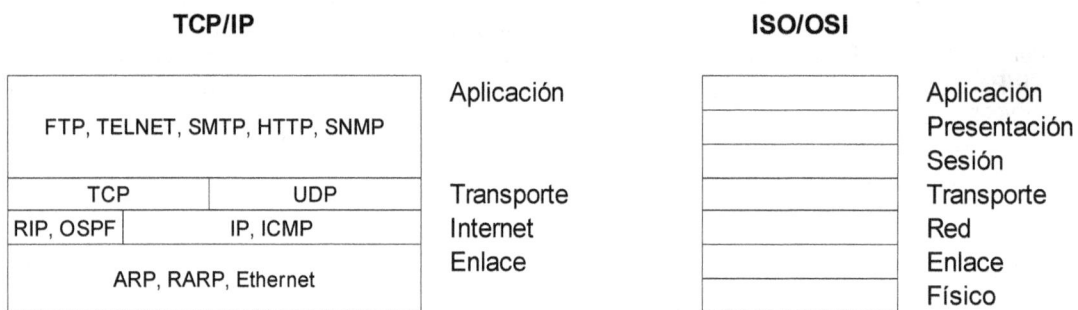

**TCP/IP**  |  **ISO/OSI**

| FTP, TELNET, SMTP, HTTP, SNMP | Aplicación |
| TCP / UDP | Transporte |
| RIP, OSPF / IP, ICMP | Internet |
| ARP, RARP, Ethernet | Enlace |

ISO/OSI: Aplicación, Presentación, Sesión, Transporte, Red, Enlace, Físico

## Protocolos de enlace

El nivel de enlace es el que conecta el medio físico con los niveles superiores. Así, permite la comunicación simple entre nodos directamente adyacentes en la red. En este nivel se incluyen, entre otros, los siguientes protocolos:

- Acceso al medio: Protocolos de acceso al medio físico, como Ethernet, DSL, o FDDI.

- ARP/RARP: Traducción entre direcciones físicas y de red

A continuación se explican en mayor detalle algunos de estos protocolos.

### ARP, RARP

El objetivo de ARP es permitir obtener la dirección física (MAC) de un nodo de la red a partir de su dirección de red (IP).

Para ello, se mantienen una serie de tablas de correspondencias entre nodos e IPs, que se actualizan a partir de la monitorización del tráfico en la red.

Cuando un nodo necesita saber la dirección física correspondiente a una IP, se envía un paquete broadcast a toda la red. Los nodos de la red que implementen ARP leerán la petición, compararán con sus tablas de correspondencia y, si hay coincidencia, responderán con la dirección física correspondiente.

El protocolo RARP es de funcionamiento similar, pero lleva a cabo la operación inversa: obtener direcciones IP a partir de direcciones físicas.

## Protocolos de Internet

El nivel de red es el encargado de transferir información entre dos sistemas, independientemente de su ubicación o de la topología de la red. En este nivel se pueden encontrar los siguientes protocolos:

- IP: Transmisión de datos

- ICMP: Señalización e intercambio de información de control

- ARP, RARP: Traducción entre direcciones físicas y de red

- RIP, OSPF: Enrutado

- DNS: Traducción de nombres a direcciones de red

En los siguientes apartados se explican en detalle cada uno de estos protocolos.

## IP

IP es un protocolo que proporciona transmisión simple de información entre dos sistemas. Tiene las siguientes características:

- No es orientado a conexión

- Permite fragmentar la información en fragmentos (datagramas) de manera que puede adaptarse al tamaño de paquete de diferentes redes físicas.

- Abstrae la topología de la red de la transmisión, encontrando así la ruta correcta hasta el destino independientemente de cómo/dónde está conectado.

- No realiza control de errores, de manera que se acepta que un paquete se pierda, llegue mal o sus fragmentos lleguen desordenados

- No hay control de flujo

### Transmisión de datos

Un datagrama IP se compone de los datos y una cabecera con información. Esta cabecera contiene, entre otras, las siguientes informaciones:

- Direcciones origen y destino

- Checksum: Sólo de la cabecera, de los datos no se hace comprobación

- Protocolo superior que ha generado la transmisión (p. ej. TCP)

- Información de fragmentación: ID del fragmento, flag indicador de último fragmento, etc.

- TOS: Type of Service, describe requerimientos de calidad de servicio como latencia máxima, throughput mínimo, prioridad, etc. En muchas implementaciones no se usa.

- TTL: Time to live, es un contador que va decreciendo conforme el paquete recorre la red. Cuando llega a 0, se descarta el paquete.

- Timestamps: Marcas de tiempo que indican el momento en que se generó el paquete, cuándo fue procesado por cada router, etc. Permiten reconstruir la ruta de un paquete y analizar el rendimiento.

La transmisión de un paquete implica generalmente su división en fragmentos más pequeños, a los que se les asigna un identificador y, en particular, al último se le asigna un flag de último paquete. Una vez enviados, cuando un router de la red detecta que un paquete es un fragmento, empieza a acumular todos los fragmentos, hasta que los ha recibido todos, momento en el cual reenvía el paquete entero, refragmentándolo si es necesario según las características de la siguiente red. Si pasa un determinado tiempo y no se han recibido todos los fragmentos de un paquete, se descarta por completo.

## Direccionamiento

El direccionamiento en IP se hace mediante direcciones de 32 bits, indicadas como 4 bytes separados por puntos. Parte de esta dirección indica la subred a la que pertenece la dirección. Históricamente, la evolución en la forma de dividir estas dos partes ha sido la siguiente:

- Clases: Inicialmente, se dividió el espacio de direcciones en 4 tipos de direcciones, en función de cuántos bits se dedicasen a la subred y cuántos al host. Era un esquema sencillo, porque la información de subred estaba en la propia dirección (con los 3 primeros bits se sabía la clase de la IP), pero al hacer saltos de un byte entero entre una clase y otra desperdiciaba muchas direcciones y, a medida que el tamaño de las redes creció, provocó el agotamiento del espacio de direcciones.

- Máscaras de subred: Junto con la IP se proporciona una máscara de subred, que indica qué bits de la dirección corresponden a la subred. Por ejemplo, la IP 192.168.0.1 puede llevar asociada la máscara de subred 255.255.255.0, que indica que los 3 primeros bytes son la subred, y el último byte es el host. Esto permite una creación de clases mucho más fina, adaptándose mejor a los casos y desperdiciando menos direcciones.

- CIDR: Classless interdomain routing, es el mismo concepto que las máscaras de subred, pero con una notación más compacta. Así, los bits que se usan para subred se indican con una barra al final de la dirección y el número de bits. En el ejemplo anterior, sería 192.168.0.1/24

Para solventar aún más el problema del agotamiento de direcciones, en 19 se establecieron algunos rangos de IPs como direcciones privadas, de forma que subredes internas puedan utilizar sus propias IPs, y luego salir al exterior usando una única IP. La traducción entre las IPs privadas y la IP pública se hace mediante NAT (network address translation), que es una técnica que altera las IPs de los paquetes para cambiarlas según el paquete esté en la red interna o en el exterior.

## Enrutado

IP lleva a cabo el enrutado de paquetes, determinando la mejor ruta hasta el destino independientemente de la topología de la red. Para ello, en cada router utiliza una tabla de enrutado que le dice, en función de la dirección destino del paquete, cuál es el siguiente salto que debe tomar de entre todos los posibles.

Las tablas de enrutado son generadas y mantenidas por protocolos específicos de enrutado, como RIP o OSPF, y contienen entradas con la siguiente información:

- Dirección destino: Marca para qué dirección/subred son válidos los siguientes campos

- Interfaz

- Dirección del siguiente router

- Información de velocidad del enlace (número de hops, calidad, etc.)

- Antigüedad de la entrada: Las entradas expiran con el tiempo para hacer frente a cambios en la red.

De esta forma, para determinar el siguiente salto, se buscaría la dirección destino en la tabla de enrutado, y se reenviaría el paquete a la dirección del siguiente router.

## IPsec

IPsec es una extensión de IP (opcional en IPv4, pero obligatoria en IPv6) que añade características de seguridad a IP. A diferencia de otras soluciones similares como SSL o HTTPS, IPsec opera en la capa de red, por lo que no requiere soporte específico de la aplicación o niveles superiores.

IPsec ofrece:

- Autenticación: Asegurar que el paquete es de quien dice ser, y que no ha sido modificado por el camino. Utiliza hashes criptográficos para crear firmas de los datos del paquete.

- Cifrado: Cifrar la información de manera que sólo pueda verla el receptor. Utiliza sistemas de doble clave.

IPsec puede funcionar en dos modos:

- Transporte: Sólo se cifran los datos del paquete, dejando la cabecera intacta

- Tunnelling: Se cifra el paquete entero, encapsulándolo dentro de otro

La evolución del estándar IP actual (IPv4) es IPv6, que presenta como principales diferencias:

- Espacio de direcciones de 128 bits

- Menores comprobaciones para acelerar la transmisión. P. ej., se elimina la comprobación de checksum en la cabecera

- Inclusión forzosa de IPsec

## ICMP

Como se ha visto anteriormente, IP es un protocolo de transmisión muy simple, y no sólo no dispone de mecanismos de detección de errores, sino que ni siquiera los notifica a los nodos implicados. Para ello se utiliza el protocolo ICMP, que se encarga del envío de señales de control y señalización.

ICMP tiene las siguientes características:

- Sólo se encarga de señalizar errores, no permite la recuperación

- Funciona sobre IP

- Para evitar bucles, ICMP no informa sobre errores en paquetes ICMP

ICMP envía, entre otros, los siguientes mensajes:

- El TTL de un paquete ha expirado

- Paquete corrupto

- Host unreachable: Ha sido imposible contactar con el destino. Tiene subtipos según la causa (fallo del host, fallo de red, protocolo no soportado, etc.).

- Paquetes rechazados por overflow: Sucede cuando un router se encuentra sobrecargado, en cuyo caso empieza a rechazar paquetes.

- Echo: Servicio que permite comprobar que un host se encuentra activo

- Redirect: Información de que la ruta no es correcta, usado para forzar actualización de las tablas de enrutado.

- Timestamp: Medida del tiempo de envío y procesado de paquetes.

## Enrutado. RIP y OSPF

Como se ha explicado anteriormente, el protocolo IP utiliza tablas de enrutado en cada router de la red con el fin de determinar la ruta correcta hasta el destino. Si bien IP usa estas tablas, la generación de las mismas está a cargo de diferentes protocolos de enrutamiento.

En términos generales, una tabla de enrutado debe dar, para una dirección destino, el siguiente paso de la ruta óptima para poder llegar. Los criterios para establecer qué ruta es la óptima son diversos, y los protocolos de enrutado se agrupan en dos tipos:

■ Por distancia: Establecen como medida el número de routers intermedios (hops) que hay que atravesar para llegar.

■ Por calidad de enlace: No sólo se usa el número de routers intermedios, sino que se tienen en cuenta también otros aspectos, como la velocidad del enlace, la tasa de errores, la latencia, etc.

Las necesidades de enrutado varían también dependiendo de la función que lleve a cabo el router en la red:

■ Interior router: Interconecta dos subredes relativamente cercanas, tratando directamente con nodos de las mismas.

■ Border o external router: Interconecta dos redes lejanas o complejas, generalmente sin tratar directamente con nodos sino con routers interiores.

A continuación se muestran dos de los protocolos de enrutado más comunes.

## *RIP*

El protocolo RIP es un protocolo interior basado en la distancia. Concretamente, mide los enlaces según el número de hops necesario para llegar a destino.

La medición se lleva a cabo mediante el envío periódico de su tabla de enrutado, en la forma de paquetes con la siguiente información:

■ IP destino

■ Número de hops necesarios para llegar a la IP

■ Información adicional (timestamp, etc.)

Cuando un router lee un paquete RIP de un router adyacente, lo retransmite aumentando en 1 el número de hops. De esta forma, cada router puede, leyendo estos paquetes, determinar el coste de llegar a otro nodo. Para evitar bucles, si el número de hops es superior a 16, se descarta el paquete y se asume que no se puede llegar a ese destino.

Los dispositivos RIP pueden ser:

■ Activos: Emiten paquetes regularmente

■ Pasivos: Sólo escuchan para actualizar sus tablas de enrutado

Si bien RIP es muy simple, presenta también numerosos inconvenientes:

■ Genera mucho tráfico en la red

■ Tiene problemas con bucles en la red. No son fatales, pero puede pasar un tiempo considerable hasta que las tablas de enrutado se estabilicen (tiempo de convergencia)

■ No es viable para redes grandes, en las que pueda haber más de 16 saltos

Pese a estos problemas, la simplicidad de RIP hace que se utilice en redes LAN rápidas.

### OSPF

OSPF es un protocolo de estado de enlace, por lo que tiene en cuenta no sólo el número de saltos hasta el destino, sino también parámetros como la velocidad o la tasa de errores del enlace.

OSPF se basa en la topología de la red. Así, la información que envía un nodo OSPF es una descripción sobre qué otros nodos tiene conectados directamente, junto con una descripción de sus enlaces. Con esta información, cada nodo puede construirse un grafo dirigido de toda la red, y calcular el camino mínimo a cualquier otro nodo mediante algoritmos de recorrido de grafos.

El cálculo de camino mínimo tiene en cuenta la calidad de los enlaces, e incluso, si hay dos caminos equivalentes, OSPF obliga a balancear el tráfico entre ambos.

Además, OSPF permite definir áreas, tanto para facilitar el enrutado y compactar las tablas como para poder establecer restricciones de seguridad en el acceso.

Las ventajas de OSPF respecto a RIP son:

- Más funcionalidad: Calidad de servicio, definición de áreas, etc.

- Menor tráfico en la red: La información de enrutado sólo se envía cuando cambia la topología de la red.

Por contra, OSPF requiere más recursos en los routers para el mantenimiento de los grafos y el cálculo de camino mínimo.

## Protocolos de transporte

El nivel de transporte es el encargado de ofrecer transmisión confiable de datos. Para ello, utiliza como base los protocolos del nivel inferior, añadiendo sobre ellos las características necesarias.

Los protocolos de transporte en TCP/IP son básicamente dos:

- TCP: Transmisión confiable de datos, con conexiones, detección de errores y control de flujo.

- UDP: Transmisión simple de datos sin garantías.

### TCP. Características, puertos y sockets, secuencias, segmentos y ventanas.

TCP es uno de los protocolos centrales de TCP/IP. Funciona sobre IP, y ofrece las funcionalidades que este último no tiene, como:

- Transferencias confiables: Se hace comprobación de checksum de los datos, y se envían respuestas positivas para confirmar la recepción correcta.

- Establecimiento de conexión

- Control de flujo

- Transferencia en orden

- Multiplexación: Diferentes usuarios pueden compartir el mismo canal.

TCP no está basado en paquetes, sino en flujos de bytes.

TCP introduce el concepto de puertos y sockets. Un puerto está asociado a un servicio concreto, y consiste en un número. Los puertos menores de 1024 están asignados a servicios estándar (como HTTP=80), mientras que los puertos superiores están disponibles para servicios de usuario.

La combinación de una IP y un número de puerto se conoce como socket, y es el enlace entre la aplicación que lo ha creado y la pila TCP/IP.

## Establecimiento de la conexión

El establecimiento de una conexión se puede hacer de dos maneras:

- Activa: Iniciarla explícitamente
- Pasiva: Esperar a una conexión entrante

Para establecer la conexión, se hace un handshake de 3 vías, que consiste en el siguiente proceso:

1. El cliente envía un paquete con el flag SYN indicando que desea conectar
2. El servidor responde con el flag SYN-ACK
3. El cliente envía el flag ACK al servidor, y se considera establecida la conexión

## Transmisión de datos

La transmisión de datos en TCP se hace en forma de segmentos, que son fragmentos del flujo de bytes asociado al socket. Cada segmento tiene asociada la siguiente información:

- Puertos origen y destino
- Número de secuencia: Indica a qué byte del flujo de datos se corresponde el primer byte de datos del segmento
- ACK: Número de secuencia a confirmar, por si la trama es de ACK
- Flags: Diferentes indicadores de urgencia (URG), de ACK, de fin de tranmisión (FIN), de establecimiento de conexión (SYN), etc.
- Checksum de los datos
- Tamaño de ventana recomendado para futuras transmisiones (ver control de flujo)

TCP ofrece transmisión de datos confiable. Para asegurar que un segmento ha llegado correctamente, cada byte del flujo tiene asociado un número de secuencia, y se envían confirmaciones positivas. El esquema sería el siguiente:

- Se envía la información en forma de segmentos (partes de la secuencia)
- Cuando llega un segmento, el receptor examina a qué parte de la secuencia se corresponde y responde con un ACK que confirma que se han recibido correctamente datos hasta el número de secuencia leído.

Hay que tener en cuenta que la confirmación se hace en orden, por lo que si, por ejemplo, se han confirmado hasta el byte 500 y llegan los bytes 700-800, no se enviará el ACK de 800 hasta haber recibido los bytes 500-700. En su lugar, al recibir los 700-800 se reenviará el ACK de 500, como forma de indicar al transmisor de que faltan datos. En el caso del transmisor, si expira un temporizador y no se reciben ACKs, se reenviará toda la información pendiente desde el último ACK confirmado.

No es el funcionamiento óptimo, porque la pérdida de un solo segmento puede provocar la retransmisión de muchos datos, pero hace muy simple el protocolo. Un esquema opcional es el SACK (Selective ACK), que permite hacer ACK de partes específicas de la secuencia, de manera que sólo sea necesario retransmitir lo estrictamente necesario. Si bien SACK complica el protocolo, por su utilidad la mayor parte de implementaciones lo utilizan.

### Control de flujo

El control de flujo en TCP se hace mediante un sistema de ventana adaptable. Así, al transmitir se lleva un contador de bytes enviados y bytes confirmados. Si la diferencia entre estos dos valores supera un umbral (el tamaño de ventana de transmisión) no se puede transmitir más, hay que esperar a que se confirmen más bytes.

El tamaño de ventana se va ajustando dinámicamente según diferentes algoritmos, además de utilizar las recomendaciones que el receptor envía junto con los ACKs.

AÑADIR TCP Vegas: http://es.wikipedia.org/wiki/TCP_Vegas,

http://en.wikipedia.org/wiki/TCP_congestion_avoidance_algorithm

## UDP

El protocolo UDP (User Datagram Protocol) proporciona transmisión de datos no confiable de forma muy similar a IP, de hecho es prácticamente un interfaz directo para IP. El único aspecto que mantiene de TCP es el concepto de puertos y sockets, pero no ofrece ninguna otra de sus funcionalidades.

Así, el formato de un paquete UDP es:

- Puertos origen y destino

- Checksum: a diferencia de IP, aquí el checksum es también de los datos, si bien es un campo opcional.

- Datos

UDP es útil en aquellos ámbitos en los que no se necesita la funcionalidad de TCP, pero se quieren aprovechar las capacidades de un protocolo de transporte en lugar de utilizar un protocolo de tan bajo nivel como IP. En particular, UDP es útil en los siguientes escenarios:

- El control de errores no es necesario, como por ejemplo la videoconferencia, en la que la pérdida de un paquete no es fatal y en el que el control de errores de TCP puede ser hasta contraproducente.

- Las conexiones serán breves y rápidas, por lo que el establecimiento de conexión ralentiza y no es necesario. Por ejemplo, DNS es un caso de conexiones breves que puede funcionar mejor sobre UDP.

## Protocolos de aplicación

Los protocolos de aplicación son los que están directamente en contacto con el usuario y/o las aplicaciones, y que usan los protocolos inferiores para llevar a cabo diferentes tareas.

Al ser el enlace superior de la pila TCP/IP, existen numerosos protocolos de aplicación. A continuación se describen superficialmente algunos de ellos.

### HTTP

HTTP permite el despliegue de información textual con hiperenlaces, y supone el núcleo de la WWW (World Wide Web).

Es un protocolo cliente-servidor en el que el cliente solicita páginas al servidor. Cada página está representada con un identificador textual llamado URL. La comunicación se realiza mediante comandos.

HTTP funciona sobre TCP.

## FTP

FTP permite la transferencia de ficheros.

Par a ello, utiliza dos conexiones: una TELNET para la señalización y el control, y otra TCP para los datos en sí.

FTP tiene dos modos: el activo, en el que cliente y servidor se conectan el uno al otro, y el pasivo, en el que las conexiones se realizan siempre desde el cliente hacia el servidor y que es más apropiado para el uso a través de firewalls.

## DNS

La función del sistema de nombres de dominio DNS (Domain Name System) es permitir referenciar diferentes tipos de información sobre un servidor mediante nombres legibles y fáciles de recordar. El uso principal es el de asociar nombres de máquina con direcciones IP, que al ser numéricas son difíciles de utilizar directamente por humanos.

La solución a este problema en los inicios de Internet era utilizar un fichero central de correspondencias que asignaba a cada nombre su dirección IP, de manera que cada equipo de la red se descargaba ese fichero mediante FTP. En seguida se vio que esa solución no era escalable, y en 1987 surgió el protocolo DNS (Domain Name System).

Los objetivos de DNS son:

- Proveer de un espacio de nombres coherente, que permita dar nombre a los recursos de forma única en toda la red y almacener diferentes informaciones asociadas a ellos

- Debido al gran tamaño de la base de datos y su velocidad de crecimiento y actualización, debe tener una naturaleza distribuida. Lo mismo sirve para el espacio de nombres, que debe gestionarse también en forma distribuida.

- Independiente de la plataforma, familia de protocolos o red

DNS tiene tres componentes fundamentales:

- El espacio de nombres de dominio: Son las especificaciones sobre cómo se deben establecer los nombres en forma de árbol, así como las operaciones posibles sobre este árbol.

- Servidores de nombres: Son los elementos de la red que almacenan la información sobre la asignación de nombres. Cada servidor contiene sólo una parte del total, si bien pueden también cachear la información de otros servidores por motivos de rendimiento. La información se divide en Zonas, de manera que cada Zona tiene un servidor responsable (autoridad) de sus datos.

- Resolvers: Son los programas encargados de consultar los servidores para obtener la información en ellos almacenada. Deben ser capaces de explorar la red de servidores para dar una respuesta al programa de usuario que ha hecho la consulta. Son un enlace directo con las aplicaciones de usuario.

### El espacio de nombres

El espacio de nombres DNS tiene estructura de árbol, de modo que cada nodo del árbol puede contener un conjunto de informaciones. Cada nodo tiene una etiqueta textual asociada, que debe ser única para todos los nodos del mismo nivel. Cada nodo está identificado unívocamente por la concatenación de las etiquetas de todos los nodos desde él mismo hasta la raíz, separadas por puntos. Esta concatenación se conoce como nombre de dominio.

Un ejemplo de árbol DNS sería el siguiente:

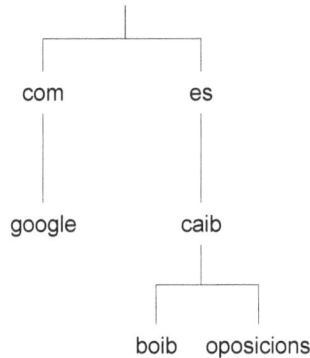

```
                    |
          ┌─────────┴─────────┐
         com                 es
          |                   |
        google              caib
                         ┌────┴────┐
                        boib   oposicions
```

Cada nodo DNS tiene asociado un conjunto de registros de información. La información contenida en estos registros es la siguiente:

- Owner: Nodo al que pertenece
- Type: Identifica el tipo de información
    - A: Dirección
    - CNAME: Para identificar un alias
    - PTR: Enlace a otra parte del árbol.
    - HINFO: Información sobre el host referenciado por el dominio
    - SOA: Indica que a partir de aquí empieza una zona de autoridad
    - NS: Indica el servidor de nombres que es autoridad de este dominio
- TTL (Time to live): Tiempo de validez de esta entrada de información, de manera que un servidor que la cachee tenga en cuenta que pasado ese tiempo deberá descartarla y leerla de nuevo.
- RDATA: Datos del recurso (p. ej., la dirección IP si type era A).

Las consultas al espacio de nombres DNS se hacen mediante peticiones a un resolver, que a su vez enviará consultas a uno o más servidores de nombres. El formato de paquete utilizado es el mismo para las consultas y para las respuestas, e incluye, entre otros, los siguientes campos:

- ID: Identificador numérico de la operación, permite asociar consultas con respuestas
- Tipo: Consulta o respuesta
- AA: Bit que indica, en el caso de una respuesta, si el que responde es una autoridad sobre el dominio en cuestión.
- Opcode: Indica el tipo de petición, que pueden ser principalmente dos:
    - Estándar: La más común. Solicita, a partir de un nombre de dominio, su información asociada.
    - Inversa: A partir de alguna de las informaciones, obtener el nombre de dominio. Es un tipo de operación opcional que no implementan todos los servidores, ni se garantiza que proporcione información fiable.
- Tipo de consulta: Iterativa o recursiva (ver más adelante)
- Datos: Dependen del tipo de operación. Por ejemplo, para una consulta estándar serían el nombre de dominio del cual se quiere recuperar información.

## Servidores de nombres

Los servidores de nombres son los repositorios en los que se guarda la información que constituye la base de datos de nombres de dominio.

La BD se divide en secciones llamadas zonas, distribuidas entre los diferentes servidores. Las particiones de la BD se hacen por ramas del árbol, de manera que todos los nodos de una partición deben estar conectados entre sí. Cada partición puede ser dividida a su vez por el servidor responsable, repartiendo las subramas a otros servidores.

La tarea de un servidor es responder a consultas sobre las zonas que almacena. Un servidor puede almacenar diferentes zonas, y una zona puede estar almacenada en más de un servidor por motivos de redundancia. El sistema DNS obliga a que cada zona esté en, al menos, dos servidores diferentes. Cada zona tendrá un servidor que es la autoridad sobre esa zona, y que por tanto es responsable de ella.

Las consultas están diseñadas para ser simples, y cualquier consulta debería poder ser respondida únicamente con la información local del servidor, ya sea con el resultado solicitado o bien con la dirección de otro servidor al que el resolver correspondiente debería consultar.

El funcionamiento de los servidores DNS al responder una consulta puede ser:

- Recursivo: Si el servidor no conoce la respuesta porque está fuera de las zonas que almacena, se encarga de consultar a los servidores correspondientes hasta poder obtener el resultado.

- Iterativo: El servidor responde únicamente con la información que dispone a nivel local. Si esa información no es suficiente, devuelve un mensaje de respuesta incompleta, indicando otro servidor DNS que puede conocer la respuesta. Es tarea por tanto del cliente explorar los servidores necesarios hasta llegar al final y obtener la IP. Es el único modo obligatorio de cualquier servidor DNS.

Así, las respuestas que puede dar un servidor son:

- Respuesta positiva (la IP) o negativa (no existe el dominio).

- Error de algún tipo

- La dirección del siguiente servidor al que consultar, si la consulta era iterativa (o era recursiva pero el servidor no la soporta).

La sincronización de las zonas entre servidores se hace desde el servidor autoritario de la zona (servidor primario). Los servidores secundarios comprueban periódicamente si se han producido actualizaciones en el primario, y cuando así sucede actualizan sus copias. La transferencia en sí de datos se hace mediante un mensaje especial AXFR. Para evitar saturaciones o cuellos de botella del servidor primario, los servidores secundarios también se sincronizan entre ellos en presencia de actualizaciones.

DNS puede funciona tanto sobre TCP como UDP. Generalmente, funciona sobre ambos simultáneamente, usando UDP para las consultas (por su pequeño tamaño), y TCP para los intercambios de información entre servidores (de mayor tamaño y que requieren mayor fiabilidad).

## Resolvers

Los resolvers son programas instalados en los diferentes ordenadores, que se encargan de proporcionar a los programas de usuario la información DNS. Generalmente son programas independientes o rutinas del sistema operativo. Es el encargado de abstraer los detalles del funcionamiento de DNS al sistema, y de adaptar los posibles formatos de dirección, etc. a los propios del sistema.

El tiempo de respuesta de un resolver es muy variable, ya que puede ser casi instantáneo para informaciones cacheadas, o necesitar varios segundos para, por ejemplo, una consulta iterativa sobre varios servidores. Para el buen funcionamiento del sistema DNS, es crucial que los resolvers implementen una buena política de cachés, almacenando los resultados de las peticiones previas para acelerar futuras consultas.

### DNS y e-mail

Además de soportar la traducción de nombres de dominio en direcciones IP, DNS soporta también el manejo de direcciones de e-mail, en el formato usuario@dominio. El funcionamiento consiste en simplemente utilizar la parte del dominio para resolver, pasando la parte del usuario al servidor final para que compruebe si realmente el usuario existe en ese servidor.

## TELNET

TELNET es un protocolo de comunicación entre terminales de comandos. Su objetivo es abstraer los detalles de cada tipo de terminal, definiendo un terminal virtual ficticio con unas características negociadas en tiempo de conexión.

A día de hoy está en desuso debido a sus problemas de seguridad, y ha sido reemplazado por SSH, que proporciona una funcionalidad equivalente pero utiliza mecanismos de cifrado y doble clave.

TELNET se basa en TCP.

## SMTP, POP3 e IMAP

SMTP, POP3 e IMAP son protocolos que permiten el envío y la recepción de correos electrónicos. Concretamente su función es:

- SMTP: Envío de correos
- POP3: Descarga de correos recibidos
- IMAP: Más moderno, permite la recepción de correos gestionándolos en el propio servidor, organizándolos en carpetas, etc.

Los tres protocolos trabajan mediante comandos textuales, y funcionan sobre TCP.

## NTP

NTP utiliza las características de timestamping de IP para proveer de un servicio de sincronización de tiempo.

Para ello, utiliza una serie de servidores de referencia que dispongan de relojes precisos, y permite a clientes sincronizarse con ellos. Los paquetes NTP son simples, y contienen la siguiente información:

- Timestamp de creación del paquete
- Timestamp de recepción del paquete

Con esta información, y con la que proporciona IP en cuanto a trazado de la ruta de un paquete, es posible calcular con precisión el tiempo y sincronizarse. Actualmente, NTP permite sincronizarse con una precisión de unos 10 ms en Internet, y de 200 microsegundos en LANs.

NTP funciona sobre UDP, debido a que utiliza poco tráfico y no necesita funcionalidades especiales de corrección de errores o gestión de conexiones (que, de hecho, podrían afectar a la medición del tiempo).

# Redes de área local: Ethernet, Token Ring y sus evoluciones. Topologías y tendencias actuales

## Índice de contenido

## Introducción a las LAN

Una red de área local (LAN: Local Area Network) es una red de ordenadores que cubre un área física pequeña, en la que los puestos de la red están físicamente conectados entre sí. Por esto mismo, una LAN se caracteriza por sus altas tasas de transferencia.

En una LAN sólo están involucradas las dos primeras capas del modelo OSI: la física (que define conectores, medio físico, etc.) y la de enlace (que define el control del acceso al medio y el envío de información nodo a nodo). El resto de aspectos de mayor complejidad, como el enrutado, establecimiento de conexiones, etc., se dejan para las redes de área amplia (WAN) que operan sobre niveles superiores de OSI:

A día de hoy, el protocolo más común en las LANs es la Ethernet conmutada. Una LAN típica consiste en una serie de ordenadores interconectados mediante uno o más hubs o switches, con opcionalmente un router que enlaza la LAN con otras LANs o con el exterior. También presentan una gran difusión las LANs inalámbricas.

Dado que las LAN funcionan en muchas ocasiones sobre un medio común, el número de elementos que se pueden conectar a ellas está limitado. Por eso, es común interconectar diferentes segmentos de LAN mediante dispositivos repetidores (hubs, puentes y switches).

Las LAN de mayor tamaño se caracterizan por el uso de enlaces redundantes, la adición de características de calidad de servicio, o la división en subLANs mediante VLANs. En LANs de gran tamaño también se realizan políticas de control y filtrado de datos mediante firewalls y proxys.

## Topologías

Una red local puede presentar diferentes topologías, dependiendo de cómo están conectados los nodos de la red. Las principales topologías son:

- Anillo: Cada nodo se conecta a otros dos, formando entre todos un anillo cerrado. Así, la información debe ir rotando en el anillo. Un ejemplo serían las LAN Token Ring.

- Estrella o copo de nieve (snow flake): Cada nodo está conectado directamente a un punto central compartido con otros, de forma que el punto central, a su vez, está conectado a otros puntos centrales. Un ejemplo sería Ethernet conmutado.

- Bus: Todos los nodos están conectados a una línea común. Cualquier información enviada por un nodo es leída por todos los demás. Un ejemplo sería Ethernet.

Al hablar de topologías, hay que diferenciar la topología lógica de la física. Así, es posible que una red en la que sus nodos están conectados a un bus común, y que por tanto utilizaría una topología física de bus, a nivel de protocolo se comporte como un anillo, por lo que estaría utilizando una topología lógica de anillo. Es el caso de las redes Token Bus.

## Redes Ethernet

Ethernet es una familia de tecnologías de redes de área local. Los estándares de Ethernet engloban desde la capa física (magnitudes eléctricas, cableado y conectores) hasta el nivel de enlace (acceso al medio y control de enlace). A día de hoy, Ethernet es la tecnología de LAN más extendida, concretamente la ethernet conmutada 100BaseT sobre par trenzado.

Inicialmente Ethernet funcionaba sobre un cable coaxial al que se conectaban todos los nodos de la red. El cable coaxial actuaba de enlace común, disponiéndose así en una topología de bus, y el acceso al medio se hacía mediante detección de colisiones. Posteriormente, el coaxial se reemplazó por par trenzado que conectaba los equipos hasta repetidores que unían los diferentes segmentos de red. Con la sustitución de hubs por switches (que conmutaban las conexiones en vez de simplemente propagar el tráfico), se cambió la topología de bus por una de estrella, llegando a la ethernet conmutada que es de amplio uso hoy en día.

A pesar de la diferencia de velocidades y medios de transmisión, todos los estándares Ethernet utilizan el mismo formato de trama, y por tanto son fácilmente interconectables entre sí.

## Características comunes de todas las variantes

### *Acceso al medio*

El esquema clásico de acceso al medio, utilizado por todas las variantes de ethernet previas a la ethernet conmutada, es el CSMA/CD (Carrier Sense Multiple Access / Collission Detection).

En este esquema cuando un nodo desea enviar algo por la red realiza los siguientes pasos:

1. Escuchar el canal. Si está ocupado, esperar hasta detectarlo inactivo

2. Empezar la transmisión. Leer los datos al mismo tiempo que se escriben, en busca de diferencias.

3. Si los datos leídos son diferentes de los enviados, es que otro nodo ha empezado también a transmitir, y se ha producido una colisión:

    1. Seguir transmitiendo un tiempo prefijado para asegurarse de que la colisión es detectada por toda la red (jam signal).

    2. Detener el envío, y esperar un tiempo aleatorio

    3. Volver al punto 1

4. Si por el contrario los datos leídos son iguales que los enviados, la transmisión finaliza con éxito.


Dado que el medio de transmisión es común, todos los nodos reciben toda la información. El proceso de recepción, por tanto, sería:

1. Escuchar el canal hasta detectar el inicio de una trama

2. Recibir la trama

3. Comprobar el CRC y que el tamaño sea correcto

4. Si la dirección es la de la estación actual, procesar la trama. Si no, descartarla.


El esquema CSMA/CD es muy simple de implementar, y al mismo tiempo muy eficiente si el número de nodos es moderado y se escogen con inteligencia los tiempos de espera de cada nodo en caso de colisión. No obstante, es poco escalable, y a medida que la red crece el número de colisiones puede hacerse inaceptable, ya que con solo un 40% de uso del medio la red puede volverse inusable por el elevado número de colisiones.

En una red con repetidores, el dominio de colisión es toda la red, por lo que es fácil que se produzcan colisiones. El uso de bridges limita el dominio de colisión a cada subred, lo que mejora la escalabilidad, mientras que el uso de switches elimina por completo la posiblidad de colisión.

## Dispositivos de red

En una red ethernet existen diferentes tipos de equipamientos de red:

- Estaciones: Son los equipos conectados a la red con el objetivo de intercambiar datos.

- Repetidores: Permiten extender el ámbito de la red propagando la señal a otra. Se limitan a repetir el tráfico, sin examinar el contenido de las tramas.

- Puentes (bridges): Hacen la función de repetidores, pero examinan las direcciones origen y destino para propagar únicamente hacia la subred apropiada al destino del paquete. Si bien añaden complejidad al dispositivo al requerir procesar todas las tramas, tienen diferentes ventajas:

  - Los datos sólo se propagan a los segmentos apropiados, no a toda la red

  - Las colisiones y errores son locales a cada segmento

  - Los diferentes segmentos de red pueden funcionar a diferentes velocidades

- Switches: Un switch es similar a un bridge en el sentido de que filtra las tramas según su destinatario, pero en este caso establece una conexión exclusiva entre emisor y receptor, con dos efectos:

  - Desaparece la posibilidad de colisión

  - Se utiliza la velocidad máxima del canal

  - Es posible realizar diferentes transmisiones simultáneamente

### Algoritmo de árbol de expansión

Un problema en las redes con puentes o switches es determinar la mejor ruta para llegar a un determinado destino. Si bien es posible construir las tablas de enrutado manualmente, hoy en día se usa el algoritmo de árbol de expansión para construir las tablas dinámicamente en función del tráfico. Para ello, cada vez que llega una trama el puente/switch toma nota de su origen, con lo que al cabo de un tiempo tiene una idea general de dónde está cada dispositivo. Como la red así obtenida puede tener bucles, el algoritmo de árbol de expansión permite simplificar esta situación.

El algoritmo de árbol de expansión permite tratar una red en forma de grafo como si fuera un árbol. Para ello, lo que se hace es establecer un nodo como raíz, e ignorar alguno de los arcos del grafo, de manera que el resultado tenga forma de árbol. Además de impedir bucles, el algoritmo de árbol de expansión también permite obtener las rutas mínimas entre nodos de la red.

El algoritmo es el siguiente:

- Escoger un puente como raíz del árbol ficticio

- Para cada puerto de cada puente, calcular el coste de llegar desde él hasta el puente raíz

- Para cada subred, establecer como puerto designado el más cercano al puente raíz (el que tiene el puerto de menor coste)

Una vez completado el proceso, el reenvío de tráfico deberá hacerse únicamente a través de los puertos designados. De esta manera, se asegura que no habrá bucles.

Para el ejemplo del apartado anterior, el resultado de aplicar el algoritmo de árbol de expansión resultaría en la siguiente asignación:

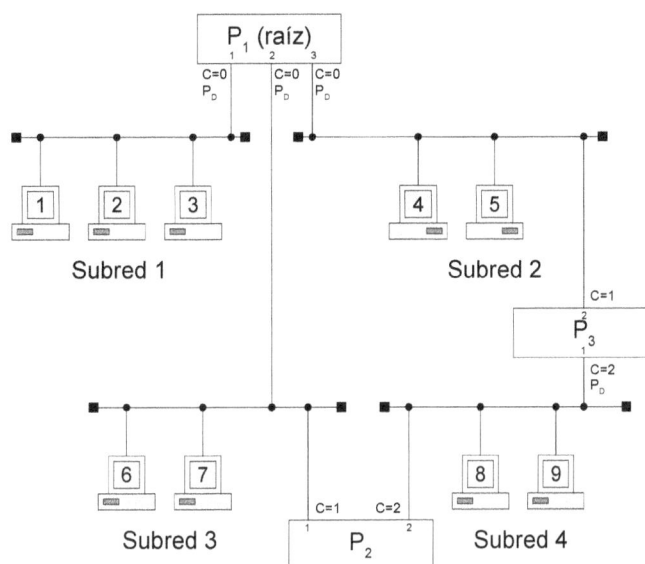

Se puede observar como, en realidad, el resultado del proceso ha sido "desactivar" aquellas conexiones que provocan los bucles, en este caso los puertos del puente n° 2.

## Formato de trama

El formato de trama ethernet es uniforme (salvo pequeñas diferencias) entre las diferentes variantes, e incluye las siguientes informaciones:

■ Preámbulo: Patrón fijo para permitir la sincronización

■ Direcciones origen y destino: Cada dirección tiene 16 o 48 bits, y se permiten direcciones especiales para emisiones broadcast o a grupos.

■ Longitud/Tipo: Indica la longitud en bytes de la trama. Si es mayor que el tamaño máximo de trama (1500), se interpreta como tipo de trama, que identifica tramas de propósito especial.

■ Datos

■ CRC de los datos

El tamaño de trama máximo es de 1500 bytes, y existe también un tamaño mínimo que, en caso de no alcanzarse, se rellena mediante padding.

El direccionamiento de las estaciones se hace mediante direcciones MAC, que pueden ser de 16 o 48 bits, y que identifican unívocamente a un nodo en la red. El primer bit de la dirección MAC dice si la dirección es de una estación individual o, por el contrario, es una dirección especial. En este caso, el siguiente bit indica si es una dirección de broadcast (todo a 1s) o bien es una dirección a un grupo de estaciones.

## Historia y evolución

Ethernet fue desarrollado por Xerox en 1975. En 1980 la especificación se publicó como un estándar conjunto entre Xerox, DEC e Intel que empezó a tener amplia aceptación en la industria, implantándose de forma generalizada a mediados de los 1980 con la publicación del Ethernet a 10 Mbps, 10BaseT. Versiones:

### 10BaseT

Fue el primer estándar ethernet de gran difusión, y sobre el que se basan las evoluciones posteriores. Funcionaba a 10Mbps sobre par trenzado UTP de categoría 3. Utiliza el esquema de acceso al medio CSMA/CD (Carrier Sense Multiple Access/Collission Detect).

### Fast Ethernet

La evolución de 10BaseT tenía el objetivo de aumentar la velocidad a 100 Mbps. Dependiendo de la manera de llegar a este objetivo, se desarrollaron diferentes estándares.

El primero fue el estándar 100Base4T, que tiene en cuenta:

- Las instalaciones comunes de red no suelen ser muy largas, ya que generalmente el cable va de la estación hasta un armario cercano. Por tanto, limitando la longitud a 100m se puede aumentar la velocidad

- 10BaseT utiliza sólo 2 pares, pero el cable UTP cat. 3 tiene 4 pares. 100Base4T utiliza los dos primeros pares de la misma forma que en 10BaseT (unidireccionalmente, uno para recepción y otro para envío y como medio para detectar colisiones) y los otros 2 pares en modo bidireccional.

- Existen modulaciones mejores que las usadas en 10BaseT

Así, mediante las mejores modulaciones y la limitación de longitud, se consigue llegar a 33 Mbps por cada par del cable. Como 100Base4T utiliza simultáneamente 3 pares, se consigue llegar a los 100 Mbps.

Otra forma de alcanzar los 100 Mbps es la escogida en 100BaseX, y se basa en mantener el funcionamiento de 10BaseT, pero mejorando el medio de transmisión. Así, 100BaseTX utiliza cable UTP de cat. 5, mientras que 100BaseFX utiliza fibra óptica.

### Ethernet conmutado

La ethernet conmutada se apoya sobre Fast Ethernet, introduciendo el concepto de switch. Un switch es un dispositivo de red similar a un puente, pero que no sólo redirige el tráfico en función del destinatario, sino que establece un canal exclusivo y bidireccional entre emisor y receptor. De esta manera, se elimina la posibilidad de colisión y se utiliza la máxima velocidad posible del canal para cada intercambio de datos, que además pueden ser simultáneos.

Dado que en este caso no se usa CSMA/CD, no es necesario mantener ningún par del cable UTP para la detección de colisiones, por lo que se pueden usar todos los pares del cable para el envío bidireccional de datos.

En ethernet conmutada, la principal tarea de trabajo recae sobre el switch, que debe ser capaz de gestionar todo el tráfico. Aunque los switches se suelen implementar en hardware y no deberían tener problemas de rendimiento, la especificación de ethernet conmutada define un nuevo tipo de trama, la trama PAUSE/CONTINUE, que permite realizar control de flujo. Así, cuando el switch se sobrecarga emite una trama PAUSE a sus estaciones conectadas, indicándoles que no envíen más datos. La expiración de este período de pausa puede ser mediante un timeout incluido en la propia trama PAUSE, o bien mediante la emisión de una trama CONTINUE por parte del switch, que restablece el funcionamiento normal.

### Gigabit ethernet

Mediante Gigabit ethernet se consiguen tasas de transmisión de 1 Gbps, ya sea sobre cable UTP o sobre fibra óptica. El protocolo se presenta en dos variantes: utilizando CSMA/CD, o bien conmutado.

En el caso del cable UTP, la velocidad se consigue utilizando cable cat. 5, con longitud limitada a 100m. Se utilizan los 4 pares del cable en modo bidireccional, y a nivel físico se utiliza una modulación de 5 niveles. En fibra óptica, la longitud máxima son 5 km.

Debido al incremento de velocidad, las tramas se transmiten más rápidamente y, por tanto, en modo CSMA/CD se hace más complicado detectar las colisiones. Por ello, se aumenta el tamaño mínimo de trama, que pasa a ser de 512 bytes.

Posteriormente han aparecido estándares ethernet a 10 Gbps, que utilizan fibra óptica como medio de transmisión.

## VLAN

Una Virtual LAN o VLAN es un grupo de ordenadores que actúan como una LAN aunque no estén físicamente conectados como tal. Las VLAN permiten segmentar una red local sin necesidad de recurrir a protocolos de capa 3 como IP, ofreciendo facilidades en cuanto a la escalabilidad, seguridad y facilidad de gestión de la red. Inicialmente se usaban como medio de evitar colisiones a medida que el número de máquinas crecía, si bien la ethernet conmutada resolvió ese problema y a día de hoy el principal uso (aparte de por criterios de seguridad o facilidad de gestión) es reducir el tamaño del dominio de broadcast.

El protocolo utilizado para implementar una VLAN es el IEEE802.1Q. El funcionamiento de este protocolo consiste en añadir un tipo de trama especial, identificada por el tipo 8100h. Para estas tramas, los 2 primeros bytes de los datos contienen la siguiente información:

- Prioridad del paquete: Generalmente no se usa, ya que IP ya provee de mecanismos de este tipo.
- Canonical Format Indicator: Indica si la dirección MAC es estándar o no. El uso principal es encapsular tramas Token Ring sobre ethernet.
- ID VLAN: Identificador de la VLAN
- Longitud: Longitud de la trama

El identificador de VLAN se utiliza en los switches/enrutadores como si fuera un elemento más de la dirección, pudiendo así filtrar el tráfico por VLAN y haciendo más eficiente el tráfico en la red.

# Redes Token Ring

Token Ring es una arquitectura de red desarrollada por IBM en los años 1970 con topología de anillo y forma de acceso por paso de testigo. Se estandarizó por el IEEE como 802.5, si bien hoy día apenas se usa en favor de redes Ethernet. Funciona a velocidades de 4 y 16 Mbps, aunque hay aprobados estándares hasta los 1000 Mbps (si bien no se han implementado).

Una red TR tiene topología lógica de anillo, si bien la topología física raramente es un anillo sino que suele ser más bien una estrella en la que las estaciones están conectadas a dispositivos llamados MAU (Multistation Access Unit). Los MAU hacen una función similar a los repetidores/switches de Ethernet.

Una variante de Token Ring es Token Bus, que implementa un anillo lógico Token Ring sobre un bus, generalmente sobre cable coaxial. Así, las estaciones deben monitorizar el bus común, alternándose para enviar según el orden establecido en el anillo lógico.

## Acceso al medio y formato de trama

La forma de acceso al medio es mediante la circulación de un testigo (token) a través del anillo, de forma que una estación podrá transmitir cuando le llegue el testigo, y sólo durante un tiempo limitado. Esto hace que el tiempo para acceder al medio esté acotado, cosa que no pasa con el esquema CSMA/CD utilizado en Ethernet, y que hace a Token Ring apropiado para escenarios de tiempo real..

Cuando la red está inactiva, el token circula por la red. Si una estación recibe el token y desea transmitir, en lugar de reenviar el token envía en su lugar una trama de datos. Cuando el emisor haya recibido su propia trama, reenviará el token como resultado.

En TR existen dos tipos de trama: el token, que es una trama especial que ocupa sólo 3 bytes, y las tramas de datos, que incluyen, entre otras, las siguientes informaciones:

- Access control: Indicador de prioridad
- Frame control: Bit que indica si la trama es de datos o de control
- Direcciones origen y destino
- Datos (máximo 4500 bytes)
- CRC
- Frame Status: Bit activado por el receptor, de manera que el emisor original pueda saber si el paquete ha llegado a su destino.

## Gestión de la prioridad

El token puede incluir una prioridad (hasta 8 niveles), de manera que sólo las estaciones con la prioridad indicada podrán utilizarlo. El mecanismo funciona así:

1. Una estación de alta prioridad recibe el token, y lo reenvía marcando la alta prioridad
2. El resto de estaciones de menor prioridad lo dejarán pasar
3. Cuando el token dé la vuelta y vuelva a la estación inicial, ésta emitirá su trama, y cuando la haya recibido de vuelta reemitirá el token con la prioridad restablecida.

## Gestión de la red

Una estación de una red TR puede estar en dos modos:

- Monitor activo: Nodo administrador de la red. Coordina tareas administrativas, como:
    - Establece la sincronización
    - Se asegura de que se respetan los intervalos entre tramas ralentizando si es necesario
    - Asegurarse de que el token circula, y detectar roturas del anillo
- Monitor pasivo: Resto de nodos

El monitor activo se determina en un proceso que se desencadena cuando sucede uno de los siguientes:

- Se detecta una pérdida de señal en el anillo
- Alguna estación no detecta a un monitor activo
- Pasa un cierto timeout sin detectar un token

Si se da alguna de esas condiciones, el nodo que la detecte envía una trama "claim", que indica su intención de convertirse en el nuevo monitor activo. Si la trama da toda la vuelta, es que la red lo ha aceptado y el nodo se convierte en el nuevo monitor activo. Si otra estación quiere también ser el monitor activo, gana el que tenga la MAC más alta. Cualquier estación puede convertirse en el monitor activo.

El proceso para unirse a un anillo pasa por diferentes fases:

- Verificación del enlace: Comprobación de que el enlace con el MAU funciona. Para ello, el MAU establece un mini-anillo con la estación como único nodo, y se prueba el envío-recepción de 2000 tramas.
- Conexión física: Conexión física al anillo.
- Verificación de MAC: La estación envía una trama poniéndose a sí misma como destinataria, y comprueba que llega la trama.
- Votación de anillo: Durante la fase de ring poll, en la que se establece el anillo lógico, se comprueba la dirección del elemento posterior en el anillo, y se da la dirección al inmediatamente anterior para conformar el anillo.
- Inicialización: Se envía una trama especial a una MAC especial para recibir una trama con los parámetros de funcionamiento de la red. A partir de aquí el nodo ya está integrado.

## FDDI

El principal (y prácticamente único) uso de Token Ring hoy en día son las redes FDDI. Una FDDI (Fiber Distributed Data Interface) es una red local especial, basada en fibra óptica, generalmente usada como backbone de una red WAN o un conjunto de LANs. Pueden tener longitudes de hasta 200 km a una tasa de transferencia de 100 Mbps. La variante basada en cable de cobre se conoce como CDDI.

Una FDDI consiste en dos anillos Token Bus funcionando en sentidos opuestos. El primer anillo es el principal, y el segundo se constituye como respaldo del primero, de manera que lo sustituya en caso de error, si bien, en ausencia de errores, también puede funcionar para el envío de datos duplicando así el ancho de banda. Dada la gran velocidad y la gran longitud de una FDDI, el tamaño de trama también es mayor que el definido en el estándar ethernet.

Con el aumento de prestaciones y la bajada de precio de estándares como Gigabit ethernet, la necesidad de FDDI es cada vez menos evidente, y su popularidad ha bajado notablemente.

# Tendencias actuales: LANs inalámbricas

Las redes LAN inalámbricas están cobrando popularidad debido a sus ventajas:

- Eliminan necesidad de cableado
- Permiten la movilidad de las estaciones y el uso de dispositivos móviles

No obstante, el uso de redes inalámbricas tiene asociados otros problemas:

- Más sensible a interferencias
- Velocidad menor
- Mayores problemas de seguridad

El estándar de red inalámbrica propuesto por el IEEE es el IEEE802.11 o WiFi, en sus diversas variantes. Pretende ser una extensión del estándar ethernet al ámbito inalámbrico, por lo que está diseñado para ser interoperable con redes ethernet cableadas.

## Evolución y variantes

Las redes inalámbricas son una tecnología en constante evolución. Los principales estándares basados en IEEE802.11 existentes a día de hoy son:

- 802.11: Transmisión hasta 2 Mbps usando la banda pública de 2.4 Ghz. Obsoleto.

- 802.11b: En la banda de 2.4 GHz, permite tasas de transferencia de hasta 11 Mbps. Para ello, hace uso de modulaciones más avanzadas que en el 802.11 convencional. Aún así, soporta las modulaciones de 802.11, por lo que es compatible hacia atrás.

- 802.11a: Utiliza la banda de 5 GHz. La combinación del cambio de banda y el uso de OFDM (Orthogonal Frequency-Division Multiplexing), una modulación avanzada que consiste en dividir el stream de datos en múltiples streams y enviarlos cada uno en una subfrecuencia. Así es posible tolerar más errores, y mediante el uso de OFDM es posible llegar a tasas de hasta 54 Mbps. Ahora bien, en el caso de 802.11a, el uso de una frecuencia más alta reduce su alcance, y el hecho de utilizar una banda no libre reduce su popularidad.

- 802.11g: Utiliza las mismas modulaciones/multiplexado OFDM que 802.11a, pero en la banda de 2.4 GHz. Además, añade un control de errores más avanzado (forward error control), lo que le permite alcanzar también los 54 Mbps. A día de hoy, es la variante más extendida.

- 802.11n: Es aún un borrador de la IEEE, pero a día de hoy (2009) ya se implementa en muchos productos. Supone un importante incremento del ancho de banda, llegando a más de 100 Mbps extendiendo el alcance a unos 100m respecto a los 40-50 de 802.11g. Las mejoras que aporta esta versión sobre las anteriores son:

  o MIMO (Multiple In, Multiple Out): Permite el uso de varias antenas, tanto para la recepción como para el envío. Esto no sólo aumenta de por sí el ancho de banda al poder enviar más de un stream de datos a la vez (SDM: Spatial Division Multiplexing), sino que permite además utilizar los múltiples rebotes de la señal (interferencias multicamino) para solucionar posibles errores, haciendo que pasen de ser una interferencia a un efecto deseable y que incrementa el ancho de banda posible.

  o Channel bonding: Permite usar más de un canal Wifi para la transmisión.

La mayoría de variantes de WiFi usan la frecuencia de 2.4 GHz. Como esa frecuencia es de uso público, es habitual que se encuentre muy utilizada, y por tanto sea propensa a interferencias. Para afrontar este problema, el estándar divide el espectro en torno a los 2.4 GHz en 14 canales de 20 MHz, de manera que, al configurar la red, se escoge uno de ellos en función de la calidad de la señal.

## Esquema de la red y acceso al medio

Una red WiFi puede funcionar en dos modos:

- Infraestructura: Las estaciones están conectadas a un dispositivo de referencia (punto de acceso o AP), de manera que cualquier comunicación pasa por el AP, que haría el papel de un repetidor/switch de una red estructurada. Los APs están conectados entre sí, o bien están conectados a la red estructurada.

- Ad-hoc: Cada estación se comunica con el resto, sin APs. Al no haber APs, cada estación debe implementar totalmente los procedimientos de acceso al medio, cosa que no sucede en una red de infraestructura donde gran parte del proceso lo gestiona el AP.

El acceso al medio se presenta en dos variantes:

- De mejor esfuerzo: Denominado DCF (Distributed Coordination Function), utiliza una variante de CSMA/CD llamada CSMA/CA (CA=Collision Avoidance). En este caso, las estaciones esperan a encontrar el canal vacío, y cuando es así esperan un tiempo aleatorio pasado el cual, si el canal aún está libre, empiezan a emitir. Si los tiempos de espera son lo bastante aleatorios, este esquema evita las colisiones, si bien puede generar situaciones de inanición.

- De tiempo acotado: Denominado PCF (Point Coordination Function), tiene como objetivo acotar el tiempo que espera una estación a poder transmitir, evitando las situaciones de inanición. Este método requiere el uso de un AP, y tiene dos fases:

  o Asociación de las estaciones: Obliga a cada estación a asociarse a la red antes de poder comunicarse. El proceso es:

    - Cada cierto tiempo (1-10s) el AP envía un beacon frame, con información sobre la red.

    - Si un nodo quiere unirse a la red, responderá con una solicitud de asociación.

    - El AP envía a este nodo el challenge frame. La estación que quiera conectarse deberá devolver este frame cifrado con la contraseña de red como forma de demostrar que la conoce.

    - A partir de aquí la estación ya está asociada y participa en la fase de polling.

  o Polling: El AP divide el tiempo en intervalos cíclicos, cada uno de ellos con dos fases:

    - Período contenido o superframe: En esta fase el AP hace un polling ordenado a todas las estaciones asociadas, dándoles un cuanto de tiempo equitativo a cada una para enviar/recibir.

    - Período sin contención: El resto del tiempo se funciona con un esquema DCF normal

El único método obligado por el estándar es el DCF, que es además el único que puede usarse en redes ad-hoc. No obstante, aunque el PCF es opcional, por sus considerables ventajas en cuanto a rendimiento y seguridad es el esquema más utilizado en redes de infraestructura.

### WiMax

WiMax es una tecnología similar a WiFi, pero con el objetivo de interconectar LANs en un ámbito metropolitano (una MAN). Por tanto, es más una WAN que una LAN, y como tal opera en distancias muy superiores a WiFi (en torno a los 60 km) y utiliza bandas de frecuencia más amplias (de 10 a 66 Ghz).

# Electrónica de red. Puentes, routers, pasarelas, conmutadores, concentradores

## Índice de contenido

## Introducción

Con el crecimiento de la complejidad de las redes, han aparecido en el mercado un gran número de dispositivos necesarios para gestionar redes grandes. En los siguientes apartados se describen los más importantes.

En todo caso, y para poder describir mejor cada uno de los dispositivos de red, a continuación se resume muy brevemente el modelo de referencia OSI, que establece los diferentes niveles en los que se opera dentro de una red.

## Modelo de referencia OSI

El modelo OSI define una serie de niveles o capas que representan las diferentes tareas que se llevan a cabo en una comunicación. Estos niveles abarcan desde las características puramente físicas del envío de datos (nivel 1) hasta la parte más abstracta y de alto nivel de la comunicación (nivel 7).

Los niveles OSI son los siguientes:

- Nivel 1. Físico: Establece las características físicas del medio de comunicación. Aquí se definen parámetros como las características del medio (tipo de cableado, etc.) o los valores eléctricos utilizados en la comunicación. Un ejemplo serían las especificaciones eléctricas y de cableado del estándar Ethernet.

- Nivel 2. Enlace: Representa al conjunto de protocolos encargados de asegurar el envío de datos libre de errores entre dos máquinas. Así, aquí se implementan mecanismos de detección/corrección de errores, así como de control de flujo y de acceso al medio. Un ejemplo sería el protocolo CSMA/CD de las redes Ethernet.

- Nivel 3. Red: Se encarga de asegurar la transmisión de datos entre máquinas, aunque estas se encuentren en diferentes subredes. En ese caso, aquí se implementaría el encaminamiento entre redes. Un ejemplo de trabajo en este nivel sería el protocolo IP.

- Nivel 4. Transporte: Permite la transmisión de información transparente entre máquinas, independientemente de su ubicación. En realidad, este protocolo es una especie de interfaz entre los niveles inferiores (generalmente implementados en hardware) y los superiores (normalmente en software).

- Nivel 5. Sesión: En este nivel se implementaría el establecimiento de sesiones en la comunicación, de manera que se puedan iniciar y finalizar las conexiones.

- Nivel 6. Presentación: En este nivel se procesa la información a enviar de manera que sea independiente de la arquitectura final de cada nodo de la red. Así, aquí se tendrían en cuenta aspectos como la codificación de caracteres, el byte-order, etc.

- Nivel 7. Aplicación: Nivel final, aquí se encontrarían todos los protocolos que interactúan directamente con el usuario y los programas. Ejemplos de estos protocolos serían HTTP, FTP, etc.

Hay que destacar que en muchos contextos no todos los niveles tienen sentido. Así, por ejemplo, en una red local, el nivel de red no sería necesario.

## Repetidores

Un repetidor o hub (también llamado concentrador) es un dispositivo de red de capa 1, que simplemente propaga la señal de la comunicación para que pueda llegar a un mayor número de elementos:

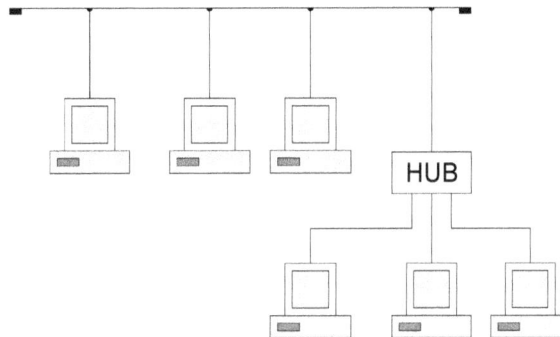

Generalmente, los hubs se utilizan en redes Ethernet, en las que se usa un bus común, y donde, por tanto, es posible añadir nuevos nodos a la red simplemente conectándolos al bus. Así, un hub es una forma sencilla de conectar nuevos elementos, o interconectar dos redes.

Un hub puede ser de dos tipos:

■ Pasivo: Se limita a conectar los elementos, propagando la señal.

■ Activo: Además de propagar la señal, la amplifica para aumentar su alcance.

Si bien los hubs son dispositivos sencillos y económicos, tienen una serie de problemas:

■ Poca escalabilidad: Al limitarse a propagar la señal por toda la red, a medida que crece el número de nodos la red se satura debido a que todo el tráfico llega a todos los nodos.

■ Coste poco competitivo: Si bien los hubs son económicos, dispositivos de red más eficientes, como los conmutadores, son sólo marginalmente más caros, por lo que no tiene mucho sentido usar hubs.

■ Poca seguridad: El hecho de que cualquiera de los nodos de la red tenga acceso a todo el tráfico de la misma puede tener implicaciones de seguridad.

A día de hoy, el uso de repetidores es prácticamente nulo.

## Puentes

Un puente es un dispositivo similar a un repetidor pero que, en lugar de reenviar la señal a todos los nodos a los que está conectado, únicamente la propaga hacia aquel segmento de red en el que está el destinatario. Por ejemplo, suponiendo una configuración como la siguiente:

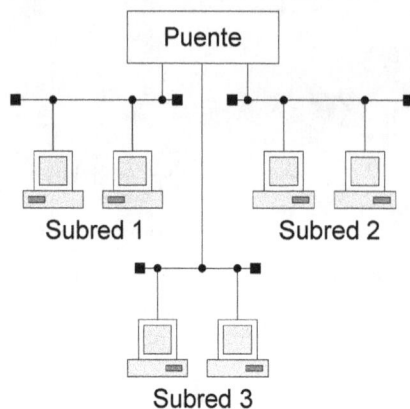

En este esquema, un paquete de datos enviado por un nodo de la subred 1 a un nodo de la subred 2 no sería reenviado también a la subred 3. Al tener que analizar el origen y el destino de los datos, los puentes son un dispositivo de capa 2. Las ventajas e inconvenientes de los puentes respecto a los hubs son:

| Ventajas | Inconvenientes |
|---|---|
| ■ Reducción del tráfico en la red | ■ Mayor latencia en la transmisión |
| ■ Mayor escalabilidad | ■ Peligro de sobrecarga si el tráfico supera la capacidad de procesamiento del puente |

En realidad, la latencia generada por el procesamiento adicional acostumbra a ser perfectamente tolerable, y el peligro de sobrecarga puede ser reducido o eliminado mediante el correcto dimensionamiento del hardware del puente. Por tanto, las ventajas superan ampliamente a los inconvenientes y los hubs prácticamente no se utilizan.

## Encaminamiento

Dado que un puente puede tener varios puertos, y no tiene por qué estar conectado a todas las subredes de una red, no siempre es sencillo determinar hacia dónde se deben propagar los datos. Por ejemplo, suponiendo la siguiente red:

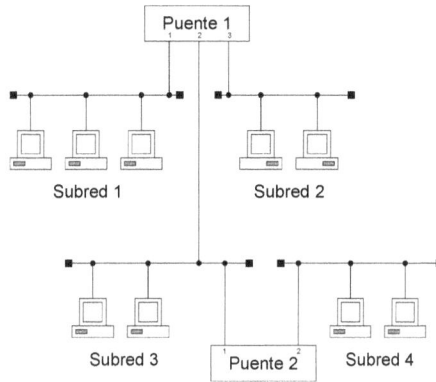

En este caso, si un nodo de la subred 1 envía un paquete a otro de la subred 4, no está claro a priori por qué puerto debería reenviarlo el puente 1.

Para solucionar este problema, cada puente mantiene una tabla de encaminamiento que establece, para cada nodo de la red, por qué puerto está accesible. Esta tabla se construye a partir del tráfico entrante de cada puerto, analizando el remitente y añadiéndolo correspondientemente a la tabla. Si en el momento de enviar un paquete aún no se dispone de la información sobre hacia dónde hay que enviarlo, se reenvía por todos los puertos.

Para la red anterior, las tablas de encaminamiento serían las siguientes:

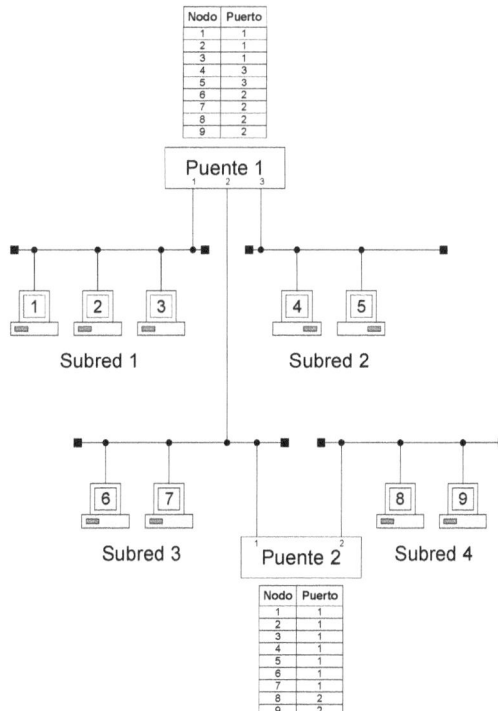

Dado que la configuración de la red puede cambiar, las entradas de las tablas de encaminamiento expiran pasado un cierto tiempo. De esta manera, se asegura que el tráfico circule correctamente aunque cambie la topología de la red.

Si bien este esquema funciona correctamente para redes en forma de árbol, aparecen problemas si la red forma un grafo (existen bucles). Por ejemplo, si añadimos un puente adicional al ejemplo anterior, quedaría:

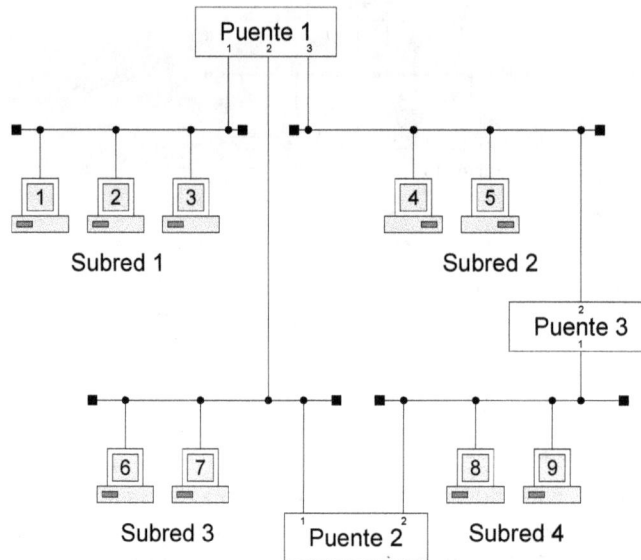

En este caso, el puente 3 hace que exista un bucle, por lo que si se parte de un estado en el que todas las tablas estén vacías, y por tanto los paquetes se propaguen por todos los puertos, los paquetes permanecerán circulando indefinidamente por la red. Para evitar esto, se utiliza el algoritmo del árbol de expansión.

### Algoritmo de árbol de expansión

El algoritmo de árbol de expansión permite tratar una red en forma de grafo como si fuera un árbol. Para ello, lo que se hace es establecer un nodo como raíz, e ignorar alguno de los arcos del grafo, de manera que el resultado tenga forma de árbol. Además de impedir bucles, el algoritmo de árbol de expansión también permite obtener las rutas mínimas entre nodos de la red.

El algoritmo es el siguiente:

- Escoger un puente como raíz del árbol ficticio

- Para cada puerto de cada puente, calcular el coste de llegar desde él hasta el puente raíz

- Para cada subred, establecer como puerto designado el más cercano al puente raíz (el que tiene el puerto de menor coste)

Una vez completado el proceso, el reenvío de tráfico deberá hacerse únicamente a través de los puertos designados. De esta manera, se asegura que no habrá bucles.

Para el ejemplo del apartado anterior, el resultado de aplicar el algoritmo de árbol de expansión resultaría en la siguiente asignación:

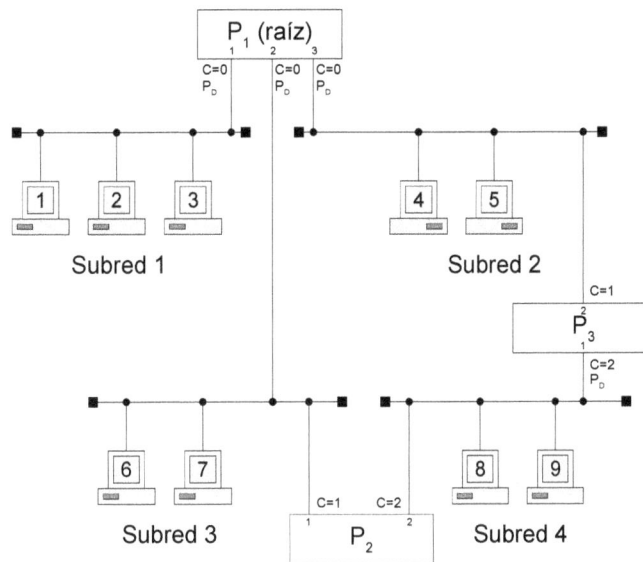

Se puede observar como, en realidad, el resultado del proceso ha sido "desactivar" aquellas conexiones que provocan los bucles, en este caso los puertos del puente n° 2.

## Conmutadores

Un conmutador o switch es un dispositivo de red con la misma función que un repetidor, pero que, en lugar de propagar el tráfico a todos los nodos conectados a él, establece una conexión directa entre el emisor y el receptor de cada paquete de datos. Por tanto, un switch trabaja en el nivel 2 OSI.

Ventajas e inconvenientes:

| Ventajas | Inconvenientes |
|---|---|
| ■ Se eliminan prácticamente las colisiones en la red | ■ La monitorización de la red es más difícil |
| ■ Se dispone de todo el ancho de banda del medio para cada comunicación | ■ |
| ■ Gran escalabilidad | |
| ■ Mayor seguridad, al no poder ver el tráfico de toda la red desde cualquier nodo | |

Al igual que los puentes, los switches implementan esquemas de encaminamiento para determinar hacia qué puerto deben enviar los paquetes cuyo destino no esté conectado al mismo switch. Para ello, usan los mismos esquemas de los puentes (tablas de enrutado, algoritmo de árbol de expansión, etc.).

Comparados con los puentes, los switches aumentan aún más la escalabilidad y además mejoran el rendimiento de la red al eliminar las colisiones. Dado que el coste de un switch es similar al de un puente (y en realidad similar al de un hub), a día de hoy los switches son el dispositivo más utilizado para unir segmentos de red.

Si bien la mayoría de switches trabajan en el nivel 2 OSI, algunos modelos pueden trabajar en niveles superiores para proveer servicios más allá de la simple conexión de subredes, como podrían ser, por ejemplo, la asignación de prioridades al tráfico (Quality of Service).

# Enrutadores

Un enrutador o router es un dispositivo de red que conecta dos LANs, generalmente mediante algún tipo de conexión WAN. Para ello, debe traducir las direcciones LAN de los nodos de una red a direcciones compatibles en la otra, por lo que trabaja en la capa 3 OSI. Cuando las LANs a conectar usan tecnologías de red diferentes, se les llama pasarelas.

La principal diferencia entre un router y, por ejemplo, un switch, es que, mientras el switch conecta dos subredes para formar una red mayor, usando un router las dos redes permanecen independientes. Así, puede suceder, por ejemplo, que dos nodos tengan la misma dirección LAN, una en cada red, cosa que no puede suceder en una red con switches, en la que el direccionamiento es común para todos los nodos y cada nodo debe tener una dirección única.

Para llevar a cabo su objetivo, un router almacena una tabla de enrutado, en la que se guarda información sobre la mejor forma de llegar a cada segmento de la red. Aunque las tablas de enrutado pueden configurarse manualmente, para mejorar la flexibilidad ante cambios en la topología de la red lo más común es que se construyan dinámicamente. Para ello, se utilizan diferentes protocolos.

## Protocolos de enrutado

Los protocolos de enrutado definen intercambios de información entre los routers que componen una red, de manera que se puedan construir las tablas de enrutado que permitirán enviar la información por la ruta óptima.

Básicamente, los algoritmos de enrutado se dividen en dos categorías:

- Algoritmos de vector de distancias: Cada router (nodo) hace una estimación del coste de ir al resto de nodos y la propaga. A partir de la información que recibe, va actualizando esta estimación.

- Algoritmos de estado del enlace: Cada nodo comunica a la red información sobre a qué otros nodos está conectado. Recopilando esta información, cada nodo puede construirse un grafo de la red y calcular el camino mínimo a cada nodo.

A continuación se muestra en detalle alguno de los algoritmos de enrutado más utilizados.

### *RIP*

RIP (Routing Information Protocol) fue uno de los primeros protocolos de enrutado que se desarrolló, y se utilizó masivamente en los inicios de Internet. Utiliza un esquema de vector de distancias, y su funcionamiento se basa en los siguientes principios:

- Cada router emite un paquete con un contador, inicialmente a 1

- Cuando se recibe un paquete de otro router, se incrementa en 1 y se propaga

- Si al recibir un paquete de otro router el valor es inferior al que teníamos almacenado en la tabla de enrutado, actualizarla

Para evitar bucles y eliminar rutas excesivamente lentas, una vez un contador llega a 15 se descarta. Si bien este es un protocolo extremadamente simple de implementar, tiene una serie de inconvenientes:

- Genera un tráfico considerable en la red

- El límite de 15 saltos lo hace poco escalable e inapropiado para redes grandes

- Presupone que todas las conexiones entre routers son idénticas (valor 1), por lo que no es muy preciso

Estos inconvenientes hacen que, a día de hoy, RIP únicamente se use en redes pequeñas y haya sido superado por otros protocolos como OSPF.

## *OSPF*

OSPF (Open Shortest Path First) es un protocolo de estado de enlace, con las siguientes características:

- Utiliza el algoritmo de Dijkstra para encontrar el camino mínimo en el grafo de la red.

- A diferencia de RIP, que tiene en cuenta el número de enlaces entre nodos como métrica de coste, OSPF asigna un peso a cada enlace, por lo que puede tener en cuenta aspectos como la velocidad de los enlaces entre routers de la red o el ratio de errores, entre otros.

- La comunicación entre routers se hace únicamente cuando se producen cambios en la topología, lo que reduce el tráfico en la red.

- Permite dividir la red en subáreas, cada una gestionando su enrutado. Esto simplifica el enrutado global y hace las redes más escalables.

Una red que use OSPF tendría el siguiente aspecto:

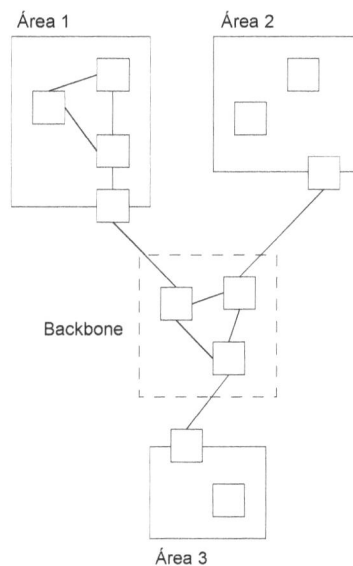

Así, la red estaría dividida en áreas, que gestionarían su enrutado independiente e internamente. Cada área estaría unida al backbone, que es un área especial cuyos routers están dedicados a la interconexión de las diferentes áreas.

## Pasarelas

Las pasarelas o convertidores de protocolos son dispositivos de red que permiten conectar LANs que utilicen diferentes tecnologías, traduciendo los paquetes y el tráfico de un esquema al otro. Por ejemplo, una pasarela podría conectar una red Ethernet a otra Token Ring.

Dependiendo de la complejidad de la traducción, pueden operar en cualquier nivel OSI desde el 3 en adelante. En realidad, un router es un caso particular de pasarela en la que ambos extremos usan el mismo protocolo (generalmente Ethernet e IP).

## Proxys

Un proxy es un dispositivo que permite el acceso a un servicio de red de manera indirecta, permitiendo el procesado del tráfico con diferentes objetivos. Opera en la capa 7 OSI, y generalmente se implementa mediante software en un ordenador.

El uso de un proxy puede tener los siguientes objetivos:

■ Caché: Por ejemplo, se puede usar un proxy para almacenar temporalmente las peticiones más comunes a un servicio de red para evitar su saturación. Un caso típico es un proxy caché para el acceso a Internet.

■ Filtrado: Puede ser deseable filtrar determinadas peticiones a un servicio, por lo que la interposición de un proxy permite filtrar el tráfico. En este caso, un proxy funciona de forma similar a un cortafuegos.

■ Seguridad: Mediante un proxy es posible asegurar que el acceso a un recurso se hará de forma cifrada, o bien filtrar determinados contenidos que por motivos de seguridad se consideren peligrosos.

## Cortafuegos

Un firewall o cortafuegos es un dispositivo encargado de monitorizar el tráfico y filtrarlo según diferentes criterios. Según el nivel de sofisticación del filtrado, puede operar en diferentes capas OSI, hasta el nivel 7.

Básicamente, es posible distinguir los siguientes tipos de firewall:

■ Firewall de red: Operan en capas OSI bajas (3 o 4) y filtran el tráfico de paquetes según ciertas reglas, como impedir el tráfico entre determinadas subredes o a través de ciertos puertos. Pueden implementarse tanto en hardware como en software.

■ Firewall de aplicación: Operan en el nivel OSI 7, y filtran el tráfico de protocolos como HTTP. Generalmente el objetivo es filtrar virus y contenidos no deseados en general. Se suelen implementar en software.

En cualquier tipo de firewall, existen dos filosofías de filtrado:

■ Reglas positivas: Se impide el paso de todo el tráfico, excepto aquél que se indica explícitamente mediante reglas que puede circular. Es más seguro pero más complejo de configurar.

Reglas negativas: Se deja pasar todo el tráfico, excepto aquél que se indica explícitamente que se debe bloquear. Es más sencillo de configurar pero más vulnerable.

# Redes de banda ancha. XDSI, ADSL, Frame Relay, ATM

## Índice de contenido

## Redes de banda ancha

Una WAN (Wide Area Network) es una red que cubre un área amplia, de más de un edificio. El ejemplo de WAN de mayor tamaño y más conocida es el caso de Internet.

La función de las WAN es la interconexión de redes locales o LAN, de manera que los usuarios puedan conectarse entre ellos. Debido a las grandes distancias, los esquemas de conexión de una WAN son muy diferentes de los de una LAN, y así pueden ser alguno de los siguientes:

- Líneas dedicadas: Se contrata una línea de comunicaciones dedicada, por la cual se encapsula todo el tráfico mediante un módem WAN o router.

- Conmutación de circuitos: Se reserva parte de un canal para la comunicación, dedicándolo en exclusiva para la conexión. Es una opción más económica que el establecimiento de una línea dedicada. Un ejemplo de red de conmutación de circuitos es la red de telefonía convencional.

- Conmutación de paquetes: Trocea la información en unidades llamadas paquetes, que son numeradas y enviadas a destino por el canal. En recepción, se juntan los paquetes para reconstruir la información. Con este esquema es posible compartir el canal con otras comunicaciones de forma transparente, y no se desaprovecha como sucede cuando un circuito está inactivo.

- Cell relay: Es una variante de conmutación de paquetes en la que los paquetes, llamados celdas, son de tamaño fijo. De esta forma se facilita el enrutado, la priorización del tráfico y el establecimiento de servicios de tiempo real.

A continuación se describen en detalle algunas de las principales tecnologías WAN.

## Frame Relay

Frame Relay o Frame-mode Bearer Service es un protocolo WAN que opera en la capa de enlace del modelo de referencia OSI. Es un protocolo de conmutación de paquetes, introducida por la ITU-T como forma simplificada de comunicación respecto a las redes de conmutación de circuitos, ofreciendo mayores velocidades y un mejor aprovechamiento del canal.

Frame Relay es una alternativa simplificada de X.25 y, así, ofrece menos funcionalidades que X.25 referentes a control de errores o control de flujo. Esto es así porque asume que los canales físicos sobre los que funciona son de gran calidad y las tasas de error son bajas, por lo que dejar las tareas de corrección de errores a los protocolos de capas superiores permite disminuir el overhead y aumentar la velocidad.

### Establecimiento de la conexión

Frame Relay está orientado a conexión, y así permite conexiones entre dos puntos a través de una red pública. Para los extremos, la conexión se ve como un circuito permanente, si bien la transmisión de datos (y por tanto el uso de la línea) se realiza sólo para la información necesaria.

Al realizarse la conexión se negocia una tasa de transferencia llamada CIR (Committed Information Rate), con la peculiaridad de que es una tasa media, y puede ser superada puntualmente hasta llegar a la ráfaga máxima ($B_c$ o Committed Burst). Si se supera la ráfaga máxima, los datos que sobrepasen el CIR negociado se enviarán sin garantía, en modo best-effort, lo cual quiere decir que, en caso de congestión de algún punto de la línea, serán los primeros en ser descartados.

### Control de flujo

Como se ha comentado anteriormente, Frame Relay no implementa mecanismos de control de flujo. En su lugar, implementa controles de congestión que se limitan a detectar las situaciones de congestión, notificando a los protocolos de capa superior, que serán los responsables de actuar si es necesario.

Se realizan dos tipos de control de congestión:

- Forward: Cuando se envía una trama, si por el camino ha experimentado congestión, se activa el bit FECS en la cabecera, lo que permite notificar de la situación a los protocolos de capas superiores.

- Backward: Cuando se ha detectado una situación de congestión forward, las respuestas a ese paquete se enviarán con la marca BECS activa. Esta marca, al igual que FECS, servirá para notificar a los protocolos de capa superior.

Además de estos mecanismos, cada trama incluye también un bit DE (Discard Eligibility) que se activa para tramas consideradas poco importantes, y que por tanto serán las descartadas en el momento en el que se produzca una congestión.

## XDSI

La RDSI o Red Digital de Servicios Integrados es una red de telefonía digital, con la idea de sustituir a la red de telefonía convencional (PSTN), que es analógica. Así, RDSI es completamente digital, de forma que el tráfico de voz y datos no se diferencia sino que va por el mismo canal.

RDSI es una red de conmutación de circuitos, si bien puede funcionar también como red de conmutación de paquetes.

## Características y configuraciones

Cada conexión RDSI se compone de una serie de canales, que pueden ser de tres tipos:

- Canal B (Bearer): Permite transferir datos a 64 kbps.

- Canal D (Delta): Señalización, permite transferencias de entre 16 y 64 kbps para transmitir señales de control. Se utiliza para cualquier tipo de señal de control (negociación, señalización) de un canal B, aunque también se puede utilizar para el envío de datos a baja velocidad. Para la señalización se utiliza el protocolo Q.931, que proporciona control de conexión. Los canales D también pueden utilizarse para encapsular tráfico X.25 (en lo que se conoce como X.31), principalmente para proporcionar compatibilidad a sistemas antiguos.

- Canal H: Transferencias de datos a alta velocidad, superior a las de un canal B. Se definen diferentes canales H, desde el H0 (6 canales B, o sea 384 kbps) hasta el H12 (30 canales B=1920 kbps)

En función de cuántos canales se asignen a una conexión, se distinguen diferentes configuraciones, denominadas interfaces:

- BRI (Basic Rate Interface): Conexión de tipo doméstico, usa 2 canales B y uno D para obtener una velocidad aproximada de 144 kbps (2B+D=2·64+16=144).

- PRI (Primary Rate Interface): Para organizaciones y proveedores de acceso. Utiliza 30 canales B y uno D de 64 kbps para obtener 2048 kbps, que sería el equivalente a una línea E1, conexión popular a nivel de centralitas e interconexión de redes. En EEUU, en lugar de 30B+D se usa 23B+D para equipararse a una T1.

Además de estos dos tipos, se pueden establecer otros interfaces diferentes, combinando diferentes canales.

### Envío de voz

El envío de voz se hace mediante un canal B completo (64 kbps), utilizando audio de 8 bits con un sampling de 8 Khz y el códec G.711, que codifica el audio como una sucesión de muestras (PCM: Pulse Code Modulation), y codifica cada muestra con un número de bits variable para comprimir la información, representando con menos bits los valores comunes.

De esta forma, se obtiene una calidad de audio superior a la de la telefonía convencional.

### Envío de datos

El envío de datos mediante RDSI es trivial, ya que las líneas son digitales. En una configuración BRI típica, se usaría un canal B para transmisión, otro para recepción, y el canal D para señalización. Esto permite tasas de datos previsibles y estables, y hacen que un uso popular de RDSI sea la videoconferencia y otras aplicaciones donde es importante disponer de un canal dedicado con un tiempo de respuesta previsible.

En configuraciones BRI, al disponerse de diferentes canales B, es posible ir asignando/desasignando canales a cada conexión en función de las necesidades del momento, permitiendo dimensionar los recursos de red.

# ADSL

ADSL (Asymmetric Digital Subscriber Line) es una tecnología de comunicación de datos de capa física que permite la transmisión de datos a gran velocidad sobre las mismas líneas de cobre utilizadas por la telefonía convencional. El poder aprovechar el cableado existente ha permitido que el ADSL se popularice como forma de conexión a Internet de banda ancha económica.

Las tasas de transmisión de ADSL son considerablemente más altas que las que se podrían conseguir modulando datos sobre la misma línea de voz. Para ello, ADSL utiliza rangos de frecuencias diferentes de los usados por la línea de voz. La contrapartida al uso de cableado de cobre es que sólo se pueden mantener las tasas de transmisión a distancias relativamente cortas de la central, unos 5 km como máximo.

ADSL forma parte de la familia de tecnologías DSL, diferenciándose del resto de variantes xDSL en que la conexión es asimétrica: el ancho de banda de bajada es mucho mayor que el de subida. Dado que ADSL se orienta hacia un usuario doméstico que fundamentalmente recibe datos, ADSL se ha popularizado en este tipo de entornos.

ADSL es una tecnología de capa física, y por tanto sólo establece el canal físico por el que se enviarán los datos y sus parámetros de funcionamiento. Los protocolos que regulan el intercambio de información en una instalación ADSL pertenecen al nivel de enlace, y acostumbran a ser PPP o ATM.

## Evolución de estándares

Existen las siguientes evoluciones de ADSL:

- ADSL: Estándar inicial, aprobado por la ITU-T, permite velocidades de hasta 8 Mbps en bajada y 1Mbps en subida.

- ADSL2: Aprobado en 2002, incorpora mejoras al estándar y permite 12 Mbps en bajada y 1.5 Mbps en subida

- ADSL2+: Usa el doble de frecuencias para duplicar la velocidad de bajada hasta 24 Mbps, a coste de reducir la distancia máxima con la central.

Cada especificación de ADSL incorpora también una serie de anexos, con posibles configuraciones opcionales cuyo objetivo es adaptarse a diferentes necesidades. Algunos anexos son:

- Anexo A: Estándar base.

- Anexos I y J: Cuando no hay línea telefónica compartiendo el cable, permite usar las frecuencias de voz también para datos, aumentando la velocidad. I es para telefonía convencional, J para RDSI.

- Anexo M: Aumenta el canal de subida hasta los 3.5 Mbps, usando parte del canal de bajada, que es decrementado proporcionalmente.

- Anexo L: Aumenta la distancia máxima con la central

## Modulación

Inicialmente, ADSL utilizaba CAP (Carrierless Amplitude Phase modulation). Esta modulación se usó antes de que ADSL se estandarizase, y es una variante no estándar de QAM. Actualmente está en desuso.

Desde la estandarización de ADSL por la ITU-T, la modulación que se usa es DMT (Discrete Multitone Modulation). Es una variante de OFDM (FDM ortogonal) que usa un esquema FDM en el que divide el espacio en múltiples canales del mismo tamaño, transmitiendo simultáneamente por todos. El dividir el espacio de frecuencias en streams independientes lo hace más robusto frente a interferencias, especialmente a aquellas que afectan sólo a rangos concretos.

La modulación DMT es fundamentalmente la misma que la que se usa en otras tecnologías con los mismos problemas de canal ruidoso, como DVB-T o WiFi.

## Codificación

ADSL usa como codificación TCM (Trellis Coded Modulation). TCM representa los diferentes valores como secuencias fijas de símbolos. De esta forma, si parte de un símbolo se corrompe, se puede deducir a partir del resto.

## Corrección de errores

Para la corrección de errores, ADSL usa códigos Reed-Solomon, que consisten en enviar los datos con redundancia, de manera que si uno se pierde sea posible calcularlo a partir del resto sin necesidad de reenviarlo.

## Uso del canal

La mayoría de variantes de ADSL son full-duplex. Esto lo consiguen de diferentes maneras:

- Frequency-division duplex: Se usan rangos de frecuencias diferentes para envío y recepción.

- Echo-cancelling duplex: Se usa el mismo canal para envío y recepción. En recepción, cada extremo eliminará de la señal la parte que él haya enviado, y lo que quede es la parte de recepción.

- Time-division duplex: Se envía y recibe en diferentes ventanas de tiempo.

La especificación de ADSL, anexo A, usa FDD y reserva las frecuencias:

- Envío: De 25.875 Khz a 138 Khz

- Recepción: De 138 Khz a 1104 Khz

Cada uno de estos canales se divide a su vez en subcanales, llamados bins. En el momento de iniciar la conexión, los equipos ADSL prueban los diferentes bins, analizando el ruido en cada uno, y decidiendo si son apropiados para la comunicación o no. De esta forma, se consigue un canal fiable al precio de no disponer de la máxima velocidad teórica del canal.

El módem DSL lleva a cabo una estrategia para aprovechar al máximo los bins, llamada bits-per-bin allocation. Consiste en enviar los símbolos de más bits por los bins con mejor ratio de ruido (SNR), mientras que por los bins menos fiables se enviarán los símbolos más pequeños, de 1 o 2 bits como máximo.

Periódicamente se reevalúa el canal, y se cambia la asignación de bins, en lo que se conoce como bitswap. De esta forma, la tasa de transmisión del canal varía continuamente en función de las condiciones del canal.

La suma de todos los bits-per-bin es lo que se conoce como tasa de sincronización o sync-rate, y es una medida de la capacidad máxima del canal, si bien es un máximo teórico ya que no tiene en cuenta aspectos como el propio overhead del protocolo, que hace imposible transferir datos a esa velocidad. Generalmente, la velocidad máxima que se alcanza está en torno al 85% del sync rate.

Para evitar asignaciones de bits-per-bin muy optimistas, que asignen más bits por bin de los que puede tolerar realmente un bin, se adopta un esquema conservador en el que se asignan menos bits de los que teóricamente podría transferir ese bin. La diferencia se conoce como SNR margin, y permite tener un margen de seguridad para deterioros futuros del canal. Generalmente el operador telefónico establece el valor de SNR margin que quiere usar y se lo proporciona al módem en tiempo de conexión, que hará las asignaciones correspondientemente. El valor concreto a usar depende del grado de riesgo que se quiera asumir: un SNR margin bajo aumenta la velocidad, pero hace el canal menos fiable, mientras que un SNR alto desaprovecha parte del canal pero da una conexión muy estable.

En caso de que el ruido en el canal aumentase, el protocolo ADSL prevee el reajuste de los bits-per-bin. El modo de hacerlo es mediante el reestablecimiento de la conexión en ADSL, y el uso de SRA (Seamless Rate Adaptation) en ADSL2+, que permite reasignar bins sin necesidad de cortar la conexión.

### Integración con telefonía convencional

Dado que ADSL utiliza el mismo canal que la telefonía convencional de voz, es necesario tomar una serie de medidas para hacer posible la coexistencia de las dos tecnologías. Así, es necesario hacer cambios en la instalación de alguna de las siguientes formas:

- Splitter: Se instala un dispositivo en la entrada de la ubicación física que filtra la señal ADSL para todas las tomas de teléfono excepto para aquella a la que deba ir conectado el módem ADSL.

- Microfiltros: Solución inversa, se deja pasar la señal ADSL a todo el cableado, y en cada toma donde se vaya a instalar un teléfono de voz se interpone un pequeño dispositivo llamado microfiltro que filtra las frecuencias ADSL. Si bien es una solución más fácil de implantar, provoca también atenuación y ruido extra en la señal ADSL, especialmente si crece el número de teléfonos conectados.

## ATM

ATM (Asynchronous Transfer Mode) es una tecnología de transmisión de datos de nivel de enlace. Su objetivo es servir de tecnología de base para la transmisión de información heterogénea en tiempo real.

El esquema que usa ATM es el de conmutación de paquetes, en el que el tamaño de paquete es fijo, y recibe el nombre de celda. El objetivo del tamaño fijo es reducir la variación del tiempo de transmisión que provocan los tamaños de paquete variables, y así hacer posible la implementación de servicios de tiempo real, como la transmisión de voz, que requieren de flujos de datos constantes.

La idea de ATM era servir de servicio de enlace universal, para todo tipo de comunicaciones. Así, se divide todo el tráfico en celdas, que serán reensambladas en destino:

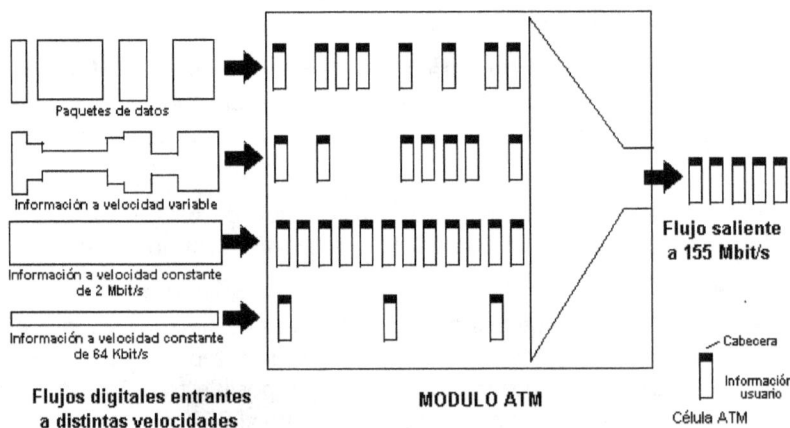

Paquetes de datos

Información a velocidad variable

Información a velocidad constante de 2 Mbit/s

Información a velocidad constante de 64 Kbit/s

**Flujos digitales entrantes a distintas velocidades**

**MODULO ATM**

Flujo saliente a 155 Mbit/s

Cabecera
Información usuario
Célula ATM

La arquitectura ATM es la siguiente:

| Aplicación | |
|---|---|
| SAR | AAL |
| ATM | |
| Físico | |

Donde las capas son:

- SAR: Se encarga de fragmentar en celdas para enviar, y recomponer los datos en recepción.

- AAL: Define las diferentes clases de servicio (adaptation layers), que son normas que definen cómo encapsular diferentes servicios dentro de ATM:

    • AAL0: Clase ficticia, permite el envío de celdas en bruto.

    • AAL1: Soporta comunicación con bitrate constante (CBR) y orientada a conexión.

    • AAL2: Soporta comunicación de bitrate variable (VBR) síncrono y de tiempo real. Apropiado para comunicaciones de voz.

    • AAL3/4: Soporta comunicación de datos, con bitrate variable, un formato extendido de cabecera y orientada (3) o no (4) a conexión. Apropiado para Frame Relay

    ○ AAL5: Similar a AAL3/4, pero con una cabecera simplificada para reducir el overhead. Utilizada para encapsular IP o Ethernet.

- ATM: Se encarga del multiplexado de las celdas, el enrutado y el control de flujo

- Físico: Encapsula las celdas en el formato de paquete que necesite el medio físico final, y realiza codificación y modulación.

En el momento de la conexión, se negocian una serie de parámetros:

- PCR (Peak Cell Rate): Tasa máxima de celdas/s

- CDVT (Cell Delay Variation Tolerance): Retardo máximo entre dos celdas consecutivas

- SCR (Sustainable Cell Rate): Tasa de transferencia media de la conexión

- MBR (Maximum Burst Size): Número máximo de celdas consecutivas que se pueden enviar (siempre respetando el PCR).

- MCR (Minimum Cell Rate): Tasa mínima de celdas/s que se enviará.

- CLR (Cell Loss Ratio): Proporción de celdas perdidas que se tolerarán.

- MCTD (Max Cell Transfer Delay): Retardo máximo de envío de una celda

- CDV (Cell Delay Variation): Diferencia entre el retardo máximo y mínimo. Es una medida del jitter.

Así, mediante los parámetros anteriores, ATM ofrece diferentes tipos de conexión:

- CBR: Bitrate constante, equivalente a un circuito dedicado

- VBR: Bitrate variable, para tráfico de velocidad constante pero con ráfagas en las que puede aumentar o disminuir. Pueden negociarse unos mínimos rendimientos o no. Aprovecha mejor el canal.

- **ABR:** Available bitrate, se le garantiza un mínimo y a partir de ahí aprovecha los huecos que dejen las comunicaciones VBR. Admite también una cierta tasa de pérdidas.

- **UBR:** Unspecified bitrate, aprovecha el ancho de banda sobrante del resto de modos. No tiene garantizado caudal mínimo ni tasa máxima de pérdidas. Tampoco se realiza control de flujo, y de hecho es el primer tipo de tráfico que se descarta en caso de congestión. Es un tipo de envío de mejor intento.

### Direccionamiento y enrutado

El tráfico en ATM se organiza en rutas (paths) y canales (channels). Cada canal es un circuito virtual entre dos extremos, y un path es una agrupación de canales. Así, un nodo de la red se identifica unívocamente mediante la combinación de path (VPI) y channel (VCI).

El enrutado de celdas se hace, por tanto, a nivel de VPI/VCI. Así, cada enrutador mantiene una tabla que indica, para cada VPI/VCI destino, por qué siguiente VPI/VCI debe enviar la celda. Es tarea del enrutador modificar correspondientemente la cabecera de la celda con la nueva información de destino.

### Formato de celda

Una celda ATM ocupa 53 bytes, de los cuales los 5 primeros son una cabecera que permite el enrutado y el reensamblaje de la información original. La cabecera contiene los siguientes campos:

- **GFC (Generic Flow Control):** Control de flujo. En la práctica no se usa, y se utiliza para extender el campo VPI

- **VPI (Virtual Path Identifier):** Identifica una ruta, que es un conjunto de canales

- **VCI (Virtual Channel Identifier):** Identifica un canal dentro del VPI

- **PT (Payload Type):** Identifica el tipo de datos de la celda (datos o control)

- **CLP (Cell Loss Priority):** Bit que indica si, en caso de congestión de la red, la celda es descartable.

- **HEC (Header Error Correction):** Control de errores de la cabecera. Permite detectar errores y corregir errores simples.

Además de estos campos estándar, cada adaptation layer añade información extra, aunque dentro de los 48 bytes de datos:

- **AAL0:** Sin información extra, los 48 bytes son de datos.

- **AAL1:** Añade un byte extra con información de fragmentación (n° de secuencia) para la capa SAR

- **AAL2:** Añade la misma información que AAL1 para la capa SAR, más 3 bytes extras con información de configuración de la comunicación (tipo de comunicación, usuario, etc.).

- **AAL3/4 y AAL5:** Añade la información para la capa SAR, más información extra sobre la información enviada

## Ventajas e inconvenientes

Si bien el enfoque de ATM de dividir el tráfico en celdas para reducir las variaciones en el tiempo de transmisión funciona bien, el aumento de velocidad en las redes hace menos relevante el tamaño del paquete.

Por otra parte, la elevada fragmentación supone una carga importante para transferir grandes volúmenes de datos, ya que son necesarios recursos considerables tanto para el enrutado como para el ensamblado/desensamblado.

Estos dos aspectos han hecho que ATM no se haya impuesto en redes locales (donde hay velocidades altas y mucho tráfico), aunque sí resulta útil en redes WAN, especialmente con conexiones lentas donde sí funcionan las características de tiempo real.

# SNMP, CMIS/CMIP, RMON

## Índice de contenido

# SNMP

## Introducción y evolución histórica

SNMP es un protocolo de gestión de red, que permite administrar los diferentes elementos conectados a una red. Es uno de los protocolos de la pila TCP/IP, y uno de los protocolos incluidos entre los estándares de Internet.

SNMP permite a los administradores de la red consultar la información de administración de cada nodo. Esta información la almacena cada nodo en forma de variables, de forma que la única tarea del nodo es responder a consultas de una variable por parte de un administradodr (Get) o, en ocasiones, actuar frente a una indicación de cambio de valor de una variable (Set).

Esta simplicidad en cuanto a las operaciones a realizar tiene que ver con uno de los objetivos principales de SNMP, que es minimizar la complejidad de las tareas de administración en cada dispositivo. Esto tiene diferentes ventajas:

- Bajo coste de implementación en los dispositivos

- Hace más sencilla y flexible la administración remota

El protocolo SNMP ha pasado históricamente por diferentes versiones:

- SNMPv1: Versión original.

- SNMPv2: Añade mejoras en cuanto a rendimiento y seguridad, así como un nuevo comando GETBULK para transferencias masivas de datos.

- SNMPv2c: Como SNMPv2, pero sin el módulo de seguridad, que nunca fue aceptado por la industria. Aunque nunca ha sido estandarizada, la v2c es la versión v2 estándar de facto.

- SNMPv3: Añade autenticación, privacidad en las comunicaciones y control de accesos.

SNMP, al realizar conexiones breves y de poca información, funciona generalmente sobre UDP, en los puertos 161 (peticiones) y 162 (recepción de traps). También puede utilizarse sobre TCP, pero no suele ser recomendable para evitar utilizar la red en exceso.

## Arquitectura SNMP

SNMP divide los elementos de la red en dos tipos: administradores y administrados. En cada uno de los elementos administrados se encuentra un componente software, llamado agente, encargado de ofrecer una serie de información administrativa a través de un interfaz estándar. Esta información se presenta en forma de variables, que representan diferentes parámetros de funcionamiento del dispositivo y de la red (p. ej. "memoria libre" o "nombre de máquina"). Estas variables están estructuradas según una jerarquía fija llamada MIB (Management Information Base), y son consultadas o modificadas mediante diferentes comandos.

En concreto, el modelo de gestión de red definido en SNMP reconoce los siguientes elementos:

- Elementos de red: Llamados también dispositivos gestionados, son los dispositivos hardware conectados a la red, como por ejemplo routers, máquinas, etc.

- Agentes: Son los módulos software que residen en cada uno de los elementos de red, y que mantienen la información de cada elemento, así como permiten su acceso.

- Objeto gestionado: Es cada elemento de información de un nodo la red, y se refiere a algún parámetro de funcionamiento.

- MIB: Management Information Base, son un conjunto de objetos gestionados representados como una jerarquía.

## MIB

El conjunto de objetos gestionados por un elemento de red se conoce como MIB (Management Information Base), que es una base de datos jerárquica en la que los objetos se almacenan en forma de árbol.

Cada objeto del MIB se define mediante cuatro elementos:

- Nombre y ubicación en el árbol

- Formato

- Regla de codificación

- Permisos de acceso al objeto (lectura, escritura).

El formato de cada objeto de un MIB está especificado mediante un subconjunto de la notación ASN.1 (Abstract Syntax Notation 1), que es una notación estándar ISO que permite describir de forma flexible diferentes estructuras de datos de forma independiente de la plataforma. El subconjunto de ASN.1 utilizado en SNMP se conoce como SMI (Structure of Management Information), e incluye los siguientes elementos:

- Tipos básicos de ASN.1: INTEGER, OCTET STRING, OBJECT IDENTIFIER y NULL

- Tipos estructurados: SEQUENCE

- Tipos personalizados predefinidos: Algunos conceptos comunes que ya se encuentran predefinidos en la especificación. Se permiten, entre otros:

  - NetworkAddress, IpAddress

  - Counter: Contador entero incremental (p. ej. número de conexiones)

  - Gauge: Medida entera que fluctúa entre 0 y un valor máximo (p. ej. utilización de CPU)

  - TimeTicks: Contador positivo de centésimas de segundo desde un tiempo de referencia (epoch)

  - Opaque: Contenedor para un tipo ASN.1 no incluido en el estándar SMI

Además de su formato, cada objeto del MIB tendrá asociada una regla de codificación, que especifica cómo transformar el tipo abstracto a flujo de bits para su transmisión por la red, de forma que todos los elementos de la red codifiquen igual los diferentes objetos y no haya problemas en la comunicación.

Un ejemplo de definición de un objeto mediante SMI sería el siguiente:

```
NumConexiones OBJECT-TYPE
      SYNTAX      Counter
      MAX-ACCESS  read-only
      STATUS      mandatory
      DESCRIPTION
            "Número de conexiones activas"
      ::= { network 18 }
```

En este caso se define el parámetro NumConexiones como un contador de sólo lectura, obligatorio, con el identificador 18 y que cuelga del árbol network.

Un elemento de red puede implementar más de un MIB diferente con diferentes informaciones, y de hecho algunos MIBs concretos son de implementación obligatoria según las especificaciones de SNMP. Es el caso del MIB llamado MIB-II que incluye información genérica sobre un nodo SNMP y contiene, entre otros, los siguientes subárboles de información:

- System: Información genérica del nodo (nombre de máquina, ubicación física, etc.)

- Interfaces: Número de interfaces de red en el nodo, y parámetros de cada una.

- TCP/IP: Parámetros de funcionamiento de los protocolos de la pila TCP/IP (TCP, UDP, IP, ICMP, etc.)

- SNMP: Parámetros e información de estado del propio protocolo SNMP

- Transmission: Información sobre el medio físico de transmisión asociado a cada interfaz

Si bien MIB-II es el único MIB obligatorio en cualquier dispositivo SNMP, existen conjuntos estándar adicionales para otras tecnologías. Algunos de los más utlizados son:

- MIB-ATM

- MIB-Frame Relay

- MIB-DNS

- Host Resources MIB: En el caso de que el elemento de red sea un PC, permite monitorizar aspectos locales de la máquina (uso de CPU, espacio libre en disco, número de usuarios, etc.).

- RMON: Conjunto de estadísticas que se van generando con el tráfico de paquetes, y que permiten hacer un estudio global de la red.

Además de los MIBs estándar, es posible definir objetos adicionales, referentes a características concretas de cada dispositivo.

## ASN.1

Abstract Syntax Notation 1 es un estándar ISO que permite describir estructuras de datos de forma abstracta e independiente de la plataforma. ASN.1 es un estándar conjunto de la ISO y la ITU-T.

Si bien el objetivo de ASN.1 es especificar estructuras de datos de forma abstracta, también ofrece diferentes algoritmos para traducir la representación abstracta a una representación en forma de bits. Concretamente, ASN.1 ofrece, entre otros, los siguientes algoritmos:

- Basic Encoding Rules (BER): Transformación a stream de bytes

- Packet Encoding Rules (PER): Transformación a un flujo de bits no necesariamente alineado a bytes. Permite compactar al máximo la información.

- XML Encoding Rules (XER): Transforma la notación ASN.1 a una notación XML

ASN.1 se usa de forma extensiva en protocolos como SNMP, mientras que otros protocolos como HTTP utilizan la notación ABNF (Augmented Backus-Naur form), que es completamente textual y que, aunque es menos compacta que ASN.1, es más legible y fácil de implementar.

### Funcionamiento y comandos

Resumiendo los apartados anteriores, SNMP plantea la red como un conjunto de elementos de red que exponen una serie de informaciones en forma estructurada, de manera que los administradores puedan recuperarla y modificarla. Así, en SNMP sólo hay tres tipos de interacciones con los elementos de red:

- Leer una variable

- Alterar una variable: Para modificar algún parámetro de funcionamiento

- Gestión de traps: Un elemento de red notifica a un administrador ante un determinado evento. Es el único tipo de interacción que no se inicia por parte del administrador, si bien requiere una programación previa.

Los comandos SNMP son:

- GetRequest: Solicita el valor de una variable

- GetResponse: En un agente, devuelve el valor solicitado por una petición GetRequest previa.

- GetNextRequest: Para aquellas variables grandes o compuestas que no se puedan transmitir mediante un único comando GetRequest (p. ej. una tabla de enrutado), permite recuperar el siguiente fragmento.

- GetBulk: Nuevo en SNMPv2, es como GetRequest pero permite recuperar datos grandes en un solo comando, sin recurrir a GetNextRequest.

- SetRequest: Establece el valor de una variable

La gestión de traps no utiliza ningún comando, salvo Gets y Sets convencionales sobre objetos de configuración para programar qué tipo de traps deben generarse, en qué condiciones, y a quién deben enviarse.

Cada mensaje de trap es un conjunto de datos con un formato definido en el MIB correspondiente que se esté usando. Estos datos incluyen:

- Tipo de trap: Puede ser personalizado, pero hay algunos tipos predefinidos:
  - o Notificaciones de sistema: coldStart, warmStart
  - o Cambios en los interfaces: linkDown, linkUp
  - o Intentos de conexión fallidos: authenticationFailure
  - o Perdida conexión con un equipo adyacente: neighborLoss
- Datos asociados

## Autenticación y privacidad

Los mecanismos de autenticación en SNMPv1 y v2 son considerablemente simples. Así, se clasifican los accesos en categorías llamadas communities, donde cada community tiene un nombre y una contraseña (community string) asociada. Cuando se envía un comando SNMP a un dispositivo, es necesario especificar la community a la que se quiere acceder y su respectiva contraseña.

Por defecto, SNMP establece tres communities:

- Read-only: Permite leer objetos
- Read-write: Permite también escribir
- Traps: Permite recibir notificaciones

Las contraseñas se envían en texto plano, por lo que es posible averiguarlas simplemente monitorizando el tráfico en la red, y hacen que el esquema de communities sea poco seguro.

En SNMPv3 se añaden mecanismos adicionales de autenticación que permiten realizar el proceso de forma segura. Así, las contaseñas se codifican mediante hashes MD5/SHA, y la comunicación puede hacerse, de ser necesario, de forma cifrada mediante el algoritmo de cifrado DES. El protocolo está diseñado de forma que sea extensible y puedan añadirse nuevas formas de autenticación/cifrado en el futuro.

# CMIS/CMIP

Más info: Black, Uyless (1995). Aaron Bittner. ed. *Network Management Standards: SNMP, CMIP, TMN, MIBs, and Object Libraries*. New York: McGraw-Hill, Inc.. ISBN 007005570X.

## Introducción

CMIP es el protocolo de gestión de red correspondiente al modelo ISO/OSI. Se encarga de implementar los servicios definidos por CMIS (Common Management Information Services).

Dada la poca implementación del modelo OSI, se ha intentado adaptar el protocolo CMIP para su uso en redes TCP/IP, en lo que se conoce como CMOT (CMIP Over TCP/IP).

CMIP se planteó como un competidor de SNMP, y de hecho tiene muchas más funcionalidades. De todas formas, precisamente su complejidad y el consumo de recursos que conlleva es lo que han hecho que su uso se encuentre bastante limitado, mientras que SNMP se implementa de forma masiva.

## Funcionamiento y diferencias respecto a SNMP

La arquitectura de CMIS/CMIP es similar a la de SNMP, en el sentido de que cada nodo almacena una base de datos jerárquica de variables que dan información sobre su funcionamiento. Al igual que SNMP, CMIP también utiliza un subconjunto de ASN.1 para especificar las informaciones que almacenan los nodos de la red, si bien el formato resultante es diferente del usado en SNMP (SMI). En CMIS/CMIP, el formato para modelar objetos de información se denomina GDMO (Guidelines for the Definition of Managed Objects).

Algunas características en las que CMIP se diferencia de SNMP son:

- Las variables en CMIP no sólo contienen información, sino que pueden utilizarse para realizar tareas.

- Operaciones más complejas: Permite operaciones avanzadas más allá de los Get y Set de SNMP

- Orientado a conexión (SNMP funciona sobre UDP)

- Autenticación, cifrado y registros de seguridad.

CMIP funciona sobre ROSE, el protocolo OSI encargado del intercambio de comandos entre dos extremos. Para el establecimiento de conexiones, utiliza el protocolo ACSE, el protocolo OSI encargado del establecimiento de enlaces.

Algunos de los comandos definidos en CMIS son:

- M-GET, M-SET: Equivalentes a los Get y Set de SNMP, permiten recuperar información de un nodo.

- M-ACTION: Indican a un nodo que debe realizar una acción.

- M-EVENT-REPORT: Notificaciones asíncronas de los nodos, similar al sistema de traps de SNMP.

# RMON

## Introducción y evolución histórica

Si SNMP permite monitorizar parámetros completos de los elementos de una red, RMON es un estándar pensado para monitorizar la red en su conjunto. Para ello establece una serie de sondas en la red, combinando la información de todas ellas para analizar la red de forma global.

Objetivos de RMON:

- Operación off-line: El uso de sondas independientes permite seguir monitorizando la red incluso cuando el administrador se encuentra desconectado.

- Monitorización proactiva: Las sondas funcionan continuamente, lo que hace posible vigilar la red avanzándose a potenciales situaciones de fallo.

- Detección, análisis y diagnóstico de problemas: En caso de fallo, las sondas almacenan un registro exacto del tráfico y los eventos en la red, lo que puede ser útil para diagnosticar el problema y prevenirlo en el futuro.

- Valor añadido en la recolección de datos: Las sondas, al estar en contacto directo con la red, pueden preprocesar la información recolectada haciéndola más fácil de interpretar.

Versiones:

- RMONv1: Estadísticas a nivel de paquete para una LAN/WAN

- RMONv2: Estadísticas a nivel de red y de aplicación.

■  SMON: Versión de RMON para el análisis de redes conmutadas

## Funcionamiento

RMON es en realidad una extensión a SNMP, en el sentido de que únicamente define nuevos grupos de información a los ya existentes en el MIB de SNMP. La consulta de las diferentes sondas se hace utilizando mensajes SNMP, si bien el funcionamiento se diferencia de un sistema SNMP convencional en diferentes aspectos:

- Las sondas almacenan volúmenes considerables de información, y realizan procesamientos más complejos que los de un agente SNMP típico.

- No existe un polling continuo por parte del administrador, sino que la información se envía bajo demanda

En resumen, RMON hace un análisis orientado al flujo de los datos, mientras que SNMP lo orienta a los dispositivos puntuales. Por tanto, RMON permite analizar aspectos relacionados con los patrones del tráfico de datos, mientras que SNMP se centra en el estado de cada dispositivo.

RMON se define como un MIB SNMP. Los grupos que contiene el MIB RMON son:

- Statistics: Estadísticas de la LAN Ethernet (utilización, colisiones, errores).

- History: Histórico de algunas estadísticas seleccionadas

- Alarm: Aquí se definen umbrales para las estadísticas, de manera que si se supera un umbral se envíe un trap SNMP. Está asociado al grupo Event.

- Hosts: Estadísticas de tráfico (bytes recibidos, velocidad, etc.) a nivel de máquinas individuales. También se guarda la lista de máquinas más activas en un intervalo de tiempo dado.

- Matrix: Tabla matricial de tráfico enviado-recibido entre las diferentes máquinas de la red.

- Filter: Permite establecer filtros para determinar qué paquetes se analizarán, o capturar determinados paquetes para su posterior análisis.

- Capture: Contiene los paquetes capturados mediante los filtros del grupo anterior.

- Event: Guarda un registro de las alarmas generadas.

- Token Ring: Datos de monitorización específicos de redes Token Ring.

RMONv2, además de añadir nuevas características, permite monitorizar no sólo a nivel de enlace, sino también a niveles superiores de la pila OSI. Para ello, añade grupos adicionales, entre otros:

- Estadísticas a nivel de red y a nivel de aplicación.

- Estadísticas agrupadas por protocolo.

- Mecanismos para la configuración remota de las sondas

SMON es una extensión de RMON para permitir el análisis de redes conmutadas. Una red conmutada presenta una serie de diferencias respecto a una Ethernet convencional, que hacen difícil la monitorización tal y como la plantea RMON. Entre otras:

- Los datos no se envían al medio en forma de broadcast, sino que se envían directamente entre emisor y receptor. Esto hace más difícil la monitorización.

- Determinadas redes conmutadas funcionan a nivel de celda (p. ej. ATM), mientras que RMON trabaja únicamente a nivel de paquetes.

- El enrutado en una red conmutada no es trivial, y debe tenerse en cuenta a la hora de monitorizar.

- Las redes conmutadas generalmente se segmentan en LANs virtuales (VLANs).

Para resolver estas dificultades, SMON soporta las siguientes características:

- Replicación de puertos: Determinados dispositivos permiten replicar un puerto, duplicando su tráfico y utilizando el duplicado para la monitorización.

- SMON soporta utilizar una VLAN como entrada de datos, lo que le permite monitorizar el tráfico de un sub-segmento de red.

# La monitorización de sistemas informáticos. Tipos de monitores, sondas, procesos de referenciación (benchmarking), tipos de carga

## Índice de contenido

## Monitores

A la hora de realizar cualquier estudio sobre un sistema informático, es necesario saber con exactitud lo que está ocurriendo en el sistema. Las herramientas que permiten obtener esta información son los monitores.

Un monitor es una herramienta para observar la actividad de un sistema durante su funcionamiento. El esquema conceptual de un monitor sería el que muestra la siguiente figura:

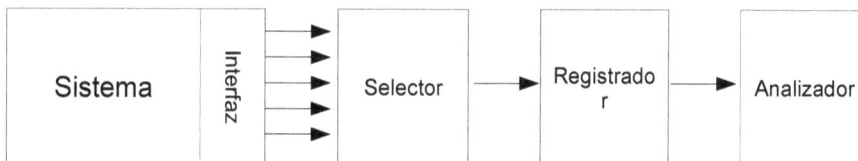

Donde los diferentes elementos serían los siguientes:

- Sistema: Sistema a monitorizar.

- Interfaz: Elementos de sondeo (sondas), integrados en el sistema o no, que nos permiten hacer medidas.

- Selector: Componente encargado de discriminar la información monitorizada, descartando aquella que no sea relevante.

- Registrador: Se encarga del almacenaje de la información monitorizada.

- Analizador: Analiza los datos en bruto para obtener resultados derivados que puedan ser más útiles en el análisis.

*La monitorización de sistemas informáticos. Tipos de monitores, sondas, procesos de referenciación (benchmarking), tipos de carga*

Existen diferentes tipologías de monitores. Así, según su arquitectura, pueden ser:

- Hardware

- Software

- Híbridos

Según su mecanismo de funcionamiento, pueden ser:

- Por eventos: Realizan su función de monitorización en respuesta a eventos del sistema. Por ejemplo, para monitorizar la actividad de un disco se ejecutaría el monitor al hacer una llamada de sistema solicitando una lectura o escritura.

- Por muestreo: Realizan sus mediciones de forma periódica e independiente de los eventos en el sistema. Por ejemplo, se podría mirar cada 10 ms si hay una operación a disco pendiente, calculando posteriormente la utilización en función de la proporción de mediciones de actividad respecto a las de inactividad.

Finalmente, si se atiende a cómo realizan el procesamiento de los resultados, se pueden catalogar los monitores en:

- De tiempo real: Realizan el análisis en paralelo a la medición de datos. Requieren más recursos pero necesitan menos espacio para almacenar la información.

- Batch: Acumulan todos los datos medidos, y una vez acabada la monitorización los analizan. Las ventajas e inconvenientes son las inversas del caso anterior.

Algunos parámetros que permiten evaluar a un monitor son los siguientes:

- Interferencia en el sistema: En muchos casos, la medición de parámetros del sistema implica la introducción de sondas o la alteración de partes del sistema. Esto provoca una interferencia en su funcionamiento, que si es alta puede alterar los resultados de la medición y hacerlos menos fiables.

- Precisión: Exactitud en las medidas. Vendrá determinada por muchos parámetros, entre ellos la naturaleza del monitor. Por ejemplo, la precisión máxima de un monitor software será la del ciclo de instrucción.

- Dominio de medida: Qué medidas puede obtener un monitor, y de qué tipo son. Por ejemplo, un monitor software puede medir parámetros que no podría medir un monitor hardware, y viceversa.

- Coste

- Complejidad

## Magnitudes a medir

Los resultados de la monitorización de un sistema implican la obtención de una serie de magnitudes relativas a su comportamiento. Algunas de las más importantes son:

- Productividad o throughput: Cantidad de trabajo útil realizado por unidad de tiempo.

- Tiempo de respuesta: Tiempo medio entre la iniciación y la finalización de una petición.

- Utilización de componentes: Porcentaje de tiempo en que un recurso concreto ha estado en uso.

- Grado de solapamiento de componentes: En qué medida los diferentes recursos del sistema han sido utilizados simultáneamente

- Overhead: Porcentaje del tiempo que el sistema ha utilizado en tareas no imputables directamente a ningún trabajo.

## Monitores Software

Los monitores software tienen la forma de programas que funcionan de forma integrada con el software del sistema, realizando las mediciones que sean necesarias. Este tipo de monitores es especialmente apropiada para la monitorización de sistemas operativos, aplicaciones concretas o redes.

El grado de integración entre el monitor software y el sistema puede estar en tres niveles:

- Programa independiente: El monitor es un programa independiente, que se ejecuta en el mismo sistema como un proceso más. Es una implementación fácil de realizar, si bien las medidas que se pueden obtener son bastante limitadas.

- Modificación del software a medir: Se añade o modifica el código del programa a medir. Permite un abanico mucho más amplio de medición, si bien su grado de complejidad es mayor.

- Modificación del sistema operativo: Si lo que se quieren medir son aspectos de muy bajo nivel que no son posibles de observar mediante otros métodos (p. ej. estado del scheduler, registros de la CPU, etc.), también es posible modificar el propio sistema operativo.

Un factor que siempre hay que tener en cuenta al utilizar monitores software es la interferencia que éstos provocan en el sistema. Esto se debe a que la ejecución del software del monitor requiere recursos, tanto de tiempo de procesador como de memoria, por lo que el resto de programas (entre ellos el que interesa medir) disponen de menos recursos y las mediciones pueden ser imprecisas.

Algunas técnicas para implementar un monitor software, según el mecanismo que utilice, son las siguientes:

- Monitor por eventos: Captura de interrupciones, traps

- Monitor por muestreo: Proceso background que realiza el muestreo. Es preferible usar un reloj diferente al del sistema.

## Monitores Hardware

Los monitores hardware se conectan al sistema en forma de sondas, y miden magnitudes eléctricas (niveles de señal, flancos, etc.). Entre sus ventajas están:

- Por su carácter externo al sistema, no producen sobrecarga en el sistema a medir

- Son generalmente muy rápidos

Por contra:

- Son complejos y difíciles de instalar

- Sólo pueden medir aquellos parámetros que sean observables desde el punto de vista eléctrico

- Pueden interferir a nivel eléctrico, ocasionando anomalías en el sistema monitorizado

Un monitor hardware utiliza un reloj diferente al del sistema a medir. Para obtener una buena medición, este reloj debería ser más rápido que el del sistema medido.

*La monitorización de sistemas informáticos. Tipos de monitores, sondas, procesos de referenciación (benchmarking), tipos de carga*

## Monitores híbridos

El objetivo de un monitor híbrido es conseguir las ventajas de los monitores hardware, con la versatilidad de los monitores software. Para ello, su funcionamiento básico es como el de un monitor hardware, pero para medir magnitudes no observables por este tipo de monitores utiliza mecanismos de software que se comunican con la parte hardware y consiguen así una mayor versatilidad.

## Comparación de unos y otros

La siguiente tabla compara las prestaciones de monitores hardware y software:

|  | Monitor Hardware | Monitor Software |
|---|---|---|
| Dominio | Señales eléctricas | Eventos internos |
| Resolución | Sin límite | Limitado por el sistema (ciclo de instrucción) |
| Anchura entrada | Según el número de sondas | Sin límite, ya que puede parar el sistema y medir todo lo que quiera |
| Interferencia | Nula en el rendimiento, puede provocar anomalías de funcionamiento | Considerable |
| Facilidad | Complejo | Sencillo |
| Coste | Alto | Bajo |

## Técnicas de análisis y presentación de resultados

Una vez finalizada la monitorización del sistema, existen numerosas técnicas para organizar y analizar los resultados. A continuación se muestran algunas de las más utilizadas.

### Gráficas

Una forma convencional y muy utilizada de representar la información es mediante gráficas de barras, de líneas, gráficos de pastel, etc.

### Histograma

Para representar la distribución estadística de una magnitud, se utilizan los histogramas. Un histograma muestra la frecuencia de aparición de los diferentes valores que toma una magnitud, dando una idea tanto del valor medio como de la distribución estadística de la magnitud medida.

## Diagramas de Gantt

Los diagramas de Gantt miden la utilización de recursos en el sistema, mostrando tanto la utilización de recursos individuales como el grado de solapamiento entre ellos.

Para construirlos, se parte de una tabla en la que tenemos datos sobre la utilización de cada combinación posible de recursos. Por ejemplo:

| A | B | C | % |
|---|---|---|---|
| 0 | 0 | 0 | 5 |
| 0 | 0 | 1 | 15 |
| 0 | 1 | 0 | 15 |
| 0 | 1 | 1 | 10 |
| 1 | 0 | 0 | 10 |
| 1 | 0 | 1 | 15 |
| 1 | 1 | 0 | 10 |
| 1 | 1 | 1 | 20 |

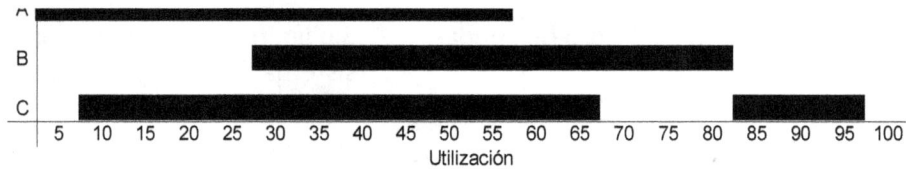

## Gráficas de Kiviat

Las gráficas de Kiviat, al igual que los diagramas de Gantt, muestran la utilización de diferentes recursos. En este caso se hace de manera circular, muy apropiada para hacer un reconocimiento rápido del comportamiento de un sistema.

El método más popular de construcción de estas gráficas consiste en medir una serie de variables (generalmente 8), donde la mitad son "buenos" (un valor mayor implica mejores prestaciones, p. ej. utilización) y la otra mitad "malos" (un valor mayor implica peores prestaciones, p. ej. tiempo de respuesta). A continuación se disponen los valores en los ejes de un círculo, de manera que los buenos ocupan los radios impares y los malos los radios pares, uniendo finalmente los valores para obtener un área. En función de la forma resultante, se podrá deducir rápidamente el estado del sistema.

Por ejemplo :

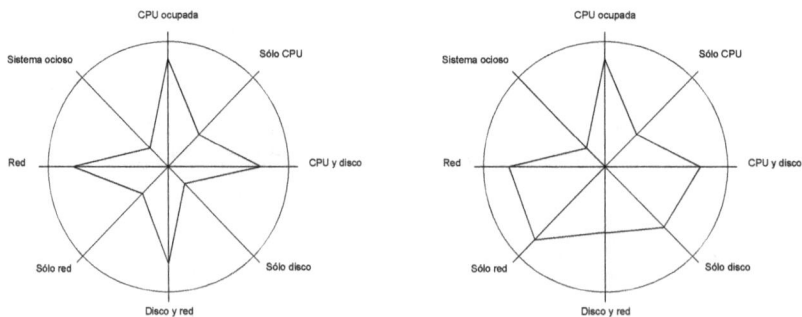

La forma ideal de un gráfico de Kiviat es la de una estrella, que representa valores muy altos de las variables "buenas" y valores muy bajos para las "malas". Así, la gráfica de la izquierda muestra un sistema prácticamente ideal, en el que la utilización de recursos está muy solapada y apenas hay tiempos de espera. En cambio, el de la derecha muestra problemas, concretamente con la red y el disco que se ejecutan casi individualmente, sin solapamiento con otros recursos.

En el estudio mediante gráficas de Kiviat hay definidas una serie de formas "estándar", que revelan diferentes situaciones comunes (p. ej. cuellos de botella de un componente, sistemas sobrecargados, etc.)

## Caracterización de la carga

Se define la carga de un sistema como el conjunto de las demandas que se le hacen en un intervalo de tiempo. Es imposible emitir un juicio sobre las prestaciones de un sistema sin tener en cuenta la carga bajo el que ha sido evaluado. Así, un sistema que se comporte satisfactoriamente bajo una carga determinada, puede ser inapropiado con otro tipo de carga.

La carga que recibe un sistema real es difícil de describir con exactitud, ya que varía con el tiempo y además fluctúa en función del propio comportamiento del sistema, mediante diversas realimentaciones:

- Interna: La que sucede en el interior del sistema. Por ejemplo, las políticas del scheduler del sistema operativo pueden variar en función del número de procesos que lleguen, alterando así al funcionamiento del sistema.

- Externa: La que sucede en el exterior. Por ejemplo, un tiempo de respuesta lento en un sistema interactivo puede ocasionar que los usuarios presten menos atención, aumentando por tanto el tiempo de reflexión entre peticiones.

Debido a la dificultad de definir la carga real de un sistema, en el estudio de prestaciones se intenta caracterizar la carga real mediante un modelo o carga de prueba. Esta carga de prueba puede ser tanto una simplificación de la carga real como un modelo formado por una serie de parámetros, como por ejemplo:

- Tiempo medio entre peticiones

- Distribución estadística de las peticiones

- Tamaño medio de los datos asociados a las peticiones

- Número de usuarios que pueden hacer peticiones al sistema

Una carga de prueba se puede evaluar mediante los siguientes parámetros:

- Reproductibilidad: Capacidad para poder ser reproducida en cualquier momento. Por ejemplo, la carga real no es reproducible, como tampoco lo sería una carga aleatoria.

- Compacidad: Relación entre el tamaño de la carga y su similitud con la carga real. Así, una carga es compacta si es de mucho menor tamaño que la real, pero tiene las mismas propiedades.

- Representatividad: Grado de similitud entre la carga de prueba y la real.

La representatividad de una carga de prueba se puede medir a muchos niveles:

- Físico: Consume los mismos recursos que la carga real, en la misma proporción.

- Virtual: Consume los mismos recursos lógicos (p. ej. llamadas a procedimiento, accesos a fichero, etc.).

- Funcional: Ejecuta la misma funcionalidad que la real (p. ej. compilar, cálculo, etc.)

- De comportamiento: Provoca en el sistema el mismo comportamiento que la carga real.

En función de su naturaleza, existen numerosos tipos de cargas de prueba:

- Real: Estrictamente no es una carga de prueba, ya que es literalmente la carga que soporta el sistema en un uso normal. A pesar de ser totalmente representativa, suele ser poco compacta y no reproducible.

- Sintética: Generada a partir de una carga real.

  o Natural: Subconjunto de la carga real

  o Híbrida: Subconjunto de la parte real, modificada con añadidos artificiales

- Artificial: No está basada en una carga real, sino que está diseñada específicamente

  o Ejecutable: Benchmarks

  o No ejecutable: Conjunto de parámetros estadísticos (distribución, etc.) o de otro tipo, usado para modelos de simulación.

## Benchmarking

Un benchmark es una carga de prueba artificial ejecutable. Consiste en un programa que genera consumo de recursos en el sistema con el objetivo de medir su rendimiento.

Los objetivos de uso de un benchmark pasan por:

- Comparar sistemas entre sí

- Sintonizar un sistema

- Planificar la capacidad necesaria de un sistema a partir de una carga

Hay una serie de aspectos que hay que tener en cuenta a la hora de diseñar un benchmark:

- Tener en cuenta no sólo promedios de magnitudes, sino también los picos

- Evitar buffers y cachés que pueden alterar los resultados

- Tener en cuenta los periodos transitorios y analizar únicamente el comportamiento estacionario.

# Administración de BD: Motores, gestión del espacio, seguridad, rendimiento, servicios de red, backups

## Índice de contenido

## Introducción

Un Sistema Gestor de Bases de Datos (SGBD) es un software que gestiona bases de datos, haciendo de interfaz entre los datos, y los usuarios y las aplicaciones.

Así, controla aspectos como:

- Organización física y lógica de los datos
- Interfaz de acceso eficiente a los datos
- Independencia datos-aplicación
- Mantenimiento de la integridad de los datos
- Seguridad en el acceso
- Gestión del acceso concurrente

El modelo básico de funcionamiento de un SGBD es el siguiente:

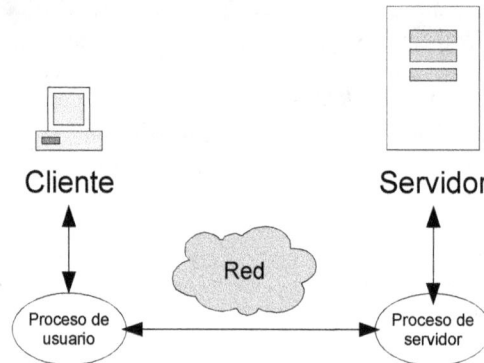

Así, la comunicación entre los clientes y los datos se hace a través de la red, quedando los datos aislados en un servidor. Los usuarios pueden ser estaciones individuales, aplicaciones, otros servidores (p. ej. servidores de aplicaciones), etc.

## Arquitectura de un motor SGBD

Un SGBD se estructura en los siguientes niveles de implementación:

Así, las capas serían:

- Ejecución de querys en lenguaje de alto nivel: Es la capa más externa, y permite la comunicación con los usuarios, generalmente en lenguaje SQL.
- Implementación de operadores relacionales: Soporta el manejo de las estructuras de la BD usando operadores del álgebra relacional.
- Soporte de abstracción de estructuras de ficheros: Se encarga de traducir entre el esquema de tablas, bloques, etc. y el sistema de ficheros subyacente.

- Gestión de memoria: Gestión de las diferentes estructuras de memoria usadas por el SGBD, así como del espacio libre. Aquí se reimplementan funciones del sistema operativo, como la gestión de memoria virtual, debido a que los patrones de acceso a memoria de un SGBD son diferentes a los de las aplicaciones de propósito general.

- Gestión de disco: Rutinas de bajo nivel para el acceso a disco. También se reimplementan algunas funciones, por ejemplo para superar los límites en cuanto a tamaño máximo de fichero.

Además de estos, hay otros tres componentes fundamentales de bajo nivel que sirven de soporte al resto de capas:

- Transaction manager: Gestiona las diferentes transacciones del sistema, permitiendo el acceso concurrente y asegurando que la base de datos se encuentra siempre en un estado consistente aunque se produzcan errores o fallos.

- Lock manager: Registra las peticiones de acceso a los diferentes objetos de la BD, tanto físicos como en memoria, autorizando los accesos exclusivos y llevando un control sobre ellos.

- Recovery manager: Responsable del registro de las actividades del sistema, y de la recuperación del sistema en caso de caída.

## Procesos y estructuras de memoria

Cuando se arranca el SGBD, se inicia una instancia del mismo. Una instancia se compone de:

- Área de memoria
- Procesos del SGBD
  - Del servidor (background): Realizan tareas de mantenimiento, como gestión de integridad o backups.
  - De usuario: Dan servicio al usuario, p. ej. ejecutando querys.

El esquema general de los procesos y áreas de memoria de una instancia de una BD es el siguiente:

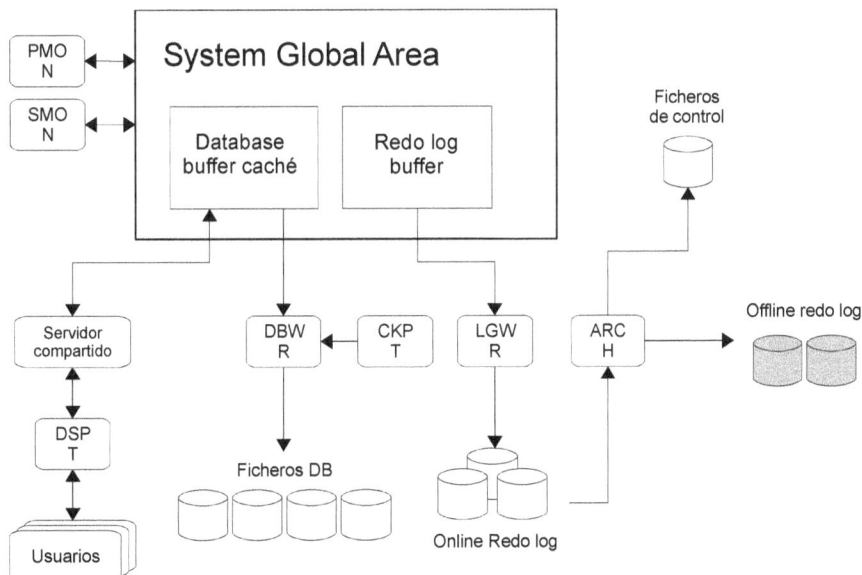

## Procesos

Los principales procesos del SGBD son:

- **DBWR:** Las escrituras de datos no se hacen directamente a disco, sino que se escriben en una región de la memoria llamada database buffer caché. Periódicamente, el proceso DBWR se encarga de trasladar esta información a disco.

- **LGWR:** Se encarga de mantener un registro de todas las operaciones de la instancia de la BD de manera que, si se produce un fallo en el sistema, sea posible reconstruir las operaciones. Este registro se llama redo log, y consiste en un buffer de memoria en el que se van anotando todos los cambios. El proceso LGWR traslada periódicamente el redo log buffer a disco, generalmente a un arreglo de tres o más discos que se van usando de forma circular (online redo log). El disponer de tres discos tiene diferentes ventajas:

  - No hay problema de que se llene

  - Se puede seguir escribiendo mientras se respalda uno de los discos

- **ARCH:** Se encarga de archivar periódicamente los logs del online redo log a almacenamiento secundario (offline redo log). También se encarga en ocasiones de realizar los backups en caliente.

- **SMON:** Monitor del sistema, se encarga de la monitorización de las instancias de la BD, activando los mecanismos apropiados. Entre otras cosas, se encarga de:

  - Activar protocolos de recuperación en caso de error

  - Vaciar los segmentos temporales

- **PMON:** Monitor de procesos, controla que todos los procesos funcionan correctamente, y reserva y livera recursos para los procesos de usuario según sea necesario.

- **DSPT:** Dispatcher, se encarga de conectar los procesos de usuario con los procesos servidores.

## Estructuras de memoria

Las BDs utilizan la memoria para guardar:

- Código de programas

- Información sobre las sesiones

- Datos de ejecución

- Información compartida entre procesos

- Caché

La memoria se estructura en las siguientes áreas:

- **Software Code Areas:** Aquí se guarda el código del SGBD en sí.

- **System Global Area (SGA):** Contiene información sobre cada instancia de la BD. Se subdivide en:

  - Database buffer caché: Caché de bloques de disco, de manera que se aumenta la velocidad en lecturas/escrituras. A medida que se modifican los bloques, se marcan como dirty, y se usa un algoritmo LRU para mantener el disco actualizado.

  - Redo log buffer: Entradas del redo log, antes de que LGWR las escriba a disco.

  - Shared pool: Contiene información de ejecución de SQL, como los planes de ejecución de los querys, de manera que se puedan aprovechar por diferentes usuarios/ejecuciones.

- Program Global Areas: Datos de ejecución para los diferentes procesos del SGBD.

- Sort Areas: Espacio reservado para las operaciones de ordenación. Tiene en cuenta que un gran número de operaciones requieren ordenación, por lo que disponer de un espacio en memoria dedicado a ello permite acelerar notablemente las consultas.

### Diccionario de datos

El diccionario de datos o catálogo es un conjunto de tablas de sistema que almacenan metainformación sobre el SGBD. Se almacenan en el tablespace de sistema, y contiene, entre otra información:

- Definiciones de todos los objetos de la BD

- Información sobre el espacio asignado

- Información sobre integridad referencial

- Nombres, privilegios y roles de todo el sistema

Generalmente, esta información está jerarquizada, permitiendo acceder a ella a diferentes niveles: desde el punto de vista de un usuario, de todo el sistema, etc.

## Gestión del espacio. Estructuras físicas y lógicas

La estructuración del espacio en un SGBD se puede plantear según dos aproximaciones:

- Lógica: Organización conceptual. P. ej., en tablas

- Física: Unidades tangibles de datos. P. ej., ficheros, o bloques en disco.

Desde el punto de vista lógico, la información se almacena en las siguientes estructuras:

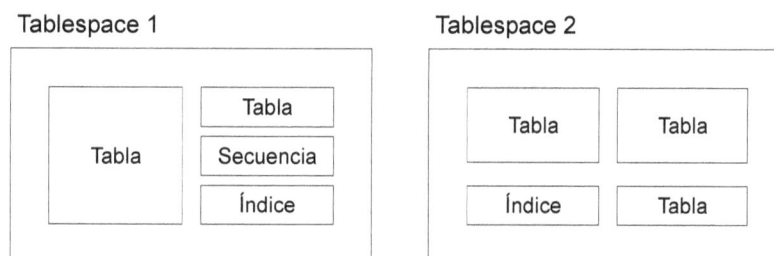

Tablespace 1

| | |
|---|---|
| Tabla | Tabla |
| | Secuencia |
| | Índice |

Tablespace 2

| | |
|---|---|
| Tabla | Tabla |
| Índice | Tabla |

Así, la diferentes tablas (y otros objetos lógicos como secuencias o índices) se organizan en tablespaces. La finalidad de esta división es:

- Controlar el espacio en disco usado por la BD

- Asignar cuotas de espacio a los diferentes usuarios (asociándolas al tablespace)

- Precisión en la definición de permisos

- Flexibilidad a la hora de distribuir los datos entre dispositivos

Desde el punto de vista físico, la jerarquía es la siguiente:

- Bloque: Unidad mínima de almacenamiento.

- Extensión: Agrupación contigua de bloques

- Segmento: Lista enlazada de varias extensiones. Generalmente, cada tabla tiene asociado un segmento, así como las diferentes estructuras del sistema.

- Datafile: Conjunto de segmentos, y por tanto de tablas. Cada tablespace puede tener varios datafiles.

La asociación entre estructuras físicas y lógicas es la siguiente:

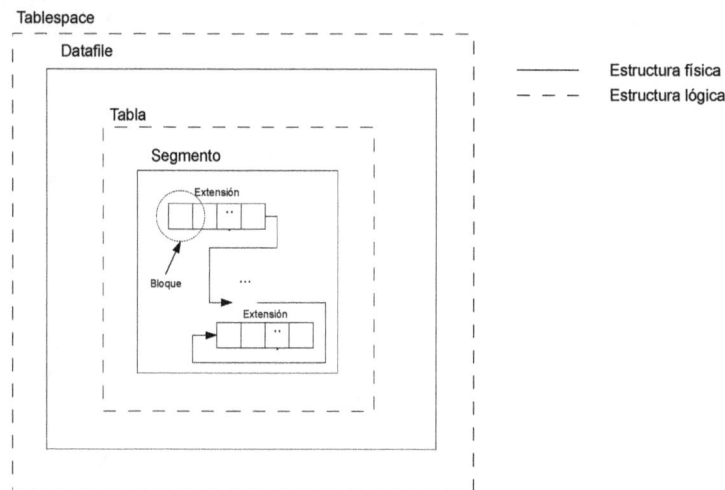

La forma de asociar las diferentes estructuras físicas y lógicas entre sí es mediante el uso del ficheros de control, donde se define la estructura de la BD. La forma de manipular el fichero de control es mediante sentencias SQL de administración, como las siguientes:

```
create tablespace tbs01 datafile '/usr/db/area1.dbs' size 1024M autoextend off;
alter database datafile '/usr/db/area1.dbs' resize 2048M;
alter tablespace add datafile '/usr/db/area2.dbs' size 1024M;
create table nombre (...) tablespace tbs01 storage (initial 50K next 25K );
create undo segment tablescpace RB;
```

## Estructuras físicas

A continuación se describen en más detalles las diferentes estructuras:

## Bloque

Un bloque es la mínima unidad de almacenamiento usada por la BD. Tiene un tamaño fijo de bytes, definido como un parámetro del SGBD, que no tiene por qué coincidir con el tamaño de bloque del sistema operativo (aunque por rendimiento suele ser un múltiplo), y que se decidirá en función del uso que se le va a dar a la BD. Un tamaño típico es entre 8 y 32 KB.

La estructura típica de un bloque es la siguiente:

| | |
|---|---|
| Cabecera | Información general: dirección, tipo, transacción a la que pertenece, etc. |
| Table directory | Información de las tablas a las que pertenece |
| Row directory | Ídem para las filas dentro de la tabla |
| Espacio libre | Espacio para insertar nuevos datos o modificar el tamaño |
| Datos | Datos en sí |

Como se puede ver, los bloques no se rellenan al 100%, sino que siempre se deja una porción del bloque libre en previsión de futuras modificaciones, para evitar la fragmentación de los datos. El porcentaje que se deja libre se decide en el momento de la creación del objeto lógico asociado.

## Extensión

Una extensión es una unidad de almacenamiento formada por un número contiguo de bloques.

## Segmento

Un segmento es un conjunto de extensiones, generalmente estructuradas en forma de lista enlazada:

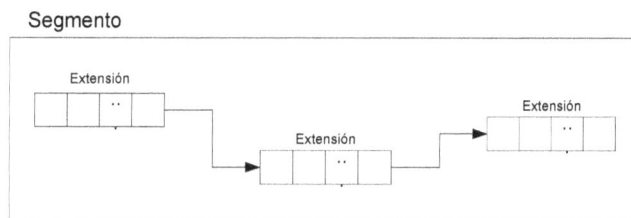

Un segmento se asocia a un objeto lógico en una relación de 1 a 1, de manera que el segmento contiene toda la información de su objeto asociado. Existen diferentes tipos de segmento según su uso:

- De datos: Asociados a tablas

- De índice

- De rollback: Se usan para almacenar datos temporales de una transacción que aún no se ha confirmado, para permitir así deshacerla (rollback) si es necesario. Su uso se basa en mantener diferentes copias de los datos modificados: una con los datos originales, y otra(s) con los datos modificados por una transacción no confirmada. Cuando se hace commit/rollback de la transacción, se reenlazan correspondientemente los segmentos de la tabla modificada.

  Para saber qué versión de los datos usar, el SGBD asigna un n° único a cada transacción (SCN o System Change Number), que se va incrementando con el tiempo. Cada bloque incluye en su cabecera el id de la última transacción que ha hecho commit sobre él. Así, cuando se hace una consulta, se anota el SCN actual del sistema, y a la hora de consultar datos se hace siempre de bloques cuyo SCN sea menor o igual al inicial. Esto es lo que se conoce como protocolo de multiversión, y permite evitar bloqueos sobre objetos que impidan el trabajo concurrente.

- Temporales: Para datos temporales, p. ej. si es necesario espacio para hacer la ordenación de una tabla.

- Boot: Utilizados por el SGBD para el arranque del sistema. Se caracterizan por estar ubicados siempre en la misma zona del disco.

## Estructuras lógicas

Las estructuras lógicas de la BD son las que se utilizan para estructurar la información de una forma abstracta, sin indicar detalles sobre la ubicación u organización concreta de los datos. Esta es la estructuración que ven y manipulan los usuarios de la BD.

Una organización de objetos lógicos se conoce como esquema, que aunque se corresponde aproximadamente con un tablespace no tienen por qué coincidir.

La información sobre todos los objetos lógicos de la BD se guarda en el diccionario de datos, que es un conjunto de tablas con metainformación sobre los diferentes objetos. Las tablas del catálogo son de sólo lectura, y son actualizadas por el SGBD en función de las diferentes operaciones de creación/modificación que se van realizando sobre los objetos de la BD.

A continuación se muestran algunos de los principales objetos de los que pueden estar compuestos los esquemas:

### Tablas

Son las unidades básicas de almacenamiento de datos. Se corresponden con las relaciones del modelo relacional propuesto por Codd en 1974, y por tanto se componen de filas o registros estructurados en campos o columnas. Las columnas definen el tipo de datos que almacena la tabla, y los registros son tuplas que componen los datos en sí.

El SGBD almacena generalmente cada tabla en un segmento, que se divide a su vez en varias extensiones.

Muchos SGBDs permiten también la creación de tablas temporales, que funcionan como una tabla cualquiera pero cuyo contenido desaparece al expirar la sesión. La diferencia respecto a una tabla normal es que utiliza segmentos temporales del SGBD, lo que tiene diferentes ventajas:

- Mayor velocidad al no generarse entradas en el redo log.

- Facilita la gestión del espacio al separar información temporal de permanente

■   Menor fragmentación de los datos al confinar datos volátiles en segmentos temporales

## Vistas

Una vista es una representación lógica de un subconjunto de datos de una o más tablas. En realidad, una vista sería equivalente a almacenar el resultado de una consulta y, en la práctica, el manejo de una vista no se diferencia del de una tabla cualquiera, exceptuando en que no permite alterar su contenido.

Las vistas no contienen datos en sí, sino que obtienen sus datos directamente de las tablas origen. Así, cualquier cambio en una tabla se ve reflejado de forma inmediata y transparente en todas las vistas que la referencian.

El uso de vistas tiene diferentes ventajas:

■   Permite visualizar datos restringiendo su modificación

■   Permite dividir y simplificar consultas complejas

■   Presentación de diferentes visiones de los mismos datos sin necesidad de duplicarlos

Internamente, las vistas se almacenan en el diccionario de datos del SGBD simplemente como la consulta SELECT que la genera. Así, cuando se consulta una vista, el SGBD simplemente expande la referencia a la vista como su código SQL asociado, integrándolo con la consulta y enviándolo directamente al motor de ejecución. Por tanto, una vista es únicamente una facilidad sintáctica para simplificar la escritura de consultas, y semánticamente no aporta más potencia de la que permite el uso de SELECTs SQL convencionales.

Aunque en principio una vista sea una estructura de sólo lectura, determinados SGBDs sí permiten la modificación de los datos de una vista, trasladando las modificaciones a las tablas origen de la misma. Para que esta modificación sea posible, es necesario que exista una correspondencia directa entre los campos de la vista y los de la tabla.

También, por motivos de rendimiento, es posible definir vistas consolidadas, que no son más que copias en una tabla temporal del resultado de una vista. Esto permite evitar el recálculo de los datos en cada consulta. Para evitar incoherencias entre los datos de la vista y sus tablas asociadas, en la creación de vistas consolidadas se definen cómo se sincronizará la vista respecto a sus tablas originales: si se hará periódicamente, de forma manual, etc.

## Índices

Un índice es una estructura de datos opcional asociada a una tabla, que contiene información sobre los datos en ella contenidos. El objetivo es almacenar información sobre cómo están distribuidos los datos, con el objetivo de acelerar los accesos.

Así, un índice contiene referencias a la ubicación física de los registros con diferentes valores de columna. De este modo, si una consulta desea un valor concreto, se puede ir directamente al registro correcto (o al menos restringir mucho la búsqueda) sin necesidad de tener que recorrer todos los datos.

Los índices pueden ser:

■   Simples: Indexan los valores de una columna

■   Compuestos: Indexan los valores de varias columnas a la vez

Según la forma de organizar los datos, existen diferentes tipos de índice. Algunos tipos comunes son:

- Hash o bitmap: Almacenan las referencias a los diferentes valores en forma de hash, de manera que cada entrada proporciona un acceso directo al registro correspondiente. Son muy rápidos, pero sólo permiten acelerar el acceso a valores concretos, no a intervalos, por lo que son recomendables para indexar valores de tipos no ordenables.

- Árboles-B (B-Trees): Almacenan los diferentes valores en forma de árbol binario ordenado, de forma que la búsqueda de un valor concreto en el índice tiene un tiempo logarítmico. Aunque el tiempo de acceso es peor que en un índice hash, permiten indexar intervalos de valores, por lo que son recomendables para indexar valores numéricos o que permitan establecer una ordenación. Generalmente este es el tipo de índice utilizado por defecto.

El tipo de índice a usar depende de dos factores:

- El tipo de datos de la columna

- El tipo de consultas que se van a hacer: P. ej., si las consultas se van a hacer con operadores de comparación (>=, etc.), tiene poco sentido usar un índice hash, y será preferible usar un índice B-tree.

- Los datos de la columna: Cuántos valores diferentes tendrán, cómo están distribuidos, etc.

Algunas consideraciones a la hora de definir índices son:

- Un índice es útil si los datos seleccionados de una tabla son como mucho el 15% del total de filas. Si no es así, suele ser más eficiente recorrer la tabla entera y ahorrarse la doble indirección del índice.

- Por el mismo motivo, es contraproducente definir índices para tablas pequeñas

- Es deseable indexar las columnas que intervengan en los joins.

- Se deberían indexar siempre columnas:

  - Con valores únicos o de un amplio rango de valores. En definitiva, que tengan una alta selectividad ( $sel(T) = \dfrac{TotalFilas}{ValoresDiferentes}$ ).

  - Con muchos valores nulos, ya que el valor nulo no se indexa y así es posible evitar procesar un gran número de filas.

- En cambio, no se deberían indexar columnas:

  - Con poca selectividad, es decir, con pocos valores diferentes

  - Que se modifiquen muy a menudo, pues ralentiza las operaciones al tener que recalcular los índices en cada operación.

Es deseable que los índices se encuentren en un tablespace diferente del de los datos que indexan, de modo que se pueda aprovechar el paralelismo de usar diferentes discos o de esquemas como RAID.

## Código

Además de datos, los SGBDs modernos permiten almacenar también código ejecutable que permite guardar parte de la lógica de aplicación en la propia BD. La ventaja de este esquema es que se usan lenguajes procedurales derivados de SQL, como PL/SQL, que son especialmente apropiados para manejar datos relacionales, si bien los diferentes fabricantes de SGBDs admiten lenguajes muy diversos.

Los objetos de código permitidos en una BD son:

- Procedimientos
- Funciones
- Triggers: Procedimiento que se ejecuta ante determinados eventos. Se explica en mayor profundidad en el apartado de gestión de la integridad.

Los diferentes objetos de código se pueden agrupar en paquetes.

## Secuencias

Una secuencia es un objeto que genera valores numéricos consecutivos. Su uso se asocia generalmente a la generación de claves primarias, y tiene diferentes ventajas:

- Es más rápido: Evita el recorrido de la tabla para buscar el máximo que debería hacerse para generar una nueva clave primaria consecutiva.
- Permite el acceso concurrente de diferentes usuarios, evitando duplicidades

# Gestión de la integridad

El modelo relacional en el que se basan la práctica totalidad de los SGBDs modernos establece una serie de reglas de integridad destinadas a mantener la coherencia de los datos. Estas reglas son de dos tipos:

- Del modelo: Definidas por el propio modelo relacional, como la unicidad de la clave primaria o la no existencia de referencias rotas.
- De usuario: Definidas en el momento de la creación del modelo de datos, y referentes a un problema concreto. P. ej., establecer que una empresa puede tener 3 directores generales como máximo.

El cumplimiento de estas reglas se consigue mediante el uso de diferentes mecanismos de integridad:

## Transacciones

Un SGBD funciona según transacciones. Una transacción es una unidad lógica de trabajo, con una o más sentencias en formato SQL, que tiene las siguientes características:

- Es atómica: Es decir, no se puede subdividir ni aplicar parcialmente. O se ejecutan todas las sentencias que contiene, o ninguna, y no es posible examinar el sistema en un estadio intermedio

- Sólo se aplican sus cambios cuando se confirma: La confirmación puede ser explícita o implícita, y positiva o negativa.

En la práctica, una transacción comienza con una sentencia en lenguaje SQL. A partir de ese momento, las posteriores sentencias se consideran parte de la misma transacción. Una vez se han acabado las operaciones, se ejecuta la sentencia especial COMMIT para dar por finalizada la transacción y aplicar los cambios, o bien ROLLBACK para deshacer todo lo hecho y restaurar el sistema al estado previo al inicio de la transacción. Para el resto del sistema, los cambios sólo son visibles a partir del momento del commit.

La implementación de las transacciones pasa por escribir cualquier cambio a segmentos temporales, trasladándolos a los segmentos reales de datos sólo cuando se acepta (commit) la transacción. Hay dos formas de implementar este comportamiento:

- Directa: Se escribe directamente a los segmentos reales, guardando los valores previos en segmentos de rollback por si hay que echar atrás la transacción. Acelera los commits, penaliza los rollbacks.

- Diferida: Escribe a segmentos temporales, y sólo pasa la información a los segmentos reales al hacer commit. Los commits son más lentos que los rollbacks.

Pese a que el enfoque diferido es algo más seguro (no se tocan los segmentos reales hasta haber confirmado la transacción), generalmente se usa un esquema directo para no penalizar los commits (que son mucho más frecuentes que los rollbacks).

El objetivo de las transacciones es garantizar que el sistema está siempre en un estado coherente. Así, si a mitad de una transacción hubiese un problema con el SGBD (un corte de luz, o un fallo de programa), una vez recuperado el sistema se descartarían (rollback) todas las transacciones no finalizadas, y se restauraría el sistema al último estado estable.

## Restricciones de integridad (constraints)

Una forma de definir reglas de integridad adicionales sobre los datos es mediante la adición de constraints en el momento de la creación de una tabla. Las constraints pueden ser de diferentes tipos:

- De clave primaria (PK): Establece uno o varios campos como la clave primaria de una tabla, obligando a que sus valores sean únicos.

- De unicidad (UNIQUE): Obliga a que los valores de un campo sean únicos

- De valores (CHECK): Restringen el dominio de los datos de un campo, limitándolo a ciertos valores, impidiendo que valga nulo, etc.

- De clave externa (FK): Define un campo como una clave externa o foránea sobre otra tabla. De esta manera, el SGBD controlará la coherencia de las referencias.

La forma de comprobar las reglas de integridad admite dos enfoques:

- Inmediato: En cada sentencia se comprueba que se cumplan las reglas.

- Diferido: La comprobación se realiza al final de la transacción, no en cada sentencia concreta. Es más cómodo para poder realizar tareas complejas, pero también es más peligroso.

Generalmente el SGBD soporta ambos enfoques, estableciendo el modo en el momento de la creación del objeto correspondiente.

## Triggers

Otro mecanismo para implementar mecanismos de integridad son los triggers. Un trigger es un fragmento de código que se ejecuta ante determinados eventos.

Los triggers tienen diferentes usos:

- Generar información derivada automáticamente

- Prevenir transacciones inválidas: Al poderse ejecutar antes de que se produzca la sentencia, un trigger tiene capacidad para anularla si pudiera comprometer la coherencia de los datos.

- Forzar reglas de integridad complejas no definibles mediante constraints.

El momento de ejecución de un trigger se define con los siguientes parámetros:

- Objeto al que está asociado.

- Sentencia que lo disparará: Insert, update o delete.

- Momento en que se ejecutará: Antes o después de la sentencia.

- Nivel: Si saltará para cada fila alterada, o bien sólo una vez para cada sentencia.

Pese a su utilidad, el uso de triggers tiene problemas asociados que hacen deseable reducir su uso a lo estrictamente necesario:

- Sólo actúan cuando se produce la operación: Si en algún momento se desactivan los triggers y se alteran datos, no se puede garantizar que se mantenga la consistencia

- No forman parte del modelo relacional.

- El uso intensivo de triggers puede afectar considerablemente al rendimiento de las operaciones de inserción/borrado de datos.

En un SGBD que soporte triggers, el proceso de gestión de la integridad ante una operación de alteración de datos sería el siguiente:

1. Ejecutar trigger BEFORE SENTENCE
2. Para cada fila alterada:
    1. Ejecutar el trigger BEFORE ROW
    2. Bloquear y actualizar la fila
    3. Validar las constraints de columna
    4. Ejecutar el trigger AFTER ROW
3. Ejecutar el trigger AFTER SENTENCE
4. Validar las constraints inmediatas
5. Validar las constraints diferidas

## Seguridad: Usuarios, permisos y roles

Para cada BD, se define una lista de usuarios válidos (cuentas). Esta información se almacena en el diccionario de datos y, así, para cada cuenta se almacena:

■ Nombre del usuario

■ Método de autenticación: Puede ser, entre otros:

   ○ Database: El SGBD se encarga de controlar la autenticación

   ○ External: La realiza el sistema operativo o un servicio de red

   ○ Global: Vía SSL, contra un servicio de directorio centralizado

   ○ Proxy: Conexión mediante un servidor de aplicaciones, que usa un usuario proxy para conectarse a la BD

■ Tablespace asignado por defecto

■ Tablespace temporal

■ Información de cuota

Los permisos que tiene cada usuario se controlan mediante la asignación de privilegios o grants. Cada privilegio se corresponde con un tipo de operación, y se clasifican en:

■ Privilegios de sistema: Permite indicar qué comandos podrá utilizar el usuario. P. ej., se puede permitir a un usuario ejecutar SELECTs, pero no UPDATEs ni DELETEs.

■ Privilegios de objeto: Como los privilegios de sistema, pero específicos de un objeto concreto. Por ejemplo, la capacidad de insertar datos en una tabla en particular.

Los privilegios pueden agruparse en roles, que se asignan a usuarios de un determinado perfil. Generalmente, existen una serie de roles predefinidos, si bien es posible definir roles personalizados.

La asignación de permisos en el SGBD se realiza generalmente mediante extensiones del lenguaje SQL, generalmente mediante el comando GRANT.

## Auditoría

Una capacidad común de los SGBDs es auditar las acciones que tienen lugar sobre la BD. Se pueden auditar:

- Intentos de entrada
- Accesos a objetos
- Operaciones sobre la BD
- Uso de recursos del sistema

Es conveniente perfilar en detalle los parámetros de auditoría, indicando exactamente qué objetos/operaciones se desea auditar, pues de lo contrario el registro de auditoría puede crecer rápidamente y suponer un problema de espacio.

### Gestión de actualizaciones de seguridad

Un aspecto importante de la gestión de la seguridad es mantener el software del SGBD actualizado. Dado que un SGBD es un software complejo, continuamente se descubren fallos, vulnerabilidades o deficiencias que, de no arreglarse, podrían comprometer la seguridad del sistema. Por tanto, es importante ir aplicando las actualizaciones que ofrecen los fabricantes para minimizar el riesgo de agujeros de seguridad.

# Ejecución de consultas

El lenguaje estándar en cualquier SGBD relacional es SQL. SQL es un lenguaje fundamentalmente declarativo, lo cual quiere decir que se le indica al SGBD el resultado que se quiere obtener, sin indicaciones sobre cómo debe conseguirlo. Así, una de las principales tareas de un SGBD es implementar las consultas SQL de forma eficiente.

El esquema de ejecución de consultas de un SGBD sería el siguiente:

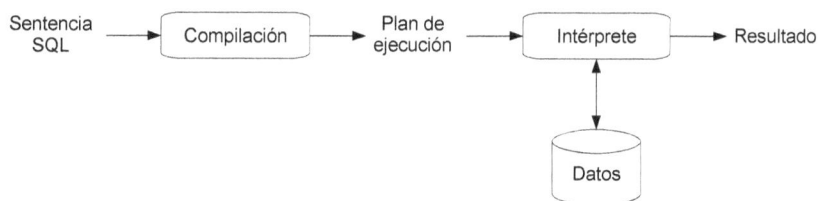

## Visión general

El principal paso en la ejecución de una consulta es construir su plan de ejecución, que es una estructura en forma de árbol que indica los pasos a seguir para obtener los resultados correctos. Por ejemplo:

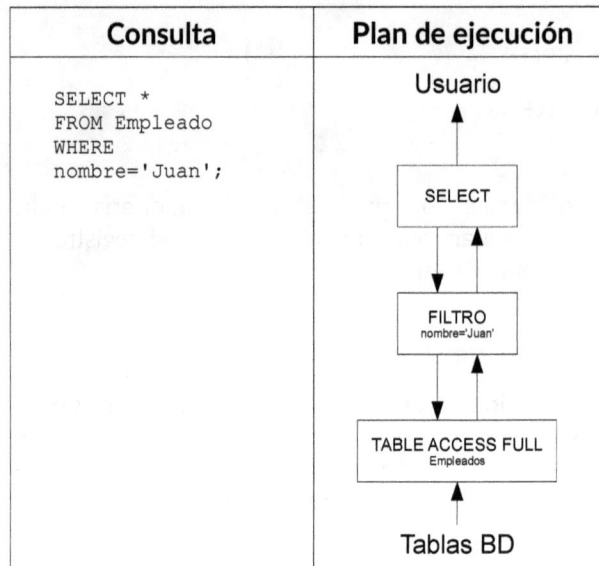

| Consulta | Plan de ejecución |
|---|---|
| ```
SELECT *
FROM Empleado
WHERE
nombre='Juan';
``` | Usuario<br><br>SELECT<br><br>FILTRO<br>nombre='Juan'<br><br>TABLE ACCESS FULL<br>Empleados<br><br>Tablas BD |

Cada nodo del árbol de ejecución tiene un coste, calculado como el número de filas que debe consultar de la BD. El coste de un nodo es el de sus nodos inferiores, por lo que se puede decir que el coste de un query es el de su nodo raíz.

Los tipos de nodo que pueden aparecer en un plan de ejecución se corresponden de forma bastante directa con los operadores del álgebra relacional y, entre otros, son:

- Lectura de datos: Leen registros desde la BD. Puede ser de diferentes tipos:

  - Table access full: Lee todos los registros de la tabla

  - Index unique scan: Devuelve un registro concreto, utilizando un índice en vez de leer todos los valores de la tabla

  - Index range scan: Devuelve un conjunto de registros, recorriendo sólo los necesarios utilizando un índice

- Selección: Filtran los registros de entrada, devolviendo sólo aquellos que cumplen una condición

- Proyección: Devuelven los mismos registros de entrada, pero sólo con las columnas especificadas

- Ordenación: Ordenan los registros

- Operaciones de conjunto

- Iteradores: Realizan una operación para cada registro
```

## Compilación

La compilación de una sentencia SQL en un plan de ejecución pasa por las siguientes fases:

1. Parser: Convierte el SQL textual a un árbol de compilación y analiza la sintaxis de la consulta. Utiliza gramáticas.

2. Preprocesador: Analiza la semántica de la consulta (coherencia de tipos de datos, existencia de objetos referenciados, etc.).

3. Transformación a plan de ejecución lógico: Transforma el árbol de compilación en un plan de ejecución escrito en operaciones de álgebra de consulta (plan de ejecución lógico).

4. Query rewrite (preoptimizador): Realiza una primera serie de optimizaciones simples. Por ejemplo:

   ○ Propagar selecciones hacia abajo: De esta forma se filtran los datos cuanto antes, y el resto de operaciones deben trabajar con menos datos. Mejor aún que esto es propagar primero hacia arriba, unificando las que se puedan, y luego propagar hacia abajo.

   ○ Propagar proyecciones hacia abajo.

   ○ Eliminar o mover eliminación de duplicados: Debido a que requiere ordenación, analizar si realmente son necesarios, y moverlos si es posible para minimizar el número de bloques a procesar.

El PEL contiene una representación abstracta de la consulta. Para poder ejecutarlo, hay que convertirlo a un plan de ejecución físico, con implementaciones concretas de las operaciones. Así, pueden existir muchos planes de ejecución físicos para un mismo PEL, en función de, por ejemplo, qué tipo de join se va a utilizar.

El proceso de obtención del PEF final se puede realizar de diferentes formas:

■ Evaluación exhaustiva: Calcular todos los PEF posibles, y escoger el mínimo

■ Heurísticas: Podar el árbol de PEFs mediante diferentes heurísticas que indiquen qué ramas del árbol de PEFs es posible no calcular.

■ Aproximación por mejoras sucesivas: Obtener un PEF basado en reglas y evaluar su coste. Si es aceptable, ejecutarlo, y si no, calcular alternativas.

## Optimización

Como cada operación de un plan de ejecución tiene diferentes costes (p. ej., un acceso usando un índice es más eficiente que un table full scan), una tarea importante del SGBD será optimizar el plan de ejecución, reorganizando y transformado las operaciones que lo componen de manera que el coste final del query sea óptimo.

La optimización de planes de ejecución puede hacerse según dos filosofías:

- Optimización basada en reglas: Tiene en cuenta la estructura de la base de datos, pero no los datos contenidos en las tablas. De la misma forma, tiene en cuenta los índices existentes, pero no sus características.

- Optimización basada en coste: Consiste en calcular todos (o gran parte de) los posibles planes de ejecución posibles para la consulta, asignarles un coste estimado, y escoger el que tenga mejor coste. Por tanto, sí tiene en cuenta los datos.

Generalmente se utiliza una combinación de ambas aproximaciones, por ejemplo usando un método u otro en función del tamaño de las tablas.

Un aspecto importante de cara a la obtención del plan de ejecución óptimo es estimar correctamente el coste de un plan dado. Dado que los accesos a disco son mucho más costosos en tiempo de ejecución y recursos que los accesos a memoria, se acostumbra a medir el coste de un plan como el número de bloques de disco que debe procesar. Así, se desprecian tanto el manejo de los mismos como el procesamiento en cuanto a tiempo de CPU.

De esta forma, si se define B(R) como el número de bloques de la relación R, y T(R) como el número de tuplas de la tabla, se puede establecer el coste de las diferentes operaciones como:

| Operación | Coste | Comentarios |
|---|---|---|
| Recorrido | B(R) | |
| Ordenación | Si cabe en mem: B(R)<br>Si no cabe: $3 \cdot$B(R) | |
| Unión ( $B(R \cup S)$ ) | B(R)+B(S) | |
| Selección | B(R) | |
| Proyección | B(R) | |
| Eliminación de duplicados (distinct) | Si cabe en mem: B(R)<br>Si no cabe: $3 \cdot$B(R) | |
| Join (Nested loop) | B(R)+T(R)$\cdot$B(S) | Recorrer la tabla principal, consultando la otra para cada tupla.<br>Probar R join S y S join R y quedarse con el mejor |
| Join (Sort join) | Si cabe en mem: $3 \cdot$(B(R)+B(S))<br>Si no: $5 \cdot$(B(R)+B(S)) | Ordenar R y S, y recorrer |
| Join (hash join) | Si cabe en mem: B(R)+B(S)<br>Si no: $3 \cdot$(B(R)+B(S)) | Poner la tabla más pequeña en un hash, y recorrer la otra |

El optimizador del SGBD realiza el siguiente proceso para obtener el plan de ejecución óptimo:

1. Optimizar y resolver expresiones individuales
2. Generar diferentes planes de ejecución equivalentes
3. Evaluación del coste de cada plan de ejecución
4. Selección y ejecución del plan de menor coste

Es posible actuar sobre el optimizador, indicando, mediante variables de sistema o "hints", parámetros como:

- Si la optimización se hace por número de filas a leer o por tiempo de ejecución
- Si se desea el menor tiempo, o si se desea tener los primeros resultados rápidamente
- Si se desea forzar/evitar el uso de algún índice concreto

A continuación se muestran algunas optimizaciones comunes:

### Resolución de expresiones

Consiste en resolver expresiones individuales, transformándolas en otras equivalentes más simples. Por ejemplo:

- Evaluación de expresiones y constantes: P. ej:, transformar "where a=1+1" en "where a=2"
- Aplicar transitividad: P. ej., transformar "where a=1 and b=a" en "where a=1 and b=1"

### Inserción de vistas

Si en el query se utilizan vistas, el optimizador incluye el código SQL de la vista en el query a optimizar, de manera que pueda haber mayor margen para optimizar.

### Predicate pushing

Propagar operaciones hacia subquerys inferiores, de manera que se reduzca el número de registros a tratar. Por ejemplo, se transformaría:

```
SELECT *                             SELECT *
FROM (SELECT * FROM TABLAB)          FROM (SELECT * FROM TABLAB WHERE A=1)
WHERE A=1                            WHERE A=1
```

### Subquery unnesting

Cuando es posible, transformar subquerys en condiciones de join. Esto es posible cuando el subquery no está relacionado con el query superior.

## *Optimización de joins*

Uno de los tipos de query más comunes es el join, por lo que la optimización de joins es uno de los aspectos del optimizador al que se dedica más esfuerzo. Básicamente, hay tres maneras de implementar un join:

### Nested loop

Es la forma más simple, y consiste en utilizar una tabla como maestra, recorriéndola y, para cada una de sus filas, consultar las filas coincidentes en la otra.

Es un método adecuado si la tabla maestra es pequeña y la tabla secundaria está indexada sobre la columna de join. El coste, si N es el nº de registros de la tabla maestra, sería de N+N accesos por índice a la tabla secundaria.

Ventajas:

- Es un método que empieza a devolver resultados muy rápidamente

- Aplicable a joins por igualdad, comparación y diferencia

### Sort join

En este caso el proceso es:

1. Ordenar las dos tablas por la columna de join
2. Recorrer las dos tablas, devolviendo las filas coincidentes

El coste de este método es el de ordenar las tablas, más el de recorrerlas. Si los campos de join están indexados, no hace falta ordenar (los índices ya están ordenados).

Ventajas:

- Útil para datos grandes o no indexados, en los que nested loop es menos eficiente

- Permite aprovechar ordenaciones existentes (en los datos o en los índices)

- Aplicables a joins por igualdad o comparación (pero no por diferencia)

### Hash join

En este método, el proceso es:

1. Construir una tabla hash en memoria con el contenido de la tabla menor
2. Recorrer la segunda tabla, comparando con el hash de memoria

El coste es el de recorrer las dos tablas (una para construir el hash, y la otra para buscar coincidencias). En este caso, no se usa ningún índice.

Ventajas:

- Más rápido que nested loop y sort join, especialmente si la tabla no está indexada

- Útil si hay memoria suficiente para construir el hash

- Apropiado cuando se recorre la práctica totalidad de la tabla

El principal inconveniente es que sólo es aplicable a comparaciones de igualdad

# Gestión de backups

La política de seguridad y recuperación hace referencia a dos conceptos:

- Protección de la BD frente a pérdidas de datos
- Reconstrucción de la BD después de cualquier tipo de pérdida de datos

Así, un backup es una copia de los datos de la BD que puede ser usada para reconstruirlos en caso de necesidad. Existen dos tipos de backup:

## Backups físicos

Los backups físicos son una copia directa de los ficheros internos de la BD. Así, se copian:

- Ficheros de datos
- Ficheros redo log archivados
- Ficheros de control y otros

Los backups físicos se realizan generalmente cuando el SGBD está inactivo. También es posible realizarlos en caliente (con el SGBD en marcha), si bien en ese caso hay que tener en cuenta que, en caso de recuperación, hay que hacer rollback de todas las transacciones a medias en el momento de la copia para llegar a un estado coherente.

## Backups lógicos

Los backups lógicos se hacen mediante una utilidad apropiada, y consisten en la exportación de unos datos lógicos que representan la información de la BD. En comparación con los backups físicos, los backups lógicos son más compactos, ya que sólo exportan la información necesaria descartando cosas como segmentos temporales, etc., si bien pueden ser más lentos.

Por su naturaleza, son siempre en caliente, ya que requieren que el SGBD se encuentre en funcionamiento.

## Redo logs

El redo log es la estructura más importante de cara a la recuperación de datos. Consiste en dos o más ficheros en los que se van almacenando todas las operaciones de modificación de la BD, en lo que se conoce como protocolo WAL (Write Ahead Log). De esta forma, en caso de error es posible reconstruir todas las operaciones hechas desde el último estado estable.

Las operaciones del redo log se guardan en tres ficheros, utilizados de forma circular como muestra la siguiente imagen:

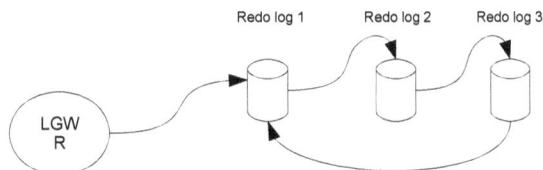

El proceso encargado de escribir a los redo log es el log writer (LGWR). Cuando uno de los ficheros redo log se llena, LGWR pasa a escribir al siguiente. El proceso ARCH se encarga de escribir los ficheros redo log llenos a los archived redo logs, que se almacenan en discos secundarios.

### Recuperación en caso de fallo (ARIES)

Cuando se produce la caída de la BD, el SGBD, mediante el proceso SMON, inicia el proceso de recuperación, que sigue el protocolo ARIES:

1. Identificar los bloques *dirty* del database buffer caché, es decir, aquellos que estaban pendientes de ser escritos a disco.

2. Reejecutar todas las operaciones del redo log desde el último punto estable conocido, hasta el momento de la caída.

   El último punto estable viene definido por los checkpoints del redo log. Un checkpoint es una instantánea de la BD en un momento dado, y el proceso encargado de establecer los checkpoints es el CKPT.

3. Deshacer todas las operaciones de las transacciones que no habían hecho commit en el momento de la caída.

De esta manera, el estado resultante de la BD es el del momento de la caída, haciendo rollback de todas las transacciones que estuvieran a medias.

# La xarxa Internet. Organismes rectors. El sistema de noms de domini (DNS)

## Índice de contenido

## Internet

La red Internet es un sistema global de redes interconectadas consistente en miles de redes públicas, privadas, académicas, gubernamentales y corporativas. Utilizan la familia de protocolos TCP/IP como forma de garantizar que las redes heterogéneas que la componen funcionen como una red lógica única de alcance mundial.

Internet ofrece múltiples servicios, como el correo electrónico, la transferencia de ficheros, o la WWW.

### Historia

El origen de Internet está en ARPANET, una red desarrollada por el departamento de defensa de EEUU para probar el concepto de red de conmutación de paquetes, en contraposición a las redes de conmutación de circuitos que se usaban en la época. En 1969 ARPANET empezó a funcionar, interconectando tres universidades. Pocos años después, en 1973, se publicó la especificación de TCP, y en 1983 ARPANET, que ya contaba con una veintena de nodos, empezó a usarlo como protocolo principal.

En 1985, ARPANET se conecta con NSFNET, una red similar, basada en TCP/IP, que unía a todas las universidades americanas. Es el primer paso para la apertura de Internet al público.

En 1988, se conecta NSFNET al primer servicio comercial, en este caso el servicio de correo MSI Mail. Pronto se conectarían otros servicios populares como Compuserve, así como otras redes como Usenet. Empezaron a aparecer los primeros ISPs, que proporcionaban a particulares el acceso a la nueva red..

En 1991, el CERN presenta la WWW, un sistema de documentación basado en hipertexto. Esto hizo llegar Internet al gran público, y a partir de allí el crecimiento de Internet se volvió exponencial. Por ejemplo, en los años 1990 el número de ordenadores conectados a Internet creció un 100% anual, con incluso algunos picos superiores en los años 1996/1997.

## Organismos rectores

Internet es una red descentralizada, por lo que no está regida por un único organismo. Los organismos que regulan los diferentes aspectos de Internet son:

### Internet Engineering Task Force (IETF)

La IETF es una comunidad internacional compuesta de investigadores, técnicos y miembros de la industria que tiene la responsabilidad del diseño y la arquitectura de Internet. Está compuesta de diferentes grupos de trabajo dedicados a diferentes aspectos de la red, y se encarga de publicar las especificaciones de los protocolos que forman Internet en forma de documentos llamados RFC (Request For Comments).

El núcleo de los protocolos que componen Internet está reunido en un conjunto de RFCs que constituyen los *Internet Standards*.

### Internet Corporation for Assigned Names and Numbers (ICANN)

La ICANN es una corporación privada sin ánimo de lucro encargada de la asignación de identificadores únicos en Internet. Eso incluye:

- Nombres de dominio
- Direcciones IP
- Números de puerto y otros parámetros.

La ICANN también se encarga de la gestión de los servidores raíz de Internet.

La ubicación física de la ICANN está en EEUU, pero está supervisada por una mesa internacional de directores compuesta de personajes relevantes del mundo técnico, académico y corporativo. En cualquier caso, las decisiones principales siguen dependiendo en gran medida del gobierno de EEUU.

### Internet Assigned Numbers Authority (IANA)

La IANA era la organización encargada de la asignación de números (DNS, IP) en Internet. Hasta 1998 funcionaba como entidad privada gestionada por la Universidad de California, y funcionaba bajo contrato con el gobierno de EEUU. En 1998 fue integrada dentro de la ICANN.

Se encarga de las siguientes tareas:

- Gestión de direcciones IP: Gestiona el espacio de direcciones, dividiéndolo en fragmentos regionales. La gestión de cada uno de estos segmentos se delega en registros regionales (RIRs o Regional Internet Registries) que llevan a cabo la gestión en su área. Actualmente hay 5 RIRs, correspondiéndose aproximadamente a los 5 continentes.

- Nombres de dominio: El IANA gestiona la creación, asignación y mantenimiento de dominios DNS de primer nivel.

- Parámetros de protocolos: Se regulan también algunos parámetros de los protocolos de Internet, como los puertos estándar para cada uno, el tipo de codificación de caracteres a utilizar, etc. Esta tarea se hace de forma coordinada con el IAB.

### Internet Society (ISOC)

La ISOC es una organización internacional sin ánimo de lucro fundada en 1992 con el objetivo de coordinar el desarrollo de Internet, orientándolo hacia un punto de vista científico, académico y de investigación.. La ISOC nace como forma de darle un cuerpo legal al IETF, que tiene un funcionamiento considerablemente informal. Así, la ISOC mantiene el copyright de todos los RFCs publicados por el IETF, y gestiona su financiación y sus relaciones con la industria tecnológica.

Los objetivos oficiales del ISOC son:

■ Promover el desarrollo tecnológico de Internet como una infraestructura orientada a la educación y la investigación científica, así como involucrar a los estamentos académicos, científicos y de ingeniería en su evolución.

■ Educar a las comunidades académica y científica, así como al público en general, en la tecnología, usos y aplicaciones de Internet.

■ Promover aplicaciones de la tecnología de Internet para el beneficio de las instituciones educativas, de la industria, y del público en general.

■ Proveer un espacio de debate en el que explorar nuevas aplicaciones de Internet, promoviendo la colaboración entre todos los participantes.

La ISOC Integra el IAB en su organización interna.

### Internet Architecture Board (IAB)

El IAB es el comité encargado de supervisar el desarrollo tecnológico de Internet. Fue creado por la ISOC, y actualmente se integra dentro del mismo. Originalmente fue una iniciativa del gobierno de EEUU, si bien actualmente se ha constituido como una entidad pública internacional.

Las tareas del IAB son:

■ Supervisión de la arquitectura de Internet: Supervisar el trabajo del IETF

■ Publicación de los RFCs

■ Asesoramiento a la Internet Society

### Internet Governance Forum (IGF)

El IGF es un foro internacional creado por las Naciones Unidas en 2005 con el fin de debatir temas relacionados con la gobernabilidad de Internet. Así, los temas tratados por este foro son:

■ Legislación referente a Internet

■ Prácticas de la industria

■ Identificación de temas relevantes presentes y futuros relacionados con la gobernabilidad

# Servicios de Internet

## WWW

La World Wide Web (WWW) es un sistema de textos entrelazados (denominado hipertexto). De esta forma, con un navegador web es posible acceder a páginas web que contienen texto, imágenes y contenidos multimedia, navegando entre ellas mediante hiperenlaces.

La WWW se creó en el año 1992 en el CERN, y su creación supuso el despegue de la popularidad de Internet.

Las diferentes páginas web están identificadas unívocamente mediante una URL, que tiene el siguiente formato:

http://<servidor>/<ruta dentro del servidor>/<fichero>

Una vez introducida la dirección en el navegador, se resuelve la dirección a su dirección IP equivalente mediante DNS, y se recupera el recurso especificado mediante el protocolo HTTP (HiperText Transfer Protocol). El protocolo HTTP es muy simple, y permite simplemente la recuperación de recursos web mediante comandos textuales. Existen versiones de HTTP con características añadidas de seguridad para la transmisión cifrada y autenticada (p. ej., para acceder a la web de un banco).

Las páginas web están escritas en un lenguaje de marcado especial, el HTML (HiperText Markup Language) que, además de texto plano, permite representar:

- Enlaces a otras páginas

- Formateo básico: negritas, cursivas, colores, diferentes tamaños de fuente, etc.

- Imágenes

- Listas y tablas

- Formularios

Alrededor de la World Wide Web han ido apareciendo diferentes tecnologías que enriquecen el contenido de las páginas:

- Javascript: Lenguaje de script incrustado, que permite interacciones complejas con el usuario sin necesidad de recarga de páginas (p. ej., validar un formulario antes de enviarlo). Funciona mediante la definición de un modelo de objetos (DOM) que representa todos los elementos de la página, de manera que mediante Javascript es posible manipular sus propiedades. La combinación de HTML y Javascript se conoce como HTML dinámico o DHTML.

- Flash: Animaciones y contenido multimedia

- Java Applets: Pequeños programas en lenguaje Java que permiten incrustar aplicaciones locales de la máquina dentro de una página, de manera que se puedan realizar tareas más complejas de lo que se podría hacer con HTML/Javascript.

La navegación en la WWW se hace introduciendo directamente una URL en el navegador o, más comúnmente, usando un buscador, que es una página web especial que indexa al resto de webs y permite buscar una web en concreto a partir de una serie de palabras clave. Los buscadores se encargan de mantener su índice actualizado recorriendo periódicamente toda la Internet mediante programas conocidos como robots.

A día de hoy (2009) el buscador más utilizado es Google.

## Correo electrónico

El correo electrónico o e-mail es un sistema de envío asíncrono de mensajes similar al correo convencional, pero por vía electrónica. El funcionamiento consiste en que cada usuario tiene asociada un buzón de correo y una dirección, de forma que puede enviar mensajes a otro usuario. El destinatario leerá los mensajes cuando se conecte a su buzón de correo y examine su contenido.

Los mensajes de correo generalmente son textuales, si bien pueden incluirse ficheros binarios (attachments o adjuntos) codificándolos a texto según diferentes técnicas (uuencode, MIME). También es posible cifrar los mensajes mediante diferentes técnicas para mantener la privacidad y garantizar la autenticidad del remitente.

El correo electrónico de internet se basa en los protocolos SMTP para el envío de correos, y POP3 y/o IMAP para la recepción de mensajes. El funcionamiento del correo electrónico se basa en una serie de servidores que implementan el protocolo SMTP y que se comunican entre ellos, de manera que se van reenviando los mensajes pendientes hasta llegar a destino. Cuando el mensaje llega al servidor destino, quedará disponible para ser consultado mediante POP3/IMAP.

Aunque el correo electrónico es uno de los servicios más antiguos en Internet, conserva su popularidad debido a que es una forma fiable de intercambio de información, que no requiere que las dos partes de la comunicación estén conectadas simultáneamente.

Hoy en día la principal amenaza para el servicio de correo electrónico es el spam, consistente en mensajes comerciales enviados indiscriminadamente a millones de direcciones de email simultáneamente. El volumen del spam ha crecido hasta el punto de estar cerca de saturar el servicio, superando con creces al tráfico de correos legítimos, lo que ha obligado a desarrollar técnicas para filtrar el spam mediante listas negras o, de forma más avanzada, mediante controles estadísticos adaptativos, que son entrenados por el usuario para reconocer el spam y adaptarse a nuevas formas.

## Intercambio de ficheros. FTP y  P2P

Otro de los servicios populares en Internet es el de intercambio de ficheros de todo tipo, ya sea a nivel personal, profesional o comercial. Para ello se utilizan diferentes técnicas:

- E-mail: Una forma rudimentaria es enviar los ficheros como datos adjuntos a mensajes de correo electrónico. Si el fichero es muy grande se vuelve una opción impracticable, pero puede ser práctico para pequeños intercambios puntuales.

- FTP: El protocolo FTP permite compartir un árbol de directorios y ficheros de forma que el resto de clientes puedan conectarse y descargarlos. Su funcionamiento es similar al del protocolo HTTP, si bien FTP está optimizado para las transferencias de datos binarios.

- P2P: Se entienden como protocolos peer to peer (P2P) toda una serie de protocolos diseñados para casos en los que es necesario difundir ficheros a un gran colectivo de usuarios. En esta situación, el uso de FTP es ineficiente, ya que cada cliente debe hacer una descarga completa y, además del tiempo que conlleva, existe el riesgo de saturar el servidor. Los protocolos P2P hacen a los clientes parte del proceso de compartición, haciendo que, a la vez que descargan, actúen como servidores para otros clientes, compartiendo así la carga de distribuir los ficheros. Usando P2P, se invierte la situación respecto a FTP, ya que si en FTP es deseable que el número de clientes sea moderado para evitar las sobrecargas, en P2P sucede lo contrario, y cuanto más solicitado esté un fichero mejor funcionará la red. Algunos de los principales protocolos P2P son eMule y Bittorrent.

## Videoconferencia y VoIP

El aumento del ancho de banda de las conexiones a Internet ha hecho que se popularicen los servicios de streaming de vídeo en tiempo real. Estos servicios incluyen, entre otros:

■ Vídeo bajo demanda: Permiten la visualización de diferentes contenidos de vídeo bajo demanda, incluyendo desde películas y programas hasta vídeos realizados a nivel personal. Si bien el vídeo bajo demanda puede configurarse sin requisitos adicionales, una web muy popular que ofrece la visualización y el alojamiento de vídeos es Youtube.

■ Voz sobre IP: La voz sobre IP o VoIP permite establecer conversaciones de voz utilizando la red Internet como medio de comunicación. De esta manera, es posible sustituir a la línea telefónica, reduciendo el coste (especialmente en llamadas de larga distancia) y en ocasiones aumentando la calidad. Existen numerosas tecnologías, aunque la más popular sea la creada por la empresa Skype.

■ Videoconferencia: El bajo coste de las cámaras personales (webcams) ha hecho que el ámbito de la VoIP haya aumentado y sea posible realizar una videoconferencia completa. Es común que las propias tecnologías VoIP incluyan también esta posibilidad, y así es posible realizar una videoconferencia con Skype o Messenger, entre otros.

# El sistema de nombres de dominio (DNS)

La función del sistema de nombres de dominio DNS (Domain Name System) es permitir referenciar diferentes tipos de información sobre un servidor mediante nombres legibles y fáciles de recordar. El uso principal es el de asociar nombres de máquina con direcciones IP, que al ser numéricas son difíciles de utilizar directamente por humanos.

La solución a este problema en los inicios de Internet era utilizar un fichero central de correspondencias que asignaba a cada nombre su dirección IP, de manera que cada equipo de la red se descargaba ese fichero mediante FTP. En seguida se vio que esa solución no era escalable, y en 1987 surgió el protocolo DNS (Domain Name System).

Los objetivos de DNS son:

■ Proveer de un espacio de nombres coherente, que permita dar nombre a los recursos de forma única en toda la red y almacener diferentes informaciones asociadas a ellos

■ Debido al gran tamaño de la base de datos y su velocidad de crecimiento y actualización, debe tener una naturaleza distribuida. Lo mismo sirve para el espacio de nombres, que debe gestionarse también en forma distribuida.

■ Independiente de la plataforma, familia de protocolos o red

DNS tiene tres componentes fundamentales:

■ El espacio de nombres de dominio: Son las especificaciones sobre cómo se deben establecer los nombres en forma de árbol, así como las operaciones posibles sobre este árbol.

■ Servidores de nombres: Son los elementos de la red que almacenan la información sobre la asignación de nombres. Cada servidor contiene sólo una parte del total, si bien pueden también cachear la información de otros servidores por motivos de rendimiento. La información se divide en Zonas, de manera que cada Zona tiene un servidor responsable (autoridad) de sus datos.

■ Resolvers: Son los programas encargados de consultar los servidores para obtener la información en ellos almacenada. Deben ser capaces de explorar la red de servidores para dar una respuesta al programa de usuario que ha hecho la consulta. Son un enlace directo con las aplicaciones de usuario.

## El espacio de nombres

El espacio de nombres DNS tiene estructura de árbol, de modo que cada nodo del árbol puede contener un conjunto de informaciones. Cada nodo tiene una etiqueta textual asociada, que debe ser única para todos los nodos del mismo nivel. Cada nodo está identificado unívocamente por la concatenación de las etiquetas de todos los nodos desde él mismo hasta la raíz, separadas por puntos. Esta concatenación se conoce como nombre de dominio.

Un ejemplo de árbol DNS sería el siguiente:

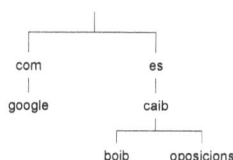

Cada nodo DNS tiene asociado un conjunto de registros de información. La información contenida en estos registros es la siguiente:

- Owner: Nodo al que pertenece

- Type: Identifica el tipo de información

    o  A: Dirección

    o  CNAME: Para identificar un alias

    o  PTR: Enlace a otra parte del árbol.

    o  HINFO: Información sobre el host referenciado por el dominio

    o  SOA: Indica que a partir de aquí empieza una zona de autoridad

    o  NS: Indica el servidor de nombres que es autoridad de este dominio

    o  MX: Mail exchange, indica a qué servidor de correo hay que dirigir los mensajes enviados a este dominio.

- TTL (Time to live): Tiempo de validez de esta entrada de información, de manera que un servidor que la cachee tenga en cuenta que pasado ese tiempo deberá descartarla y leerla de nuevo.

- RDATA: Datos del recurso (p. ej., la dirección IP si type era A).

Las consultas al espacio de nombres DNS se hacen mediante peticiones a un resolver, que a su vez enviará consultas a uno o más servidores de nombres. El formato de paquete utilizado es el mismo para las consultas y para las respuestas, e incluye, entre otros, los siguientes campos:

- ID: Identificador numérico de la operación, permite asociar consultas con respuestas

- Tipo: Consulta o respuesta

- AA: Bit que indica, en el caso de una respuesta, si el que responde es una autoridad sobre el dominio en cuestión.

- Opcode: Indica el tipo de petición, que pueden ser principalmente dos:

  o Estándar: La más común. Solicita, a partir de un nombre de dominio, su información asociada.

  o Inversa: A partir de alguna de las informaciones, obtener el nombre de dominio. Es un tipo de operación opcional que no implementan todos los servidores, ni se garantiza que proporcione información fiable.

- Tipo de consulta: Iterativa o recursiva (ver más adelante)

- Datos: Dependen del tipo de operación. Por ejemplo, para una consulta estándar serían el nombre de dominio del cual se quiere recuperar información.

## Servidores de nombres

Los servidores de nombres son los repositorios en los que se guarda la información que constituye la base de datos de nombres de dominio.

La BD se divide en secciones llamadas zonas, distribuidas entre los diferentes servidores. Las particiones de la BD se hacen por ramas del árbol, de manera que todos los nodos de una partición deben estar conectados entre sí. Cada partición puede ser dividida a su vez por el servidor responsable, repartiendo las subramas a otros servidores.

La tarea de un servidor es responder a consultas sobre las zonas que almacena. Un servidor puede almacenar diferentes zonas, y una zona puede estar almacenada en más de un servidor por motivos de redundancia. El sistema DNS obliga a que cada zona esté en, al menos, dos servidores diferentes. Cada zona tendrá un servidor que es la autoridad sobre esa zona, y que por tanto es responsable de ella.

Las consultas están diseñadas para ser simples, y cualquier consulta debería poder ser respondida únicamente con la información local del servidor, ya sea con el resultado solicitado o bien con la dirección de otro servidor al que el resolver correspondiente debería consultar.

El funcionamiento de los servidores DNS al responder una consulta puede ser:

- Recursivo: Si el servidor no conoce la respuesta porque está fuera de las zonas que almacena, se encarga de consultar a los servidores correspondientes hasta poder obtener el resultado.

- Iterativo: El servidor responde únicamente con la información que dispone a nivel local. Si esa información no es suficiente, devuelve un mensaje de respuesta incompleta, indicando otro servidor DNS que puede conocer la respuesta. Es tarea por tanto del cliente explorar los servidores necesarios hasta llegar al final y obtener la IP. Es el único modo obligatorio de cualquier servidor DNS.

Así, las respuestas que puede dar un servidor son:

- Respuesta positiva (la IP) o negativa (no existe el dominio).

- Error de algún tipo

- La dirección del siguiente servidor al que consultar, si la consulta era iterativa (o era recursiva pero el servidor no la soporta).

La sincronización de las zonas entre servidores se hace desde el servidor autoritario de la zona (servidor primario). Los servidores secundarios comprueban periódicamente si se han producido actualizaciones en el primario, y cuando así sucede actualizan sus copias. La transferencia en sí de datos se hace mediante un mensaje especial AXFR. Para evitar saturaciones o cuellos de botella del servidor primario, los servidores secundarios también se sincronizan entre ellos en presencia de actualizaciones.

DNS puede funciona tanto sobre TCP como UDP. Generalmente, funciona sobre ambos simultáneamente, usando UDP para las consultas (por su pequeño tamaño), y TCP para los intercambios de información entre servidores (de mayor tamaño y que requieren mayor fiabilidad).

## Resolvers

Los resolvers son programas instalados en los diferentes ordenadores, que se encargan de proporcionar a los programas de usuario la información DNS. Generalmente son programas independientes o rutinas del sistema operativo. Es el encargado de abstraer los detalles del funcionamiento de DNS al sistema, y de adaptar los posibles formatos de dirección, etc. a los propios del sistema.

El tiempo de respuesta de un resolver es muy variable, ya que puede ser casi instantáneo para informaciones cacheadas, o necesitar varios segundos para, por ejemplo, una consulta iterativa sobre varios servidores. Para el buen funcionamiento del sistema DNS, es crucial que los resolvers implementen una buena política de cachés, almacenando los resultados de las peticiones previas para acelerar futuras consultas.

## DNS y e-mail

Además de soportar la traducción de nombres de dominio en direcciones IP, DNS soporta también el manejo de direcciones de e-mail, en el formato usuario@dominio. El funcionamiento consiste en simplemente utilizar la parte del dominio para resolver, pasando la parte del usuario al servidor final para que compruebe si realmente el usuario existe en ese servidor.

# Protocols de la xarxa Internet. HTTP, FTP, SMTP, IMAP, POP3 i d'altres

## Índice de contenido

## Introducción

## HTTP

### Introducción e historia

El protocolo HTTP permite la recuperación de documentos de texto entrelazados entre ellos (hipertexto), y supone la base de la WWW.

HTTP fue desarrollado conjuntamente por el WWW Consortium y el IETF, dando lugar a la versión HTTP 1.1, que es la vigente hoy día.

HTTP usa un esquema cliente/servidor, en el que los clientes hacen peticiones al servidor web. Aunque HTTP es un protocolo de aplicación, y puede funcionar sobre cualquier enlace de transporte, la situación más común es que funcione sobre TCP, utilizando el puerto 80.

La evolución de HTTP ha sido la siguiente:

- HTTP/0.9 (1991): Sólo soporta el comando GET

- HTTP/1.0 (1996): Primera versión de uso general, soporta las principales características.

- HTTP/1.1 (1999): Versión en uso actualmente, añade nuevas características:

    o Conexiones persistentes: Reutilizar una conexión para más de un comando, en vez de cerrar la conexión en cada comando como hace HTTP/1.0.

    o Pipelining de peticiones: Permitir el envío de nuevos comandos antes de recibir la respuesta del primero, de forma que se puedan ir procesando.

    o Byte serving: Solicitar sólo parte de un recurso.

## Direccionamiento

Los documentos que solicitan los clientes al servidor están referenciados por una URL (Uniform Resource Locator), que es una cadena de texto que identifica unívocamente a un documento. El formato de una URL es:

<esquema>:<dirección>

Donde esquema indica el tipo de comunicación, que será "http" para el caso de HTTP, y dirección es un localizador compuesto de una jerarquía de nombres separados por barras. Por ejemplo, una URL válida sería http://www.google.com.

## Comandos

HTTP es un protocolo relativamente simple, y funciona mediante comandos textuales. El formato siempre es el mismo:

```
<Petición> <URL> <Versión soportada>
<Cabeceras>
<Cuerpo>
```

Donde Petición es el comando, URL el recurso a descargar, las cabeceras indican parámetros extra al servidor y Cuerpo es opcional, y se refiere al contenido en comandos que impliquen el envío de recursos.

Los comandos disponibles son:

- GET: Solicita la descarga de la URL dada.

- HEAD: Como GET, pero no descarga nada, simplemente permite obtener meta-información sobre el documento.

- POST: Envía datos para ser procesados (p. ej., un formulario HTML). Los datos a enviar se incluyen en la propia petición, después de la URL.

- PUT: Sube al servidor un recurso a la ruta indicada en la URL.

- DELETE: Elimina del servidor el recurso referenciado.

- TRACE: Permite reconstruir la ruta de una petición, para ver la influencia de servidores intermedios.

- OPTIONS: Permite saber los parámetros soportados por el servidor web.

■   CONNECT: Permite establecer una conexión cifrada.

De estos comandos, sólo son obligatorios GET y HEAD, el resto son opcionales.

Los comandos HEAD, GET, OPTIONS y TRACE se consideran seguros, ya que únicamente solicitan información y, por tanto, no alteran en principio el estado del servidor como sí hacen comandos como PUT o DELETE.

La respuesta del servidor incluye, además del contenido solicitado, un conjunto de cabeceras de respuesta, así como una línea de estado que contiene un código de respuesta y un texto descriptivo. Los códigos de respuesta más comunes son:

■   200 OK: Todo correcto

■   404 Not found: No se ha encontrado el recurso solicitado.

■   403 Forbidden: No está autorizado a acceder a ese recurso.

Un ejemplo de comunicación sería el siguiente:

| Petición del cliente | Respuesta del servidor |
|---|---|
| ```
GET /index.html
HTTP/1.1
Accept-Language = es
``` | ```
HTTP/1.1 200 OK
Date: Mon, 14 May 2008 18:34:16
GMT
Server: Apache/2.0.15 (Unix)
Content-Length: 234
Content-Type: text/html;
charset=UTF-8
``` |

## HTTPS

HTTPS es la combinación del protocolo HTTP con características de cifrado y autentificación.

El funcionamiento de HTTPS consiste en encapsular la comunicación HTTP sobre un canal SSL (o su sucesor, TSL), que es un protocolo de transporte cifrado. El proceso para conectar sería el siguiente:

■   El cliente se conecta y envía al servidor una lista de métodos de autenticación/cifrado que soporta.

■   El servidor compara los métodos soportados por el cliente con los suyos propios, elige el más potente de entre los comunes, y lo notifica al cliente.

■   El servidor envía al cliente su certificado digital (que contiene su nombre, su clave pública y el id de la autoridad de certificación que garantiza la veracidad de la información).

■   El cliente verifica con la autoridad de certificación que el certificado es correcto.

■   El cliente genera una clave de cifrado aleatoria, la cifra con la clave pública del servidor, y se la envía. A partir de ese momento, esa será la clave que se usará para el cifrado.

En HTTP/1.1, es posible cambiar una misma conexión de abierta a cifrada sin necesidad de desconectar.

Las URLs de HTTPS empiezan por https:// en lugar de por http://.

# FTP

El protocolo FTP (File Transfer Protocol) permite la transferencia de ficheros entre dos sistemas de la red.

## Esquemas de conexión

FTP utiliza un esquema cliente/servidor. Para cada cliente conectado, se usan dos conexiones: una de control, para el envío de comandos, y otra de datos para la transferencia de ficheros en sí.

La conexión se inicia cuando el cliente se conecta al puerto de control del servidor, generalmente el 21. A partir de aquí, FTP puede funcionar en dos modos:

- Activo: El cliente envía al servidor el puerto por el que quiere transferir los datos. El servidor conecta su puerto 20 con este puerto, utilizando este canal para los datos.

- Pasivo: El servidor indica al cliente un número de puerto, de forma que el cliente se conecta allí para establecer el canal de datos.

La ventaja del modo pasivo es que hace que todas las conexiones sean en un sentido (del cliente hacia el servidor), lo que facilita la gestión de la red.

## Comandos

A continuación se muestran algunos de los principales comandos FTP:

- USER, PASS: Permiten iniciar una sesión en el servidor.

- CWD, CD: Navegación por directorios

- PORT: Inicia una conexión en modo activo, indicando el puerto al que debe conectarse el servidor para establecer el canal de datos.

- PASV: Inicia una conexión en modo pasivo. Permite como parámetro opcional el puerto que se debe usar, y la respuesta de este comando será el puerto del servidor al que hay que conectar el canal de datos (que puede ser o no el indicado).

- LIST: Devuelve un listado de los ficheros del directorio actual del servidor.

- TYPE: Establece el tipo de transferencia: textual o binaria

- RETR: Descarga el fichero de la ruta especificada

- STOR: Sube el fichero local indicado al servidor.

- REST: Establece el punto a partir del cual se descargará el fichero, sirve para resumir descargas previas.

- DELE: Borra un fichero del servidor.

- QUIT: Finaliza la sesión

Las respuestas a los comandos son en formato de código de 3 dígitos. El primer dígito del código indica el tipo de mensaje (positivo, negativo, de progreso, etc.), mientras que el segundo da más información sobre el mensaje concreto (si es un error de sintaxis, es información, tiene que ver con la conexión, etc.). El tercer dígito es específico de cada tipo.

Cada mensaje viene acompañado, además del código, de una descripción textual. Algunos mensajes comunes son:

- 200 OK: Comando ejecutado sin errores

- 500 Syntax Error: No se ha reconocido el coando introducido.

- 501 Syntax Error: Los parámetros del comando introducido no son correctos.

- 227 Entering passive mode: Entrando en modo pasivo

Muchos de los comandos de FTP son opcionales y no tienen por qué implementarse en todos los servidores. Los comandos imprescindibles de cualquier implementación son:

- USER, QUIT, PORT: Establecer conexiones en modo activo

- TYPE, MODE, STRU: Configurar aspectos básicos de la transmisión

- RETR, STOR: Transferencia de ficheros

- NOOP: Comando vacío, para mantener el canal activo si es necesario.

### Críticas

- La autenticación se hace en forma abierta, sin ningún tipo de cifrado y transmitiendo las contraseñas como texto plano, lo cual lo hace inseguro. Se soluciona utilizando TLS

- Al asignar puertos arbitrarios, complica la gestión de la red en lo que respecta a firewalls, etc. El modo pasivo soluciona en gran medida el problema.

- No se hace ninguna comprobación de integridad de los datos

## SMTP

El objetivo de SMTP es la transmisión de correo de forma fiable y eficiente.

SMTP es independiente del canal de transmisión, sólo necesita un protocolo de transporte fiable. Generalmente, SMTP se implementa sobre TCP.

SMTP utiliza un esquema cliente/servidor, donde la comunicación puede ser de dos formas:

- Cliente-servidor: Los clientes se conectan a un servidor para enviar un mensaje

- Servidor-servidor: Los servidores se comunican entre sí para reenviarse los mensajes hasta llegar a destino.

SMTP es un protocolo de transmisión de correo electrónico. Se definió por primera vez en 1982, y fue extendido posteriormente en 1995 y 2008 en lo que se conoce como ESMTP.

SMTP es un protocolo muy simple, basado en comandos de texto. Es cliente/servidor.

Para el envío de ficheros binarios, se utlizan codificaciones como MIME, que permiten representar datos binarios mediante caracteres simples.

## Comandos

Los principales comandos SMTP son:

- HELO, QUIT: Permiten iniciar y terminar la sesión, así como el intercambio de información básica (versión del servidor, etc.).

- MAIL: Indica la intención de enviar un correo. Se le indica la dirección del remitente.

- RCPT: Indica al servidor el destinatario del correo. Pueden enviarse múltiples comandos RCPT en el caso de destinatarios múltiples. Para cada comando RCPT, el servidor comprueba que la dirección sea correcta.

- DATA: Permite el envío del cuerpo del mensaje. Una vez introducido, permite al cliente teclear las líneas necesarias, marcando el final mediante una línea con un único punto.

- VRFY: Muestra información sobre el usuario dado, intentando ubicarlo en la red. Si no se indica una dirección completa, el servidor hace una búsqueda aproximada.

- SEND, SOML, SAML: Como RCPT, pero si los usuarios destino son locales se les envía el mensaje a su terminal. SEND lo envía directamente, SOML sólo si el usuario tiene sesión activa, si no envía un e-mail, y SAML envía las dos cosas, mensaje y e-mail. Estos comandos son opcionales.

- RSET: Cancelar la transacción actual.

- EXPN: Confirma que la dirección de correo especificada es una lista de correo, y devuelve la lista de sus usuarios.

- TURN: Invierte los papeles de cliente y servidor. Útil para conectar a servidores ubicados detrás de un firewall.

Las respuestas a los comandos pueden ser Ok, o un error con un código. Algunas respuestas comunes son:

- 500 Syntax error

- 502 Command not implemented

- 250 Requested mail action Ok

- 251 User not local, forwarding to...

- 550 Requested action not taken, mailbos unavailable

## Esquema de funcionamiento y ejemplo

A continuación se muestra el esquema de funcionamiento de una sesión típica SMTP:

1. El cliente se conecta y envía el comando MAIL FROM:<dirección>

2. Se envía un comando RCPT TO:<dirección> para cada destinatario.

3. Se envía el comando DATA.

4. El cliente envía el cuerpo del mensaje, finalizando con una línea con un único punto. Aquí se incluyen también las cabeceras del mensaje (To, CC, etc.).

### Forwarding y relaying

Cuando se envía un correo a una dirección de un usuario no local al servidor conectado, SMTP permite funcionar en dos modos:

- Simple: El servidor da un mensaje de error y sugiere al cliente otra dirección en la que probar.

- Forwarding: El servidor busca la ruta correcta hasta el destino, y se encarga de hacer llegar el mensaje, informando al cliente del desvío.

- Relaying: Similar al forwarding, pero se acepta el correo antes de determinar la ruta completa. Si posteriormente no se consigue entregar el mensaje, se envía un mensaje especial de error al cliente original.

### ESMTP

ESMTP es un conjunto de extensiones a SMTP definidas en 1995 para aumentar las características del protocolo original. Añaden:

- EHLO: Versión extendida del comando HELO, que proporciona más información.

- SMTP-AUTH: Añade un paso adicional de autenticación al proceso de envío de correos, mediante el comando AUTH.

- 8BITMIME: Soporte para juegos de caracteres de 8 bits (SMTP original sólo soporta ASCII).

- Chunking: Permite dividir los datos de gran tamaño en trozos (chunks) para facilitar el envío. Añade el comando BDAT.

- Pipelining: Permite enviar más de un comando a la vez, sin necesidad de esperar la respuesta de un comando para enviar el siguiente. Mejora mucho la velocidad en enlaces de alta latencia.

- DSN (Delivery Status Notifications): Soporte para informar al remitente sobre el estado del envío.

- STARTTLS: Soporte para cifrado y autenticación segura. Añade el comando STARTTLS, que inicia el establecimiento de un canal seguro mediante el intercambio de certificados. Una vez finalizado el establecimiento del canal, el funcionamiento es idéntico al de una sesión estándar.

## POP3

POP3 es un protocolo de nivel de aplicación utilizado para la descarga de correo electrónico. Está diseñado para la descarga asíncrona de correo electrónico, de manera que no sea necesario tener una conexión activa todo el tiempo ni un servidor continuamente en espera de mensajes, como exige SMTP. Con POP3, es posible conectar esporádicamente y descargar los mensajes pendientes.

POP3 es un protocolo cliente/servidor en el que el cliente se conecta al servidor de correo y se descarga los mensajes, que son eliminados posteriormente del servidor. Debido a este comportamiento, la gestión de mensajes y carpetas es muy simple. Un protocolo más complejo y con más funcionalidades es IMAP, descrito en apartados posteriores.

Los protocolos POP3 e IMAP (para la recepción), junto con SMTP (para el envío) constituyen el estándar de correo electrónico en Internet.

POP3 utiliza una conexión TCP, generalmente en el puerto 110.

## Funcionamiento general

POP3 funciona a base de comandos de texto introducidos por el cliente, que son respondidos por mensajes textuales del servidor que incluyen códigos de estado predefinidos.

Una sesión POP3 pasa por diferentes estados:

1. AUTHORIZATION: Se ha establecido la conexión con el cliente, pero éste aún no se ha identificado.

2. TRANSACTION: El cliente se ha identificado, se pueden enviar comandos. En este momento se hace un bloque exclusivo sobre los mensajes de este usuario, evitando otras conexiones al mismo buzón, y a partir de aquí empieza la descarga de mensajes

3. UPDATE: El cliente ha solicitado la finalización de la conexión. En este momento el servidor libera los recursos reservados durante la sesión, y acaba la sesión.

## Comandos

La interacción entre cliente y servidor es a base de comandos. Cada comando consiste en una línea con un identificador y una serie de parámetros, que es respondido por el servidor mediante un indicador de estado y un mensaje de texto.

Los indicadores de estado pueden ser dos:

- Respuesta positiva ("+OK"): Comando correcto.

- Respuesta negativa ("-ERR"): Se ha producido un error, sigue una descripción del mismo.

Los principales comandos POP3 son:

- Estado AUTHORIZATION:

    o USER: Indica el usuario que se va a conectar al servidor.

    o PASS: Permite introducir la contraseña del usuario previamente indicado con USER.

- Estado TRANSACTION:

    o STAT: Solicita información sobre el buzón del usuario (n° de mensajes, tamaño del buzón, etc.).

    o LIST <número>: Solicita información sobre un mensaje del buzón. Los mensajes están numerados desde el 1 hasta el n° de mensajes. La información incluye el número de líneas del mensaje y su tamaño en bytes.

    o RETR <número>: Solicita la descarga del número de mensaje solicitado.

    o DELE <número>: Elimina el mensaje referenciado. En realidad no lo borra físicamente, simplemente lo marca como borrable, y la eliminación real se produce en el estado UPDATE.

    o NOOP: No se efectúa ninguna acción, sirve para mantener la conexión activa y evitar que expire si no hay actividad.

    o RSET: Deshace las eliminaciones que se hayan podido llevar a cabo durante la sesión, volviendo al estado del momento de la conexión.

- Estado UPDATE:

    o QUIT: Solicita la desconexión del servidor, iniciando el cambio al estado UPDATE. En este estado se efectúa la eliminación física de los mensajes borrados con el comando DELE, se liberan los recursos utilizados y se libera el bloqueo exclusivo sobre el buzón del usuario, finalizando finalmente la conexión.

Además de estos comandos básicos, POP3 define una serie de comandos opcionales:

■ TOP <número_mensaje> N: Devuelve las cabeceras del mensaje, así como las primeras N líneas del cuerpo del mensaje.

■ UIDL <número_mensaje>: Devuelve un identificador único para un mensaje. Este identificador puede ser de hasta 70 caracteres, identifica unívocamente a un mensaje y es persistente entre sesiones (a diferencia del número de mensaje, que puede ser diferente entre conexiones).

■ APOP <usuario> <md5>: Alternativa a la autenticación con USER/PASS, para evitar el envío de contraseñas. Así, además del usuario, envía un hash MD5 de la concatenación del timestamp de conexión, el identificador de la conexión (enviado por el servidor al conectar) y una contraseña secreta conocida por cliente y servidor. De esta manera se evita el envío de contraseñas, pero requiere el intercambio previo de contraseñas entre cliente y servidor.

■ STLS: Debido a que los esquemas de autenticación de POP3 son muy débiles, el comando STLS permite encapsular todo el tráfico de mensajes sobre una conexión TLS, que utiliza cifrado y autenticación basada en certificados para una comunicación segura.

### Formato de un mensaje

El formato de un mensaje de correo electrónico es el definido por el RFC822, que dice que un mensaje se compone de una serie de cabeceras junto con un cuerpo de texto compuesto por varias líneas de texto.

Algunas de las principales cabeceras permitidas son:

■ De origen del mensaje:

  o From: Agente originario del mensaje, aunque no sea el que lo ha entregado explícitamente.

  o Sender: Agente que ha hecho el envío explícito del mensaje, si es diferente del indicado en "From". Utilizado para notificar errores o problemas en la transmisión.

  o Reply-to: Indicador de a quién hay que enviarle las respuestas del mensaje, si es que es distinto del indicado en "From".

■ De destino:

  o To: Destinatario(s), separados por comas

  o CC: Destinos a los que se enviará una copia del mensaje

  o BCC o CCO: Copia oculta. Como CC, pero estos destinatarios no se incluirán en las cabeceras de los mensajes enviados al resto de destinatarios.

■ De referencia:

  o Message-ID: Identificador único del mensaje, utilizado para referenciarlo. Generalmente es algún tipo de hash.

  o In-Reply-To: Indica que el mensaje es una respuesta a otro, del que se proporciona su Message-ID.

  o References: Indica un mensaje relacionado con otro, aunque no sea una respuesta directa.

  o Keywords: Lista de palabras clave relacionadas con el mensaje

■ Informativos:

  o Subject: Asunto del mensaje

o Encrypted: Información sobre encriptación, para el caso de que el cuerpo del mensaje esté cifrado. Aquí se indicaría si está cifrado o no, así como información sobre el método de cifrado.

Además de las cabeceras estándar, también es posible utilizar cabeceras personalizadas para uso propio. Por ejemplo, dentro de una organización se podría usar una cabecera de usuario para que un servidor intermedio marcase los mensajes para el filtrado de spam.

## Sesión de ejemplo

Una sesión genérica POP3 sería la siguiente:

| Descripción | Comando | Respuesta |
| --- | --- | --- |
| El servidor de correo espera conexiones en el puerto 110 | | |
| El cliente se conecta. | | `Connected to xxxx`<br>`+OK Hello` |
| El cliente se identifica con los comandos USER y PASS | `USER juan` | `+OK Password required` |
| | `PASS mipa ss` | `+OK logged in` |
| Se obtiene el número de mensajes pendientes con STAT, y el tamaño de cada uno con LIST | `STAT` | `+OK 3 150660` |
| | `LIST` | `1 90000`<br>`2 30000`<br>`3 30660` |
| Opcionalmente, se obtienen las cabeceras con TOP | `TOP 1` | |
| Se descargan los mensajes deseados con RETR | `RETR 1` | `+OK 90000 octets follow`<br>`...` |
| Se eliminan los mensajes deseados con DELE | `DELE 1` | `+OK message deleted` |
| Se hacen efectivos los cambios y se cierra la sesión con QUIT | `QUIT` | `+OK Bye-bye`<br>`Connection closed` |

# IMAP4

IMAP4 (o simplemente IMAP) es, junto con POP3, el protocolo estándar para la descarga de correo electrónico en Internet.

Funciona sobre TCP, generalmente en el puerto 143.

La filosofía de IMAP es diferente a la de POP3. Así, si en POP3 se conecta brevemente al servidor y se descargan todos los mensajes al cliente, en IMAP los mensajes se almacenan en el servidor, manteniéndose la conexión durante toda la sesión de usuario.

IMAP añade numerosas funcionalidades a POP3, como por ejemplo:

- Acceso concurrente a un mismo buzón

- Descarga parcial de mensajes. Esto permite, por ejemplo, ver el cuerpo de un mensaje sin tener por qué descargar forzosamente los ficheros adjuntos.

- Se guarda el estado de los mensajes en el servidor. IMAP define una serie de flags (leído, respondido, borrado, etc., así como flags de usuario) que se aplican a los mensajes y se guardan. En POP3 no se guarda ningún tipo de estado.

- Múltiples buzones para un mismo usuario, mostrados en forma de carpetas.

- Búsquedas en el servidor.

- Login cifrado nativo del protocolo: A diferencia de POP3, que envía las contraseñas como texto plano y obliga a utilizar extensiones externas para asegurar la conexión, IMAP permite el login cifrado.

Toda esta funcionalidad extra, si bien aporta muchas ventajas, se traduce también en una mayor complejidad del servidor IMAP, por lo que POP3 se sigue usando como opción sencilla y fácil de implementar.

## Funcionamiento general

IMAP usa un esquema cliente/servidor, en el que el cliente se comunica con el servidor mediante comandos de texto, que son respondidos por el servidor con un mensaje informativo.

Cada comando debe acompañarse, además, con un identificador alfanumérico generado por el cliente, que sirve como forma de referenciar al comando en los mensajes de respuesta del servidor.

Las respuestas del servidor incluyen el código del comando al que hacen referencia, así como un indicador del tipo de respuesta, que puede ser:

- OK: Ejecución correcta

- NO: Fallo de algún tipo en la ejecución

- BAD: Error del protocolo (comando incorrecto, error de sintaxis, etc.)

El mecanismo de marcado de mensajes permite el envío asíncrono de comandos, ya que no hay posibilidad de confusión sobre a qué comando corresponde una respuesta, y por tanto pueden enviarse más comandos antes de finalizar el comando en curso. También permite enviar respuestas múltiples sin riesgo de ambigüedad.

Los mensajes de correo en IMAP se clasifican en carpetas, y tienen asociada la siguiente información:

- UID: Identificador único del mensaje, lo identifica unívocamente en el buzón

- Número de secuencia: Número relativo al número de mensajes del buzón, desde 1 hasta el número total de mensajes. Este número es dinámico y puede variar incluso durante la sesión (p. ej. al borrar mensajes).

- Flags: Indicadores de estado del mensaje. Puede ser:

  o Leído

  o Respondido

  o Borrado

  o Borrador

  o Nuevo: Ha llegado durante la última sesión

Al igual que POP3, una sesión IMAP pasa también por diferentes estados:

1. No autenticado: Se acaba de establecer la conexión y el cliente aún no se ha identificado.

2. Autenticado: El cliente se ha identificado correctamente, pero aún no ha escogido el buzón activo.

3. Seleccionado: El cliente ha seleccionado buzón, y ya puede ejecutar comandos de manejo de mensajes.

4. Logout: La conexión se está cerrando, ya sea a petición del cliente o a criterio del servidor.

## Comandos

Los principales comandos de IMAP son:

- Modo no autenticado:

  o CAPABILITY: Devuelve las funcionalidades que soporta el servidor. Debido a que no todas las funcionalidades de IMAP son obligatorias, CAPABILITY permite al cliente saber qué comandos puede o no utilizar.

  o STARTTLS: Inicia la negociación para encapsular el tráfico de la conexión en un canal TLS que cifre el tráfico y permita autenticar la conexión.

  o AUTHENTICATE: Realiza la autenticación del cliente pasando como parámetro el tipo de autenticación (obtenido mediante CAPABILITY). Las acciones posteriores dependen del tipo de autenticación. El método más simple es PLAIN, que envía el usuario y la contraseña como texto plano.

  o LOGIN: Autenticación mediante texto plano. Es equivalente a "AUTHENTICATE AUTH=PLAIN"

- Modo autenticado:

  o SELECT: Selecciona un buzón. El servidor devuelve los flags asociados al buzón, y el número de mensajes totales y por tipo (no leídos, recientes, etc.)

  o EXAMINE: Como SELECT, pero en modo sólo lectura.

  o CREATE, RENAME, DELETE: Crea/renombre/elimina un buzón

  o LIST: Hace una búsqueda entre los diferentes nombres de buzón.

  o APPEND: Añade un mensaje al buzón activo. En posteriores líneas se indican los flags, la fecha de creación y el contenido del mensaje.

- Modo seleccionado:

  o FETCH: Descarga un mensaje. Se puede indicar como parámetro elementos concretos que se quieren descargar (p. ej. el asunto, el cuerpo, los adjuntos, la cabecera, el mensaje completo, etc.).

  o STORE: Permite modificar los flags de un mensaje.

  o COPY: Copia un mensaje desde el buzón actual a otro buzón especificado.

  o

  o EXPUNGE: Elimina todos los mensajes del buzón actual marcados como borrados.

  o SEARCH: Busca mensajes según un criterio. El criterio puede incluir, además de coincidencia del texto, búsqueda según las cabeceras y los flags, como por ejemplo buscar mensajes no leídos o enviados a una dirección concreta.

# Seguridad

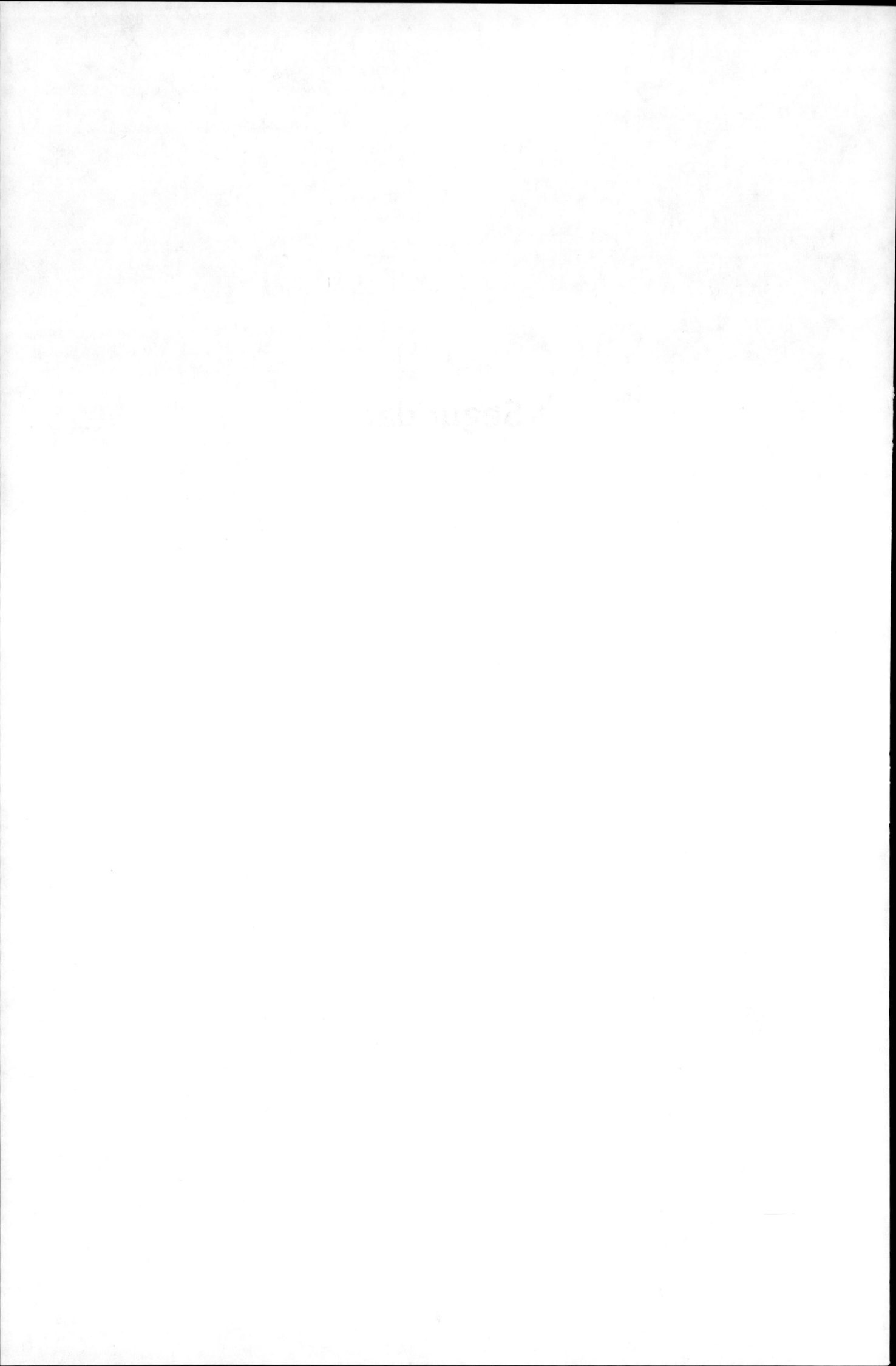

# Conceptos en seguridad de los sistemas de información: confidencialidad, integridad, disponibilidad y trazabilidad

## Índice de contenido

## Introducción

## Criterios de seguridad

A la hora de analizar la seguridad de un sistema informático, hay que tener en cuenta una serie de criterios. Generalmente, al describir estos criterios se hace una analogía con la transmisión de un mensaje, si bien el concepto es aplicable a la información almacenada, el acceso a recursos, etc.

- Confidencialidad: Capacidad de enviar información de manera que sólo pueda verla el receptor.

- Integridad: Capacidad de garantizar que la información enviada no ha sido alterada durante la transmisión.

- Disponibilidad: Capacidad del sistema de seguir funcionando independientemente de los acontecimientos externos.

- Trazabilidad: Capacidad de registro de las operaciones de un sistema informático, de manera que cualquier operación pueda ser rastreada hasta su origen.

Además de estos cuatro criterios, es conveniente añadir dos más:

- Autenticidad: Capacidad de asegurar que el emisor de un mensaje es quien dice ser y no un tercero que esté intentando suplantarlo.

- Control de acceso: Capacidad del sistema de restringir los accesos a los recursos en función de los permisos asignados a cada usuario.

A continuación se muestra, para cada criterio de seguridad, qué técnicas se utilizan para alcanzarlo, los ataques a los que son susceptibles y las consecuencias en caso de no alcanzarlo:

| Criterio | Ataques | Consecuencias | Técnicas |
|---|---|---|---|
| Confidencialidad | Intercepción de mensajes | Personas no autorizadas pueden acceder a información confidencial | Cifrado |
| Integridad | Modificación | Se trabaja con información incorrecta, ya sea simplemente errónea o malintencionada | Hashing Firma digital |
| Disponibilidad | Denegación de servicio | El sistema deja de funcionar | Sistemas tolerantes a fallos |
| Trazabilidad | Borrado de huellas | Incapacidad de averiguar el origen de un fallo de seguridad | Registros |
| Autenticidad | Suplantación | Intrusión de usuarios no autorizados Aceptación de información falsa | Firma digital |
| Control de acceso | Búsqueda de contraseñas Exploits | Entrada no autorizada Acceso a más recursos de los autorizados | Políticas de acceso Actualizaciones de seguridad |

En los siguientes apartados se muestran diferentes mecanismos para conseguir los criterios arriba mencionados.

## Mecanismos de seguridad

### Cifrado

El cifrado es uno de los principales mecanismos utilizados alcanzar un buen nivel de seguridad en un sistema informático, y se encuentra presente en prácticamente todos los criterios de seguridad.

El cifrado consiste en alterar la información de alguna manera predefinida, de manera que sea irreconocible para cualquier agente de comunicación distinto del receptor del mensaje. Generalmente, el cifrado se hace usando un método públicamente conocido, pero que involucra una palabra de paso o contraseña, sin la que el proceso de descifrado es imposible o al menos extremadamente costoso.

Existen principalmente dos tipos de esquemas de cifrado: los simétricos y los asimétricos o de doble clave.

## Simétrico

Un sistema de cifrado de clave simétrica es aquel en el que el cifrado de los datos se hace a partir de una clave secreta única, conocida por ambos extremos de la comunicación. Esta clave permite tanto el cifrado como el descifrado:

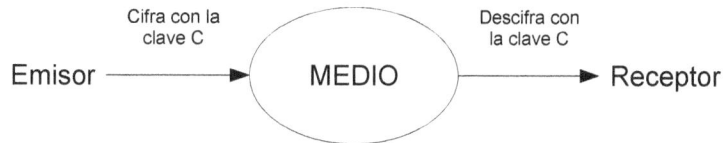

Hay diferentes tipos de algoritmos simétricos:

- De bloque: El cifrado se hace por bloques de bits (o bytes), alterando cada bloque de una forma predefinida y determinista, a partir de una clave. Algunos algoritmos populares son DES o AES.

- De flujo: El cifrado se hace bit a bit (o byte a byte), de manera que se van combinando los elementos de datos con una clave pseudo-aleatoria, de forma que el cifrado del elemento actual depende del elemento anterior. Por eso mismo también se les conoce como algoritmos de estado. Alguno de los algoritmos de flujo más populares son RC4 o Fish.

Los algoritmos de estado suelen ser más sencillos de implementar y más rápidos, si bien son susceptibles en general de ataques que buscan detectar periodos en la evolución del estado del cifrado.

El principal problema de los algoritmos simétricos es que requieren que los dos extremos conozcan la clave secreta, lo cual crea el problema de cómo transmitir la clave de forma segura. Si a eso se le suma que, por seguridad, es recomendable cambiar las claves periódicamente, el problema de la distribución de claves se agrava aún más.

El uso de un sistema de cifrado simétrico garantiza los tres criterios de seguridad:

- Confidencialidad: Porque nadie que no conozca la clave puede ver el mensaje

- Integridad: Para modificar el mensaje es necesario saber la clave.

- Autenticidad: El origen del mensaje debe ser por fuerza uno de los poseedores de la clave.

## Asimétrico

En un sistema asimétrico, cada extremo de la comunicación tiene dos claves: la pública, conocida por todo el mundo, y la privada, conocida sólo por su poseedor. Estas claves tienen las siguientes propiedades:

- Una información cifrada con una clave pública puede ser descifrada con la privada, y viceversa

- Aunque las claves están matemáticamente relacionadas, no es posible (o es extremadamente costoso) deducir una clave a partir de la otra.

La ventaja de este esquema es que permite el envío cifrado de datos sin necesidad de intercambiar previamente claves, ya que, para transmitir datos de A a B, A cifraría los datos con la clave pública de B, de manera que sólo B podría descifrarlos (con su clave privada):

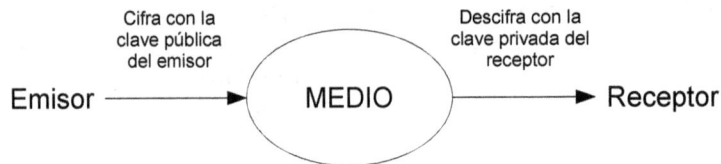

El problema principal de este esquema es que los algoritmos son más complejos y requieren de mayores recursos computacionales, por lo que su uso generalizado es poco práctico y se emplean en combinación con otras técnicas. Por ejemplo, un uso habitual es utilizar un esquema asimétrico para transmitir la clave secreta de un sistema simétrico.

La forma de conseguir alcanzar los tres criterios de seguridad usando un sistema asimétrico sería:

- Confidencialidad: Es suficiente con que el emisor cifre los datos con la clave pública del receptor. Como sólo se pueden descifrar mediante la clave privada del receptor, éste será el único que pueda verlos.

- Integridad: Al cifrar un mensaje con la clave privada del emisor, el único que puede alterar el contenido es el propio emisor. Se puede combinar con el método anterior, cifrando primero con la clave privada propia para garantizar la integridad, y después con la clave pública del receptor para la confidencialidad.

- Autenticidad: Al cifrar con la clave privada del emisor, se garantiza que nadie más puede haber enviado el mensaje.

En la práctica, los esquemas de clave asimétrica no se usan así, ya que son computacionalmente costosos y no resulta práctico. Lo que se acostumbra a hacer es:

- Confidencialidad: Cifrar los datos con un esquema simétrico, generando una clave aleatoria que se transmitirá al receptor mediante un esquema asimétrico.

- Integridad y autenticidad: No cifrar todo el mensaje, sino utilizar mecanismos de firma electrónica para cifrar solamente un hash representativo de los datos. Ver apartado de Firma Electrónica.

## One-time pads

El cifrado mediante one-time pads consiste en alterar la información haciendo un XOR con una clave aleatoria del mismo tamaño que el mensaje, que sólo se utiliza una vez.

Ventajas:

- Ofrece cifrado perfecto, es totalmente irrompible.
- Es de los pocos métodos de cifrado que pueden hacerse a mano, con lápiz y papel

Inconvenientes:

- No da autenticidad ni integridad.
- Requiere un flujo de números completamente aleatorios
- Es fácilmente modificable si se conoce parte del mensaje: haciendo la XOR con el flujo cifrado, obtenemos parte del OTP, que podemos usar para cifrar el fragmento poniendo lo que queramos (ataque man-in-the-middle).
- Poco práctico por el gran tamaño de las claves y la dificultad de la comunicación de claves.

Pese a su funcionamiento como cifrador perfecto, los OTP no se utilizan debido a sus múltiples inconvenientes prácticos, y al hecho de que los algoritmos de cifrado convencionales, pese a no ser perfectos, son suficientemente seguros en la práctica y mucho más sencillos de implementar.

## Esteganografía

La esteganografía es un método de cifrado por ocultación, que consiste en camuflar el mensaje dentro de otro tipo de información de manera que, aparentemente, no se sepa que está allí. Por ejemplo, un método esteganográfico es el utilizado en las marcas de agua de las imágenes, que mediante la alteración de los bits menos significativos de los píxeles de la imagen, pueden incluir información invisible a simple vista.

Algunas técnicas esteganográficas son:

- Marcas de agua en imágenes o vídeos
- Marcas de puntuación en texto: En ficheros de texto, utilizar espacios a final de frase, o elementos no visibles (tabuladores) para codificar la información.
- Bit menos significativo: Consiste en utilizar el bit menos significativo de cada palabra para almacenar la información. Generalmente se usa sobre imágenes, y el resultado es una alteración mínima de los datos que generalmente no es perceptible.
- Retardo en tecleo: Añadir un pequeño retardo a los datos tecleados. Las combinaciones de retardos se usan para codificar la información.
- Chaffing: Consiste en enviar un mensaje en pequeños fragmentos, donde cada paquete contiene parte del mensaje, un número de orden, y un hash que permite autenticarlo. Combinando el envío de paquetes legítimos con otros paquetes inventados, es imposible para un tercero saber qué paquetes son los buenos. También es útil porque el emisor puede denegar estar cifrando.

El principal inconveniente de la esteganografía es el mismo que el de cualquier método por ocultación: en cuanto se descubre que la información está allí es posible acceder a ella sin mayores trabas.

## Hashes

Un hash es una función matemática que, dado un mensaje, proporcion un resumen representativo del mismo, que lo sustituye en los diferentes procesos criptográficos, que de esta forma resultan menos costosos computacionalmente.

Una función de hash debe tener las siguientes propiedades:

- Genera un resultado mucho menor que el mensaje en sí. Generalmente el tamaño es fijo, y es de unas decenas de KB

- Es fácil y rápido de calcular a partir del mensaje

- Es extremadamente difícil construir un mensaje para que nos dé un determinado hash

- Es extremadamente difícil modificar un mensaje de manera que el hash se mantenga

- Es extremadamente difícil que dos mensajes diferentes tengan el mismo hash

Una función de hash que cumpla estas tres últimas propiedades se considera un hash criptográfico. Hay que destacar que funciones de hash cuyos objetivos son otros (p. ej. CRC o el checksum, cuyo objetivo es detectar errores en los datos) no cumplen alguno de estos requisitos y no se consideran hashes seguros para usar en criptografía.

Algunos algoritmos de hash criptográfico son MD5 o SHA-1. Si bien a día de hoy (2009) ambos presentan vulnerabilidades, se considera que son leves y se siguen utilizando. No obstante, se prefiere el uso de SHA-1 en vez de MD5, y está en desarrollo una versión SHA-3 más robusta que SHA-1 y SHA-2 (que utilizan algoritmos fundamentalmente similares y se sospecha pueden ser propensos a las mismas vulnerabilidades).

Una forma de añadir mayor seguridad es utilizar como hash la concatenación de diferentes algoritmos. Se puede demostrar que de esta manera no se duplica la seguridad, pero sí se consigue la seguridad del algoritmo más fuerte. Por ejemplo, el protocolo SSL usa como hash una concatenación de MD5 y SHA, de manera que, si en algún momento uno de los dos algoritmos se rompe y pasa a ser inseguro, el hash combinado seguiría siendo utilizable.

Los hashes como medio de proporcionar integridad de información, ya que acompañando al mensaje con su hash, el receptor puede calcularlo por su cuenta y comprobar que no ha sido modificado. Combinándolo con otras técnicas como la firma digital, es posible obtener también autenticidad.

## Firma digital

La firma electrónica es una aplicación de la criptografía asimétrica para garantizar la autenticidad e integridad de los datos.

Como el cifrado de todo el mensaje puede ser computacionalmente costoso y poco eficiente, lo que se hace en esta técnica es, en primer lugar, generar un hash representativo de los datos que lo componen.

Una vez generado el hash del mensaje, se cifra con la clave privada del emisor, constituyendo la firma digital que se adjuntará con el mensaje. El receptor, a su vez, generará el hash del mensaje y descifrará con la clave pública del emisor la firma digital, comprobando que ambos hashes (el recibido y el calculado) son los mismos.

El uso de firmas digitales proporciona los siguientes beneficios:

- Integridad de datos

- Autenticidad del emisor

- Timestamping: Si se incluye la fecha en el hash, es posible saber el momento de la firma. Para que esta información sea fiable, hay que asegurar que la fecha introducida en el momento de firmar es correcta, por lo que se recurre a autoridades de timestamping que se encargan de dar fechas firmadas.

- Confirmación de recepción: La firma por parte del receptor, especialmente si incluye timestamping, es una forma de certificar la recepción de un documento.

## MAC, HMAC

Una MAC (Message Authentication Code) es el nombre genérico del mecanismo para proveer integridad y autenticidad en el intercambio de información, combinando hashes (generalmente criptográficos) y claves secretas simétricas.

Se diferencian de los hashes criptográficos en que no sólo ofrecen integridad, sino también autenticidad al combinarse con una clave secreta, y se diferencian de las firmas digitales en que estas últimas utilizan cifrado asimétrico, lo que les permite ofrecer también certificación de entrega además integridad y autenticidad.

Así, si K es la clave secreta, m el mensaje y h() una función de hash criptográfico, la MAC típica de un mensaje se calcularía como:

$$MAC_K(m) = h(K + m)$$

El problema de las MAC de este tipo es que, al concatenar la clave al principio, son sensibles a modificaciones al final del mensaje en determinados algoritmos de hash. El mismo problema se da también concatenando la clave al final, o en ambos extremos.

Para solventar los problemas de las MAC, se usa un tipo especial de MAC, las HMAC (Hash Message Authentication Code) que se calculan de la siguiente forma:

$$HMAC_K(m) = h(K + h(K + m))$$

La doble aplicación del hash hace más seguros los datos intermedios y, así, no se conoce ninguna vulnerabilidad para una HMAC.

HMAC se puede usar en combinación con cualquier hash criptográfico, como MD5 o SHA-1.

Los objetivos de HMAC son:

- Proporcionar autenticidad e integridad

- Utilizar técnicas de hash existentes

- Preservar el rendimiento del hash utilizado, sin añadir excesivo overhead

- Permitir reemplazar fácilmente el algoritmo hash usado

HMAC, debido a que se usa en combinación con una clave secreta, no es sensible a ataques de colisiones a los algoritmos hash. Así, por ejemplo, si bien en los últimos años se han descubierto vulnerabilidades de este tipo en MD5, que lo hacen poco recomendable para determinados usos, el uso de MD5 en un esquema HMAC no se ve repercutido.

## Certificados digitales

A pesar de que esquemas como el asimétrico permiten el intercambio de datos de forma segura, falta tener en cuenta un detalle más, que es cómo se puede asegurar que la clave pública de los extremos de la comunicación es de quien dice ser, y no de un tercero malicioso que pretenda suplantarlo.

Para resolver este problema, se establecen una serie de entidades de confianza, llamadas autoridades de certificación, que se encargan de asegurarse de que las claves públicas pertenecen a su propietario. Para certificarlo, emiten certificados digitales, que son un paquete con las siguientes informaciones:

- Clave pública a validar
- Nombre del propietario de la clave pública
- Firma digital del certificado, cifrada con la clave privada de la autoridad certificadora
- Fecha de caducidad del certificado

Teniendo en cuenta que las claves públicas de las autoridades certificadoras son públicamente conocidas y por tanto se consideran imposibles de suplantar, un certificado permite asegurar que una clave pública pertenece a una persona/organización.

El formato estándar de certificado digital es el definido en la especificación ITU-T X.509

### *Esquemas de distribución de claves*

Si bien el formato de un certificado es estándar, existen diferentes enfoques por lo que respecta a la distribución de claves y la gestión de autoridades de confianza:

### Infraestructura de clave pública

En este esquema, existen una serie de autoridades de certificación que se encargan de verificar la autenticidad de las claves públicas y emitir sus correspondientes certificados. Es un esquema centralizado, en el sentido de que para que un certificado sea confiable debe estar emitido por una autoridad certificadora.

### Red de confianza

En este caso, los certificados son emitidos por las propias partes pero, además de su propia firma electrónica, en el certificado se incluyen firmas electrónicas de otros usuarios que certifican que la clave pública es correcta. De esta manera, un certificado será más confiable cuantas más firmas de otros usuarios contenga. A su vez, las firmas de usuarios con muchos votos en sus firmas tienen más peso, estableciéndose una jerarquía de usuarios.

Este esquema es totalmente descentralizado, y presenta diferentes ventajas:

- No requiere de autoridades de certificación, que en muchas ocasiones cobran por la emisión de certificados
- Es inmune a, por ejemplo, la desaparición de una entidad certificadora, o simplemente su mala gestión

Por otra parte, también tiene inconvenientes:

- Los nuevos certificados necesitan un tiempo hasta haber sido firmados por un número suficiente de usuarios hasta considerarse fiables.

## Tolerancia a fallos

Los sistemas tolerantes a fallos son aquellos que son capaces de seguir funcionando correctamente en caso de fallo de alguno de sus componentes. En el caso de la seguridad de los sistemas de información, la principal medida de tolerancia a fallos de un sistema es la disponibilidad, que es la probabilidad de que un sistema funcione en un instante dado.

Los fallos en un sistema pueden ser de dos tipos:

- Espontáneos: Se corresponden a errores que suceden de forma aleatoria, generalmente debido a un fallo de algún componente.

- Intencionados. Provocados por un tercero que busca que el sistema deje de funcionar.

Para conseguir que un sistema tolere fallos espontáneos, se emplea la redundancia en los diseños. Un sistema redundante es aquel que dispone de más componentes de los que estrictamente necesitaría para llevar a cabo una tarea. De esta manera, en caso de fallo en un componente, y mediante los mecanismos adecuados, es posible utilizar alguno de los componentes extra para seguir funcionando.

En el ámbito de la computación, se puede clasificar la redundancia en los siguientes tipos:

- Hardware: Duplicar alguno de los sistemas hardware para utilizarlos en caso de fallo

- Software: Escribir diferentes versiones del código, para poder responder a fallos hardware o defectos de diseño (bugs).

- De información: Añadir información adicional a los datos que usa el programa, de manera que se puedan detectar/corregir fallos.

- Temporal: Repetir cálculos en diferentes instantes para afrontar fallos de naturaleza temporal.

Por lo que respecta a los fallos intencionados, la principal amenaza a la disponibilidad de un sistema son los ataques de denegación de servicio (Denial of Service o DOS). Estos ataques consisten en la actuación externa de uno o más usuarios para intentar que el sistema deje de funcionar. El objetivo suele ser saturar el sistema. Algunos ataques DoS son:

- ICMP flood: Envío masivo de mensajes de ping, de manera que se satura la red y/o el sistema.

- DDoS: Ataque DoS distribuido, consiste en utilizar un gran número de equipos que hacen peticiones simultáneamente al sistema que se quiere afectar. Generalmente involucra el uso de un virus o similar que previamente configura el ataque y sincroniza las máquinas participantes en el mismo.

- Reflected DoS: Envío masivo a un gran número de máquinas de un paquete corrupto, que se ha alterado para que la dirección de respuesta sea la de la máquina a atacar. Cuando todas las máquinas respondan simultáneamente con un mensaje de error al mensaje erróneo, los resultados llegarán a la máquina objetivo, que puede saturarse.

- Vulnerabilidades: Aprovechar vulnerabilidades conocidas en el funcionamiento de determinados programas o sistemas operativos, así como en el funcionamiento de los protocolos.

- Ataques involuntarios: En ocasiones, es posible realizar/recibir un ataque DoS de forma no necesariamente maliciosa. Por ejemplo, la repentina popularidad de una web puede hacer que el tráfico a ella se multiplique, causando una saturación del servidor. También es posible que bugs en el software de routers, o en los propios protocolos, provoquen tasas de tráfico muy elevadas que puedan causar problemas en la red.

Medidas contra ataques DoS:

- Firewalls: Filtrar mediante firewalls aquellos puertos/protocolos que no sean estrictamente necesarios, así como monitorizar los envíos de información para detectar picos de tráfico excesivos que pudieran ser un ataque DoS, filtrándolos antes de que lleguen a su objetivo.

- Intrusion prevention systems (IPS): Son dispositivos que analizan el tráfico a nivel de aplicación, buscando patrones que puedan ser representativos de un ataque DoS.

## Técnicas de trazabilidad

La trazabilidad es la capacidad de llevar un registro de las acciones y eventos de un sistema. El objetivo es tanto evitar actuaciones peligrosas como monitorizar:

- Evitar actuaciones que comprometan la seguridad

- Monitorizar el sistema buscando actividades peligrosas

- Analizar las incidencias de seguridad una vez producidas

Para realizar la trazabilidad de las actividades en un sistema, se utilizan sistemas de monitorización conocidos como IDS (Intrusion Detection System), que monitorizan un sistema o una red registrando los eventos que se producen y detectando actividades sospechosas que puedan dar lugar a un problema de seguridad.

### *Intrusion Detection System (IDS)*

Un IDS es un sistema hardware o software diseñado para detectar intentos no solicitados de acceso, manipulación o sabotaje de un sistema, ejecutados a través de una red. En general la idea es detectar cualquier tipo de comportamiento que pueda comprometer la seguridad del sistema. Entre otros, un IDS tiene como objetivo detectar:

- Ataques desde la red a servicios vulnerables.

- Ataques a aplicaciones usando vulnerabilidades relacionadas con los datos (buffer overflows)

- Escalado de privilegios: Sucede cuando un usuario de pocos privilegios aprovecha vulnerabilidades del sistema operativo para aumentar sus propios privilegios. Generalmente implica utilizar algún fallo en procesos de mayor prioridad para ejecutar comandos con su nivel de acceso.

- Logins no autorizados

- Acceso a ficheros confidenciales

Un IDS está formado por tres tipos de componentes:

- Sensores: Monitorizan determinados puntos del sistema en busca de patrones sospechosos y generan eventos.

- Consola: Coordina los sensores y monitoriza los diferentes eventos

- Motor central: Almacena los eventos y, siguiendo determinadas reglas, genera alertas de más alto nivel a partir de los eventos de seguridad.

Según su funcionamiento, un IDS puede ser:

- Pasivo: Se limita a monitorizar y, en todo caso, generar eventos.

- Reactivo: Además de monitorizar, un IDS reactivo actúa para hacer frente a la amenaza potencial, por ejemplo cerrando una conexión en la que se haya detectado un posible ataque. En realidad, un IDS reactivo es un IPS.

Un IDS puede funcionar según dos tipos de técnicas:

- Basado en firmas: Se buscan patrones predefinidos que se sabe previamente corresponden a amenazas. Por ejemplo, un NIDS podría buscar intercambios de paquetes que se sepa corresponden a un ataque de denegación de servicio. Tienen el problema de que es necesario tener constantemente actualizada la base de datos de firmas.

- Heurístico o basado en anomalías: Monitoriza diferentes medidas del sistema a medir, y establece unos umbrales para los mismos a partir de los cuales se considera que se está produciendo un evento estadísticamente anómalo.

En función de sus objetivos y forma de funcionamiento, se pueden clasificar los IDS en diferentes tipos:

## Tipos de IDS

### *Network IDS (NIDS)*

Es un IDS independiente de ningún sistema, que se ubica en puntos concretos de la red, monitorizando el tráfico y los diferentes sistemas en busca de actividades sospechosas. Generalmente se conectan directamente a un hub/switch como un elemento más de la red, o bien duplicando uno de los puertos. Ejemplo: Snort.

Tipos de ataque que detecta:

- Denegación de servicio: Intento de saturar un servidor sobrecargándolo con un gran número de peticiones

- Escaneo de puertos: Intento de averiguar los servicios disponibles en el servidor, como forma de detectar puntos vulnerables de entrada (por ejemplo detectando servicios activados por error que pudieran no estar correctamente configurados)

- Entrada no autorizada

Un NIDS examina generalmente el tráfico de entrada, si bien también puede analizar el tráfico de salida como forma de detectar actividades sospechosas como, por ejemplo, ataques a terceros sistemas provenientes de software malicioso instalado en el servidor.

### *IDS basado en protocolo (PIDS)*

Es un IDS generalmente ubicado en un servidor, y que se encarga de monitorizar todo el tráfico de un protocolo concreto entre ese servidor y el resto de la red. De esta manera, un PIDS tiene un conocimiento sobre el protocolo concreto que monitoriza, lo cual le permite detectar situaciones más complejas/sutiles que un NIDS convencional.

Un uso típico es la monitorización del tráfico HTTP en un servidor web. Como el PIDS entiende el protocolo HTTP, es capaz de tener en cuenta el estado de la comunicación, y tener en cuenta parámetros internos del protocolo (como la URL a acceder) que no tendría en cuenta un NIDS.

### PIDS de aplicación (APIDS)

Similar a un PIDS, pero se situaría junto a un grupo de sistemas, monitorizando uno o más protocolos de aplicación.

Un APIDS tiene conocimiento de las máquinas involucradas en el intercambio de información, y así monitoriza el estado de la comunicación, detectando, por ejemplo, si se une al proceso una tercera máquina no autorizada. Un APIDS también "aprende" del tráfico que monitoriza, de manera que registra los patrones de comunicación y alerta cuando se produce un patrón atípico, aunque sea entre máquinas de confianza y mediante protocolos/puertos conocidos.

### IDS basado en host (HIDS)

IDS situado dentro de un sistema, que monitoriza su actividad interna: llamadas a sistema, logs, acceso a ficheros, etc. Ejemplo: OSSEC.

Un HIDS monitoriza el comportamiento dinámico de un sistema, analizando cómo interactúan sus diferentes componentes en busca de comportamientos sospechosos.

En general, un HIDS mantiene una base de datos de objetos de sistema a monitorizar. Estos objetos de sistema pueden ser ficheros, directorios, zonas de la memoria, recursos E/S, etc. Para cada objeto se almacenan sus atributos (permisos, tamaño, fechas de modificación, etc.). Una vez creada la base de datos, se monitoriza cualquier acceso a los diferentes objetos, analizando si ha sido legítimo y generando una alerta si no es así.

Debido a que la BD del HIDS es un punto vulnerable a ataques, se suele certificar su integridad mediante hashes criptográficos que permitan detectar modificaciones no autorizadas.

### IDS híbrido

Combina diferentes tipos en uno. Por ejemplo, se podría combinar un NIDS con características de un HIDS para hacer una monitorización de la red con información detallada de cada host.

## Problemas de los IDS

- Falsas alarmas: Es común que se generen alertas por eventos que no suponen ninguna amenaza. Por ejemplo:
  - Bugs en los protocolos que generan paquetes incorrectos
  - Paquetes corruptos por errores de transmisión
  - Errores de los usuarios
- Baja frecuencia de ataques reales: El hecho de que las falsas alarmas generalmente son más frecuentes que los ataques reales hace que, cuando se produce un ataque verdadero, se tenga la tendencia a descartarlo.
- Actualización de BD de firmas: Es necesario mantener constantemente actualizada la BD de firmas de ataques.

## Ataques a los IDS

- Ofuscación del tráfico: Hacer confuso el tráfico de manera que el IDS no pueda detectar los posibles ataques. Hay diferentes maneras:

  o Cifrando parte de la información

  o Usando código polimórfico, que se modifica a sí mismo en cada ejecución, aunque manteniendo su funcionalidad, y que evita la detección por parte de IDS basados en firmas.

- Fragmentación de la información: Dividiendo la información en diferentes paquetes pequeños, es posible evadir la detección en IDS simples que sólo analicen paquetes individuales.

- Usar características ambiguas de los protocolos: Algunas funciones de los protocolos están implementadas de forma diferente en distintos sistemas. Así, es posible encontrar algún aspecto que los IDSs implementen de forma diferente que los sistemas a atacar, y aprovecharlo para pasar desapercibido.

- Ataques DoS al propio IDS: Mediante múltiples ataques sencillos que se sepa que requieren muchos recursos en el IDS puede ser posible saturarlo, atacando al sistema objetivo una vez saturado el IDS.

## IDS reactivos: IPS

Un sistema de prevención de intrusiones (IPS: Intrusion Prevention System) es un dispositivo hardware o software que ejerce el control de acceso en una red informática, con el objetivo de protegerla de ataques y abusos. Se podría considerar una extensión de los sistemas IDS, si bien por sus características está más cercanp a medidas activas como los cortafuegos.

Un IPS podría considerarse una extensión lógica de los cortafuegos, ya que su esquema de funcionamiento es similar: filtrar el tráfico en función de diferentes criterios. La diferencia es que, si un cortafuegos filtra generalmente basándose en direcciones IP y puertos, un IPS permite realizar filtrados en función de parámetros mucho más sutiles y complejos. En este aspecto se nota que los IPS surgieron como extensión de los IDS, ya que comparten las mismas técnicas de detección y funcionamiento, si bien cambiando en el modo de actuar ante las amenazas. Es común que un mismo producto implemente características de IDS e IPS simultáneamente.

La principal diferencia entre un IPS de red y un firewall es que el IPS es invisible a la red, de manera que no tiene asignada una dirección.

Los IPS se clasifican en dos grandes tipos:

- IPS de red: Controla el tráfico en la red, monitorizando y filtrando el tráfico, bloqueando conexiones y actuando directamente sobre la información (p. ej. para "arreglar" errores de protocolo o situaciones peligrosas) si es necesario.

- IPS de sistema: Se encuentra instalado en un sistema, y se encarga de evitar situaciones peligrosas. Entre otros aspectos, controla:

  o Virus: Un software antivirus es un tipo de IPS de sistema

  o Malware y software malicioso

  o Accesos a los ficheros de sistema

  o Uso de los recursos en general

## Problemáticas de seguridad

### Criptoanálisis

El criptoanálisis es el estudio de los métodos para obtener el sentido de una información cifrada, cuando no se dispone de la clave secreta necesaria para descifrar los datos. El criptoanálisis también incluye los intentos de sortear la seguridad de otros algoritmos criptográficos, no necesariamente de cifrado.

Otros ataques no generalmente incluidos en el criptoanálisis, pero que pueden ser igualmente útiles a la hora de romper un código, son:

- Robo

- Soborno

- Keylogging: Intentar averiguar las contraseñas capturando las pulsaciones del usuario sobre el teclado.

- Engaño e ingeniería social: Intentar que el usuario nos diga su propia contraseña mediante engaño, suplantación de personalidad, inducción a error, etc.

El criptoanálisis depende de lo que se disponga. En orden decreciente de dificultad:

- Sólo texto cifrado

- Algunos textos cifrado con su correspondiente descifrado

- Acceso al codificador, de forma que podemos cifrar cualquier texto arbitrario

El nivel de éxito puede ser variable:

- Rotura total: Se consigue la clave de cifrado

- No se consigue descifrar, pero se deduce el algoritmo usado

- No se descifra ni se conoce el algoritmo, pero se puede distinguir la información cifrada del ruido aleatorio.

Algunas técnicas del criptoanálisis son:

- Ataque por fuerza bruta: Dado un código, probar todas las posibles claves hasta encontrar la correcta. Si el código está bien diseñado, el espacio de claves debería ser lo bastante grande como para hacer este ataque impracticable. En realidad, este ataque siempre es posible, pero se considera que un código no es vulnerable a este ataque si el tiempo necesario para explorar el espacio de claves es del orden de cientos o miles de años (o, en general, si para cuando se rompe el código la información ya no es útil o relevante).

- Análisis de frecuencias: Se usa en códigos de sustitución (que sustituyen cada letra del mensaje por otra). Como en el texto escrito algunas letras se usan más que otras, y otras se usan siempre en combinaciones (p. ej. la q y la u), el ataque consiste en buscar esos patrones, identificando así la clave con la que se cifró. Sólo funciona con códigos muy simples, y que se usen para cifrar texto u otro contenido del cual sepamos sus patrones estadísticos.

- Criptoanálisis diferencial: Consiste en cifrar cadenas de texto similares, examinando cómo afectan al cifrado final las pequeñas diferencias, en busca de patrones que permitan deducir el funcionamiento del algoritmo. Requiere acceso al codificador.

■ Análisis matemático. La mayoría de códigos se basan en algún problema matemático irresoluble. Por ejemplo, el cifrado asimétrico se basa en que no se conocen algoritmos para factorizar un número entero en tiempo polinomial. No obstante, en el caso de la factorización, no se ha demostrado que no sea posible calcularlo, por lo que entra dentro de lo posible que en el futuro se descubra un método más eficiente que haga vulnerables a un gran número de algoritmos de cifrado.

# Código de buenas prácticas para la gestión de la seguridad de la información. Norma UNE-ISO/IEC 17799

## Índice de contenido

## Introducción

La norma ISO 17799 (UNE-ISO/IEC 17799 en su versión española, y actualmente re-denominada a ISO 27002) es una norma internacional que ofrece recomendaciones para realizar la gestión de la seguridad de la información dirigidas a los responsables de iniciar, implantar o mantener la seguridad de una organización. Así, la norma define la información como un activo de la organización, por lo que establece como objetivo principal garantizar la seguridad de la información.

La seguridad de la información se define como la preservación de tres aspectos:

- Confidencialidad: Aseguramiento de que la información sólo es accesible para los usuarios autorizados a tener acceso.

- Integridad: Garantía de la exactitud y completitud de la información y de los métodos de su procesamiento.

- Disponibilidad: Aseguramiento de que los usuarios autorizados tendrán acceso a la información cuando así lo requieran.

El objetivo de ISO 17799 es proporcionar una base común que permita desarrollar normas de seguridad dentro de las organizaciones, permitiendo satisfacer los tres objetivos anteriores.

La adopción de ISO 17799 presenta una serie de ventajas para las organizaciones:

- Aumento de la seguridad efectiva de los sistemas de información.

- Correcta planificación y gestión de la seguridad.

- Garantías de continuidad del negocio.

- Mejora continua a través del proceso de auditoría interna.

- Incremento de los niveles de confianza de clientes y partners.

- Aumento del valor comercial y mejora de la imagen de la organización.

- Posibilidad de acceso a certificaciones (UNE 71502)

La norma 17799 no es certificable, si bien recoge una serie de controles que sí pueden ser objeto de certificación para otras normas relacionadas (como la UNE 71502).

## Estructura de la norma

### Dominios de control

La norma ISO 17799 establece diez dominios de control que cubren por completo la gestión de la seguridad de la información:

1. Política de seguridad.

2. Aspectos organizativos para la seguridad.

3. Clasificación y control de activos.

4. Seguridad ligada al personal.

5. Seguridad física y del entorno.

6. Gestión de comunicaciones y operaciones.

7. Control de accesos.

8. Desarrollo y mantenimiento de sistemas.

9. Gestión de continuidad del negocio.

10. Conformidad con la legislación.

De estos 10 dominios se derivan una serie de objetivos de control (resultados que se esperan alcanzar mediante la implementación de controles) y 127 controles (prácticas, procedimientos o mecanismos que reducen el nivel de riesgo).

En el siguiente diagrama se muestra la jerarquización de los diferentes dominios de control dentro de los diferentes aspectos de la seguridad:

## Objetivos de control

A continuación se muestran los objetivos de control distribuidos en los diferentes dominios, así como una descripción de los controles asociados a los mismos.

### *Política de seguridad*

El objetivo principal es dirigir y dar soporte a la gestión de la seguridad de la información.

Es el dominio de más alto nivel, y aquí es donde la alta dirección de la organización debe definir las políticas de la organización referentes a la seguridad. También es función de la alta dirección publicitar las normas de forma adecuada a todo el personal de la organización.

Las políticas de seguridad son la base de todo el sistema de seguridad de la información.

### *Aspectos organizativos para la seguridad*

Objetivos a este nivel:

- Gestionar la seguridad de la información dentro de la organización.

- Mantener la seguridad de los recursos de tratamiento de la información y de los activos de información de la organización que son accedidos por terceros.

- Mantener la seguridad de la información cuando la responsabilidad de su tratamiento se ha externalizado a otra organización.

Así, debe diseñarse una estructura organizativa dentro de la compañía que defina las responsabilidades que en materia de seguridad tiene cada usuario o área de trabajo relacionada con los sistemas de información de cualquier forma.

Dicha estructura debe poseer un enfoque multidisciplinar, puesto que los problemas de seguridad no son exclusivamente técnicos.

## Clasificación y control de activos

Objetivos:

- Mantener una protección adecuada sobre los activos de la organización.

- Asegurar un nivel de protección adecuado a los activos de información.

Debe definirse una clasificación de los activos relacionados con los sistemas de información, manteniendo un inventario actualizado que registre estos datos, y proporcionando a cada activo el nivel de protección adecuado a su criticidad en la organización.

## Seguridad ligada al personal

Objetivos:

- Reducir los riesgos de errores humanos, robos, fraudes o mal uso de las instalaciones y los servicios.

- Asegurar que los usuarios son conscientes de las amenazas y riesgos en el ámbito de la seguridad de la información, y que están preparados para sostener la política de seguridad de la organización en el curso normal de su trabajo.

- Minimizar los daños provocados por incidencias de seguridad y por el mal funcionamiento, controlándolos y aprendiendo de ellos.

Las implicaciones del factor humano en la seguridad de la información son muy elevadas. Así, todo el personal, tanto interno como externo a la organización, debe conocer tanto las líneas generales de la política de seguridad corporativa como las implicaciones de su trabajo en el mantenimiento de la seguridad global.

También hay que tener en cuenta las diferentes relaciones con los sistemas de información de los diferentes tipos de usuarios: operador, administrador, guardia de seguridad, personal de servicios, etc.

Deben existir procesos de notificación de incidencias claros, ágiles y conocidos por todos.

## Seguridad física y del entorno

Objetivos:

- Evitar accesos no autorizados, daños e interferencias contra los locales y la información de la organización.

- Evitar pérdidas, daños o comprometer los activos así como la interrupción de las actividades de la organización.

- Prevenir las exposiciones a riesgo o robos de información y de recursos de tratamiento de información.

Las áreas de trabajo de la organización y sus activos deben ser clasificadas y protegidas en función de su criticidad, siempre de una forma adecuada y frente a cualquier riesgo factible de índole física (robo, inundación, incendio, etc.).

## Gestión de comunicaciones y operaciones

Objetivos:

- Asegurar la operación correcta y segura de los recursos de tratamiento de información.

- Minimizar el riesgo de fallos en los sistemas.

- Proteger la integridad del software y de la información.

- Mantener la integridad y la disponibilidad de los servicios de tratamiento de información y comunicación.

- Asegurar la salvaguarda de la información en las redes y la protección de su infraestructura de apoyo.

- Evitar daños a los activos e interrupciones de actividades de la organización.

- Prevenir la pérdida, modificación o mal uso de la información intercambiada entre organizaciones.

Se debe garantizar la seguridad de las comunicaciones y de la operación de los sistemas críticos para el negocio.

## Control de accesos

Objetivos:

- Controlar los accesos a la información.

- Evitar accesos no autorizados a los sistemas de información.

- Evitar el acceso de usuarios no autorizados.

- Protección de los servicios en red.

- Evitar accesos no autorizados a ordenadores.

- Evitar el acceso no autorizado a la información contenida en los sistemas.

- Detectar actividades no autorizadas.

- Garantizar la seguridad de la información cuando se usan dispositivos de informática móvil y teletrabajo.

Se deben establecer los controles de acceso adecuados para proteger los sistemas de información críticos para el negocio, a diferentes niveles: sistema operativo, aplicaciones, redes, etc.

### Desarrollo y mantenimiento de sistemas

- Asegurar que la seguridad está incluida dentro de los sistemas de información.

- Evitar pérdidas, modificaciones o mal uso de los datos de usuario en las aplicaciones.

- Proteger la confidencialidad, autenticidad e integridad de la información.

- Asegurar que los proyectos de Tecnología de la Información y las actividades complementarias son llevadas a cabo de una forma segura.

- Mantener la seguridad del software y la información de la aplicación del sistema.

Debe contemplarse la seguridad de la información en todas las etapas del ciclo de vida del software en una organización: especificación de requisitos, desarrollo, explotación, mantenimiento, etc.

### Gestión de continuidad del negocio

El objetivo es reaccionar a la interrupción de actividades del negocio, protegiendo sus procesos críticos frente grandes fallos o desastres.

Así, todas las situaciones que puedan provocar la interrupción de las actividades del negocio deben ser prevenidas y contrarrestadas mediante los planes de contingencia adecuados, que deberán ser probados y revisados periódicamente.

Deben definirse equipos de recuperación ante contingencias, en los que se identifiquen claramente las funciones y responsabilidades de cada miembro en caso de desastre.

### Conformidad con la legislación

Objetivos:

- Evitar el incumplimiento de cualquier ley, estatuto, regulación u obligación contractual y de cualquier requerimiento de seguridad.

- Garantizar la alineación de los sistemas con la política de seguridad de la organización y con la normativa derivada de la misma.

- Maximizar la efectividad y minimizar la interferencia de o desde el proceso de auditoría de sistemas.

Se debe identificar convenientemente la legislación aplicable a los sistemas de información corporativos (en nuestro caso, LOPD, LPI, LSSI...), integrándola en el sistema de seguridad de la información de la compañía y garantizando su cumplimiento.

Se debe definir un plan de auditoría interna y ser ejecutado convenientemente, con el objetivo de garantizar la detección de desviaciones con respecto a la política de seguridad de la información.

## Auditoría de ISO 17799

La auditoría del nivel de adecuación a ISO 17799 da una medida del nivel de adecuación, implantación y gestión de cada control de la norma, desde los diferentes puntos de vista:

- Seguridad lógica
- Seguridad física
- Seguridad organizativa
- Seguridad legal

La auditoría de adecuación a ISO 17799 es una medida estándar y reconocida internacionalmente, que sirve tanto para evaluar el estado actual de la seguridad de la información en una organización como para planificar correctamente mejoras futuras o su mantenimiento.

Una auditoría ISO 17799 consiste en una evaluación del cumplimiento de todos los aspectos de la norma, a diferentes niveles:

- Global
- Por dominios
- Por objetivos
- Por controles

Una vez se conoce el nivel de cumplimiento actual, el siguiente paso es determinar dos niveles adicionales:

- Nivel mínimo aceptable: Estado con las mínimas garantías de seguridad necesarias para trabajar con la información corporativa
- Nivel objetivo: Estado de referencia, que cumple todos o gran parte de los requisitos de ISO 17799, y que supondrá el objetivo a alcanzar.

Por tanto, el plan de trabajo que definirá la auditoría consistirá en dos fases:

- Corto plazo: Alcanzar el nivel mínimo aceptable, implantando los controles que sean necesarios.
- Medio/largo plazo: Alcanzar el nivel objetivo, integrándolo en el Plan Director de Seguridad de la Organización. Es el paso previo para la certificación UNE 71502.

# Criptografía: Sistemas de clave simétrica y asimétrica, certificados digitales. Legislación en materia de firma electrónica

## Índice de contenido

## Introducción

La criptografía es el arte o ciencia de cifrar y descifrar información mediante técnicas especiales y es empleada frecuentemente para permitir un intercambio de mensajes que sólo puedan ser leídos por las personas a las que van dirigidos y que poseen los medios para descifrarlos. Actualmente, la criptografía se considera una rama de las Matemáticas y de la Informática.

La criptografía tiene dos objetivos principales:

- Garantizar el secreto en la comunicación

- Asegurar la autenticidad de la información en dos sentidos, garantizando:

    o Que la información no ha sufrido modificaciones

    o Que los dos extremos de la comunicación son quien dicen ser

Más concretamente, se considera que los criterios de seguridad son fundamentalmente 3:

- Confidencialidad: Asegurar que el mensaje sólo puede verlo el receptor y no terceras personas.

- Integridad: Asegurar que el mensaje recibido no ha sido manipulado, y que es realmente el que envió el emisor.

- Autenticidad: Asegurar que el remitente del mensaje es quien dice ser, y no alguien que lo suplante.

A partir de aquí, las diferentes técnicas criptográficas tienen como objetivo cumplir uno o más de estos tres criterios.

# Técnicas criptográficas

## Sistemas de clave simétrica

Un sistema de cifrado de clave simétrica es aquel en el que el cifrado de los datos se hace a partir de una clave secreta única, conocida por ambos extremos de la comunicación. Esta clave permite tanto el cifrado como el descifrado:

Hay diferentes tipos de algoritmos simétricos:

- De bloque: El cifrado se hace por bloques de bits (o bytes), alterando cada bloque de una forma predefinida y determinista, a partir de una clave. Algunos algoritmos populares son DES o AES.

- De flujo: El cifrado se hace bit a bit (o byte a byte), de manera que se van combinando los elementos de datos con una clave pseudo-aleatoria, de forma que el cifrado del elemento actual depende del elemento anterior. Por eso mismo también se les conoce como algoritmos de estado. Alguno de los algoritmos de flujo más populares son RC4 o Fish.

Los algoritmos de estado suelen ser más sencillos de implementar y más rápidos, si bien son susceptibles en general de ataques que buscan detectar periodos en la evolución del estado del cifrado.

El principal problema de los algoritmos simétricos es que requieren que los dos extremos conozcan la clave secreta, lo cual crea el problema de cómo transmitir la clave de forma segura. Si a eso se le suma que, por seguridad, es recomendable cambiar las claves periódicamente, el problema de la distribución de claves se agrava aún más.

El uso de un sistema de cifrado simétrico garantiza los tres criterios de seguridad:

- Confidencialidad: Porque nadie que no conozca la clave puede ver el mensaje

- Integridad: Para modificar el mensaje es necesario saber la clave.

- Autenticidad: El origen del mensaje debe ser por fuerza uno de los poseedores de la clave.

## Sistemas de clave asimétrica

En un sistema asimétrico, cada extremo de la comunicación tiene dos claves: la pública, conocida por todo el mundo, y la privada, conocida sólo por su poseedor. Estas claves tienen las siguientes propiedades:

- Una información cifrada con una clave pública puede ser descifrada con la privada, y viceversa

- Aunque las claves están matemáticamente relacionadas, no es posible (o es extremadamente costoso) deducir una clave a partir de la otra.

La ventaja de este esquema es que permite el envío cifrado de datos sin necesidad de intercambiar previamente claves, ya que, para transmitir datos de A a B, A cifraría los datos con la clave pública de B, de manera que sólo B podría descifrarlos (con su clave privada):

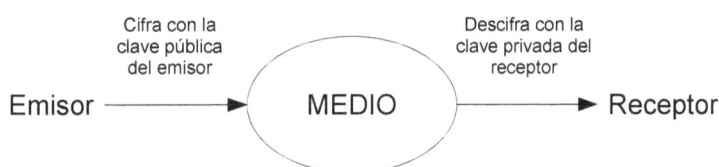

El problema principal de este esquema es que los algoritmos son más complejos y requieren de mayores recursos computacionales, por lo que su uso generalizado es poco práctico y se emplean en combinación con otras técnicas. Por ejemplo, un uso habitual es utilizar un esquema asimétrico para transmitir la clave secreta de un sistema simétrico.

La forma de conseguir alcanzar los tres criterios de seguridad usando un sistema asimétrico sería:

- Confidencialidad: Es suficiente con que el emisor cifre los datos con la clave pública del receptor. Como sólo se pueden descifrar mediante la clave privada del receptor, éste será el único que pueda verlos.

- Integridad: Al cifrar un mensaje con la clave privada del emisor, el único que puede alterar el contenido es el propio emisor. Se puede combinar con el método anterior, cifrando primero con la clave privada propia para garantizar la integridad, y después con la clave pública del receptor para la confidencialidad.

- Autenticidad: Al cifrar con la clave privada del emisor, se garantiza que nadie más puede haber enviado el mensaje.

En la práctica, los esquemas de clave asimétrica no se usan así, ya que son computacionalmente costosos y no resulta práctico. Lo que se acostumbra a hacer es:

- Confidencialidad: Cifrar los datos con un esquema simétrico, generando una clave aleatoria que se transmitirá al receptor mediante un esquema asimétrico.

- Integridad y autenticidad: No cifrar todo el mensaje, sino utilizar mecanismos de firma electrónica para cifrar solamente un hash representativo de los datos. Ver apartado de Firma Electrónica.

## Firma electrónica

La firma electrónica es una aplicación de la criptografía asimétrica para garantizar la autenticidad e integridad de los datos.

Como el cifrado de todo el mensaje puede ser computacionalmente costoso y poco eficiente, lo que se hace en esta técnica es, en primer lugar, generar un resumen representativo de los datos denominado hash.

La función de hash debe tener una serie de propiedades:

- Genera un resultado mucho menor que el mensaje. Generalmente el tamaño es fijo, y es de unas decenas de KB

- Es fácil y rápido de calcular a partir del mensaje

- Es extremadamente difícil construir un mensaje para que nos dé un determinado hash

- Es extremadamente difícil modificar un mensaje de manera que el hash se mantenga

- Es extremadamente difícil que dos mensajes diferentes tengan el mismo hash

Una función de hash que cumpla estas tres últimas propiedades se considera un hash criptográfico. Hay que destacar que funciones de hash cuyos objetivos son otros (p. ej. CRC o el checksum, cuyo objetivo es detectar errores en los datos) no cumplen alguno de estos requisitos y no se consideran hashes seguros para usar en un esquema de firma digital.

Algunos algoritmos de hash criptográfico son MD5 o SHA-1. Si bien a día de hoy (2009) ambos presentan vulnerabilidades, se considera que son leves y se siguen utilizando. No obstante, se prefiere el uso de SHA-1 en vez de MD5, y está en desarrollo una versión SHA-3 más robusta que SHA-1 y SHA-2 (que utilizan algoritmos fundamentalmente similares y se sospecha pueden ser propensos a las mismas vulnerabilidades).

Una forma de añadir mayor seguridad es utilizar como hash la concatenación de diferentes algoritmos. Se puede demostrar que de esta manera no se duplica la seguridad, pero sí se consigue la seguridad del algoritmo más fuerte. Por ejemplo, el protocolo SSL usa como hash una concatenación de MD5 y SHA, de manera que, si en algún momento uno de los dos algoritmos se rompe y pasa a ser inseguro, el hash combinado seguiría siendo utilizable.

Una vez generado el hash del mensaje, se cifra con la clave privada del emisor, constituyendo la firma digital que se adjuntará con el mensaje. El receptor, a su vez, generará el hash del mensaje y descifrará con la clave pública del emisor la firma digital, comprobando que ambos hashes (el recibido y el calculado) son los mismos.

El uso de firmas digitales proporciona los siguientes beneficios:

- Integridad de datos

- Autenticidad del emisor

- Timestamping: Si se incluye la fecha en el hash, es posible saber el momento de la firma. Para que esta información sea fiable, hay que asegurar que la fecha introducida en el momento de firmar es correcta, por lo que se recurre a autoridades de timestamping que se encargan de dar fechas firmadas.

- Confirmación de recepción: La firma por parte del receptor, especialmente si incluye timestamping, es una forma de certificar la recepción de un documento.

## MAC, HMAC

### *Introducción a las MAC*

Una MAC (Message Authentication Code) es el nombre genérico del mecanismo para proveer integridad y autenticidad en el intercambio de información, combinando hashes (generalmente criptográficos) y claves secretas simétricas.

Se diferencian de los hashes criptográficos en que no sólo ofrecen integridad, sino también autenticidad al combinarse con una clave secreta, y se diferencian de las firmas digitales en que estas últimas utilizan cifrado asimétrico, lo que les permite ofrecer también certificación de entrega además integridad y autenticidad.

Así, si K es la clave secreta, m el mensaje y h() una función de hash criptográfico, la MAC típica de un mensaje se calcularía como:

$$MAC_K(m)=h(K+m)$$

El problema de las MAC de este tipo es que, al concatenar la clave al principio, son sensibles a modificaciones al final del mensaje en determinados algoritmos de hash. El mismo problema se da también concatenando la clave al final, o en ambos extremos.

### *HMAC*

Para solventar los problemas de las MAC, se usa un tipo especial de MAC, las HMAC (Hash Message Authentication Code) que se calculan de la siguiente forma:

$$HMAC_K(m)=h(K+h(K+m))$$

La doble aplicación del hash hace más seguros los datos intermedios y, así, no se conoce ninguna vulnerabilidad para una HMAC.

HMAC se puede usar en combinación con cualquier hash criptográfico, como MD5 o SHA-1.

Los objetivos de HMAC son:

- Proporcionar autenticidad e integridad
- Utilizar técnicas de hash existentes
- Preservar el rendimiento del hash utilizado, sin añadir excesivo overhead
- Permitir reemplazar fácilmente el algoritmo hash usado

HMAC, debido a que se usa en combinación con una clave secreta, no es sensible a ataques de colisiones a los algoritmos hash. Así, por ejemplo, si bien en los últimos años se han descubierto vulnerabilidades de este tipo en MD5, que lo hacen poco recomendable para determinados usos, el uso de MD5 en un esquema HMAC no se ve repercutido.

## Certificados digitales

A pesar de que esquemas como el asimétrico permiten el intercambio de datos de forma segura, falta tener en cuenta un detalle más, que es cómo se puede asegurar que la clave pública de los extremos de la comunicación es de quien dice ser, y no de un tercero malicioso que pretenda suplantarlo.

Para resolver este problema, se establecen una serie de entidades de confianza, llamadas autoridades de certificación, que se encargan de asegurarse de que las claves públicas pertenecen a su propietario. Para certificarlo, emiten certificados digitales, que son un paquete con las siguientes informaciones:

- Clave pública a validar

- Nombre del propietario de la clave pública

- Firma digital del certificado, cifrada con la clave privada de la autoridad certificadora

- Fecha de caducidad del certificado

Teniendo en cuenta que las claves públicas de las autoridades certificadoras son públicamente conocidas y por tanto se consideran imposibles de suplantar, un certificado permite asegurar que una clave pública pertenece a una persona/organización.

El formato estándar de certificado digital es el definido en la especificación ITU-T X.509

### *Esquemas de distribución de claves*

Si bien el formato de un certificado es estándar, existen diferentes enfoques por lo que respecta a la distribución de claves y la gestión de autoridades de confianza:

### Infraestructura de clave pública

En este esquema, existen una serie de autoridades de certificación que se encargan de verificar la autenticidad de las claves públicas y emitir sus correspondientes certificados. Es un esquema centralizado, en el sentido de que para que un certificado sea confiable debe estar emitido por una autoridad certificadora.

### Red de confianza

En este caso, los certificados son emitidos por las propias partes pero, además de su propia firma electrónica, en el certificado se incluyen firmas electrónicas de otros usuarios que certifican que la clave pública es correcta. De esta manera, un certificado será más confiable cuantas más firmas de otros usuarios contenga. A su vez, las firmas de usuarios con muchos votos en sus firmas tienen más peso, estableciéndose una jerarquía de usuarios.

Este esquema es totalmente descentralizado, y presenta diferentes ventajas:

- No requiere de autoridades de certificación, que en muchas ocasiones cobran por la emisión de certificados

- Es inmune a, por ejemplo, la desaparición de una entidad certificadora, o simplemente su mala gestión

Por otra parte, también tiene inconvenientes:

- Los nuevos certificados necesitan un tiempo hasta haber sido firmados por un número suficiente de usuarios hasta considerarse fiables.

## Criptoanálisis

El criptoanálisis es el estudio de los métodos para obtener el sentido de una información cifrada, cuando no se dispone de la clave secreta necesaria para descifrar los datos. El criptoanálisis también incluye los intentos de sortear la seguridad de otros algoritmos criptográficos, no necesariamente de cifrado.

Otros ataques no generalmente incluidos en el criptoanálisis, pero que pueden ser igualmente útiles a la hora de romper un código, son:

- Robo

- Soborno

- Keylogging: Intentar averiguar las contraseñas capturando las pulsaciones del usuario sobre el teclado.

- Engaño e ingeniería social: Intentar que el usuario nos diga su propia contraseña mediante engaño, suplantación de personalidad, inducción a error, etc.

El criptoanálisis depende de lo que se disponga. En orden decreciente de dificultad:

- Sólo texto cifrado

- Algunos textos cifrado con su correspondiente descifrado

- Acceso al codificador, de forma que podemos cifrar cualquier texto arbitrario

El nivel de éxito puede ser variable:

- Rotura total: Se consigue la clave de cifrado

- No se consigue descifrar, pero se deduce el algoritmo usado

- No se descifra ni se conoce el algoritmo, pero se puede distinguir la información cifrada del ruido aleatorio.

Algunas técnicas del criptoanálisis son:

- Ataque por fuerza bruta: Dado un código, probar todas las posibles claves hasta encontrar la correcta. Si el código está bien diseñado, el espacio de claves debería ser lo bastante grande como para hacer este ataque impracticable. En realidad, este ataque siempre es posible, pero se considera que un código no es vulnerable a este ataque si el tiempo necesario para explorar el espacio de claves es del orden de cientos o miles de años (o, en general, si para cuando se rompe el código la información ya no es útil o relevante).

- Análisis de frecuencias: Se usa en códigos de sustitución (que sustituyen cada letra del mensaje por otra). Como en el texto escrito algunas letras se usan más que otras, y otras se usan siempre en combinaciones (p. ej. la q y la u), el ataque consiste en buscar esos patrones, identificando así la clave con la que se cifró. Sólo funciona con códigos muy simples, y que se usen para cifrar texto u otro contenido del cual sepamos sus patrones estadísticos.

- Criptoanálisis diferencial: Consiste en cifrar cadenas de texto similares, examinando cómo afectan al cifrado final las pequeñas diferencias, en busca de patrones que permitan deducir el funcionamiento del algoritmo. Requiere acceso al codificador.

- Análisis matemático. La mayoría de códigos se basan en algún problema matemático irresoluble. Por ejemplo, el cifrado asimétrico se basa en que no se conocen algoritmos para factorizar un número entero en tiempo polinomial. No obstante, en el caso de la factorización, no se ha demostrado que no sea posible calcularlo, por lo que entra dentro de lo posible que en el futuro se descubra un método más eficiente que haga vulnerables a un gran número de algoritmos de cifrado.

## Legislación en materia de firma electrónica

En España, la ley 59/2003 regula la firma electrónica y define su eficacia jurídica en el uso de la misma en las Administraciones Públicas (AP).

Así, establece que la firma electrónica podrá usarse en sustitución de la firma analógica en el ámbito de las AP. Las AP podrán establecer condiciones adicionales en casos especiales, mediante norma o ley posterior.

La ley define tres tipos de firma:

- Simple: Permite confirmar la autenticidad del firmante.

- Avanzada: Permite confirmar la autenticidad del firmante y la integridad de los datos.

- Reconocida o cualificada: Además de lo anterior, debe haberse usado un esquema seguro de creación de firma, y la misma debe estar amparada por un certificado reconocido.

Además de esto, la ley define una serie de requisitos para diferentes aspectos:

- Información que deben contener los certificados utilizables. Son las típicas de cualquier certificado más alguno específico como el tipo de uso que se le puede dar al certificado, o el valor máximo de las transacciones que pueden autorizar.

- Requisitos que deben cumplir las autoridades certificadoras para ser reconocidas como tal. Entre otros, incluye:
  o Ser fiable
  o Llevar un registro de certificados emitidos
  o Usar sistemas fiables
  o Tener personal cualificado
  o Disponer de los medios para hacer frente a todo tipo de problemas.
  o Seguro de Responsabilidad civil.
  o Además, en caso de cesar en sus actividades, deben notificarlo al ministerio de Ciencia y Tecnología para gestionar la transferencia de certificados emitidos a otras certificadoras.

- Requisitos para la obtención de un certificado: básicamente, acreditar la identidad personalmente.

- Requisitos de los dispositivos generadores de firmas. Entre otros:
  o Que genera firmas correctas (una clave no deducible a partir de la otra)
  o Que no genera firmas duplicadas

- Dispositivos validadores de firmas
  o Que funcionen de forma fiable
  o Que funcionen de forma transparente, mostrando en todo momento la identidad firmante y los datos del certificado en cuestión

En la ley también se define la figura del DNI electrónico o DNIe, diciendo que es un medio válido de firmar.

Finalmente, la ley establece que el control de todo el proceso de firma electrónica lo hará el Ministerio de Ciencia y Tecnología, y define la tipología de infracciones, con sus correspondientes sanciones.

La ley íntegra está en http://noticias.juridicas.com/base_datos/Admin/l59-2003.html

# Seguridad en redes. Cortafuegos, IDS, IPS, filtrado de contenidos

## Índice de contenido

## Cortafuegos

Un cortafuegos o firewall es un elemento hardware o software utilizado en redes para controlar las comunicaciones, permitiéndolas o prohibiéndolas en función de una serie de políticas de seguridad establecidas previamente. Generalmente se ubica entre la red de la organización y el exterior, de manera que la red interna quede protegida frente a accesos no autorizados.

Generalmente, en una red se definen diferentes zonas, cada una de ellas con diferentes restricciones de seguridad. Así, iría desde la más interna y restrictiva, hasta la más externa y con menos restricciones (p. ej. Internet).

Ventajas del uso de cortafuegos:

- Protege de intrusiones
- Protección de la información privada

Limitaciones:

- Sólo protegen el tráfico que pasa a través suyo
- No protege de ataques internos o negligencias de los propios usuarios
- No protege contra ingeniería social
- No protege contra fallos en el tráfico permitido.

El funcionamiento de un firewall se define como un conjunto de reglas que dicen, en función de diferentes parámetros del tráfico monitorizado (dirección origen o destino, contenido, etc.) si se debe dejar pasar la información o si se debe filtrar.

Un cortafuegos puede tener dos políticas de seguridad:

- Restrictiva: No se deja pasar nada salvo que se configure explícitamente. Es una política más segura, pero no siempre es factible porque requiere un conocimiento exacto del funcionamiento de toda la red y sus aplicaciones, lo que hace que en ocasiones sea difícil de implementar (p. ej. si no se sabe muy bien qué puertos usa una aplicación).

- Permisiva: Todo funciona salvo que se filtre. Fácil de implementar pero potencialmente insegura ya que puede dejar pasar tráfico peligroso que no se haya tenido en cuenta a la hora de definir las políticas de red.

A continuación se muestran las principales tipologías de firewall.

### Sin estado

Filtran el tráfico a nivel de red (nivel 3 OSI), y por tanto filtran a nivel de la información contenida en las cabeceras de red de los paquetes. En el caso de IP, eso permite filtrar teniendo en cuenta únicamente aspectos como dirección origen y destino.

### Con estado (stateful)

Trabajan en la capa de transporte (nivel 4 OSI) y tienen en cuenta los parámetros de los protocolos de transporte TCP y UDP, por lo que son capaces de identificar a qué flujo de datos pertenece cada paquete IP (generalmente por su puerto). Así, identifica los diferentes flujos de información y los trata por separado, por lo que se les conoce también como firewalls de flujo, de circuitos, o con estado.

Un firewall de estado almacena la siguiente información relativa a una conexión:

- Direcciones origen y destino

- Puertos origen y destino

- Números de secuencia de los paquetes: Permite conocer la posición de los paquetes en la conversación TCP, si son inicio/final de trama, etc.

Un firewall de estado también detecta los establecimientos y finalizaciones de conexión, permitiendo averiguar los extremos de la comunicación. Esto permite una gestión más eficiente ya que, una vez identificado el inicio de conexión y determinadas las políticas de red a aplicar, en sucesivos paquetes se pueden eliminar muchas comprobaciones. Aunque este funcionamiento es aplicable a conexiones TCP (orientado a conexión), generalmente los firewalls también implementan este tipo de funcionalidad para UDP (sin conexión), detectando los inicios de conexión.

### De aplicación

Un firewall de aplicación trabaja sobre la capa 7 OSI, y permite realizar filtrado según características de protocolos de aplicación. Así, un firewall de este tipo es capaz de monitorizar el tráfico y determinar si la conexión usa, por ejemplo, HTTP, permitiendo el filtrado sobre parámetros específicos del protocolo en concreto (p. ej. a nivel de URL en el caso de HTTP).

La detección del protocolo permite el filtrado aunque se estén utilizando puertos no estándar.

# DMZ

Una DMZ (De-Militarized Zone) es un segmento de la red que se interpone entre la red interna y el exterior, de manera que las máquinas que componen la DMZ hacen de intermediarias y todo tráfico entre el interior y el exterior de la red debe pasar por ellas. También se conoce como red perimetral. Su función es proteger a la red interior de ataques externos.

Características:

- La red interior no puede conectar al exterior, sólo a la DMZ
- Desde el exterior sólo es posible conectarse a la DMZ
- Desde la DMZ sólo es posible conectarse al exterior, no a la red interna.

De esta forma, un atacante que consiguiese acceso a la DMZ no podría pasar de ahí, ya que no se permite el acceso desde la DMZ a la red interna en ese sentido. La sincronización entre la DMZ y la red interna se haría en dos formas:

- Conexiones desde la red interna
- Conexiones entre servicios puntuales DMZ y servidores internos: P. ej., si en la DMZ hay un servidor web que necesita acceder a una BD, no es recomendable incluir la BD en la DMZ, es mejor ubicar la BD en la red interna y permitir el acceso del servidor web usando una regla del firewall concreta para esa aplicación.

Hay dos formas de implementar una DMZ:

## Firewall único

Hay un firewall único entre la red interna, la DMZ y el exterior, por lo que se conoce como modelo de las 3 patas.

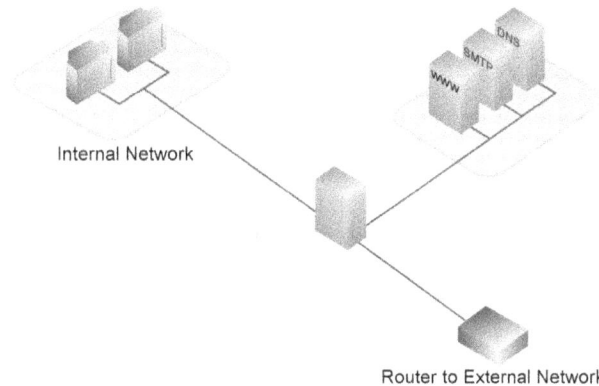

En este caso, un único firewall se encarga de controlar todo el tráfico entre DMZ, red interna y exterior. El firewall es un punto único de fallo.

## Doble firewall

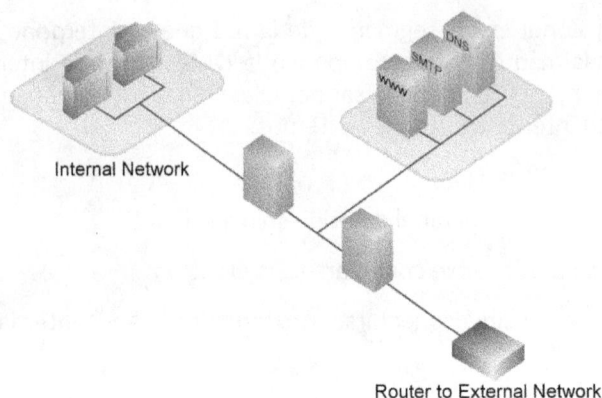

Internal Network

Router to External Network

En este caso se establecen dos firewalls: uno para controlar el tráfico entre el exterior y la DMZ, y otro para el tráfico entre DMZ y red interior. De esta forma, se tienen diferentes ventajas:

■ Se compartimenta la gestión, simplificándola y haciendo más difícil un error de configuración que pudiese provocar vulnerabilidades.

■ Se aumenta la seguridad en caso de ataque externo, ya que es necesario comprometer los dos firewalls para llegar a la red interior. Esto es aún más cierto si los dos firewalls son de fabricantes/tecnologías diferentes.

## Intrusion Detection System (IDS)

Un IDS es un sistema hardware o software diseñado para detectar intentos no solicitados de acceso, manipulación o sabotaje de un sistema, ejecutados a través de una red. En general la idea es detectar cualquier tipo de comportamiento que pueda comprometer la seguridad del sistema. Entre otros, un IDS tiene como objetivo detectar:


■ Ataques desde la red a servicios vulnerables.

■ Ataques a aplicaciones usando vulnerabilidades relacionadas con los datos (buffer overflows)

■ Escalado de privilegios: Sucede cuando un usuario de pocos privilegios aprovecha vulnerabilidades del sistema operativo para aumentar sus propios privilegios. Generalmente implica utilizar algún fallo en procesos de mayor prioridad para ejecutar comandos con su nivel de acceso.

■ Logins no autorizados

■ Acceso a ficheros confidenciales


Un IDS está formado por tres tipos de componentes:

■ Sensores: Monitorizan determinados puntos del sistema en busca de patrones sospechosos y generan eventos.

■ Consola: Coordina los sensores y monitoriza los diferentes eventos

■ Motor central: Almacena los eventos y, siguiendo determinadas reglas, genera alertas de más alto nivel a partir de los eventos de seguridad.

Según su funcionamiento, un IDS puede ser:

- Pasivo: Se limita a monitorizar y, en todo caso, generar eventos.

- Reactivo: Además de monitorizar, un IDS reactivo actúa para hacer frente a la amenaza potencial, por ejemplo cerrando una conexión en la que se haya detectado un posible ataque. En realidad, un IDS reactivo es un IPS.

Un IDS puede funcionar según dos tipos de técnicas:

- Basado en firmas: Se buscan patrones predefinidos que se sabe previamente corresponden a amenazas. Por ejemplo, un NIDS podría buscar intercambios de paquetes que se sepa corresponden a un ataque de denegación de servicio. Tienen el problema de que es necesario tener constantemente actualizada la base de datos de firmas.

- Heurístico o basado en anomalías: Monitoriza diferentes medidas del sistema a medir, y establece unos umbrales para los mismos a partir de los cuales se considera que se está produciendo un evento estadísticamente anómalo.

En función de sus objetivos y forma de funcionamiento, se pueden clasificar los IDS en diferentes tipos:

## Tipos

### Network IDS (NIDS)

Es un IDS independiente de ningún sistema, que se ubica en puntos concretos de la red, monitorizando el tráfico y los diferentes sistemas en busca de actividades sospechosas. Generalmente se conectan directamente a un hub/switch como un elemento más de la red, o bien duplicando uno de los puertos. Ejemplo: Snort.

Tipos de ataque que detecta:

- Denegación de servicio: Intento de saturar un servidor sobrecargándolo con un gran número de peticiones

- Escaneo de puertos: Intento de averiguar los servicios disponibles en el servidor, como forma de detectar puntos vulnerables de entrada (por ejemplo detectando servicios activados por error que pudieran no estar correctamente configurados)

- Entrada no autorizada

Un NIDS examina generalmente el tráfico de entrada, si bien también puede analizar el tráfico de salida como forma de detectar actividades sospechosas como, por ejemplo, ataques a terceros sistemas provenientes de software malicioso instalado en el servidor.

### IDS basado en protocolo (PIDS)

Es un IDS generalmente ubicado en un servidor, y que se encarga de monitorizar todo el tráfico de un protocolo concreto entre ese servidor y el resto de la red. De esta manera, un PIDS tiene un conocimiento sobre el protocolo concreto que monitoriza, lo cual le permite detectar situaciones más complejas/sutiles que un NIDS convencional.

Un uso típico es la monitorización del tráfico HTTP en un servidor web. Como el PIDS entiende el protocolo HTTP, es capaz de tener en cuenta el estado de la comunicación, y tener en cuenta parámetros internos del protocolo (como la URL a acceder) que no tendría en cuenta un NIDS.

### PIDS de aplicación (APIDS)

Similar a un PIDS, pero se situaría junto a un grupo de sistemas, monitorizando uno o más protocolos de aplicación.

Un APIDS tiene conocimiento de las máquinas involucradas en el intercambio de información, y así monitoriza el estado de la comunicación, detectando, por ejemplo, si se une al proceso una tercera máquina no autorizada. Un APIDS también "aprende" del tráfico que monitoriza, de manera que registra los patrones de comunicación y alerta cuando se produce un patrón atípico, aunque sea entre máquinas de confianza y mediante protocolos/puertos conocidos.

### IDS basado en host (HIDS)

IDS situado dentro de un sistema, que monitoriza su actividad interna: llamadas a sistema, logs, acceso a ficheros, etc. Ejemplo: OSSEC.

Un HIDS monitoriza el comportamiento dinámico de un sistema, analizando cómo interactúan sus diferentes componentes en busca de comportamientos sospechosos.

En general, un HIDS mantiene una base de datos de objetos de sistema a monitorizar. Estos objetos de sistema pueden ser ficheros, directorios, zonas de la memoria, recursos E/S, etc. Para cada objeto se almacenan sus atributos (permisos, tamaño, fechas de modificación, etc.). Una vez creada la base de datos, se monitoriza cualquier acceso a los diferentes objetos, analizando si ha sido legítimo y generando una alerta si no es así.

Debido a que la BD del HIDS es un punto vulnerable a ataques, se suele certificar su integridad mediante hashes criptográficos que permitan detectar modificaciones no autorizadas.

### IDS híbrido

Combina diferentes tipos en uno. Por ejemplo, se podría combinar un NIDS con características de un HIDS para hacer una monitorización de la red con información detallada de cada host.

## Problemas de los IDS

- Falsas alarmas: Es común que se generen alertas por eventos que no suponen ninguna amenaza. Por ejemplo:

  o  Bugs en los protocolos que generan paquetes incorrectos

  o  Paquetes corruptos por errores de transmisión

  o  Errores de los usuarios

- Baja frecuencia de ataques reales: El hecho de que las falsas alarmas generalmente son más frecuentes que los ataques reales hace que, cuando se produce un ataque verdadero, se tenga la tendencia a descartarlo.

- Actualización de BD de firmas: Es necesario mantener constantemente actualizada la BD de firmas de ataques.

## Ataques a los IDS

- Ofuscación del tráfico: Hacer confuso el tráfico de manera que el IDS no pueda detectar los posibles ataques. Hay diferentes maneras:

  o Cifrando parte de la información

  o Usando código polimórfico, que se modifica a sí mismo en cada ejecución, aunque manteniendo su funcionalidad, y que evita la detección por parte de IDS basados en firmas.

- Fragmentación de la información: Dividiendo la información en diferentes paquetes pequeños, es posible evadir la detección en IDS simples que sólo analicen paquetes individuales.

- Usar características ambiguas de los protocolos: Algunas funciones de los protocolos están implementadas de forma diferente en distintos sistemas. Así, es posible encontrar algún aspecto que los IDSs implementen de forma diferente que los sistemas a atacar, y aprovecharlo para pasar desapercibido.

- Ataques DoS al propio IDS: Mediante múltiples ataques sencillos que se sepa que requieren muchos recursos en el IDS puede ser posible saturarlo, atacando al sistema objetivo una vez saturado el IDS.

## IDS reactivos: IPS

Un sistema de prevención de intrusiones (IPS: Intrusion Prevention System) es un dispositivo hardware o software que ejerce el control de acceso en una red informática, con el objetivo de protegerla de ataques y abusos. Se podría considerar una extensión de los sistemas IDS, si bien por sus características está más cercanp a medidas activas como los cortafuegos.

Un IPS podría considerarse una extensión lógica de los cortafuegos, ya que su esquema de funcionamiento es similar: filtrar el tráfico en función de diferentes criterios. La diferencia es que, si un cortafuegos filtra generalmente basándose en direcciones IP y puertos, un IPS permite realizar filtrados en función de parámetros mucho más sutiles y complejos. En este aspecto se nota que los IPS surgieron como extensión de los IDS, ya que comparten las mismas técnicas de detección y funcionamiento, si bien cambiando en el modo de actuar ante las amenazas. Es común que un mismo producto implemente características de IDS e IPS simultáneamente.

La principal diferencia entre un IPS de red y un firewall es que el IPS es invisible a la red, de manera que no tiene asignada una dirección.

Los IPS se clasifican en dos grandes tipos:

- IPS de red: Controla el tráfico en la red, monitorizando y filtrando el tráfico, bloqueando conexiones y actuando directamente sobre la información (p. ej. para "arreglar" errores de protocolo o situaciones peligrosas) si es necesario.

- IPS de sistema: Se encuentra instalado en un sistema, y se encarga de evitar situaciones peligrosas. Entre otros aspectos, controla:

  o Virus: Un software antivirus es un tipo de IPS de sistema

  o Malware y software malicioso

  o Accesos a los ficheros de sistema

  o Uso de los recursos en general

## Otras medidas de seguridad

### NAT

NAT (Network Address Translation) es un mecanismo de red, implementado generalmente en los routers, que traduce en tiempo real las direcciones de un datagrama, traduciendo de un espacio de direcciones a otro.

El objetivo inicial de NAT era aprovechar mejor el espacio de direcciones IP, permitiendo que un grupo de máquinas utilizase internamente IPs privadas, y saliese al exterior mediante una única dirección IP pública. Los routers son los encargados de ir traduciendo las direcciones públicas en privadas, así como de identificar las conversaciones entre sistemas para poder distinguir a unos sistemas de otros, para lo cual mantienen una serie de tablas de conversión.

NAT puede funcionar sobre IP (traduciendo direcciones IP) aunque también sobre TCP/UDP (traduciendo puertos).

Pese al objetivo inicial de ahorrar direcciones IP, NAT también se presenta útil como técnica de control de seguridad en la red, ya que permite:

- Anonimizar la red: Desde el exterior sólo se ve la dirección IP del router, sin ningún tipo de conocimiento sobre el esquema interno de la red.

- Controlar los accesos: Sólo se permiten las conexiones salientes, pero no las entrantes si no han sido iniciadas previamente por un equipo interno. Si bien esta característica añade seguridad, también impide algunos tipos de comunicación (p. ej. un equipo interno no puede actuar como servidor).

Existen diferentes esquemas NAT:

- Estático: Todos los sistemas salen al exterior con una misma dirección IP pública.

- Dinámico: Existen diferentes IPs públicas con las que salir al exterior. El router se encarga de seleccionar una IP libre para cada conexión saliente. Este esquema añade más seguridad, ya que conexiones sucesivas de una misma máquina pueden salir con diferentes IPs, y se dificulta así la identificación de máquinas concretas desde el exterior.

### Kerberos

Kerberos es un protocolo de autenticación de red, que permite a sistemas comunicándose en una red insegura certificar sus identidades de una forma segura. Se basa en el uso de un servidor de autenticación, que mediante cifrado simétrico emite tokens de autorización (tickets) que autentifican al sistema ante el resto de servidores de la red.

En Kerberos se distinguen los siguientes participantes:

- Clientes

- Servidores

- Servidor de autenticación (AS: Authentication Server)

- Servidor dispensador de tickets (TGS: Ticket Granting Server)

Los clientes se encuentran previamente registrados en el servidor de autenticación, que guarda una clave secreta. El proceso tiene dos fases:

Autenticación con la red:

1. El cliente comunica al AS que un usuario quiere servicios de la red

2. El AS consulta su BD de usuarios, y si está le envía, cifrada con la clave secreta del usuario, una clave de sesión, y un ticket general necesario para comunicarse con el TGS.

3. El cliente descifra las dos informaciones con la clave secreta del usuario. En ningún momento se envía la clave por la red.

Acceso a los servidores:

1. El cliente envía al TGS la solicitud del servicio que requiere, autenticada con el ticket general obtenido previamente

2. El TGS verifica que todo está en orden, y envía un ticket para el servidor solicitado.

3. El cliente se comunica con el servidor correspondiente, autenticándose con el ticket proporcionado por el TGS.

Problemas de Kerberos:

■ El servidor Kerberos es un punto único de fallo. Si cae, no es posible el funcionamiento de la red.

■ El servidor Kerberos guarda todas las contraseñas, por lo que también es un objetivo claro de ataques.

■ Es necesario tener sincronizado el reloj de todos los sistemas de la red

# Principales amenazas a la seguridad de los sistemas de información: Intrusiones, virus, phishing, correo no deseado y otros

## Índice de contenido

## Introducción

A día de hoy, y especialmente con el auge de Internet, los sistemas informáticos se encuentran expuestos a numerosas amenazas en el ámbito de la seguridad. En los siguientes apartados se analizan algunas de ellas, explorando su origen, características y las contramedidas que permiten hacerles frente.

## Intrusiones no deseadas

### Concepto y causas

A día de hoy, es rara la estación de trabajo que no está conectada a Internet. Incluso en muchas ocasiones es deseable que los propios servidores tengan algún tipo de acceso a Internet, de cara a acceder de forma sencilla a actualizaciones de software, o simplemente para facilitar su administración de forma remota.

Esta posibilidad de acceder remotamente a los equipos abre la puerta para los accesos maliciosos por parte de personas no autorizadas. Una intrusión puede tener básicamente dos efectos negativos: la filtración de información confidencial, y la destrucción de datos por parte del intruso.

La motivación de una intrusión puede ser de diferentes tipos:

- Reconocimiento social: Típico comportamiento hacker consistente en demostrar sus conocimientos técnicos en determinados círculos o, en todo caso, publicitar fallos de seguridad en software o en organizaciones. Generalmente sin consecuencias destructivas, e incluso constructivo para detectar vulnerabilidades.

- Obtención de información: El objetivo es obtener algún tipo de información que se encuentra en los sistemas a proteger.

- Alteración/destrucción de la información. En este caso el afán puede ser meramente destructivo, ya sea como una variante más agresiva del deseo de reconocimiento social o por otros motivos (conflictos políticos entre países, sabotaje industrial, etc.).

## Contramedidas

Las medidas que pueden tomarse para evitar intrusiones no autorizadas pueden ser las siguientes:

- Intentar reducir al máximo el número de equipos con conexión externa, especialmente en el caso de servidores críticos.

- Establecer políticas para garantizar la privacidad de las contraseñas, así como para asegurar la robustez y la rotación de las mismas. Hay que ser especialmente cuidadoso al escoger el periodo de rotación, ya que un exceso de celo también puede ser contraproducente.

- Establecer sistemas robustos de autentificación para la conexión remota más allá del usuario y la contraseña, como por ejemplo esquemas de doble clave y firma electrónica.

- Desactivar todos aquellos puertos y servicios de red que no sean estrictamente necesarios. Un error de diseño (conocido o futuro) del software que los gestiona puede abrir la puerta a intrusiones. Puede ser interesante alterar el funcionamiento "típico" de los servicios usados para evitar ataques estándar (p. ej., usar puertos diferentes del 80 para HTTP).

- Filtrar el tráfico en la red mediante cortafuegos, de manera que no se permita tráfico no autorizado en la red.

- Mantener actualizado el software en lo que respecta a las actualizaciones de seguridad. Tener cautela al adoptar nuevas versiones del software, que pueden incorporar fallos de seguridad.

- Guardar un registro de los accesos y revisarlo periódicamente. Si alguien entra, hay que detectarlo, averiguar qué ha pasado y arreglarlo para que no vuelva a ocurrir.

- Mantener una política de copias de seguridad de los datos críticos, por si todo falla.

# Virus

## Concepto y tipología

Si bien hoy en día la tipología de virus informáticos es muy amplia, en términos generales se puede decir que un virus es un pequeño programa, generalmente infeccioso y autoreplicante, que busca su máxima propagación con objetivos normalmente destructivos.

Según su tipología, los virus pueden clasificarse en las siguientes categorías:

- Gusano: Pequeño programa autoreplicante cuyo único objetivo es crear copias de sí mismo. El objetivo final es saturar los recursos del sistema en el que se encuentra, por lo que es una forma de ataque de denegación de servicio.

- Troyano: Pequeño programa que enmascara sus efectos destructivos bajo una apariencia inofensiva. La idea es engañar a los usuarios de la máquina para que lo ejecuten voluntariamente. Por ejemplo, un troyano típico puede tener el mismo nombre de fichero que una utilidad del sistema operativo, por lo que un usuario podría sentirse tentado de ejecutarlo.

- Virus ejecutable: Pequeño programa que, al ejecutarse, queda residente en memoria. A continuación, monitoriza cada programa que se ejecuta a partir de entonces, e inserta su propio código en el fichero ejecutable del programa lanzado, de manera que, por una parte, se asegura de que el virus volverá a cargarse en memoria la siguiente vez que se ejecute el programa infectado y, por otra, se propaga a otras máquinas a las que se copie el fichero ejecutable.

- Virus de correo: Script o programa ejecutable que funciona en el ámbito del correo electrónico, aprovechando la creciente complejidad de los clientes de correo en lo que respecta al soporte de lenguajes como javascript para componer mensajes. Su funcionamiento se basa en reenviarse al máximo número de direcciones posibles, generalmente extrayendo estas direcciones de la libreta de direcciones del propio programa. En realidad, un virus de correo se podría decir que es una variedad de gusano en el ámbito del e-mail.

El objetivo final de un virus puede ir desde la simple propagación hasta la destrucción de datos. Contra la creencia popular, un virus, al no ser más que un programa, no puede en principio afectar al hardware. Aun así, algunos virus se han acercado peligrosamente a este concepto: uno de los primeros virus encendía un pixel continuamente en la pantalla, dañando con el tiempo las pantallas de fósforo de la época. Más recientemente, el virus CIH sobrescribía las BIOS de los ordenadores, lo cual los inutilizaba para su uso.

Dado que los creadores de virus esperan intentos de desinfección, a lo largo del tiempo se han desarrollado una serie de técnicas avanzadas de defensa activa, como por ejemplo:

- Cifrado: Algunos virus encriptan su código para dificultar su análisis y, por tanto, complicar el desarrollo de medidas contra ellos.

- Stealth: Diferentes medidas para dificultar la detección. Por ejemplo, en lugar de añadirse al final del ejecutable a infectar, buscar una zona vacía para almacenarse allí, de manera que el tamaño del fichero no se altera y la detección es más complicada.

- Polimorfismo: Consiste en alterar el código del virus en cada propagación para dificultar su identificación por parte de los programas antivirus. Una forma de conseguir esto es mediante la utilización de instrucciones de procesador diferentes, pero con el mismo efecto (por ejemplo, un salto si x>0 es idéntico a otro si x>=1).

- Defensa activa: Consiste en todo tipo de medidas destinadas a favorecer la supervivencia, como borrar los ficheros de los antivirus que se detecten instalados, modificar el sistema operativo para que los ficheros del virus no figuren en los sistemas de ficheros, etc. Este tipo de técnicas también es usado de forma extensiva por el malware.

## Evolución histórica

Los primeros virus aparecieron a principios de los años 70, principalmente en la forma de gusanos y troyanos. Poco después aparecerían los virus clásicos, capaces de infectar ejecutables y propagarse.

Este tipo de virus fue el más extendido durante varias décadas, lapso en el que se produjo una carrera tecnológica que enfrentó a virus y a antivirus, y en el que se desarrollaron la mayoría de técnicas avanzadas de virus como el polimorfismo o el stealth, así como sus análogas en el caso de los antivirus.

A mediados de los 90, con la popularización de Internet, surgieron los primeros virus de correo. Este tipo de virus es tecnológicamente mucho más simple que los clásicos virus ejecutables, y en realidad está programado en lenguajes de muy alto nivel como javascript o vbscript. Aún así, el hecho de utilizar la red hace que su propagación sea muy rápida y sus efectos pueden llegar a ser devastadores. Por ejemplo, muchos virus de correo están programados para programarse masivamente y, en una fecha concreta, hacer un ping a un servidor concreto. Si bien esta acción por sí sola no constituye amenaza (de hecho no se puede considerar ni siquiera un ataque), el hecho de realizarla de forma coordinada por miles de ordenadores a la vez puede constituir un serio ataque de denegación de servicio.

A día de hoy, la principal amenaza en este sentido la constituyen, por una parte, los virus de correo y el malware, muy extendido con el auge de la web. Lo que sí se observa es una tendencia clara a pasar de la gran complejidad técnica de los virus ejecutables de los años 80 y 90 a una complejidad menor, pero aunada con unas tácticas de ingeniería social que buscan engañar al usuario e involucrarlo en los procesos de infección.

## Vías de infección

Las vías de infección de virus son diversas, y dependen en gran parte de la tipología del virus. Algunas de estas vías son:

- Intercambio de ficheros: Antes de la popularización de Internet, la forma más común de propagación de ficheros era el intercambio de medios (discos, etc.) con ficheros infectados.

- Correo electrónico: Medio natural para los virus de correo, aunque, al servir como intercambio de ficheros, también puede servir como vía de entrada a virus ejecutables, troyanos y demás.

- Redes de intercambio de ficheros: Puesto que en estas redes la principal forma de identificación de los ficheros que circulan es su nombre, es un medio ideal para la propagación de troyanos.

- Otros: Algunos virus especialmente complejos pueden llegar a infectar un ordenador mediante la simple conexión del mismo a una red externa. Es el caso de virus como Blaster o Sasser, que aprovechan vulnerabilidades de seguridad de la implementación de TCP/IP de algunos sistemas operativos para infectar una máquina, incluso aunque no se haya producido ninguna interacción mediante un protocolo de alto nivel (HTTP, FTP, etc.).

## Contramedidas

### *Antivirus*

Como contramedida a los virus, surgieron los programas antivirus. Básicamente, un programa antivirus lleva a cabo dos acciones diferentes:

- Buscar virus en los ficheros: Periódicamente, analiza los ficheros del sistema en busca de virus que los puedan haber infectado. En caso de encontrar algún virus, se procede a la desinfección o, si esta no es posible, al confinamiento o destrucción del fichero infectado para evitar la propagación.

■ Analizar el sistema en tiempo real: El antivirus se instala en memoria, y monitoriza el funcionamiento del sistema en busca de intentos de infección de un virus. Se hace especial énfasis en las operaciones más propicias a la infección, como podrían ser la copia de ficheros o la ejecución de programas. En caso de encontrar actividad vírica, se procede a la desinfección o, de no ser posible, al bloqueo de la operación correspondiente.

El continuo desarrollo, por parte de los programadores de virus, de técnicas avanzadas de ocultación o defensa ha hecho que los antivirus también sigan un proceso de perfeccionamiento para mantenerse a la altura.

Así, a continuación se muestran algunas técnicas de detección que se han utilizado a lo largo de la historia:

■ Análisis por cadenas: Este tipo de análisis consiste en disponer de una base de datos de fragmentos representativos de virus conocidos, de manera que se puedan comparar con los ficheros para buscar infecciones. Es una de las primeras técnicas utilizadas por los antivirus, y fue superada al aparecer los virus polimórficos. También tiene como problema que puede dar lugar a falsos positivos si un fichero legítimo contiene una combinación de caracteres que coincide con algún fragmento de virus.

■ Análisis heurístico: Para contrarrestar a los virus polimórficos, se desarrolló el análisis heurístico, que consiste en analizar el código no como una cadena, sino en función de lo que hace. Así, se buscan comportamientos sospechosos, como por ejemplo intentar escribir datos en un fichero ejecutable, con la idea de buscar de esta manera códigos de virus. Este análisis es bastante dado a los falsos positivos, más incluso que el análisis por cadenas. Los virus cifrados intentan engañar al análisis heurístico ocultando su código.

■ Análisis por emulación: En este caso, se analiza un programa ejecutándolo en un entorno emulado o restringido (sandbox), analizando después el resultado mediante otras técnicas. De esta manera, se busca que los virus cifrados descifren su código, de modo que pueda ser detectado después mediante un análisis de cadenas o de forma heurística.

Los antivirus generalmente utilizan combinaciones de los esquemas anteriores, además de técnicas específicas para virus concretos.

Otro aspecto a tener en cuenta es que los antivirus pueden suponer una carga importante para el sistema, consumiendo recursos y dificultando actividades como la entrada/salida.

### Elección y configuración del sistema operativo

Teniendo en cuenta que una gran cantidad de virus explotan problemas de seguridad y vulnerabilidades de los sistemas operativos, es importante tener esto en cuenta a la hora de decidir el software de una máquina. Así, tradicionalmente los sistemas UNIX se han mostrado menos propensos a contraer virus, no solamente por disponer de menos vulnerabilidades, sino también porque, desde el punto de vista del diseño, se le ha dado tradicionalmente más importancia a la seguridad que en otros sistemas operativos como pudieran ser las variantes de Windows.

Por otra parte, tan importante como elegir correctamente el sistema operativo es configurarlo correctamente. Así, para minimizar el peligro de las infecciones de virus es importante asignar los privilegios de manera apropiada, de forma que, en caso de infección, los efectos destructivos se ciñan a los privilegios del usuario que la ha provocado.

### Educación

Otro aspecto muy importante de cara a evitar la infección de los sistemas es educar y concienciar al usuario. Salvo raras excepciones, la infección mediante un virus requiere de la cooperación de un usuario: ya sea ejecutando un programa, abriendo un mensaje de correo electrónico, etc. Por tanto, y teniendo en cuenta el cada vez mayor carácter social de los virus modernos, se hace necesario educar al usuario para que no ejecute programas sin analizarlos antes, no abra mensajes de correo sospechosos, etc.

# Phishing

## Concepto y causas

El phishing es un intento de obtener información confidencial mediante la ingeniería social, haciéndose pasar por una persona o entidad de confianza para convencer al usuario. Este tipo de fraude tiene su origen en la popularización de Internet, y se realiza generalmente a través de correo electrónico.

Un ejemplo típico de phishing consiste en hacerse pasar por una entidad bancaria, solicitando a sus clientes que proporcionen sus claves de acceso para algún tipo de trámite. Si el supuesto cliente accede a dar su contraseña, el atacante puede acceder a sus recursos financieros. El envío del phishing acostumbra a ser poco selectivo, y por ejemplo no se restringe a los clientes de la entidad a la que se está suplantando, sino que se envía de forma masiva al máximo número de personas, asumiendo que un porcentaje será un cliente real, por lo que es un problema relacionado con el spam.

Algunas técnicas que se utilizan en el phishing son:

- Imitar la imagen, logotipos, etc. de la entidad/persona a suplantar

- Amenazar al usuario con supuestas acciones negativas (cancelamiento de cuenta, etc.) si no se lleva a cabo la acción solicitada.

- Enmascarar de alguna manera los datos sobre el origen real del mensaje, de manera que se parezcan a las de la entidad suplantada. Por ejemplo, se puede usar la URL http://www.google.com.a.com para dar la impresión que la dirección va a www.google.com, cuando en realidad la URL forma parte de un subdominio de a.com.

- Utilizar errores ortográficos poco detectables para evitar filtros anti-spam y similares.

Los efectos del phishing pueden ir desde la pérdida del acceso a una cuenta de correo, hasta las pérdidas económicas en caso de obtención de datos bancarios.

## Contramedidas

Al ser el phishing una técnica basada casi exclusivamente en la ingeniería social, las contramedidas para la defensa pasan en gran medida por la educación de los usuarios. En general, las siguientes medidas son útiles:

- Buscar rasgos comunes de intentos de phishing, como errores ortográficos o gramaticales, que no son habituales en las comunicaciones de las entidades (generalmente muy revisadas).

- Sospechar de los patrones habituales del phishing: petición de datos de acceso bajo amenaza de acciones drásticas, sin apenas información sobre el origen de la petición.

- Antes de ceder a ninguna petición, intentar confirmarla por otras vías. La ausencia de vías adicionales de confirmación es un motivo importante de sospecha de fraude.

- Utilizar software específico de detección de phishing, así como software anti-spam.

# Correo no deseado

## Concepto y causas

Uno de los servicios de Internet más utilizado es el correo electrónico, ya que permite enviar mensajes de forma rápida y gratuita a un gran número de personas en todo el mundo. Esto, si bien es de una gran utilidad en prácticamente cualquier campo, también abre la puerta a actividades más maliciosas.

El correo no deseado o spam nace de la posibilidad de utilizar el correo electrónico como medio promocional de empresas con pocos escrúpulos. La idea de fondo es que, en poco tiempo y sin apenas esfuerzo, es posible enviar publicidad a millones de personas de forma totalmente gratuita. El problema es que esta publicidad generalmente es irrelevante e incluso molesta para gran parte de los receptores, si bien para los anunciantes el pequeño porcentaje de personas para los que sí es aplicable la publicidad justifica el método.

Una de las claves para llevar a cabo con éxito una campaña de spam es disponer de una base de datos de direcciones de correo electrónico de gran tamaño. Para conseguirla, existen diferentes técnicas:

- Recolectar direcciones de e-mail por internet, a partir de páginas web, grupos de noticias, etc. Se utilizan rastreadores similares a los empleados por los buscadores para indexar la web.

- Utilizar el propio spam para, al menos, validar las direcciones disponibles. Así, aunque muchas veces se incluye en el mensaje de spam un enlace para darse de baja de la supuesta lista de difusión, en realidad es común que se utilice para confirmar al spammer que la dirección se encuentra activa y puede seguir enviando correos no deseados.

- Otros métodos que bordean o vulneran la legalidad, como la creación y promoción de falsas peticiones de firmas o bulos que, bajo una apariencia de plausibilidad, persiguen acumular y obtener el máximo número de direcciones de e-mail posibles.

## Contramedidas

Las medidas para evitar el correo no deseado pasan, en primer lugar, por hacer un uso racional de las direcciones de correo, difundiéndola sólo en aquellos círculos en los que la queramos utilizar, y evitando si es posible su difusión pública. Aparte de esta medida de precaución, existen diferentes soluciones técnicas para eliminar el correo no deseado:

- Filtrar el correo no deseado, eliminándolo automáticamente. El problema aquí es distinguir entre mensajes no deseados y mensajes legítimos. Para ello existen dos opciones: mantener bases de datos de correos no deseados, o reconocerlos automáticamente en función de palabras o patrones utilizados. Especialmente efectivos resultan los filtros adaptativos, que reciben como entrada el correo entrante y estiman la probabilidad de que sea no deseado. El propio sistema va aprendiendo conforme llegan nuevos mensajes y, aunque requiere de un cierto entrenamiento, es posible llegar a tasas de filtrado correcto próximas al 100%. Como todo sistema estadístico, también puede dar falsos positivos.

- Determinar los servidores desde los que se envía correo no deseado, actuando en colaboración con los proveedores para cerrarlos o directamente filtrándolos. Puede dar lugar a situaciones exageradas, como proveedores de Internet que filtran el correo de países enteros debido a que generan altos volúmenes de spam.

- Se ha propuesto como medida establecer un coste ínfimo para cada e-mail enviado. De esta manera, el tráfico legítimo de e-mails no se resentiría pero el spam se haría inviable económicamente. No se ha acogido demasiado bien, ya que no están claros los mecanismos de gestión, y por otra parte se atenta contra los principios de gratuidad de Internet.

## Otras amenazas

### Malware

Se conoce como malware al conjunto de programas que intentan alterar de forma subrepticia el funcionamiento del sistema para llevar a cabo diferentes acciones. La gran mayoría de malware llega a través de Internet, y la acumulación del mismo en una misma máquina puede hacer su uso difícil y molesto, e incluso imposible.

Según su intención, se puede clasificar el malware en, entre otros:

- Spyware: El objetivo es obtener datos del ordenador y/o el usuario

- Adware: El objetivo es insertar publicidad en diferentes lugares del sistema operativo. Por ejemplo, un adware típico sustituiría la página de inicio del navegador de internet por una página propia de publicidad.

- Stealware: El objetivo es obtener beneficio económico de las acciones del usuario, ya sea directamente intentando obtener datos bancarios y contraseñas, o de forma más sutil, por ejemplo sustituyendo en el navegador de internet los banners publicitarios por otros propios para conseguir beneficios económicos de los clics.

La práctica totalidad del malware existente funciona bajo sistemas operativos Windows, y consigue instalarse, por una parte, aprovechando las vulnerabilidades de seguridad del navegador de Internet y, por otra, intentando engañar a los usuarios para que ejecuten los programas que instalan este software.

Es frecuente que el malware incluya medidas activas para evitar su desactivación/eliminación. Las posibles contramedidas contra este tipo de software, además de utilizar un sistema operativo no Windows, son:

- Mantener actualizado el sistema operativo, pues algunos malwares aprovechan vulnerabilidades de seguridad conocidas para instalarse.

- No utilizar Internet Explorer como navegador, pues es la vía de entrada de la gran mayoría de malware debido a sus bajas restricciones de seguridad. Instalar un navegador más seguro como Mozilla Firefox.

- Instalar algún tipo de programa preventivo, que permanece residente y monitoriza el comportamiento de los programas en busca de actividades sospechosas

- En caso de infección, utilizar algún programa de eliminación de malware, si bien en algunos casos la desinfección no es completa.

### Ataques de denegación de servicio (DoS)

Los ataques de denegación de servicio consisten en conseguir, de alguna manera, que un servidor deje de funcionar. Generalmente esto se consigue generando un número masivo de conexiones simultáneas al mismo, lo que ocasiona el agotamiento de sus recursos o, como mínimo, una disminución intolerable del tiempo de respuesta.

Un ejemplo de este tipo de ataques es el llevado a cabo por determinados virus de correo, cuyo ciclo de vida se divide en dos fases: la primera, únicamente de propagación, en la que buscan infectar el máximo número de ordenadores posibles, y una segunda fase en la que cada ordenador infectado intenta conectarse a un servidor concreto en una fecha preestablecida. De esa manera, si el nivel de propagación del virus ha sido suficientemente alto, probablemente se sature al servidor objetivo, inhabilitándolo para su funcionamiento. Ejemplos de ésto serían Melissa y Blaster/Sasser.

También es posible efectuar este tipo de ataques de una forma completamente involuntaria. Por ejemplo, en webs de noticias con un alto volumen de visitas, la publicación de un enlace a una web que pueda resultar interesante puede generar un incremento de tráfico equivalente a un ataque de denegación de servicio. Esto se conoce generalmente como *efecto Slashdot*, por el nombre de una famosa web de noticias en la que este efecto ocurre frecuentemente.

La defensa ante este tipo de ataques pasa por los siguientes puntos:

■ Filtrado del tráfico anormalmente excesivo. Generalmente es posible configurar el equipamiento de red de manera que si se recibe un tráfico excesivo desde alguna dirección o subred en concreto se filtre para evitar problemas.

Configuración del equipamiento hardware y adecuación a la carga. Si se prevé un ataque de este tipo (por ejemplo en el caso de un virus de correo, para el que se sabe el objetivo y la fecha con bastante antelación), puede ser deseable aumentar la capacidad de los servidores, mejorando el hardware, distribuyendo la carga o estableciendo esquemas de alta disponibilidad como clústers o similares.

# Ley Orgánica de Protección de Datos, y legislación derivada

## Índice de contenido

## Introducción

La legislación referente a la protección de datos personales se basa fundamentalmente en la Ley Orgánica 15/1999, de 13 de diciembre, de protección de datos de carácter personal, también conocida como LOPD.

Esta ley marca las bases y principios generales, y ha sido desarrollada posteriormente por diferentes decretos, siendo el último de ellos (y único vigente a día de hoy), el RD 1720/2007, de 21 de diciembre, de desarrollo de la LOPD. Este RD sustituye al RD 994/1999, y desarrolla la LOPD en prácticamente todos sus puntos.

Además del decreto 1720/2007, existen diferentes decretos que desarrollan aspectos específicos de la LOPD, como los estatutos particulares de la AEPD.

Debido a que los reales decretos desarrollan aspectos de la LOPD, parte de la información que contienen es redundante (se trata de la misma que aparece en la LOPD, pero expandida en algunos puntos). Por ello, y por motivos de claridad, en este documento se hace una explicación de todos los aspectos referentes a la protección de datos de carácter personal de forma unificada, integrando toda la legislación existente en un documento único.

## Ley 15/1999 de 13 de diciembre, de protección de datos de carácter personal.

### Título I. Disposiciones generales

El objetivo de la ley es garantizar y proteger las libertades públicas y los derechos fundamentales de las personas, en lo que concierne al tratamiento de los datos personales.

La ley será de aplicación a los datos de carácter personal registrados en soporte físico que los haga susceptibles de tratamiento, así como a cualquier uso posterior de los mismos.

| No se aplica | Con legislación propia |
|---|---|
| ■ Para uso personal o doméstico<br>■ Materias clasificadas<br>■ Investigación de terrorismo y delincuencia organizada | ■ Ficheros electorales<br>■ Fines exclusivamente estadísticos<br>■ Fuerzas armadas<br>■ Registro Civil<br>■ Imágenes y sonidos obtenidos por las fuerzas de seguridad |

Definiciones:

■ Dato de carácter personal: Cualquier información concerniente a personas físicas identificadas o identificables.

■ Fichero: Conjunto de datos organizado de datos de carácter personal, independientemente de su forma.

■ Tratamiento de datos: Operaciones y procedimientos técnicos sobre un fichero.

■ Responsable del fichero: Persona física o jurídica que decida sobre la finalidad, contenido y uso del tratamiento.

■ Afectado/interesado: Persona física titular de los datos sujetos a tratamiento.

■ Disociación: Tratamiento de datos que impida asociar los datos a una persona física.

■ Encargado del tratamiento: Persona física o jurídica que realiza el tratamiento, por cuenta del responsable.

■ Consentimiento del interesado: Manifestación inequívoca mediante la que el interesado consiente el tratamiento de datos personales que le conciernen.

■ Cesión de datos: Toda revelación de datos realizada a una persona distinta del interesado.

■ Fuentes accesibles al público: Aquellos ficheros cuya consulta puede ser realizada por cualquier persona.

## Título II. Principios de la protección de datos

Los datos personales se recogerán para el tratamiento con fines legítimos. Se recogerán los estrictamente necesarios, y no se podrán usar para fines diferentes de los iniciales (salvo fines históricos, estadísticos o científicos). Los datos deben estar actualizados, debiendo actualizarse si no lo están. Se cancelarán cuando ya no sean necesarios. Se prohíbe recoger datos por medios ilícitos.

Los interesados que figuren en los datos deberán ser informados oportunamente de:

■ Que están en un fichero, y cuál es su finalidad

■ Identidad del responsable

■ Derechos de acceso, rectificación y modificación

### *Consentimiento*

Salvo que lo autorice una ley, o se trate de fuentes públicamente accesibles, el tratamiento de datos requerirá del consentimiento de los interesados.

La solicitud de consentimiento deberá incluir la finalidad del tratamiento. En el caso del consentimiento de una cesión de datos, además deberá indicarse el tipo de actividad que realizará el receptor.

Para obtener el consentimiento, el responsable se dirigirá a los afectados, informándoles oportunamente y dándoles la opción de rechazar el tratamiento, advirtiendo que, en caso de no pronunciarse en contra durante 30 días se entenderá que existe consentimiento. Es necesario que el responsable pueda conocer si la comunicación ha sido objeto de devolución. Todo el proceso debe ser gratuito para el interesado. No se puede hacer más de una solicitud de consentimiento por año.

El consentimiento se podrá revocar en cualquier momento, con las mismas condiciones de sencillez y gratuidad para el interesado. Si los datos hubiesen sido cedidos, deberá comunicarse a los receptores para que cesen también el tratamiento.

Algunos datos están especialmente protegidos:

- Ideología

- Afiliación sindical

- Religión

- Origen racial, salud y vida sexual

- Infracciones penales y administrativas

Estos datos requieren consentimiento expreso y por escrito de los interesados, salvo asistencias sanitarias, etc.

## Tratamiento

El tratamiento de los datos puede realizarlo una persona diferente del responsable del fichero. Será el encargado del tratamiento. La comunicación de datos entre el responsable y el encargado del tratamiento no se considera cesión de datos.

Si el encargado del tratamiento destina los datos a finalidades diferentes de las consignadas, o los cede a terceros, se le considerará responsable y se le aplicarán las sanciones pertinentes.

El encargado del tratamiento no podrá subcontratar directamente con un tercero la realización de ningún tratamiento. Para ello, se requerirá la autorización del responsable y se realizará la contratación directamente entre el responsable y el tercero.

Una vez finalizado el tratamiento, los datos deberán ser destruidos o devueltos al responsable.

Los datos se almacenarán de forma segura. Un reglamento (CUAL? RD1720/2007?) determinará quiénes son los responsables, y las medidas de seguridad a tomar según el tipo de datos.

Los responsables de los ficheros tienen el deber de guardar secreto

La comunicación de datos a terceros requiere el consentimiento de los interesados, y requiere de consentimiento expreso, salvo que lo prevea una ley, sea una cuestión entre administraciones, etc. Este consentimiento, para ser válido, debe indicar la finalidad, y es revocable en cualquier momento.

## Medidas de seguridad

Los responsables de los ficheros, así como los encargados del tratamiento deberán implantar una serie de medidas de seguridad. Las medidas a aplicar dependen del nivel de seguridad de los datos, que dependerá de la naturaleza de los mismos y podrá ser:

| Básico | Medio | Alto |
|---|---|---|
| Cualquier dato | ■ Comisión de infracciones administrativas/penales<br>■ Solvencia patrimonial o crédito<br>■ Tributarios<br>■ Financieros<br>■ Seguridad social y mutuas<br>■ Datos personales que permitan evaluar personalidad | ■ Ideología, afiliación sindical, religión, origen racial, salud o vida sexual*<br>■ Datos policiales<br>■ Violencia de género |

\* Serán de nivel básico si se almacenan de forma incidental, sin relación con su finalidad, o bien si sólo se usan para realizar una transferencia dineraria a los afectados

El responsable del fichero o tratamiento elaborará un documento de seguridad, que recogerá las medidas técnicas y organizativas adoptadas de acuerdo al nivel de seguridad correspondiente a los datos. Deberá contener, al menos

- ■ Nivel básico::

    - ○ Ámbito de aplicación del documento

    - ○ Medidas, normas, procedimientos, y estándares de seguridad utilizados en el tratamiento

    - ○ Funciones y obligaciones del personal relacionado con el tratamiento

    - ○ Estructura de los ficheros y descripción de los sistemas de información que los tratan

    - ○ Procedimiento de notificación, gestión y respuesta ante incidencias

    - ○ Procedimientos de realización de copias de respaldo y de recuperación de datos

    - ○ Medidas adoptadas para el transporte y destrucción de documentos

    - ○ Identificación de terceros que traten el documento, de haberlos, junto con las condiciones y vigencia del encargo

- ■ Nivel medio y alto:

    - ○ Identificación de responsable/s de seguridad

    - ○ Descripción de los controles periódicos que verifiquen el cumplimiento del documento de seguridad

El documento de seguridad se mantendrá siempre actualizado, y se revisará cada vez que haya algún cambio.

Las medidas de seguridad que se deberán aplicar en cada nivel, en el caso de ficheros automatizados, son:

- ■ Nivel básico

- Documentar todos los usuarios que acceden a los datos, con funciones y obligaciones de cada uno

- Registro de incidencias: Tipo, momento, persona que la notifica, efectos de la misma y medidas correctoras aplicadas

- Control de acceso: Asegurar que cada usuario tiene acceso únicamente a los datos que necesita.

- Gestión de soportes: Los soportes y documentos que contengan datos estarán inventariados, con el acceso debidamente restringido, con control de sus traslados, y destruyéndolos cuando finalice su uso.

- Identificación y autenticación: Se deberá identificar de forma fiable a los usuarios que acceden a los datos, y autentificar sus accesos mediante contraseñas.

- Copias de respaldo: Se harán copias mínimo semanales de los datos, verificándose cada 6 meses que todo funciona bien.

■ Nivel medio: Además de las de nivel básico:

- Responsable de seguridad: Se designarán responsable/s de seguridad encargado/s de coordinar todo el proceso. Esto no exonera al responsable, que sigue siendo el responsable de cualquier cosa que pase

- Auditoría: Cada 2 años se realizará una auditoría que velará por el cumplimiento de las medidas de seguridad, identificando problemas y proponiendo soluciones. El informe lo analizará el responsable de seguridad, quien lo elevará al responsable de los datos, quedando a disposición también de la AEPD.

- Gestión de soportes: Además de las medidas del nivel básico, deberá establecerse un sistema de registro de entrada y salida de soportes que identifique qué documento ha salido/entrado, la fecha, el emisor/destinatario y otros detalles.

- Identificación y autenticación: Se establecerán mecanismos que impidan el intento reiterado de acceso no autorizado.

- Control de acceso físico: Se restringirá el acceso a los lugares donde se almacenen/consulten los datos únicamente a los usuarios autorizados.

- Registro de incidencias: Al registro indicado en el nivel básico se le añadirá, además, los procedimientos realizados junto con la persona que los hizo, los datos restaurados, y qué datos se han restaurado manualmente. También será necesaria en este nivel la autorización del responsable del fichero para realizar una recuperación de datos.

■ Nivel alto

- Gestión de soportes: Además de las medidas de niveles anteriores, se deberán identificar los soportes con etiquetados comprensibles para los usuarios pero difíciles de identificar para terceros. También se usará cifrado o mecanismos equivalentes durante el transporte, ya sea físico o a través de una red pública.

- Copias de respaldo: Las copias se conservarán en un lugar diferente de dónde se encuentren los datos originales y equipos que los tratan.

- Registro de accesos: De cada intento de acceso a los datos, se guardará el usuario, la fecha y hora, el tipo de acceso, si se ha concedido o no, y el registro accedido si el acceso ha sido exitoso. Esta información se guardará un mínimo de 2 años, elaborándose un informe mensual que verifique el proceso (no será necesario si el responsable del tratamiento es una persona física y es el único con acceso a los datos).

Si los ficheros/tratamientos no están automatizados, se aplican las siguientes medidas en cada nivel:

- Nivel básico: Las mismas que para ficheros automatizados, con algunos matices:

    ○ Se deberán almacenar de forma segura, usando mecanismos que impidan el acceso de personas no autorizadas,

    ○ Se custodiarán adecuadamente mientras se transporten o se encuentran fuera de su lugar de almacenamiento habitual.

- Nivel medio:

    ○ Designación de responsable de seguridad

    ○ Auditoría cada 2 años

- Nivel alto:

    ○ Almacenamiento: Los armarios, archivadores, etc. donde estén los datos estarán en áreas de acceso restringido mediante llave o dispositivo equivalente.

    ○ Copia o reproducción: Sólo se podrán copiar documentos bajo el control del personal autorizado en el documento de seguridad, destruyéndose de forma segura las copias desechadas.

    ○ Acceso a la documentación: Se establecerán mecanismos para limitar el acceso únicamente al personal autorizado, así como para identificar los accesos si hay diferentes usuarios.

    ○ Traslado: Se tomarán medidas para impedir acceso o manipulación de documentos durante su transporte.

## Título III. Derechos de las personas

No es posible verse sometidos a decisiones que les afecten, si esas decisiones son el resultado de un análisis de personalidad en base a datos personales.

Todos los tratamientos de datos estarán recogidos en el Registro General de Protección de Datos. Su acceso es público y gratuito, e incluye fichero, finalidad y responsables.

Derechos de los interesados:

- Acceso: Saber qué datos tienen, de dónde se han obtenido, qué se hace con ellos y si se han transferido.

- Rectificación y cancelación: Rectificar información errónea o incompleta, o eliminación. Si se hubiesen transferido, la eliminación debe propagarse a los terceros.

- Oposición: Oponerse a que se realice un tratamiento específico sobre datos que no requieran consentimiento (fuentes públicas).

El ejercicio de estos derechos será sencillo y gratuito. En particular, no será válido exigir cartas certificadas o similares, y se podrá utilizar cualquier servicio de atención al público de que disponga el responsable.

La petición de ejercicio de cualquiera de estos derechos deberá constar de la identificación correspondiente, junto con la petición concreta y la dirección a efectos de notificaciones. Toda solicitud deberá ser contestada por el responsable, tanto si tiene datos de la persona como si no.

Cuando la petición de ejercicio de derechos se haga ante un encargado del tratamiento, éste la trasladará al responsable, salvo que se hubiera establecido que el encargado lo gestione.

El plazo para responder a una petición de acceso es de un mes, y en caso de estimarse la petición el plazo es de 10 días para comunicar los datos. Para la rectificación, cancelación y oposición, el plazo es de 10 días para efectuar la rectificación, o responder lo que sea.

Cuando se vulneren los derechos, se deberá poner en conocimiento de la APD, que resolverá en 6 meses. Existe el derecho a ser indemnizado.

## Título IV. Disposiciones sectoriales

### *Para ficheros de titularidad pública*

La creación, modificación o supresión de ficheros se hará mediante publicación en el BOE.

Se debe indicar la información usual, más qué órganos son responsables, dónde dirigir las peticiones de acceso, etc., etc.

Los datos se podrán comunicar entre administraciones si son para las mismas competencias/atribuciones.

Para datos policiales, tributarios, etc., se podrán denegar los derechos de acceso, rectificación y cancelación, si supone problemas de seguridad pública.971498636

### *Para ficheros de titularidad privada*

La creación de ficheros se notificará a la APD. Si pasa un mes sin notificación, se considerará inscrito. Las cesiones de datos también se notifican a la APD.

Los ficheros de acceso público (censos, colegios profesionales) se podrán usar sólo para su objetivo inicial, requiriendo permiso si se usan para otra cosa.

Cuando se usan datos públicos para investigar la solvencia patrimonial de alguien, sólo se podrán usar datos de fuentes públicas, y datos directamente de los deudores. En este último caso hay que notificar a los interesados. Sólo se podrán usar datos de los últimos 6 años, si son adversos.

Para publicidad sólo pueden usarse datos públicos o con consentimiento de los interesados. Éstos podrán ejercer en cualquier momento sus derechos.

## Título V. Movimiento internacional de datos

Para hacer una cesión de datos a otro país, ese país debe tener una legislación que garantice un nivel de protección equiparable a la LOPD. La APD se encargará de evaluar este tipo de asuntos, autorizando casos puntuales.

Excepciones: acciones derivadas de tratados entre España y terceros, temas sanitarios, cuando haya consentimiento inequívoco del interesado, cuando haya temas de interés público.

## Título VI. La Agencia de Protección de Datos

La APD es un ente de derecho público independiente del resto de la Administración.

Tendrá un director, que dirige y representa, elegido por el Consejo Consultivo de la APD con un mandato de 4 años. Sus funciones son:

- Velar por el cumplimiento de la legislación
- Dictar instrucciones y emitir autorizaciones
- Atender peticiones
- Ejercer potestad sancionadora

El Consejo Consultivo asesorará al director, y estará formado por:

- Un diputado

- Un senador

- Representantes de Adm. Central y Local

- Un miembro de la Real Academia de Historia

- Representante de usuarios y consumidores

- Un representante de cada CA que tenga APD propia

- Un experto en la materia

El Registro General de Protección de Datos será donde se almacene la información sobre los ficheros de datos personales, así como las autorizaciones emitidas y otro tipo de información necesaria.

Las autoridades de la APD podrán inspeccionar el contenido de cualquier fichero para el cumplimiento de sus cometidos. Sus miembros están sujetos a secreto.

Algunas materias de la APD pueden ser reguladas por los órganos correspondientes de las CA.

## Procedimientos tramitados por la AEPD

La AEPD llevará a cabo los siguientes procedimientos:

### Publicación de resoluciones

La AEPD publicará en su web sus resoluciones, a excepción de las inscripciones de ficheros en el Registro General.

### Tutela de derechos de acceso, rectificación, cancelación y oposición

El procedimiento se iniciará a instancia de los afectados, dando 15 días para alegaciones del responsable del fichero. Se dictará resolución en 6 meses desde la fecha de entrada, considerándose estimada su reclamación en caso de silencio administrativo. En caso de estimación, el responsable tendrá 10 días para aplicar lo que sea, notificándolo después a la AEPD.

### Procedimiento sancionador

En caso de infracciones muy graves referentes a utilización o cesión ilícita de datos en la que se atente contra derechos de los ciudadanos, se podrán inmovilizar los ficheros correspondientes.

La AEPD podrá realizar actuaciones previas a la sanción, con el objetivo de determinar mejor los hechos, identificar responsables, etc. Estas actuaciones se realizarán generalmente por parte del personal de la AEPD, y podrán consistir en inspecciones presenciales, para las que se emitirá un acta.

Una vez realizadas las actuaciones previas, se inicia el procedimiento sancionador, cuyo acuerdo de inicio contiene, entre otras cosas:

- Identificación de presuntos responsables

- Descripción de los hechos

- Designación de instructor

- Medidas de carácter provisional, si las hay

El plazo para resolver lo determinará la norma aplicable a cada procedimiento sancionador. El silencio implica la caducidad y el archivo.

### Inscripción o cancelación de ficheros

El procedimiento se iniciará como consecuencia de la notificación de la creación, modificación o supresión de un fichero. La notificación se realizará mediante la cumplimentación del modelo correspondiente, en soporte electrónico.

En caso de errores, se darán 3 meses para subsanarlos. Si todo está bien, se realizará la inscripción/cancelación correspondiente, sin notificar nada. Si algo falla, se dictará resolución denegando el procedimiento.

Existirá un procedimiento de cancelación de oficio de ficheros, iniciado por la AEPD y dando audiencia previa al interesado.

### Autorización de transferencias de datos

Se iniciará a solicitud del exportador de datos. En la solicitud, además de todo lo requerido, se indicará:

- Ficheros a transferir
- Finalidad de la transferencia
- Documentación que demuestre las garantías legales exigibles

La AEPD resolverá en 3 meses, aceptándose por silencio administrativo si no hay resolución. Si se autoriza, se inscribirá en el Registro.

Las transferencias se podrán suspender temporalmente si se incumplen las condiciones iniciales. Se hará de oficio, y mediante resolución motivada.

### Exención del deber de información al interesado

Cuando el proceso de informar al interesado sobre el tratamiento de sus datos sea imposible, o suponga un esfuerzo desproporcionado, se podrá solicitar de la AEPD la exención del deber de informar. Para ello se deberá indicar en la solicitud:

- Tratamiento de datos a aplicar
- Causas que llevan a solicitar la exención
- Medidas compensatorias que se tomarán en sustitución de la información

La AEPD podrá añadir/sustituir medidas compensatorias, que tendrá 15 días para alegar. En 6 meses se dictará resolución, aceptándose por silencio administrativo si no la hay.

### Autorización de conservación de datos con fines históricos, estadísticos o científicos

Se podrá solicitar de la AEPD la consideración de un tratamiento/fichero como de tipo histórico, estadístico o científico. Para ello, se motivará en la solicitud, y se adjuntarán las pruebas necesarias.

En 3 meses la AEPD dictaminará, o aceptará por silencio administrativo.

## Título VII. Infracciones y sanciones

Los responsables de los ficheros están sujetos a sanciones. Las infracciones pueden ser:

- Leves
    - No atender solicitudes de rectificación/cancelación
    - No proporcionar información a la APD en temas no de protección de datos
    - Crear ficheros sin inscribirlos, cuando no sea infracción grave
    - Recoger datos sin informar a los interesados de la información pertinente
    - Incumplir deber de secreto, salvo que sea grave
- Graves
    - Crear ficheros de titularidad pública sin disposición general ni publicación en BOE
    - Crear ficheros privados con finalidad distinta de la legítima
    - Recoger datos sin consentimiento
    - Tratar datos incumpliendo preceptos de protección, cuando no sea infracción muy grave
    - Obstaculizar derechos de acceso y oposición
    - Mantener datos personales inexactos o no efectuar rectificaciones
    - Vulneración del secreto cuando sean datos penales, tributarios, de solvencia patrimonial, o que permitan evaluar personalidad
    - Mantener ficheros sin las debidas condiciones de seguridad
    - No remitir a la APD las notificaciones previstas en ley
    - Obstrucción a las inspecciones de la APD
    - No inscribir ficheros cuando se ha requerido por la APD
    - Incumplir deber de información a los interesados
- Muy graves
    - Recogida de datos de forma engañosa o fraudulenta
    - Cesiones de datos no permitidas
    - Tratar datos especialmente protegidos sin consentimiento expreso
    - No cesar en el tratamiento cuando se ha requerido por la APD
    - Cesión de datos a países con legislación no equiparable
    - Tratamiento de datos de forma ilegítima
    - Vulneración de secreto en datos especialmente protegidos
    - Reiteración en obstaculización derechos de acceso
    - Reiteración en no notificar creación de ficheros

Sanciones:

- Leves: 600 a 60.000 euros
- Graves: 60.000 a 300.000 euros
- Muy graves: 300.000 a 600.000 euros

Si los ficheros son de titularidad pública, se sustituyen por resoluciones hacia los órganos responsables, con recomendación de medidas disciplinarias y, en todo caso, sanciones según régimen disciplinario de las Adm. Públicas.

Las infracciones muy graves prescriben a los 3 años, las graves a los 2, y las leves al año.

## Disposiciones adicionales

Los ficheros preexistentes a la entrada en vigor de la ley deberán adaptarse en 3 años, o 12 años desde 1995 si no estaban automatizados.

Las Adm. Públicas podrán solicitar al INE datos del censo, para elaborar registros de población con la finalidad de comunicarse con los habitantes.

Los expedientes de las leyes de Vagos y Maleantes y otras leyes derogadas requerirán consentimiento expreso, hasta que pasen 50 años.

www.ingramcontent.com/pod-product-compliance
Lightning Source LLC
Chambersburg PA
CBHW082309210326
41599CB00029B/5739